普通高等教育电气电子类工程应用型系列教材

过程仪表及自动化

主　编　马修水
副主编　关宏伟　祝连庆　钟伟红

机械工业出版社

本书内容包括五部分。第一部分介绍了工业过程控制的基本概念，包括自动控制系统的组成、自动控制系统过渡过程及品质指标、工艺管道及控制流程图、过程对象特性的参数等。第二部分系统地介绍了压力、流量、温度、物位检测仪表及传感器。第三部分具体介绍了显示仪表、控制器及执行器。第四部分简要介绍了各种控制方法，包括单回路控制、串级控制、前馈控制、比值控制、计算机控制系统等。第五部分介绍了化学、化工典型生产过程的控制实例。

本书可作为医药工程、生物工程、高分子材料与工艺、化学工程与工艺、生物技术专业开设的“过程控制基础”课程的教材，也可供冶金工程、无机非金属材料工程、给水排水工程、建筑环境与设备工程、环境工程、热能与动力工程等相关专业的学生使用，还可以供相关领域的工程技术人员参考。

本书配有免费电子课件，欢迎选用本书作教材的老师发邮件到 jinacmp@ 163. com 索取，或登录 www. cmpedu. com 下载。

图书在版编目（CIP）数据

过程仪表及自动化/马修水主编．—北京：机械工业出版社，2012. 10（2024. 2 重印）

普通高等教育电气电子类工程应用型系列教材

ISBN 978-7-111-39831-8

Ⅰ. ①过… Ⅱ. ①马… Ⅲ. ①化工仪表-高等学校-教材②化工过程-自动控制系统-高等学校-教材 Ⅳ. ①TQ056

中国版本图书馆 CIP 数据核字（2012）第 224498 号

机械工业出版社（北京市百万庄大街 22 号 邮政编码 100037）
策划编辑：吉 玲 责任编辑：吉 玲 王寅生 刘丽敏
版式设计：霍永明 责任校对：张 媛 责任印制：郜 敏
中煤（北京）印务有限公司印刷
2024 年 2 月第 1 版第 7 次印刷
184mm×260mm · 15 印张 · 371 千字
标准书号：ISBN 978-7-111-39831-8
定价：42. 00 元

电话服务 网络服务
客服电话：010-88361066 机 工 官 网：www. cmpbook. com
010-88379833 机 工 官 博：weibo. com/cmp1952
010-68326294 金 书 网：www. golden-book. com
机工教育服务网：www. cmpedu. com

前　言

随着科学技术的进步，各类生产技术不断得到改进和提高，生产过程连续化、大型化、复杂化不断强化，广大的生产工艺技术人员需要学习和掌握必要的检测技术和自动化方面的知识，这是现代工业生产实现高效、优质、安全、低耗的基本条件和重要保证。随着高等教育大众化及高等学校的扩招，传统的研究型大学和教学研究型大学化学工程与工艺等非自动化类专业的“过程控制工程”或“过程自动化及仪表”课程的教材已不能适应应用型本科人才培养的需要，为此，我们结合宁波市生物医药工程应用型人才培养基地建设，结合医药工程、生物工程、高分子材料与工艺、化学工程与工艺、生物技术专业开设的“过程控制基础”课程的教学，在教学研究与实践的基础上，编写了适合非自动化专业的《过程仪表及自动化》教材，本教材除供上述专业学生使用外，还可以供冶金工程、无机非金属材料工程、给水排水工程、建筑环境与设备工程、环境工程、热能与动力工程等专业学生使用。本书在编写过程中，注重与非自动化专业课程之间知识点的衔接，注重对基本概念、基本理论的介绍，注重应用型本科学生的特点，以够用为原则，强调工程的概念，从工程应用的角度出发来组织教学内容。同时，注重近年来本领域理论和技术的发展，根据本科教学需要，有选择性地将部分新方法和新技术编入本教材中。

全书内容包括五部分。第一部分介绍了工业过程控制的基本概念，包括自动控制系统的组成，自动控制系统过渡过程及品质指标、工艺管道及控制流程图、过程对象特性的参数等。第二部分系统地介绍了压力、流量、温度、物位检测仪表及传感器。第三部分具体介绍了显示仪表、控制器及执行器。第四部分简要介绍了各种控制方法，包括单回路控制、串级控制、前馈控制、比值控制、计算机控制系统等。第五部分介绍了化学、化工典型生产过程控制的实例，使学生能够进一步运用基础知识解决过程控制的实际问题。

本书由浙江大学宁波理工学院马修水教授担任主编。马修水编写了第1章的1.1节、第2章的2.1~2.3节；李文涛编写了第1章的1.2节、第5章；钟伟红编写了第3章及第4章的4.1~4.4节；祝连庆编写了第4章的4.5节；关宏伟编写了第6章及第8章的8.1，8.3~8.5节；李园编写了第8章的8.2节；李英道编写了第7章；马勰编写了第2章的2.4、2.5节及附录。全书由马修水统稿。

本书为宁波市生物医药工程应用型人才培养基地建设项目研究成果之一，在编写过程中得到浙江大学宁波理工学院教务处副处长沈波副教授的指导和帮助，浙江大学宁波理工学院生物与化学工程学院沈昊宇教授、尚龙安教授认真审阅了本书的编写大纲，并提出了许多宝贵意见。本书在编写过程中，还参阅了许多专家的著作、教材和论文，在此一并表示感谢。

由于编者水平有限，出现差错在所难免，恳请广大读者批评指正（E-mail：mxsh63@aliyun.com）。

编　者

目　录

第1章　绪　　论

本章介绍了工业过程控制的发展历程及基本概念，重点介绍自动控制系统的组成及框图、自动控制系统的过渡过程及品质指标、工艺管道及控制流程图、过程的数学描述等。

1.1　工业过程控制的基本概念

1.1.1　过程自动化及仪表发展概述

自动化技术可以追溯到古代，如指南车的发明，至于工业上的应用，一般以瓦特的蒸汽机调速器为起点。工业自动化的萌芽是与工业革命同时开始的，那时候的自动化装置是机械式的。随着电动、液动、气动动力源的应用，电动、液动、气动的控制装置为工业自动化提供了新的控制手段。

第二次世界大战前后，控制理论有了很大的发展。电信事业的发展导致了 Nyquist（1932）频率域分析技术和稳定判据的产生。Bode（1945）的进一步研究开发了易于实际应用的 Bode（伯德）图。1948 年，Evans 提出了一种易于工程应用的求解闭环特征方程根的根轨迹分析方法。至此，自动控制技术开始形成一套完整的、以传递函数为基础、在频率域对单输入单输出控制系统进行分析与设计的理论，就是今天所谓的经典控制理论。

20 世纪 60 年代，控制理论迅猛发展，这是以状态空间方法为基础、以极小值原理（Pontryagin，1962）和动态规划方法（Bellman，1963）等最优控制理论为特征的，以采用 Kalman 滤波器对随机干扰下的线性二次型系统（Kalman，1960）滤波标志了时域方法的完成。现代控制理论中最先研究的是多输入多输出系统，建立了可控性、可观性、实现理论、分解理论等描述控制系统本质的基本理论，使控制由一类工程设计方法提高成为一门新的科学，并在航空、航天、制导等领域取得了辉煌的成果。

从 20 世纪 70 年代开始，为了解决大规模复杂系统的优化与控制问题，现代控制理论和系统理论相结合，逐步发展成大系统理论（Mohammad，1983），其核心思想是系统的分解与协调，多级递阶优化与控制（Mesarovie，1970）正是应用大系统理论的典范，实际上，大系统理论仍未突破现代控制理论的基本思想与框架，除了高维线性系统之外，对其他复杂系统仍然束手无策。

从自动控制系统结构来看，已经经历了基地式仪表控制系统、电动单元组合模拟式仪表控制系统、集中式数字控制系统、集散控制系统（DCS）4 个阶段。

20 世纪 50 年代是以基地式控制器等组成的控制系统，如自力式温度控制器、就地式液位控制器等，它们的功能往往限于单回路控制。

20 世纪 60 年代出现了单元组合仪表组成的控制系统，单元组合仪表有电动和气动两大类。所谓单元组合，就是把自动控制系统仪表按功能分成若干单元，依据实际控制系统结构的需要进行适当的组合。单元组合仪表使用方便、灵活。单元组合仪表之间用标准统一信号联系。气动仪表（QDZ 系列）为 20 ~ 100kPa 气压信号。电动仪表信号为 0 ~ 10mA 直流信号（DDZ-Ⅱ系列）和 4 ~ 20mA 直流信号（DDZ-Ⅲ系列）。单元组合仪表已延续 50 多年，目前国内还在广泛应用。由单元组合仪表组成的控制系统，其控制策略主要是 PID 控制和常用的复杂控制系统（例如串级、均匀、比值、前馈、分程、选择性控制等）。

20 世纪 70 年代出现了计算机控制，最初是用直接数字控制（DDC）实现集中控制，代替常规控制仪表。由于集中控制的固有缺陷，未能普及与推广就被集散控制系统（DCS）所替代。DCS 在硬件上将控制回路分散化，数据显示、实时监督等功能集中化，有利于安全平稳生产。

20 世纪 80 年代以后出现的二级优化控制，在 DCS 的基础上实现了先进控制和优化控制。在硬件上采用上位机和 DCS 或电动单元组合仪表相结合，构成二级计算机优化控制。随着计算机及网络技术的发展，DCS 出现了开放式系统，实现多层次计算机网络构成的管控一体化系统（CIPS）。同时，以现场总线为标准，实现以微处理器为基础的现场仪表与控制系统之间进行全数字化、双向和多站通信的现场总线网络控制系统（FCS），它将对控制系统结构带来革命性变革，开辟控制系统的新纪元。

当前自动控制系统发展的一些主要特点是：生产装置实施先进控制成为发展主流；过程优化受到普遍关注；从现场在线转向 Ethernet，用以太网作为高速现场总线框架的主传；综合自动化系统（CIPS）是发展方向。

1.1.2 自动控制系统的组成及框图

1. 控制系统举例

［例 1-1］ 图 1-1 所示为液位人工控制系统。从维持生产平稳考虑，工艺上希望罐内的液位 h 能维持在所希望的位置 h_{sp} 上。液位 h 是需要控制的工艺变量，称为被控变量；h_{sp} 为被控变量的控制目标，称为给定值或设定值。显然，当进水量 Q_i 或出水量 Q_o 波动时，都会使罐内的液位发生变化。现假定控制出水量 Q_o 维持液位的恒定，则称 Q_o 为操纵变量。而进水量 Q_i 是造成被控变量产生不期望波动的原因，称为扰动。若由操作工来完成这一控制任务，所要做的工作如下。

1） 检测：用眼睛观察液位计实际液位的指示值，并通过神经系统告诉大脑。

2）运算修正：通过大脑对眼睛观测到的实际液位值与给定值进行比较，根据偏差的大小和方向，并结合操作经验发出命令。

3） 执行：根据大脑发出的控制指令，通过手去改变出水阀门开度，用改变 Q_o 来控制液位。

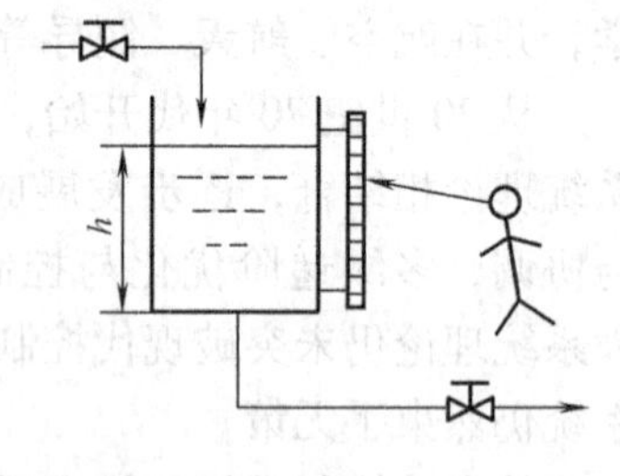

图 1-1 液位人工控制系统

4） 反复执行上述操作，直到将液位控制到其给定值为止。

上述操作工通过眼、脑、手相互配合完成液位的控制过程就是一个典型的人工控制过程，操作工与所控制的液罐设备构成了一个人工控制系统。

显然，人工控制难以满足现代工业对控制精度的要求，如果能用一些仪表或自动化装置代替操作工的眼、脑、手来自动地完成控制任务，不仅能大大减轻操作工的劳动强度，而且可以提高控制精度与工作效率。以图 1-1 所示的液位控制问题为例，可采用液位测量变送器

LT 代替人眼来检测液位的高低，并将其转换为标准的电信号，如 4 ~ 20mA 直流信号。同时，采用液位控制器 LC 代替人脑，通过接收液位测量信号，并与其给定值进行比较。控制器根据偏差的正、负、大、小及变化情况，发出标准的控制信号，如 4 ~ 20mA 直流信号。此外，需要采用自动执行机构代替人手，来实施对出口流量的控制，这里为控制阀。控制阀根据控制信号变化来增大或减小出口阀门的开度以调节出水流量，并最终使液位测量值接近或等于给定值。这样，就构成了一个典型的液位自动控制系统，其中测量变送器、控制器和执行器分别具有眼、脑、手的功能。通常将控制器、变送器用通用符号来表示，液位自动控制回路如图 1-2 所示。

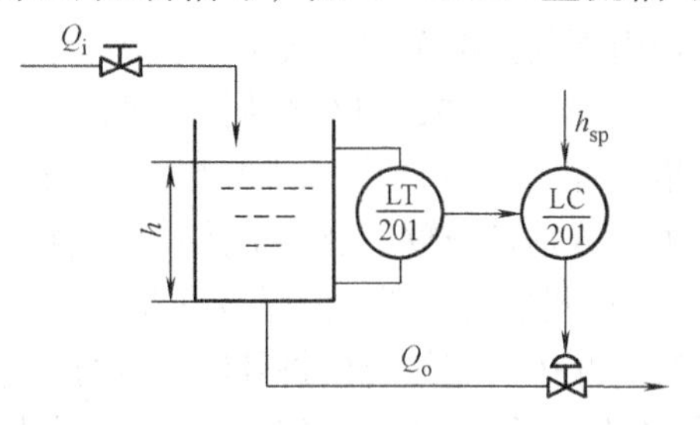

图 1-2 液位自动控制回路

在带控制点的工艺流程图中，圆圈表示某些自动化仪表，圆圈内通常由“两位以上字母 + 序号”组成，第 1 位字母表示被控变量的类别，常见的字母包括 T（温度）、P（压力）、dP（差压）、F（流量）、L（液位或料位）、A（分析量）、W（重量或藏量）、D（密度）等；后继字母表示仪表功能，常见的字母包括 T（传感变送器）、C（控制器）、I（指示仪表）等。而序号通常与被控变量的检测位号有关，同一回路的自动化仪表采用同一序号，序号位数可依据装置的复杂程度而有所不同。

在图 1-2 中，LT-201 表示第 2 工段第 1 号液位变送器，LC-201 表示第 2 工段第 1 号液位控制器。该控制回路的目标是保持液位恒定。当进料流量变化导致液位发生变化时，通过液位变送器 LT-201 将液位转化为电信号，并送至液位控制器 LC-201 与其给定值进行比较，该控制器根据其偏差信号进行运算后将控制命令送至控制阀，以改变出口流量来维持液位的稳定。

[例 1-2] 针对蒸汽加热器的某一温度自动控制系统如图 1-3 所示，它由蒸汽加热器、温度变送器 TT、温度控制器 TC 和蒸汽流量控制阀组成，控制目标是保持流体出口温度 T 恒定。当进料流量 R_F 或温度 T_i 等因素的变化引起出口物料的温度变化时，通过温度变送器 TT 测得温度的变化，并将其信号 T_m 送至温度控制器 TC 与给定值 T_{sp} 进行比较，温度控制器 TC 根据其偏差信号进行运算后将控制命令 $u(t)$ 送至控制阀，以改变蒸汽量 R_V 来维持出口温度。

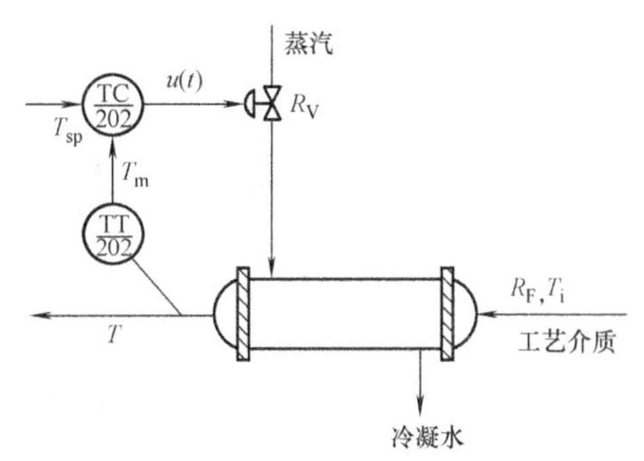

图 1-3 蒸汽加热器温度控制系统

[例 1-3] 储罐压力自动控制系统如图 1-4 所示，它由气体储罐、压力变送器 PT、压力控制器 PC 和进气控制阀组成。控制的目标是保持储罐内压力的恒定。当气源压力 p_1、出口压力 p_2 或其他因素发生变化时，气罐压力将偏离其给定值。利用压力测量变送器，将压力信号转化为标准电流信号；该信号送至压力控制器与其给定值进行比较；压力控制器根据其偏差信号进行运算后，将控制命令送至控制阀，改变进气阀门开度，从而调整进气量，最终使罐内压力维持在给定值。

2. 控制系统的组成及框图

以上所列举的控制系统都属于简单控制系统，与任何其他的控制系统相同，这些控制系统均由下列基本单元组成。

1）被控对象（也称被控过程）。被控对象是指被控制的生产设备或装置。针对以上三个例子，分别是液罐、蒸汽加热器、气罐系统。

图 1-4　储罐压力自动控制系统

2）测量变送器。测量变送器用于测量被控变量，并按一定的规律将其转换为标准信号输出。依据电气标准的不同，常用的标准信号包括 DC 0 ~ 10mA 信号（DDZ Ⅱ型仪表）、DC4 ~ 20mA 信号（DDZ Ⅲ型仪表）、0.02 ~ 0.10MPa 气动信号等。

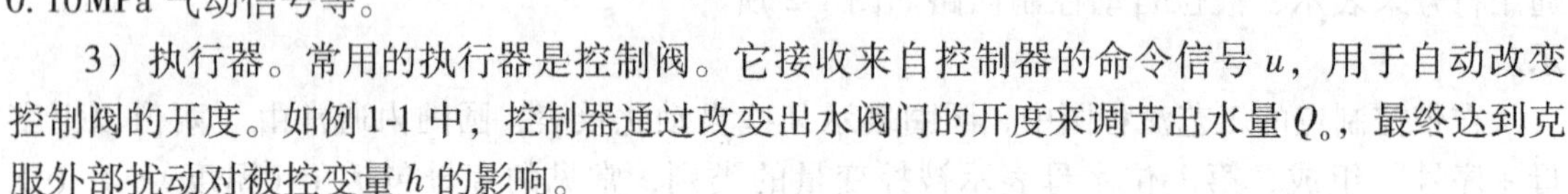

3）执行器。常用的执行器是控制阀。它接收来自控制器的命令信号 u，用于自动改变控制阀的开度。如例 1-1 中，控制器通过改变出水阀门的开度来调节出水量 Q_o，最终达到克服外部扰动对被控变量 h 的影响。

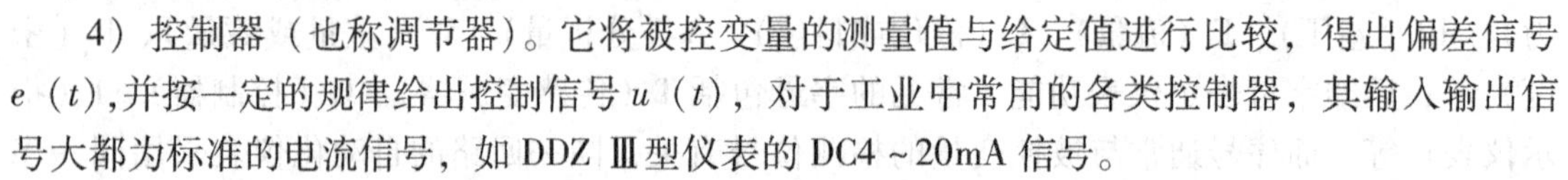

4）控制器（也称调节器）。它将被控变量的测量值与给定值进行比较，得出偏差信号 $e(t)$，并按一定的规律给出控制信号 $u(t)$，对于工业中常用的各类控制器，其输入输出信号大都为标准的电流信号，如 DDZ Ⅲ型仪表的 DC4 ~ 20mA 信号。

通常，用文字叙述的方法来描述控制系统的组成和工作原理较为复杂，而在过程控制实践中常采用直观的框图来表示。如图 1-5 为液位控制系统框图。一般的单回路控制系统框图可用如图 1-6 所示的框图来表示。框图中每一条线代表系统中的一个信号，线上的箭头表示信号传递的方向；每个方框代表系统中的一个环节，它表示了其输入对其输出的影响。框图可以把一个控制系统变量间的关系完整地表达出来。

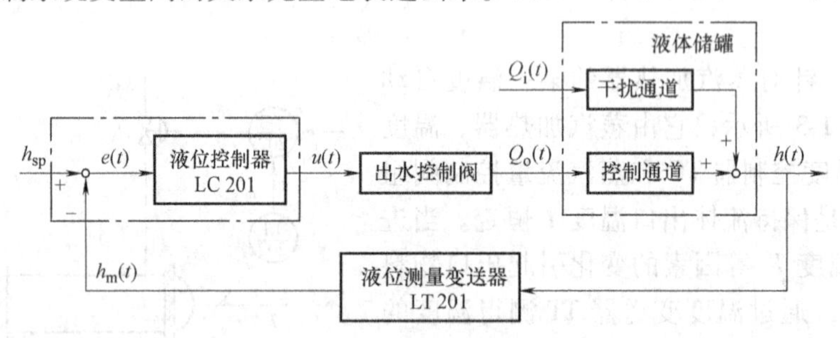

图 1-5　液位控制系统框图

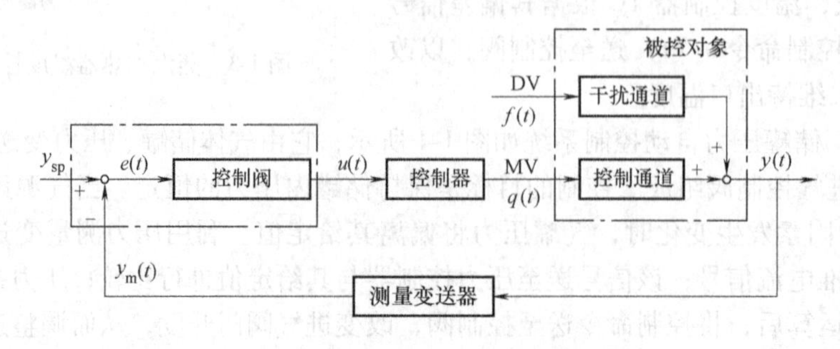

图 1-6　单回路控制系统框图

3. 过程控制的术语

在过程控制领域常用的专业术语有如下几种。

1）被控变量（Controlled Variable，CV）。也称为受控变量或过程变量（Process Variable，PV）。它是指被控对象需要维持在其理想值的工艺变量，如上述各例中的液罐液位、换热器工艺介质出口温度、罐内压力。在过程控制中常用的被控变量包括：温度、压力/差压、液位/料位、流量、成分含量等实际物理量。有时，也可以用过程变量的检测电信号来表示被控变量，该测量信号称为过程变量的测量值（Measurement）。

2）设定值（Setpoint，SP）。也称为给定值（Setpoint Value，SV）。它是指被控变量要求达到的期望值。作为控制器的参考输入信号，设定值在实际应用中通常用其对应的电量或相对百分比来表示，以便于与被控变量的测量值进行比较。

3）操作变量。也称为操纵变量（Manipulated Variable，MV）。通常是由执行器控制的某一工艺介质流量。操纵变量对被控变量的影响要求直接、灵敏、快速。以图1-3所示的蒸汽加热器温度控制系统为例，其操作变量为蒸汽流量，它对被控变量（流体出口温度）的影响为“正作用”，即蒸汽量的增加，在其他条件不变的情况下使流体出口温度增加；此外，由于蒸汽冷凝所放出的大量潜热，使操作变量对被控变量的作用非常灵敏。值得一提的是，很多文献对“操作变量”与“控制变量”不加区分。在过程控制领域，“控制变量”通常指控制器的输出电信号，即执行器的输入信号；而“操作变量”往往指某一执行器可控制、对被控变量有直接影响的物理量，最常见的是一些工艺介质流量。

4）扰动变量（Disturbance Variable，DV）。也称为干扰变量或简称扰动，是指任何导致被控变量偏离其给定值的输入变量，对于图1-3所示的蒸汽加热器温度控制系统，其扰动变量包括：蒸汽的阀前压力、工艺介质的进料流量、进料温度与组成等；同样，对于图1-4所示的储罐压力控制系统，其扰动变量包括：控制阀前压力、出口压力、出口阀开度等。对于控制系统而言，扰动主要来源于扰动变量的动态变化。

1.1.3 自动控制系统的分类

自动控制系统有多种分类方法，可以按被控变量来分类，如温度、压力、流量、液位等控制系统；也可以按控制器具有的控制规律来分类，如比例、比例积分、比例微分、比例积分微分等控制系统。在分析自动控制系统特征时，最常用的是将控制系统按照工艺过程需要控制的被控变量的给定值是否变化和如何变化来分类，可将自动控制系统分为3类：定值控制系统、伺服控制系统和程序控制系统。

1. 定值控制系统

所谓的“定值”就是恒定给定值的简称。生产工艺中，如果要求控制系统的作用是使被控制的工艺参数保持在一个生产指标上不变，或者说要求被控变量的给定值不变，那么就需要采用定值控制系统。图1-2所讨论的液位控制系统就是定值控制系统的一个例子，这个控制系统的目的是使罐内的液位保持在给定值不变。同样，图1-3所示的温度控制系统也属于定值控制系统，它的目的是为了使出口物料的温度保持恒定，化工生产要求的大都是这种类型的控制系统，因此后面所讨论的，如果未加特别说明，都是指定值控制系统。

2. 伺服控制系统（自动跟踪控制系统）

这类系统的特点是给定值不断地变化，而且这种变化不是预先规定好了的，也就是说给定值是随机变化的，伺服控制系统的目的就是使所控制的工艺参数准确而快速地跟随给定值的变化而变化。例如航空上的导航雷达系统、电视台的天线接收系统，都是伺服控制系统的例子。

在化工生产中，有些比值控制系统就属于伺服控制系统。例如要求甲流体的流量与乙流体的流量保持一定的比值，当乙流体的流量变化时，要求甲流体的流量能快速而准确地随之变化。由于乙流体的流量变化在生产中可能是随机的，所以相当于甲流体的流量给定值也是随机的，故属于伺服控制系统。

3. 程序控制系统（顺序控制系统）

这类系统的给定值也是变化的，但它是一个已知的时间函数，即生产技术指标需按一定的时间程序变化。这类系统在间歇生产过程中应用比较普遍。例如合成纤维锦纶生产中的熟化罐温度控制和机械工业中金属热处理的温度控制都是这类系统的例子。

1.1.4 自动控制系统的过渡过程及品质指标

1. 控制系统的静态与动态

自动控制系统的输入有两种，其一是设定值的变化或称设定作用，另一个是扰动的变化或称扰动作用。当输入恒定不变时，整个系统若能建立平衡，系统中各个环节将暂不动作，它们的输出都处于相对静止状态，这种状态称为静态或定态。这里所说的静态，并非指系统内没有物料与能量的流动，而是指各个参数的变化率为零，即参数值保持不变。此时输出与输入之间的关系称为系统的静态特性。同样，对于任何一个环节来说，也存在静态。在保持平衡时的输出与输入关系称为环节的静态特性。

假如一个系统原来处于静态，由于出现了扰动，即输入起了变化，系统的平衡受到破坏，被控变量（即输出）发生变化，自动控制装置就会动作，进行控制，以克服扰动的影响，力图使系统恢复平衡。从输入开始，经过控制，直到再建立静态，在这段时间内整个系统的各个环节和变量都处于变化的过程之中，这种状态称为动态。另一方面，在给定值变化时，也引起动态过程，控制装置力图使被控变量在新的给定值或其附近建立平衡。总之，由于输入变化，输出随时间而变化，其输出与输入之间的变化关系称为系统的动态特性。

同样，对于任何一个环节来说，当输入变化时，也引起输出的变化，其输出与输入之间的关系称为环节的动态特性。

在控制系统中，了解动态特性比静态特性更为重要。在定值控制系统中，扰动不断产生，控制作用也就不断克服其影响，系统总是处于动态过程中。同样，在随动控制系统中，给定值不断变化，系统也总是处于动态过程中。因此，控制系统的分析重点要放在系统和环节的动态特性上，这样才能设计出良好的控制系统，以满足生产提出的各种要求。

2. 自动控制系统的过渡过程

当自动控制系统的输入发生变化后，被控变量（即输出）随时间不断变化，它随时间而变化的过程称为系统的过渡过程，也就是系统从一个平衡状态过渡到另一个平衡状态的过程。

对于一个稳定的系统，要分析其稳定性、准确性和快速性，常以阶跃作用为输入时的被控变量的过渡过程为例，因为阶跃作用很典型，实际上也经常遇到，且这类输入变化对系统来讲是比较严重的情况。如果一个系统对这种输入有较好的响应，那么对其他形式的输入变化就更能适应。

定值控制系统过渡过程的几种形式如图1-7所示。图1-7a是发散振荡，被控变量一直处于振荡状态，且振幅逐渐增加。图1-7b是单调发散，被控变量虽不振荡，但偏离原来的静态点越来越远。以上两种形式都不稳定，而系统稳定是正常工作的前提。图1-7c是等幅振荡，处于稳定与不稳定的边界，这种系统在一般情况下不采用。图1-7d是衰减振荡，图1-7e是单调衰减，这两种形式都是稳定的，即受到扰动作用后，经过一段时间，最终能趋于一个新的平衡状态，故这两种形式是可以采用的。

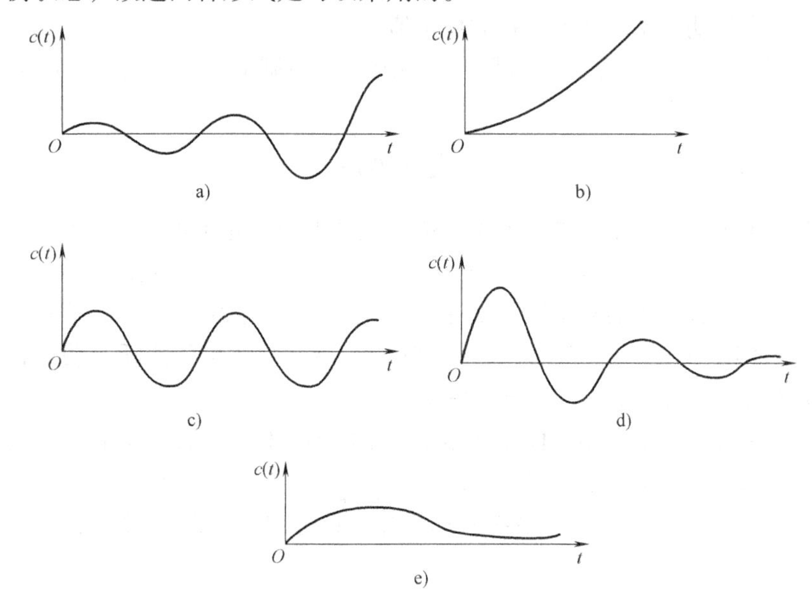

图1-7 定值控制系统过渡过程的几种形式

a）发散振荡 b）单调发散 c）等幅振荡 d）衰减振荡 e）单调衰减

3. 自动控制系统的品质指标

在工业过程中经常以阶跃作用下的过渡过程为准，采用时域内的单项指标来评价控制的好坏。图1-8a、b分别是设定值阶跃变化和扰动作用阶跃变化时过渡过程的典型曲线。设被控变量最终稳态值是C，超出其最终稳态值的最大瞬态偏差为B。

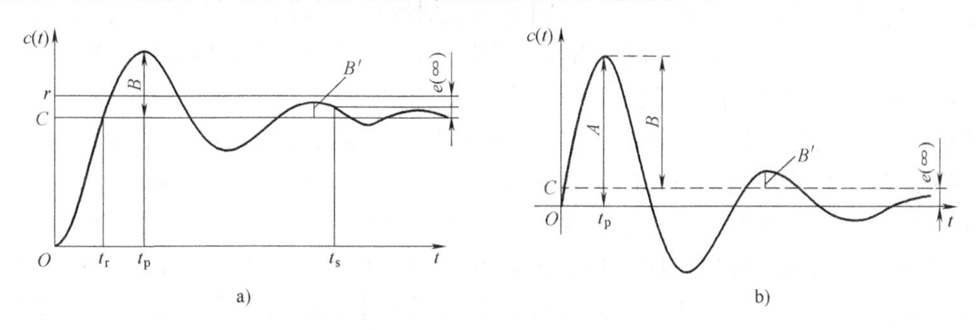

图1-8 设定值和扰动作用阶跃变化时过渡过程的典型曲线

a）设定值阶跃变化 b）扰动作用阶跃变化

主要的时域指标包括衰减比、超调量与最大动态偏差、余差、调节时间和振荡频率、上升时间和峰值时间等。

1）衰减比。衰减比表示振荡过程的衰减程度，是衡量过渡过程稳定程度的动态指标。它等于曲线中前后两个相邻波峰值之比，即

$$n = \frac{B}{B'} \tag{1-1}$$

衰减比习惯上表示为 n:1。如果衰减比 $n<1$，则过渡过程是发散振荡的；如果衰减比 $n=1$，则过渡过程是等幅振荡的；如果衰减比 $n>1$，则过渡过程是衰减振荡的。n 越大，衰减越快，系统越接近非周期过程。为了保持有足够的稳定裕度，衰减比一般取 4:1～10:1，这样大约经过两个周期，系统就趋于新的稳定值。

2）超调量与最大动态偏差。在伺服控制系统中，超调量是一个反映超调情况和衡量稳定程度的指标。超调量定义为

$$\sigma = \frac{B}{C} \times 100\% \tag{1-2}$$

对定值控制系统来说，用超调量来表征被控变量偏离给定值的程度，在图1-8中，以 B 表示，从图中可以看出，超调量为第一个峰值 A 与新稳定值 C 之差，即 $B=A-C$。但是，当最终稳态值是零或者很小的数值时，仍采用 σ 作为反映超调情况的指标就不合适了，通常改用最大动态偏差 A 作为指标。最大动态偏差 A 指的是在单位阶跃扰动下，最大振幅 B 与最终稳态值 C 之和的绝对值，即 $A=|B+C|$。

在衰减振荡过程中，最大动态偏差就是第一个波的峰值，在图1-8中以 A 表示。最大动态偏差表示系统瞬间偏离给定值的最大程度。

3）余差。余差 $e(\infty)$ 是系统的最终稳态偏差，即过渡过程终了时设定值与新稳态值之差，即

$$e(\infty) = r - c(\infty) = r - C \tag{1-3}$$

对于定值控制系统来说，$r=0$，则有 $e(\infty) = -C$。

4）调节时间和振荡频率。调节时间是从过渡过程开始到结束所需的时间。过渡过程要绝对达到新的稳态，理论上需要无限长的时间。一般认为当被控变量进入新稳态值附近 ±5%或±2%以内的区域，并保持在该区域内时，过渡过程结束，此时所需要的时间称为调节时间 t_s。调节时间是反映控制系统快速性的一个指标。

过渡过程同向两波峰（或波谷）之间的间隔时间叫振荡周期，其倒数称为振荡频率。在衰减比相同的情况下，振荡周期与调节时间成正比，一般希望振荡周期短一些为好。

5）峰值时间和上升时间。被控变量达到最大值的时间称为峰值时间 t_p，过渡过程开始到被控变量第一次达到稳定值的时间称为上升时间 t_r，它们都是反映系统快速性的指标。

综上所述，自动控制系统的品质指标主要有：最大动态偏差、超调量、衰减比、余差、过渡时间等。这些指标在不同的系统中各有其重要性，且相互之间既有矛盾，又有联系。因此，在实际工程中，应根据具体情况，那些对生产过程有决定意义的重要指标应优先予以保证。此外，对于一个系统提出的品质要求和评价一个控制系统的质量，应该从实际需要出发，不应过分偏高偏严，否则会造成人力或物力的巨大浪费，甚至无法实现。

[例1-4] 某发酵过程工艺规定操作温度为（40±2）℃。考虑到发酵效果，控制过程中

温度偏离给定值最大不能超过6℃。现设计一定值控制系统，在阶跃扰动作用下发酵罐及反应曲线如图1-9所示。试确定该系统的最大动态偏差、衰减比、余差、过渡时间（按被控变量进入±2%新稳态值即达到稳定来确定）和振荡周期等过渡过程指标，并回答该系统能否满足工艺要求。

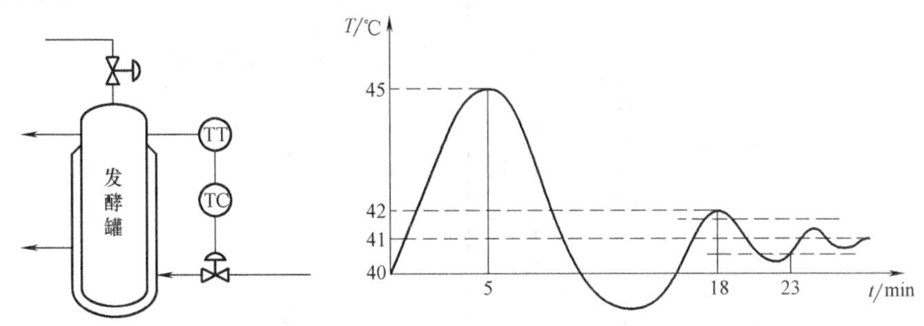

图1-9　发酵罐及反应曲线示意图

解：由反应曲线可知：

最大偏差为 $A=(45-40)℃=5℃$

余差为 $C=(40-41)℃=-1℃$

第一个波峰值：$B=(45-41)℃=4℃$

第二个波峰值：$B'=(42-41)℃=1℃$

则衰减比为 $n=B/B'=4:1$。

过渡时间：由题要求，被控变量进入新稳态值的±2%就可以认为过渡已经结束，那么限制范围应是 $41\times(\pm2\%)=\pm0.82℃$

由图可看出，过渡时间 $T_s=23\text{min}$

振荡周期 $T=(18-5)\text{min}=13\text{min}$

由上述分析可知，该系统能满足要求。

1.1.5　工艺管道及控制流程图

在工艺流程确定以后，工艺人员和自控设计人员应共同研究确定控制方案。控制方案的确定包括流程中各测量点的选择，控制系统的确定及有关自动信号、联锁保护系统的设计等。在控制方案确定以后，根据工艺设计给出流程图，按其流程顺序标注出相应的测量点、控制点、控制系统以及自动信号与联锁保护系统等，形成了工艺管道及控制流程图（PID图）。

图1-10所示为乙烯生产过程中脱乙烷塔的工艺管道及控制流程图。为了说明问题方便，对实际的工艺过程及控制方案做了部分修改。从脱甲烷塔出来的釜液进入脱乙烷塔脱除乙烷。从脱乙烷塔塔顶出来的碳二馏成分经塔顶冷凝器冷凝后，部分作为回流，其余则去乙炔加氢反应器进行加氢反应。从脱乙烷塔底出来的釜液部分经再沸器后返回塔底，其余则去脱丙烷塔脱除丙烷。

在绘制PID图时，图中所采用的图形符号要符合有关的技术规定。过程检测和控制系统用文字代号和图形符号标准，一般认为国际上通用性较强的是美国仪表协会（ISA）和国际标准化组织（ISO）的有关标准。ISA标准内容比较完善，系统性强；ISO标准概括性强，

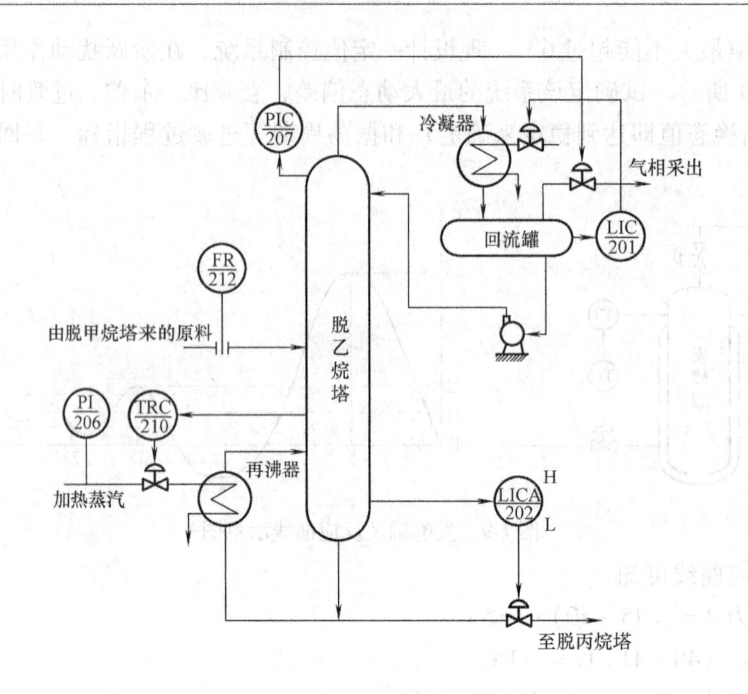

图 1-10 脱乙烷塔的工艺管道及控制流程图

但尚属发展、协调和完善阶段。我国以国际上通用的 ISA 和 ISO 标准为基本框架修订了国家行业标准 HG/T 20505—2000《过程测量与控制仪表的功能标志及图形符号》。下面结合图 1-10 对其中一些常用的统一规定做简要介绍。

1. 图形符号

（1）测量点（包括检测元件、取样点）

测量点是由工艺设备轮廓线或工艺管线引到仪器圆圈的连接线的起点，一般无特定的图形符号，如图 1-11 所示。图 1-10 中的塔顶取压点和加热蒸汽管线上的取压点都属于这种情形。必要时，检测元件也可以用象形或图形符号表示。例如流量检测采用孔板时，检测点也可用图 1-10 中脱乙烷塔的进料管线上的符号表示。

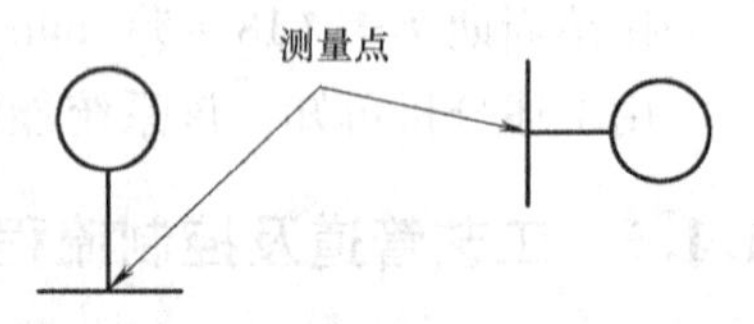

图 1-11 测量点的一般表示方法

（2）连接线

通用的仪表信号线均以细实线表示。连接线表示交叉及相接时，采用图 1-12 的形式。必要时也可用加箭头的方式表示信号的方向。在需要时，信号线也可按气信号、电信号、导压毛细管等采用不同的表示方式以示区别。

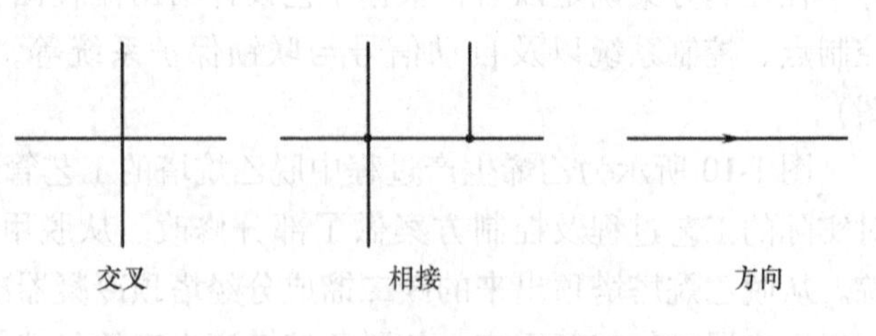

图 1-12 连接线的表示方法

（3）仪表（包括检测、显示、控制）的图形符号

仪表的图形符号是一个细实线圆圈，直径为 12mm 或 10mm，对于不同的仪表安装位置的图形符号见表 1-1。

表 1-1 仪表安装位置的图形符号表示

序号	安装位置	图形符号	备注	序号	安装位置	图形符号	备注
1	就地安装仪表		—	4	集中仪表盘后安装仪表		—
			嵌在管道中				
2	集中仪表盘面安装仪表		—	5	就地仪表盘后安装仪表		—
3	就地仪表盘面安装仪表		—				

对于处理两个或两个以上被测变量，具有相同或不同功能的复式仪表时，可用两个相切的圆或分别用细实线圆与细虚线圆相切表示（测量点在图样上距离较远或不在同一图样上），如图 1-13 所示。

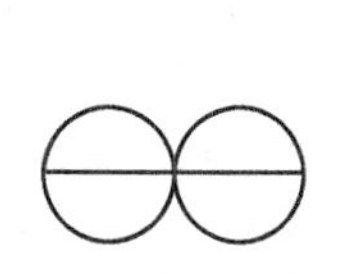

图 1-13 复式仪表表示方法

2. 字母代号

在控制流程图中，用来表示仪表的圆圈的上半圆内，一般写有两位（或两位以上）字母，第 1 位字母表示被测变量，后继字母表示仪表的功能，常用被测变量和仪表功能的字母代号见表 1-2。

表 1-2 被测变量和仪表功能的字母代号

字母	第 1 位字母		后续字母
	被测变量	修饰词	功能
A	分析		报警
C	电导率		控制
D	密度	差	
E	电压（电动势）		检测元件
F	流量	比（分数）	
I	电流		指示
K	时间或时间程序		操作器
L	物位		
M	水分或湿度		
P	压力、真空		
Q	数量	积分、累积	连接点、测试点
R	核辐射		记录
S	速度或频率	安全	开关、联锁
T	温度		传送

（续）

字母	第1位字母		后续字母
	被测变量	修饰词	功能
V	振动、机械监视		阀、风门、百叶窗
W	重量、力		套管
Y	事件、状态	Y轴	继动器、计算器、转换器
Z	位置、尺寸		驱动器、执行机构、未分类的最终执行元件

注：1. “第1位字母”在一般情况下为单个表示被测变量字母，在首字母附加一个修饰字母后，首位字母则为首位字母＋修饰字母。

2. “后续字母”可根据需要为一个字母（读出功能）或两个字母（读出功能＋输出功能），或3个字母（读出功能＋输入功能＋读出功能）等。

3. “分析（A）”指本表中未予规定的分析项目，当需指明具体的分析项目时，应在表示仪器位号的图形符号（圆圈或正方形）旁标明。如分析 CO_2 含量，应在图形符号外标注 CO_2，而不能用 CO_2 代替仪表中的“A”。

4. “继动器（继电器）”表示是起动的设备或器件，但是在回路中不是检测装置，其动作由开关或位置控制器带动。表示继动、计算、转换功能时，应在仪表图形符号（圆圈或正方形）外（一般在右上方）标注其具体功能，但功能明显时也可不标注。

以图1-10的脱乙烷塔控制流程图为例，说明如何以字母代号的组合来表示被测变量和仪表功能。塔顶的压力控制系统中的PIC-207，其中第1位字母P表示被测变量为压力，第2位字母I表示具有指示功能，第3位字母C表示具有控制功能。因此，PIC的组合就表示一台具有指示功能的压力控制器。该控制系统是通过改变气相采出量来维持塔压稳定的。同样，回流罐液位控制系统中的LIC-201是一台具有指示功能的液位控制器，它是通过改变进入冷凝器的冷凝剂量来维持回流罐中液位稳定的。

在塔的下部的温度控制系统中的TRC-210表示一台具有记录功能的温度控制器，它是通过改变进入再沸器的加热蒸汽量来维持塔底温度恒定的。当一台仪表同时具有指示、记录功能时，只需标注字母代号“R”，不标“I”，所以TRC-210可以同时具有指示、记录功能。同样，在进料管线上的FR-212可以表示同时具有指示、记录功能的流量仪表。

在塔底的液位控制系统中的LICA-202代表一台具有指示、报警功能的液位控制器，它是通过改变塔底采出量来维持塔釜液位稳定的。仪表圆圈外标有“H”、“L”字母，表示该仪表同时具有高、低限报警，在塔釜液位过高或过低时，会发出声、光报警信号。

3. 仪表符号

在检测、控制系统中，构成一个回路的每个仪表（或元器件）都应有自己的仪表位号。仪表位号是由字母代号组合和阿拉伯数字编号两部分组成。字母代号的意义前面已经解释了。阿拉伯数字编号写在圆圈的下半部，其第1位数字表示工段号，后续数字（第2位或第3位数字）表示仪器序号。图1-10中仪表数字编号第1位都是2，表示脱乙烷塔在乙烯生产中属于第2工段。通过控制流程图，可以看出其上每台仪表的测量点位置、被测变量、仪表功能、工段号、仪表序号、安装位置等。例如图1-10中的PI-206表示测量点在加热蒸汽管线上的蒸汽压力指示仪表，该仪表为就地安装，工段号为2，仪表序号为06。而TRC-210表示同一工段的一台温度记录控制仪，其温度的测量点在塔的下部，仪表安装在集中仪表盘上面，仪表序号为10。

1.2　过程特性

1.2.1　过程特性的类型

所谓过程特性，是指当被控过程的输入变量(操纵变量或扰动变量)发生变化时，其输出变量(被控变量)随时间的变化规律。过程中各个输入变量对输出变量有着各自的作用途径，将操纵变量 $q(t)$ 对被控变量 $c(t)$ 的作用途径称为控制通道，而将扰动 $f(t)$ 对被控变量 $c(t)$ 的作用途径称为扰动通道。在研究过程特性时对控制通道和扰动通道都要加以考虑。

广义对象特性可以通过控制作用 $u(t)$ 作阶跃变化(扰动 $f(t)$ 不变)时被控对象的时间特性 $c(t)$，以及扰动 $f(t)$ 作阶跃变化(控制作用 $u(t)$ 不变)时被控变量的时间特性 $c(t)$ 来获得。用图形表示时，前者称为控制通道的响应曲线，后者称为扰动通道的响应曲线。

响应曲线可分为以下 4 种类型。

(1) 自衡的非振荡过程

在阶跃作用下，被控变量不经振荡，逐渐向新的稳态值靠拢，称为自衡的非振荡过程。图 1-14 所示的液体储槽中的液位高度 h 和图 1-15 所示的蒸汽加热器出口温度 θ 都具有这种特性，其响应曲线分别如图 1-16a、b 所示。

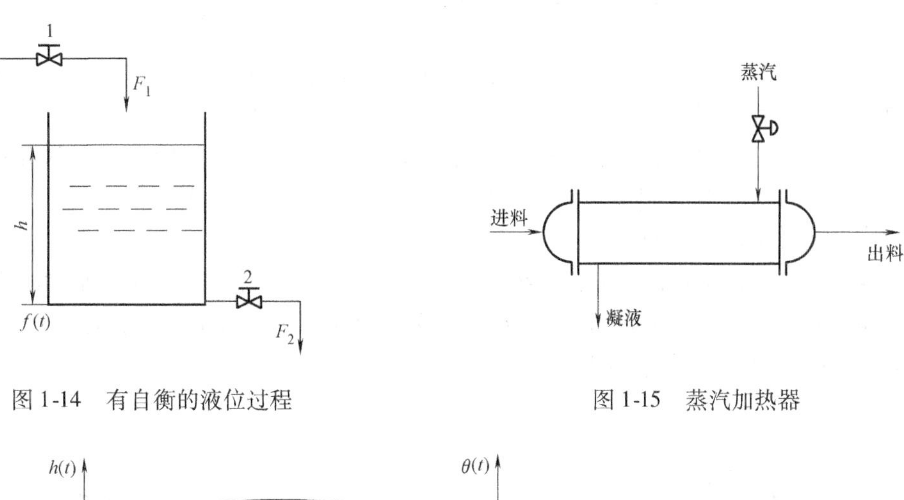

图 1-14　有自衡的液位过程　　图 1-15　蒸汽加热器

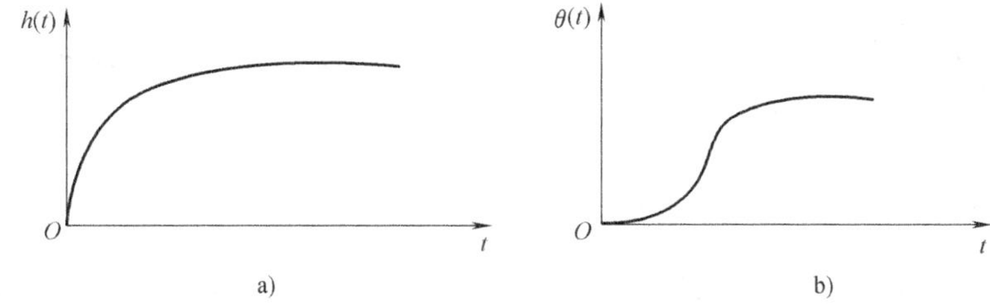

图 1-16　自衡的非振荡过程

在图 1-14 中，当进料阀开度增大、进料量增加时，破坏了储槽原有的物料平衡状态。由于进料多于出料，多余的液体在储槽内蓄积起来，使储槽液位升高。随着液位上升，出料量也因静压的增加而增大。这样进、出料量之差会逐渐减小，液位上升速度也逐渐变慢，最后当进、出料量相等时，液位也就稳定在一个新的位置上。显然这种过程会自发地趋于新的平衡状态。

图 1-15 所示蒸汽加热器也有类似特性。当蒸汽阀门开度增大，流入的蒸汽流量增大时，热平衡被破坏。由于输入热量大于输出热量，多余的热量加热管壁，继而使管内流体温度升高，出口温度也随之上升。这样，随着输出热量的增大，输入、输出热量之差会逐渐减小，流体出口温度的上升速度也逐渐变慢。这种过程最后也能在新的出口温度下自发地建立起新的热量平衡状态。

（2）无自衡的非振荡过程

无自衡的非振荡过程在阶跃作用下，被控变量会一直上升或下降，直到极限值。图 1-17a所示也是一个液体储槽，它与图 1-14 所示的液体储槽差别在于出料不是用阀门节流，而是用定量泵抽出，因此，当进料量增加后，液位的上升不会影响出料量。当进料量做阶跃变化后，液位等速上升，不能建立起新的物料平衡状态，其响应曲线如图 1-17b 所示。

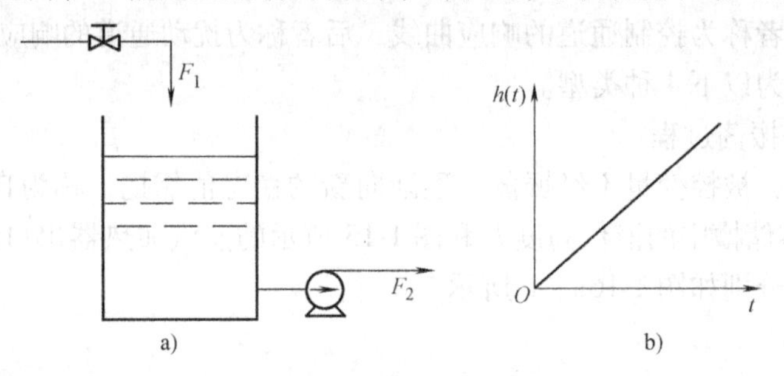

图 1-17 无自衡的非振荡液位过程

（3）自衡的振荡过程

在阶跃作用下，被控变量出现衰减振荡过程，最后能趋向新的稳态值，称自衡的振荡过程，如图 1-18 所示。这类过程不多见，显然，具有振荡的过程也较难控制。

（4）具有反向特性的过程

有少数过程会在阶跃作用下，被控变量先降后升，或先升后降，即起始时的变化方向与最终的变化方向相反，出现如图 1-19 所示的反向特性，例如锅炉水位控制。处理这类过程必须十分谨慎，要避免误向控制动作。

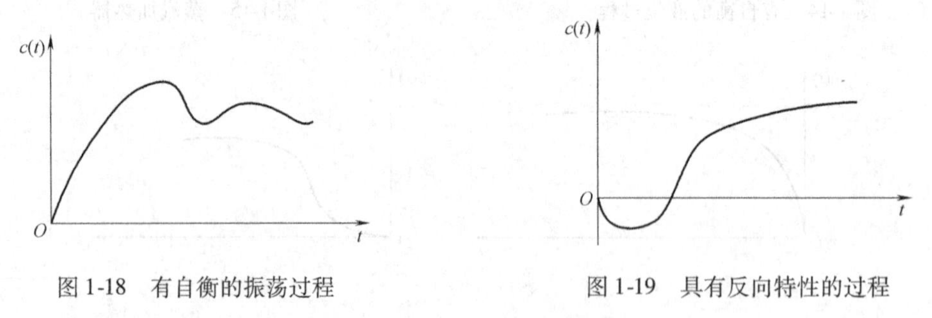

图 1-18 有自衡的振荡过程　　图 1-19 具有反向特性的过程

在以上介绍的 4 种不同类型的过程中，以有自衡的振荡过程最为多见。

1.2.2 过程的数学描述

在研究被控过程特性时通常必须将具体过程的输入、输出关系用数学方程式表达出来，这种数学模型又称为参量模型。数学方程式有微分方程、偏微分方程、状态方程等形式。建立数学模型的基本方法是根据被控过程的内部机理列写各种有关的平衡方程，如物料平衡方程、能量平衡方程、动量平衡方程、相平衡方程以及某些物性方程、设备特性方程、化学反应定律、电路基本定律等，从而获得被控过程的数学模型。这种建立数学模型的方法称为机理建模方法，所建立的数学模型又称为机理模型。

图1-20所示为直接蒸汽加热器的示意图。图中 θ_a 为热物料出口温度，F_a 为热物料流量，Q_a 为热物料单位时间内带走的热量；θ_c 为冷物料进口温度，F_c 为冷物料流量，Q_c 为冷物料单位时间内带入的热量；Q_s 为加热蒸汽在单位时间内带入的热量。由于蒸汽相对于冷物料的耗用量少，当过程处于原有稳定状态时，可近似地认为 $F_{c0}=F_{a0}=F_0$。若物料的比热容为 c，近似作常数处理，且忽略热损，单位时间内输入过程的热量必等于单位时间内输出过程的热量，即

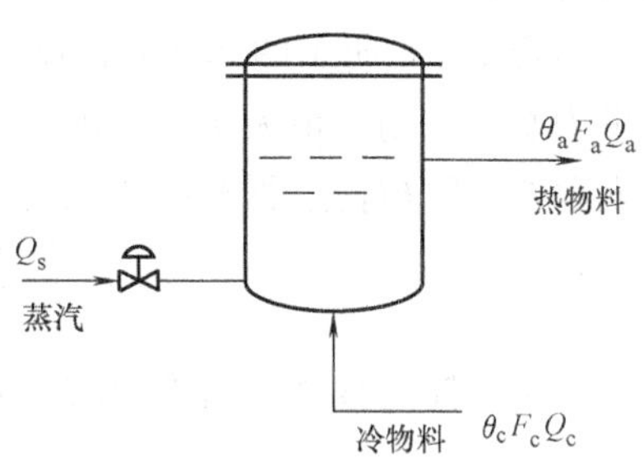

图1-20 传热过程示意图

$$Q_{s0}+cF_0\theta_{c0}=cF_0\theta_{a0} \tag{1-4}$$

在这一传热过程中，把加热蒸汽量作为操纵变量比较容易确定，而扰动则可以是冷物料的进口温度、流量、成分的变化，这里暂时假定为冷物料进口温度的变化。

当加热蒸汽带入的热量和冷物料温度作阶跃增加时，必将导致过程蓄热量的变化，其热量平衡方程为

$$\begin{aligned}\frac{dQ}{dt}&=Q_s+Q_c-Q_a\\&=Q_{s0}+\Delta Q_s+cF_0(\theta_{c0}+\Delta\theta_c)-cF_0(\theta_{a0}+\Delta\theta_a)\\&=\Delta Q_s-cF_0\Delta\theta_a+cF_0\Delta\theta_c\end{aligned} \tag{1-5}$$

式中，dQ/dt 为过程蓄热量的变化率；ΔQ_s 为加热蒸汽热量的增量；$\Delta\theta_a$ 为热物料出口温度的增量；$\Delta\theta_c$ 为冷物料进口温度的增量。

若过程总的热容量用 C 表示，则过程的蓄热量 Q 为

$$Q=C\theta_a=C(\theta_{a0}+\Delta\theta_a) \tag{1-6}$$

于是

$$C\frac{d\Delta\theta_a}{dt}+cF_0\Delta\theta_a=\Delta Q_s+cF_0\Delta\theta_c \tag{1-7}$$

将上式两边除以 cF_0，得

$$\frac{C}{cF_0}\frac{d\Delta\theta_a}{dt}+\Delta\theta_a=\frac{1}{cF_0}\Delta Q_s+\Delta\theta_c \tag{1-8}$$

令 $\frac{1}{cF_0}=R$，$RC=T$，则有

$$T\frac{d\Delta\theta_a}{dt}+\Delta\theta_a=R\Delta Q_s+\Delta\theta_c \tag{1-9}$$

若 $\Delta\theta_c=0$，则过程控制通道的动态方程

$$T\frac{d\Delta\theta_a}{dt}+\Delta\theta_a=R\Delta Q_s \tag{1-10}$$

若 $\Delta Q_s=0$，则过程扰动通道的动态方程

$$T\frac{\mathrm{d}\Delta\theta_{\mathrm{a}}}{\mathrm{d}t}+\Delta\theta_{\mathrm{a}}=\Delta\theta_{\mathrm{c}} \tag{1-11}$$

式(1-10)和式(1-11)中，T为传热过程控制通道或扰动通道的时间常数；R为传热过程控制通道的放大系数。

结合图1-6所示的单回路控制系统框图的一般形式，此传热过程的控制变量为θ_{a}，操纵变量为θ_{s}，扰动变量为θ_{c}，则由上述传热过程的分析可得：按控制变量、操纵变量、扰动变量表示的一阶被控过程控制通道的动态方程为

$$T_0\frac{\mathrm{d}\Delta c(t)}{\mathrm{d}t}+\Delta c(t)=K_{\mathrm{o}}\Delta q(t) \tag{1-12}$$

一阶被控过程扰动通道的动态方程为

$$T_{\mathrm{f}}\frac{\mathrm{d}\Delta c(t)}{\mathrm{d}t}+\Delta c(t)=K_{\mathrm{f}}\Delta f(t) \tag{1-13}$$

式(1-12)和式(1-13)中，T_0、T_{f}、K_0和K_{f}分别为控制通道、扰动通道的时间常数和放大系数；$\Delta c(t)$、$\Delta q(t)$、$\Delta f(t)$分别为被控变量增量和扰动变量增量。

对时域信号进行拉普拉斯变换(拉普拉斯变换时将导数项变为s，积分项变为$1/s$)，则式(1-12)和式(1-13)可写成

$$(T_{\mathrm{o}}s+1)C(s)=K_{\mathrm{o}}Q(s) \tag{1-14}$$

$$(T_{\mathrm{f}}+1)C(s)=K_{\mathrm{f}}F(s) \tag{1-15}$$

输出变量拉普拉斯变换$C(s)$与输入变量拉普拉斯变换$Q(s)$(或$F(s)$)之比称为传递函数。因此，一阶控制通道的传递函数为

$$G_{\mathrm{p}}(s)=\frac{C(s)}{Q(s)}=\frac{K_{\mathrm{o}}}{T_{\mathrm{o}}s+1} \tag{1-16}$$

扰动通道的传递函数为

$$G_{\mathrm{f}}(s)=\frac{C(s)}{F(s)}=\frac{K_{\mathrm{f}}}{T_{\mathrm{f}}s+1} \tag{1-17}$$

1.2.3 过程对象特性的参数

由前面分析可知，对象的特性可以通过数学模型来描述，但是为了研究问题方便起见，在实际工作中，常用放大系数K、时间常数T和时滞τ来表示对象的特性，这些物理量称为对象的特征参数。

1. 放大系数K

以直接蒸汽加热器为例，冷物料从加热器底部流入，经蒸汽直接加热至一定温度后，由加热器上部流出送到下道工序。这里，热物料出口温度为被控变量$c(t)$(或被控变量的测量值$y(t)$)，加热蒸汽流量为操纵变量$q(t)$，而冷物料入口温度或冷物料流量的变化量为扰动$f(t)$。直接蒸汽加热器及其阶跃响应曲线如图1-21所示(考虑控制作用时，图中$F(t)$即为$q(t)$，而考虑扰动作用时，图中$F(t)$为$f(t)$)。

由于被控变量$c(t)$受到控制作用(控制通道)和扰动作用(扰动通道)的影响，因此，过程的放大系数乃至其他特性参数也将从这两个方面来分析。

(1) 控制通道放大系数K。

设过程处于原有稳定状态时，被控变量为 $c(0)$，操纵变量为 $q(0)$。当操纵变量（本例中的蒸汽流量）作幅度为 Δq 的阶跃变化时，必将导致被控变量的变化（见图 1-21b），且有 $c(t) = c(0) + \Delta c(t)$（其中 $\Delta c(t)$ 为被控变量的变化量），则过程控制通道的放大系数 K_o 即为被控变量的变化量 Δc 与操纵变量的变化量 Δq 在时间趋于无穷大时之比，即

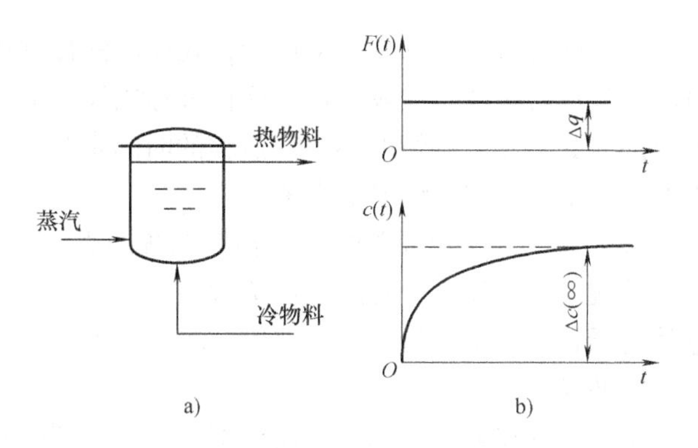

图 1-21 直接蒸汽加热器及其阶跃响应曲线

$$K_o = \frac{\Delta c(\infty)}{\Delta q} = \frac{c(\infty) - c(0)}{\Delta q} \tag{1-18}$$

式中，$\Delta c(\infty)$ 为过程结束时被控变量的变化量。

式(1-18)表明，过程控制通道的放大系数 K_o 反映了过程以初始工作点为基准的被控变量与操纵变量在过程结束时的变化量之间的关系，是一个稳态特性参数。所谓初始工作点，即过程原有的稳定状态。

操纵变量 $q(t)$ 对应的放大系数 K_o 的数值大，说明控制作用显著。因此，假定工艺上允许有几种控制手段可供选择，应该选择 K_o 适当大一些的控制手段，并以有效的介质流量作为操纵变量。当然，比较不同的放大系数时应该有一个相同的基准，就是在相同的工作点下操纵变量都改变相同的百分数。

（2）扰动通道放大系数 K_f

在操纵变量 $q(t)$ 不变的情况下，过程受到幅度为 Δf 的阶跃扰动作用，过程从原有稳定状态达到新的稳定状态时被控变量的变化量 $\Delta c(\infty)$ 与扰动幅度 Δf 之比称为扰动通道的放大系数 K_f，即

$$K_f = \frac{\Delta c(\infty)}{\Delta f} = \frac{c(\infty) - c(0)}{\Delta f} \tag{1-19}$$

K_f 的大小对控制过程所产生的影响比较容易理解。设想如果没有控制作用，过程在受到扰动 Δf 作用后，被控变量的最大偏差值就是 $K_f \Delta f$。因此，在相同的 Δf 作用下，K_f 越大，被控变量偏离设定值的程度也越大；在组成控制系统后，情况仍然如此，$K_f \Delta f$ 大时，定值控制系统的最大偏差也大。

2. 时间常数 T

控制过程是一个动态过程，用放大系数只能分析稳态特性，即分析变化的最终结果。但是，只有在同时了解动态特性参数之后，才能知道具体的变化过程。

时间常数 T 是表征被控变量变化快慢的动态参数。其定义为在阶跃外作用下，系统的输出变化量完成全部变化量的 63.2% 所需的时间（即时间常数 T）。或者另外定义为在阶跃外作用下，系统的输出变化量保持初始变化速度，达到新的稳定值所需要的时间就是这个环节的时间常数 T。这两种定义是一致的。

时间常数对控制系统的影响可分为以下两种情况。

（1）控制通道时间常数 T 对控制系统的影响

由时间常数 T 的物理意义可知，在相同的控制作用下，过程的时间常数 T 大，则被控变量的变化比较缓和，一般而言，这种过程比较稳定，容易控制，但控制过程过于缓慢；过程的时间常数 T 小，则情况相反。过程的时间常数太大或太小，在控制上都存在一定的困难，因此，需要根据实际情况适当考虑。

（2）扰动通道时间常数 T 对控制系统的影响

就扰动通道而言，时间常数 T 大些有一定的好处，相当于将扰动信号进行一定的滤波，这使阶跃扰动对系统的作用显得比较缓和，因此，这种过程比较容易控制。

3. 时滞 τ

不少过程在输入变化后，输出不是随之立即变化，而是需要间隔一段时间才发生变化，这种现象称为时滞现象。

输送物料的皮带运输机可作为典型的纯滞后过程实例，如图 1-22 所示。具有纯滞后时间的阶跃响应曲线如图 1-23 所示。当加料斗出料量变化时，需要经过纯滞后时间 $\tau_o = l/v$ 才进入反应器，其中 l 表示皮带长度，v 表示皮带移动的线速度。l 越长，v 越小，则纯滞后 τ_o 越大。图 1-23 中坐标原点至点 D 所对应的时间即为纯滞后时间 τ_o。

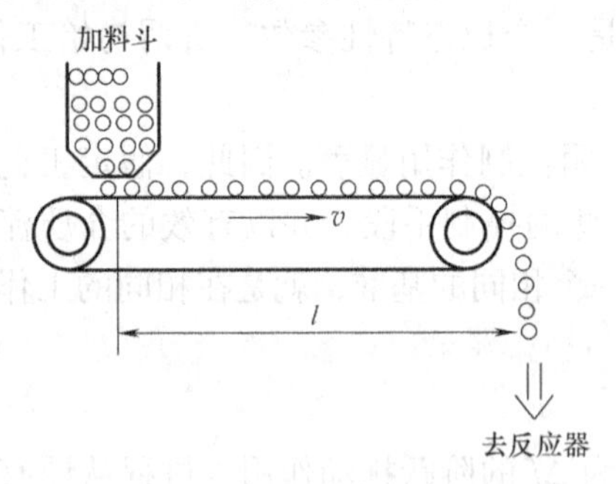

图 1-22 纯滞后过程实例

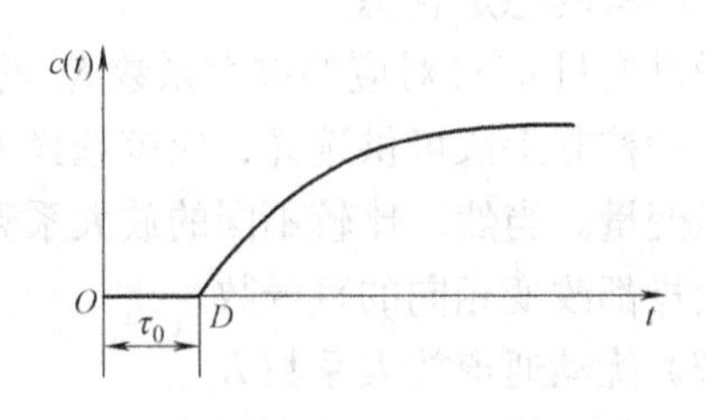

图 1-23 具有纯滞后时间的阶跃响应曲线

过程的另一种滞后现象是容量滞后，它是多容量过程的固有属性，一般是因为物料或能量的传递需要通过一定的阻力而引起的。

多数过程都具有容量滞后。例如在列管式换热器中，管外、管内及管子本身就是 3 个容量；在精馏塔中，每一块塔板就是一个容量。容量数目越多，容量滞后越显著。

实际工业过程中滞后时间往往是纯滞后与容量滞后时间之和，即 $\tau = \tau_o + \tau_c$

（1）时滞对控制通道的影响

时滞 τ 对系统控制过程的影响，需按其与过程的时间常数 T 的相对值 τ/T 来考虑。不论时滞存在于操纵变量方面还是被控变量方面，都将使控制作用落后于被控变量的变化。例如直接蒸汽加热器的温度检测点离物料出口有一段距离，因此容易使最大偏差或超调量增大，振荡加剧，对过渡过程是不利的。在 τ/T 较大时，为了确保系统的稳定性，需要在一定程度上降低控制系统的控制指标。一般认为 $\tau/T \leqslant 0.3$ 的过程较易控制，而 $\tau/T >$（0.5～0.6）的过程往往需要用特殊控制规律。

（2）时滞对扰动通道的影响

对于扰动通道来说，如果存在时滞，相当于将扰动作用推延一段滞后时间 τ 后才进入系统，而扰动在什么时间出现，本来就是不能预知的。因此并不影响控制系统的品质，即对过渡过程曲线的形状没有影响。例如输送物料的皮带运输机，当加料量发生变化时，并不立刻影响被控变量，要间隔一段时间后才会影响被控变量。如果扰动通道存在容量滞后，则将使阶跃扰动的影响趋于缓和，被控变量的变化也缓和些，因而对系统是有利的。

一般而言，在不同变量的过程中，液压和压力过程的 τ 较小，流量过程的 τ 和 T 都较小，温度过程的 τ_c 较大，成分过程的 τ_o 和 τ_c 都较大。

思考题与习题

1-1　乙炔发生器是利用电石和水来产生乙炔气的装置。为了降低电石消耗量，提高乙炔气的收率，确保生产安全，设计了如题图1-1所示温度控制系统。工艺要求发生器温度控制在（80±1）℃。试画出该温度控制系统的框图，并指出图中的被控对象、被控变量、操纵变量以及可能存在的扰动。

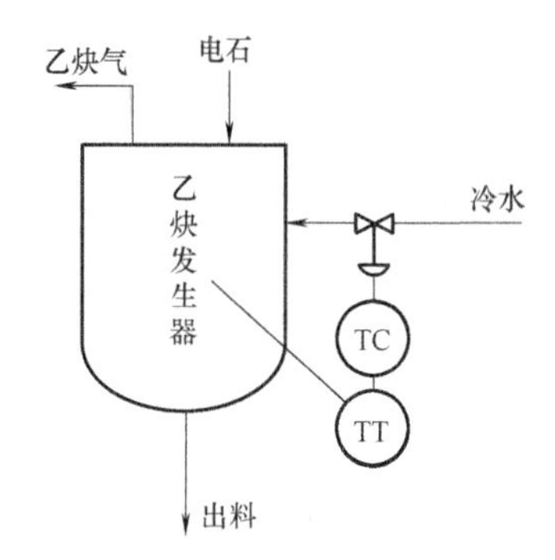

题图1-1　乙炔发生器温度控制系统示意图

1-2　控制系统按照工艺过程需要控制的被控变量的给定值是否变化以及如何变化来分类，可以分为哪几类？其各类系统的特点是什么？

1-3　某化学反应器，现设计的温度定值控制系统在最大阶跃干扰作用下的过渡过程曲线如题图1-2所示，试完成下列内容：

1）求最大偏差值、超调量、衰减比、余差值和振荡周期。

2）如果工艺规定操作温度为（800±9）℃，控制过程中实际温度偏离给定值最大不能超过50℃，试问该系统能否满足要求？

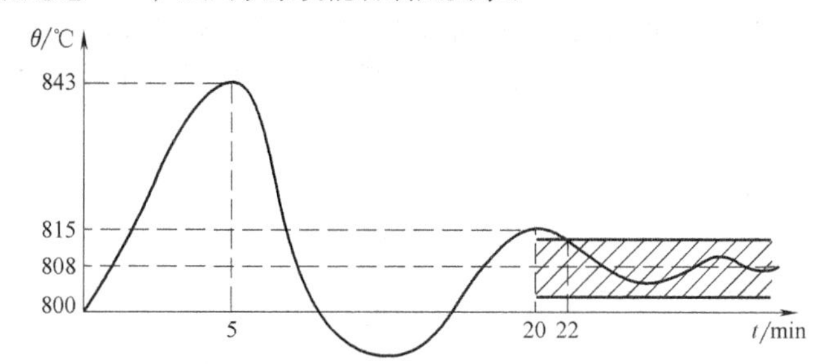

题图1-2　反应器温度控制系统过渡过程曲线

1-4　题图1-3是硫酸生产中的沸腾炉，请说明图中位号和图形的含义。

1-5　题图1-4为一组在阶跃扰动作用下的过渡过程曲线。

1）指出每种过程曲线的名称。

2）试指出哪些过程曲线能基本满足控制要求？哪些不能？为什么？

3）你认为哪个过渡过程最理想，试说明其理由。

1-6　已知某化学反应器的特性是具有纯滞后的一阶特性，其时间常数为4.15，放大系数为8.5，纯滞后时间为3.5，试写出描述该对象特性的一阶微分方程。

1-7　RC 电路如题图1-5所示。U_i 为输入量，U_o 为输出量。在时间 $t=0$ 时，闭合开关S，电容开始充电。此时，电压 U_o 随时间的变化规律为：

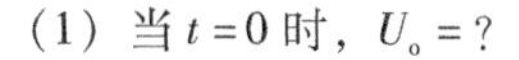
$U_o=U_i\ (1-e^{-t/RC})$。

（1）当 $t=0$ 时，$U_o=$？

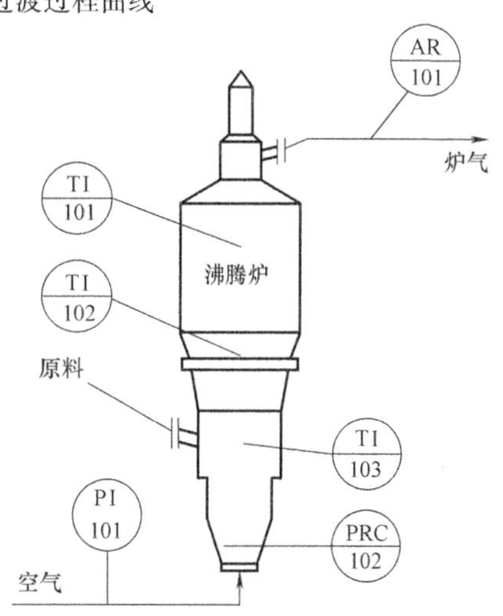

题图1-3　沸腾炉示意图

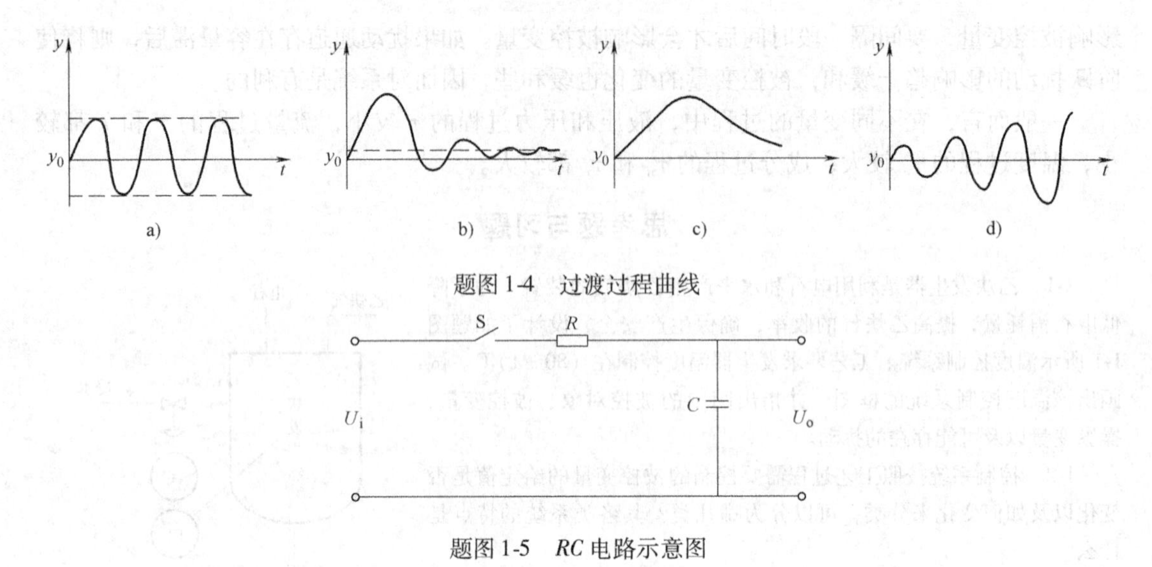

a) b) c) d)

题图 1-4 过渡过程曲线

题图 1-5 *RC* 电路示意图

当 $t=T$ 时，$U_o=?$

当 $t=\infty$ 时，$U_o=?$

（2）给出 U_i 作阶跃变化时，画出 U_o 随时间变化的响应曲线形状。

（3）根据已知条件，确定对象的特性参数 K、T、τ。

1-8 为了测定某重油预热炉的对象特性，在某瞬间（假定为 $t_0=0$）突然将燃料气量从 2.5 t/h 增加到 3.0 t/h，重油出口温度记录仪得到的阶跃反应曲线如题图 1-6 所示。假定该对象为一阶对象，试写出描述该重油预热炉特性的微分方程式（分别以温度变化量与燃料量变化量为输出量与输入量），并写出燃料量变化量为 0.5 t/h 时温度变化量的函数表达式。

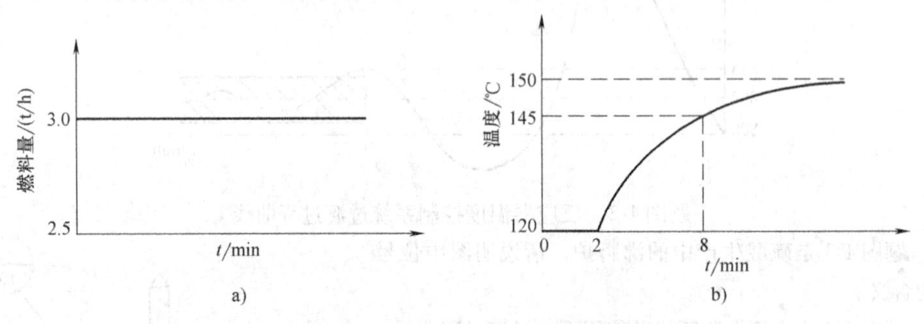

a) b)

题图 1-6 重油预热炉的阶跃反应曲线

a）燃料气的阶跃变化 b）出口温度反应曲线

第2章　测量仪表及传感器

为了实现生产过程自动化，首先必须准确而及时地检测出生产过程中的有关控制参数，如压力、流量、温度、物位等。用来检测这些参数的技术工具称为检测仪表。用来将这些参数转换为一定的便于传送的信号（例如电信号或气压信号）的装置通常称为传感器。当传感器的输出为单元组合仪表中规定的标准信号时，通常称为变送器。本章将主要介绍有关压力、流量、温度、物位等参数的检测方法、检测仪表及相关的传感器或变送器。

2.1　概述

2.1.1　测量过程与测量误差

在生产过程中需要测量的参数是多种多样的，相应的检测方法及仪表的结构原理也各不相同，但从测量过程的实质来看，都是将被测参数与其相应的测量单位进行比较的过程，而测量仪表就是实现这种比较的工具。各种测量仪表不论采用哪一种原理，它们都是要将被测参数经过一次或多次的信号能量的转换，最后获得一种便于测量的信号能量形式，并由指针位移、光标位移或数字形式显示出来。例如各种炉温的测量，常常是利用热电偶的热电效应，把被测温度转换成直流毫伏信号（电能），然后变为毫伏测量仪表上的指针位移，并与温度标尺相比较而显示出被测温度的数值。

在测量过程中，由于所使用的测量工具本身不够准确以及观测者和周围环境的影响等，使得测量的结果不可能绝对准确。由仪表指示的被测值与被测量真值之间总是存在一定的差距，这一差距就称为测量误差。

测量误差通常有两种表示方法，即绝对误差和相对误差。

绝对误差在理论上是指仪表指示值 x_i 和被测量的真值 x_t 之间的差值，可表示为

$$\Delta = x_i - x_t \tag{2-1}$$

所谓真值是指被测物理量客观存在的真实数值，一般情况下，它是无法得到的理论值。因此，在工业上，测量仪表在其测量范围内各点读数的绝对误差，一般用被校表（精确度较低）和标准表（精确度较高）同时对同一被测量进行测量所得到的两个读数之差来表示，即

$$\Delta = x - x_0 \tag{2-2}$$

式中，Δ 为绝对误差；x 为被校表的读数值；x_0 为标准表的读数值。

测量误差还可以用相对误差来表示。相对误差等于某一点的绝对误差 Δ 与标准表在这一点的指示值 x_0 之比，即

$$\gamma = \frac{\Delta}{x_0} = \frac{x - x_0}{x_0} \tag{2-3}$$

式中，γ 为仪表在 x_0 处的相对误差。

2.1.2　传感器与变送器

1. 传感器的定义

传感器是一种以一定精确度把被测量（主要是非电量）转换成为与之有确定关系、便于应用的某种物理量（主要是电量）的测量装置。这一定义包括了以下几个方面的含义：传感器是测量装置，能完成检测任务；它的输入量是某一被测量，如物理量、化学量、生物量等；它的输出是某种物理量，这种量要便于传输、转换、处理、显示等，这种量可以是气、光、电量，但主要是电量；输出与输入间有对应关系，且有一定的精确度。

2. 传感器的组成

传感器一般由敏感元件、转换元件、转换电路3部分组成，组成框图如图2-1所示。

图2-1　传感器组成框图

1）敏感元件，它是直接感受被测量，并输出与被测量成确定关系的某一物理量的元件。

2）转换元件，敏感元件的输出就是它的输入，它把输入转换成电路参数。

3）转换电路，将上述电路参数接入转换电路，转换成电量输出。

3. 变送器

当传感器的输出为单元组合仪表中规定的标准信号时，通常称为变送器。变送器是单元组合仪表中不可缺少的基本单元，其作用是将检测元件的输出信号转换成标准统一信号（如4~20mA直流电流）送往显示仪表或控制仪表进行显示、记录或控制。由于生产过程变量种类繁多，因此相应的变送器也各异，如温度变送器、差压变送器、压力变送器、液位变送器、流量变送器等。有的变送器将测量单元和变送单元做在一起（如压力变送器），有的则仅有变送功能（如温度变送器）。

2.1.3　仪表的性能指标

一台仪表性能的优劣，在工程上可用以下指标来衡量。

1. 精确度（简称精度）

任何测量过程都存在一定的误差，因此使用测量仪表时必须知道该仪表的精确程度，以便估计测量结果与真实值的差距，即估计测量值误差的大小。

前面已经提到，仪表的测量误差可以用绝对误差Δ来表示。但是，必须指出，仪表的绝对误差在测量范围内各点是不相同的。因此，常说的“绝对误差”指的是绝对误差中的最大值Δ_{max}。

事实上，仪表的精确度不仅与绝对误差有关，而且还与仪表的测量范围有关。例如，两台测量范围不同的仪表，如果它们的绝对误差相等的话，测量范围大的仪表精确度较测量范围小的为高。因此，工业上经常将绝对误差折合成仪表测量范围的百分数表示，称为相对百分误差δ，即

$$\delta = \frac{\Delta_{max}}{\text{测量范围上限值} - \text{测量范围下限值}} \times 100\% \tag{2-4}$$

仪表的测量范围上限值与下限值之差，称为该仪表的量程。

根据仪表的使用要求，规定一个在正常情况下允许的最大误差，这个允许的最大误差就叫允许误差。允许误差一般用相对百分误差来表示，即某一台仪表的允许误差是指在规定的正常情况下允许的相对百分误差的最大值，即

$$\delta_{允} = \pm \frac{\text{仪表允许的最大绝对误差}}{\text{测量范围上限值} - \text{测量范围下限值}} \times 100\% \tag{2-5}$$

仪表的$\delta_{允}$越大，表示它的精确度越低；反之，仪表的$\delta_{允}$越小，表示仪表的精确度越高。

事实上，国家就是采用这一办法来统一规定仪表的精确度（精度）等级的。将仪表的允许相对百分误差去掉符号“±”及“%”，便可以用来确定仪表的精确度等级。目前，我国生产的仪表常用的精确度等级有0.005、0.02、0.05、0.1、0.2、0.4、0.5、1.0、1.5、2.5、4.0等。如果某台测温仪表的允许误差为±1.5%，则认为该仪表的精确度等级符合1.5级。为了进一步说明如何确定仪表的精确度等级，下面举两个例子说明。

［**例2-1**］　某台测温仪表的测温范围为200～700℃，校验该表时得到的最大绝对误差为+4℃，试确定该仪表的精度等级。

解：该仪表的相对百分误差为

$$\delta = \frac{+4}{700-200} \times 100\% = +0.8\%$$

如果将该仪表的δ去掉符号“+”与“%”，其数值为0.8。由于国家规定的精度等级中没有0.8级仪表，同时，该仪表的误差超过了0.5级仪表所允许的最大误差，所以，这台测温仪表的精度等级为1.0级。

［**例2-2**］　某台测温仪表的测温范围为0～1000℃。根据工艺要求，温度指示值的误差不允许超过±7℃，试问应如何选择仪表的精度等级才能满足上述要求？

解：根据工艺的要求，仪表的允许误差为

$$\delta_{允} = \pm \frac{7}{1000-0} \times 100\% = \pm 0.7\%$$

如果将仪表的允许误差去掉符号“±”与“%”，其数值介于0.5～1.0，如果选择精度等级为1.0级的仪表，其允许的误差为±1.0%，超过了工艺上允许的数值，故应选择0.5级仪表才能满足工艺要求。

例2-1是根据仪表校验数据来确定仪表精度等级，例2-2是根据工艺要求来选择仪表精度等级，由上述两个例子可以看出，根据仪表校验数据来确定仪表精度等级时，仪表的允许误差应该大于（至少等于）仪表校验所得的相对百分误差；根据工艺要求来选择仪表精度等级时，仪表的允许误差应该小于（至多等于）工艺上所允许的最大相对百分误差。

仪表的精度等级是衡量仪表质量优劣的重要指标之一。精度等级数值越小，表征该仪表的精确度越高。0.05级以上的仪表，常用来作为标准表。工业现场用的测量仪表，其精度大多是0.5级以下。

仪表的精度等级一般用不同的符号形式标记在仪表面板上，如(1.5)、△1.0等。

2. 变差

变差是指在外界条件不变的情况下，用同一仪表对被测量在仪表全部测量范围内进行正

反行程（即被测参数逐渐由小到大和逐渐由大到小）测量时，被测量值正行程和反行程所得到的两条特性曲线之间的最大偏差，如图 2-2 所示。

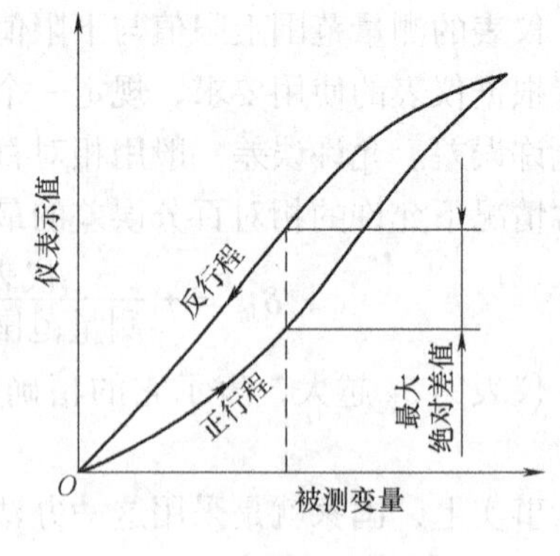

图 2-2 测量仪表的变差

造成变差的原因很多，例如传动机构间存在间隙和摩擦力、弹性元件的弹性滞后等。变差的大小也可用在同一被测参数值下，正反行程间仪表指示值的最大绝对差值与仪表量程之比的百分数表示，即

$$变差 = \frac{最大绝对差值}{测量范围上限值 - 测量范围下限值} \times 100\% \tag{2-6}$$

必须注意，仪表的变差不能超出仪表的允许误差，否则，应及时检修。

3. 灵敏度与灵敏限

仪表指针的线位移或角位移，与引起这个位移的被测参数变化量之比称为仪表的灵敏度，即

$$S = \frac{\Delta\alpha}{\Delta x} \tag{2-7}$$

式中，S 为仪表的灵敏度；$\Delta\alpha$ 为指针的线位移或角位移；Δx 为引起 $\Delta\alpha$ 所需的被测参数变化。

所谓仪表的灵敏限，是指能引起仪表指针发生动作的被测参数的最小变化量。通常仪表灵敏限的数值应不大于仪表允许绝对误差的一半。

值得注意的是，灵敏度是有量纲的，上述定义的灵敏度指标仅适用于指针式仪表。在数字式仪表中，往往用分辨力来表示仪表灵敏度（或灵敏限）的大小。

4. 分辨力

对于数字式仪表，分辨力是指数字显示器的最末位数字间隔所代表的被测量参数变化量。显然，不同量程的分辨力是不同的，相应于最低量程的分辨力称为该仪表的最高分辨力，也叫灵敏度。通常以最高分辨力作为数字仪表的分辨力指标。例如，某仪表的最低量程是 0 ~ 1.0000V，5 位数字显示，末位数字变化值从 0 ~ 9，则该仪表的分辨力为 0.0001V。

5. 线性度

线性度是表征线性刻度仪表的输出量与输入量的实际校准曲线与理论直线的吻合程度，如图 2-3 所示。通常总是希望测量仪表的输出与输入之间呈线性关系。因为在线性情况下，模拟式仪表的刻度就可以做成均匀刻度，而数字式仪表就可以不必采取线性化措施。

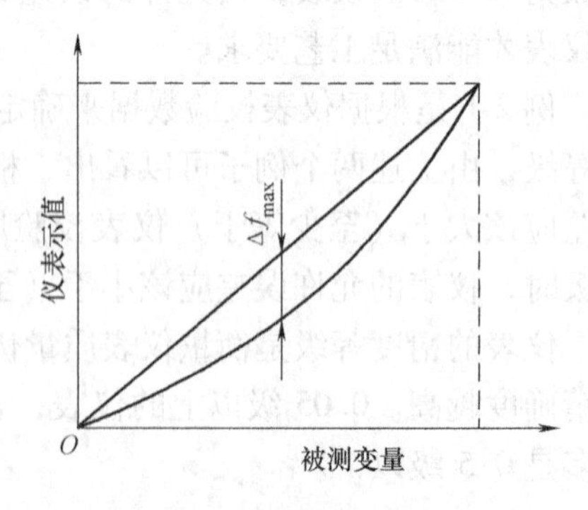

图 2-3 线性度示意图

线性度通常用实际测得的输入-输出特性曲线（称为校准曲线）与理论直线之间的最大偏差与测量仪表量程之比的百分数表示，即

$$\delta_f = \frac{\Delta f_{max}}{仪表量程} \times 100\% \tag{2-8}$$

式中，δ_f 为线性度（又称非线性误差）；Δf_{max} 为校准曲线对于理论直线的最大偏差。

6. 反应时间

当被测量突然变化以后，仪表指示值总是要经过一段时间后才能准确地显示出来。反应时间就是用来衡量仪表能不能尽快反映出参数变化的品质指标。反应时间长，说明仪表需要较长时间才能给出准确的指示值，那就不宜用来测量变化频繁的参数。

当输入信号突然变化一个数值后，输出信号将由原始值逐渐变化到新的稳态值。仪表的输出信号（即指示值）由开始变化到新稳态值的95%所用的时间表示反应时间。

2.1.4　工业仪表的分类

1. 按仪表使用的能源分类

按仪表使用的能源来分，工业自动化仪表可以分为气动仪表、电动仪表和液动仪表。目前工业上常用的为电动仪表。电动仪表是以电为能源，信号之间联系比较方便，适宜于远距离传送和集中控制，便于与计算机联用。现在电动仪表可以做到防火、防爆，更有利于电动仪表的安全使用，但电动仪表一般结构复杂，易受温度、湿度、电磁场、放射性等环境影响。

2. 按信息的获取、传递和处理的过程分类

按工业自动化仪表在信息传递过程中的作用不同，可分为以下5大类。

（1）检测仪表。检测仪表的主要作用是获取信息，并进行适当的转换。在生产过程中，检测仪表主要用来测量某种工艺参数，如温度、压力、流量、物位以及物料的成分、物性等，并将被测参数的大小成比例地转换成电参数信号（电压、电流、频率等）或气压信号。

（2）显示仪表　显示仪表的作用是将由检测仪表获得的信息显示出来，包括各种模拟量、数字量的指示仪、记录仪和积算器以及工业电视、图像显示器等。

（3）集中控制装置。集中控制装置包括各种巡回检测仪、巡回控制仪、程序控制仪、数据处理机、电子计算机以及仪表控制盘和操作台等。

（4）控制仪表　控制仪表可以根据需要对输入信号进行各种运算，例如放大、积分、微分等。控制仪表包括各种电动、气动的控制器以及用来代替模拟控制仪表的微处理器等。

（5）执行器　执行器可以接收控制仪表的输出信号或直接来自操作人员的指令，对生产过程进行操作或控制。执行器包括各种气动、电动、液动执行机构和控制阀。

上述各类仪表在信息传递过程中的关系如图2-4所示。

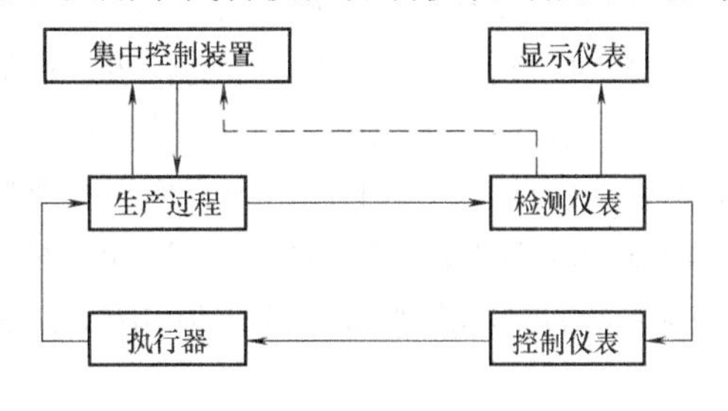

图2-4　各类仪表的作用

3. 按仪表的组成形式分类

1）基地式仪表　这类仪表的特点是将测量、显示、控制等各部分集中组装在一个表壳里，形成一个整体。这种仪表比较适合于在现场做就地检测和控制，但不能实现多种参数的集中显示与控制。

2）单元组合仪表　将对参数的测量及其变送、显示、控制等部分，分别制成能独立工作的单元仪表（简称单元，例如变送单元、显示单元、控制单元等）。这些单元之间以统一的标准信号互相联系，可以根据不同要求，方便地将各单元任意组合成各种控制系统，适用性和灵活性都相当好。

化工生产中的单元组合仪表有电动单元组合仪表和气动单元组合仪表两种。国产的电动单元组合仪表以“电”、“单”、“组”三字的汉语拼音字头为代号，简称 DDZ 仪表；同样，气动单元组合仪表简称 QDZ 仪表。

2.1.5 仪表防爆的基本知识

在某些生产现场存在着各种易燃、易爆气体，及蒸汽或粉尘，它们与空气混合即成为具有爆炸危险的混合物，而其周围空间成为具有不同程度爆炸危险的场所。安装在这种危险场所的仪表如果产生火花，就容易引起爆炸。因此，用于这种危险场所的仪表和控制系统，必须具有防爆性能。

气动仪表从本质上来说具有防爆性能。电动仪表必须采取必要的防爆措施才具有防爆性能，其防爆措施不同，防爆性能也将不同，适合的危险场所也不同。下面着重讨论电动仪表的防爆问题。

1. 防爆仪表的标准

防爆仪表必须符合国家标准 GB 3836.1—2010《爆炸性环境 第1部分：设备 通用要求》的规定。

（1）防爆仪表的分类

按照国标 GB 3836.1—2010 规定，防爆性环境用电气设备分为Ⅰ类、Ⅱ类、Ⅲ类。

Ⅰ类电气设备用于煤矿瓦斯气体环境。

Ⅱ类电气设备用于除煤矿瓦斯气体之外的其他爆炸性气体环境。Ⅱ类电气设备按照其拟使用的爆炸性气体环境的种类可以进一步再分为ⅡA、ⅡB、ⅡC 类。ⅡA 类代表性气体是丙烷，ⅡB 类代表性气体是乙烯，ⅡC 类代表性气体是氢气。

Ⅲ类电气设备用于除煤矿以外的爆炸性粉尘环境。Ⅲ类电气设备按照其拟使用的爆炸性粉尘环境的特性可以进一步再分为ⅢA、ⅢB、ⅢC 类。ⅢA 类：可燃性飞絮；ⅢB 类：非导电性粉尘；ⅢC 类：导电性粉尘。

（2）防爆仪表的分级和分组

在爆炸性气体或蒸汽中使用的仪表，引起爆炸主要有两方面原因：仪表产生能量过高的电火花或仪表内部因故障产生的火焰通过表壳的缝隙引燃仪表外的气体或蒸汽；仪表过高的表面温度。因此，根据上述两个方面对Ⅱ类防爆仪表进行了分级和分组，规定其适应范围。

根据标准实验装置测得的最大试验安全间隙 δ_{max} 或按 IEC 79-3 方法测得的最小点燃电流与甲烷测得的最小点燃电流的比值 *MICR*，Ⅱ类防爆仪表分为 A、B、C 三级，其分级见表 2-1。

表 2-1 防爆仪表的分级

级别	δ_{max}/mm	*MICR*
ⅡA	$\delta_{max} \geq 0.9$	$MICR > 0.8$
ⅡB	$0.9 > \delta_{max} > 0.5$	$0.8 \geq MICR \geq 0.45$
ⅡC	$0.5 \geq \delta_{max}$	$0.45 > MICR$

根据最高表面温度，Ⅱ类电气设备分为 $T_1 \sim T_6$ 六组，其最高表面温度分组见表 2-2。Ⅱ类电气设备测定的最高表面温度不应超过规定的温度组别，或规定的最高表面温度，或拟使

用环境中的具体气体的点燃温度。

表 2-2　Ⅱ类电气设备最高表面温度分组

温度组别	T_1	T_2	T_3	T_4	T_5	T_6
最高表面温度/℃	450	300	200	135	100	85

仪表的最高表面温度可用下述方法间接得到：

仪表的最高表面温度 = 实测最高表面温度 - 实测时环境温度 + 规定最高环境温度

防爆仪表的分级与分组，与易燃易爆气体或蒸汽的分级和分组是相对应的。易燃易爆气体或蒸汽的分级和组别见表 2-3。仪表的防爆级别和组别，就是指它所能适应的某种爆炸性气体混合物的级别和组别，即对于表 2-3 中相应级、组之上方和左方的气体或蒸汽的混合物均可以防爆。

表 2-3　易爆性气体或蒸汽级别和组别一览表

组别 级别	T_1 >450℃	T_2 300～400℃	T_3 200～300℃	T_4 135～200℃	T_5 100～135℃	T_6 85～100℃
ⅡA	甲烷、氨、乙烷、丙烷、丙酮、苯、甲苯、一氧化碳、丙烯酸、甲酯、苯乙烯、醋酸乙酯、醋酸、氯苯、醋酸甲酯	乙醇、丁醇、丁烷、醋酸丁酯、醋酸戊酯、环戊烷、丙烯、乙苯、甲醇、丙醇	环乙烷、戊烷、己烷、庚烷、辛烷、汽油、煤油、柴油、戊醇、己醇、环乙醇	乙醛、三甲胺		亚硝酸乙酯
ⅡB	丙烯酯、二甲醚、环丙烷、市用煤气	环氧丙烷、丁二烯、乙烯	二甲醚、丙烯醛、碳化氢	乙醚、二乙醚		
ⅡC	氢、水煤气	乙炔		二硫化碳	硝酸乙酯	

（3）爆炸性气体环境防爆标志及防爆仪表的标志

爆炸性气体环境防爆标志应包括两方面内容：

①　符号 Ex，表明电气设备符合 GB3836. 1—2010 第 1 章所列专用标准的一个或多个防爆型式。

②　所使用的各种防爆型式符号如下：

d：隔爆外壳型

e：增安型

ia、ib、ic：本质安全型

nA：无火花

nC：火花保护

nR：限制呼吸

nL：限能

o：油浸型

px、py、pz：正压型

q：充沙型

防爆仪表的防爆标志为“Ex”；仪表的防爆等级标志的顺序为：防爆型式、类别、级别、温度组别。

控制仪表常见的防爆等级有 iaⅡCT_5 和 dⅡBT_3 两种。前者表示Ⅱ类本质安全型 ia 等级 C 级 T_5 组，由表2-3 可见，它适用于 T_5 温度组别及其左边的所有爆炸性气体或蒸汽的场合；后者表示Ⅱ类隔爆外壳型 B 级 T_3 组，由表2-3 可见，它适用于级别和组别为ⅡAT_1、ⅡAT_2、ⅡAT_3、ⅡBT_1、ⅡBT_2 和ⅡBT_3 的爆炸性气体或蒸汽的场合。

2. 控制仪表的防爆措施

控制仪表主要采用隔爆外壳型防爆措施和本质安全型防爆措施。

（1）隔爆外壳型防爆仪表

采用隔爆外壳型防爆措施的仪表称隔爆外壳型防爆仪表，其特点是仪表的电路和接线端子全部置于防爆壳体内，其表壳强度足够大，接合面间隙足够深，最大的间隙宽度又足够窄。这样，即使仪表因事故在表壳内部产生燃烧或爆炸时，火焰穿过缝隙过程中，受缝隙壁吸热及阻滞作用，将大大降低其外传能量和温度，从而不会引起仪表外部规定的易爆性气体混合物的爆炸。

隔爆外壳型防爆结构的具体防爆措施是采用耐压 80 ~ 100N/cm^2 以上的表壳，表壳外部的温升不得超过由易爆性气体或蒸汽的引燃温度所规定的数值，表壳接合面的缝隙宽度及深度应根据它的容积和易爆性气体的级别采用规定的数值。

隔爆外壳型防爆仪表安装及维护正常时，它能达到规定的防爆要求，但是揭开仪表表壳后，就失去了防爆性能，因此不能在通电运行的情况下打开表壳进行检修或调整。此外，这种防爆结构长期使用后，由于表壳结合面的磨损，缝隙宽度将会增大，因而长期使用会逐渐降低防爆性能。

（2）本质安全型防爆仪表

采用本质安全型防爆措施的仪表称本质安全型防爆仪表，也称安全火花型防爆仪表。这种防爆结构的仪表，在正常状态下或规定的故障状态下产生的电火花和热电效应均不会引起规定的易爆性气体混合物爆炸。正常状态指在设计规定条件下的工作状态，故障状态指电路中非保护性元件损坏或产生短路、断路、接地及电源故障等情况。

安全火花型防爆仪表所采取的防爆措施主要有以下两方面。

1）仪表采用低的工作电压和小的工作电流。通常，正常工作电压不大于 DC24V，电流不大于 DC 20mA；故障时电压不大于 DC 35V，电流不大于 DC 35mA。

2）在电路设计上，对处于危险场所的电路适当选择电阻、电容和电感的参数值，以限制火花能量，使其只产生安全火花；同时在较大的电容、电感回路中并联双向二极管，以消除不安全火花。

显然，安全火花型仪表防爆性能是仪表电路本身固有的防爆性能。它在本质上就是安全的，即使产生电火花现象，由于能量很小，也是安全火花，不致引起爆炸。因此，安全火花型防爆仪表从原理上讲它能适用于各种爆炸性气体或蒸汽的场合，其防爆性能不随时间而变化，而且可在运行状态下进行维修和调整。

必须指出，将本质安全型防爆仪表在其所适用的危险场合中使用，还必须考虑与其配合的仪表及信号导线可能对危险场所产生的影响，即应使整个测量或控制系统具有安全火花防爆性能。

3. 控制系统的防爆措施

要使整个测量或控制系统的防爆性能满足安全火花防爆要求，必须满足以下两个条件。

1）在危险场所使用安全火花型防爆仪表。

2）在控制室仪表与危险场所仪表之间设置安全栅，如图2-5所示。安全栅的作用一方面保证信号的正常传输，另一方面是限制由控制室到现场的能量在爆炸性气体或爆炸性气体混合物的点火能量以下，以确保系统的安全火花性能。

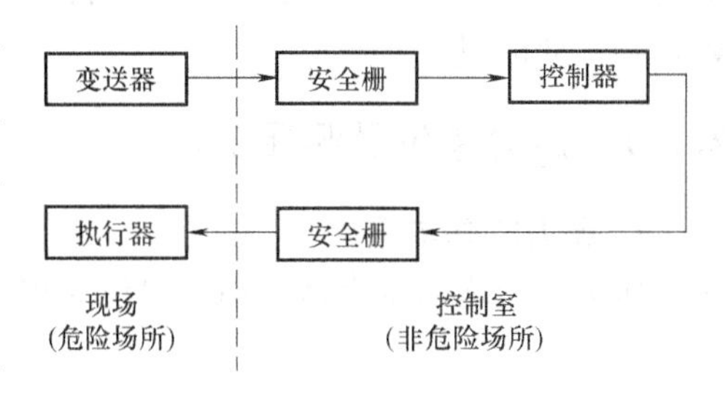

图2-5　安全火花型防爆系统

根据上述两个条件构成的控制系统在设计上达到了安全火花防爆系统的要求。但是，要真正实现安全火花防爆，还必须注意系统的安装和使用，主要有以下两个方面。

（1）必须正确地安装安全栅和布线

1）安全栅必须有良好的接地。

2）安全栅的输入、输出端的接线应分别设计，不能走同一条线槽，且输出端至现场仪表的连接导线应采用蓝色导线或外套蓝色套管，以防止可能产生的混触，使安全栅失去作用。控制柜内安全栅输出如经过端子连接，此端子也应采用蓝色的，并且与其他端子要有分隔板。

3）由安全栅通向现场仪表的信号线具有一定的分布电容和分布电感，因而储存了一定的能量。为了限制它们的储能，确保整个回路的安全火花性能，对信号线的分布电容和分布电感有一定的限制，其限制值可参阅安全栅使用说明书的具体规定。

连接仪表用的低压电缆（或电线），其分布电感、分布电容的大小与电缆的线芯粗细、结构形式和绝缘介质有关。具体数值可按下列公式计算

$$L_a = l\ln\left(\frac{s}{r_0}\right) \tag{2-9}$$

$$C_a = \frac{\pi l \varepsilon}{\ln\left(\frac{s}{r_0}\right)} \tag{2-10}$$

式中，L_a 是分布电感，单位为H；C_a 是分布电容，单位为F；l 是导线长度，单位为m；s 是导线间距离，单位为cm；r_0 是导线半径，单位为cm；ε 是绝缘材料介电常数，单位为F/m。

4）由安全栅通往现场仪表的信号电缆，如果穿管安装，穿线管的直径应足够大，因为信号线与穿线管管壁之间存在的分布电容也具有储能作用。

（2）维修仪表也必须是安全火花型仪表

安全火花型现场仪表在危险场所时，虽然允许打开表壳进行检查，但携带到现场的维修用的仪器仪表，如万用表等，也必须是安全火花型的仪表。

2.2　压力检测及仪表

工业生产中，所谓压力是指由气体或液体均匀垂直地作用于单位面积上的力，压力是重

要的操作参数之一。特别是在化工、炼油等生产过程中，经常会遇到压力和真空度的测量，其中包括比大气压力高很多的高压、超高压和比大气压力低很多的真空度的测量。有些参数的测量，如物位、流量等往往是通过测量压力或压差来进行的，即测出了压力或压差，便可确定物位或流量。

2.2.1 压力单位及测压仪表

1. 压力的基本概念

压力是指均匀垂直地作用在单位面积上的力，即

$$p = \frac{F}{S} \tag{2-11}$$

式中，p 表示压力，单位为帕斯卡，简称帕（Pa）；F 表示垂直作用力，单位为牛顿；S 表示受力面积，单位为 m^2。

$$1\text{Pa} = 1\text{N/m}^2 \tag{2-12}$$

帕所表示的压力较小，工程上经常使用兆帕（MPa）。帕与兆帕之间的关系为

$$1\text{MPa} = 1 \times 10^6\text{Pa} \tag{2-13}$$

在压力测量中，常有表压、绝对压力、负压（真空度）之分，其关系如图 2-6 所示。

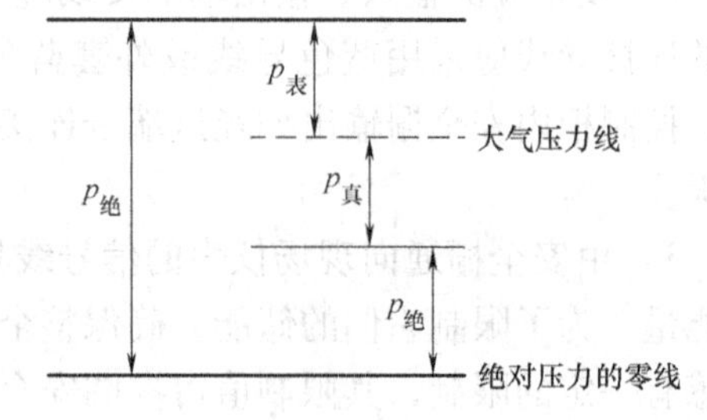

图 2-6 绝对压力、表压、负压（真空度）的关系

工程上所用的压力指示值，大多为表压（绝对压力计的指示值除外）。表压是绝对压力和大气压力之差，即

$$p_{表压} = p_{绝对压力} - p_{大气压力}$$

当被测压力低于大气压力时，一般用负压（真空度来）表示，它是大气压力与绝对压力之差，即

$$p_{真空度} = p_{大气压力} - p_{绝对压力}$$

因为各种工艺设备和测量仪表通常都处于大气之中，本身就承受着大气压力。所以，工程上经常用表压或真空度来表示压力的大小。以后提到的压力，除特别说明外，均指表压或真空度。

2. 压力测量仪表的类型

测量压力或真空度的仪表很多，按照其转换原理的不同可分为 4 大类。

（1）液柱式压力计

它是根据流体静力学原理，将被测压力转换成液柱高度进行测量的。按其结构形式的不同，有 U 形管压力计、单管压力计和斜管压力计等。这类压力计结构简单、使用方便，但其精度受工作液的毛细管作用、密度及视差等因素的影响，测量范围较窄，一般用来测量较低压力、真空度或压力差。

（2）弹性式压力计

它是将被测压力转换成弹性元件变形的位移进行测量的。例如弹簧管压力计、波纹管压力计及膜式压力计等。

（3）电气式压力计

它是通过机械和电气元件将被测压力转换成电量（如电压、电流、频率等）来进行测量的仪表。例如，各种压力传感器和压力变送器。

（4）活塞式压力计

它是根据帕斯卡原理，将被测压力转换成活塞上所加平衡砝码的质量来进行测量的。它的测量精度很高，允许误差可小到0.05%～0.02%。但它的结构较复杂，一般作为标准型压力测量仪器，用来校验其他类型的压力计。

2.2.2 弹性式压力计

弹性式压力计是利用各种弹性元件，在被测介质压力的作用下，使弹性元件受压后产生弹性变形的原理制成的测压仪表。这种仪表具有结构简单、使用可靠、读数清晰、牢固可靠、价格低廉、测量范围宽以及有足够的测量精度等优点。若增加附加装置，如记录机构、电气变换装置、控制元件等，则可以实现压力的记录、远传、信号报警、自动控制等。弹性式压力计可以用来测量几百帕到数千兆帕范围内的压力，因此，是工业上应用最为广泛的一种测量压力仪表。

1. 弹性元件

弹性元件是一种简易可靠的测压敏感元件。当测压范围不同时，所用的弹性元件也不一样，常用的几种弹性元件的结构如图2-7所示。

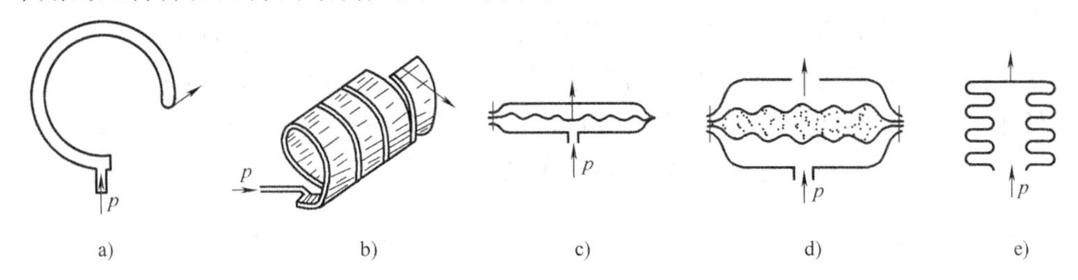

图2-7 弹性元件示意图

（1）弹簧管式弹性元件

弹簧管式弹性元件的测压范围较宽，可测量高达1000MPa的压力。单圈弹簧管是弯成圆弧形的金属管子，它的截面做成扁圆形或椭圆形，如图2-7a所示。当通入压力p后，它的自由端就会产生位移。这种单圈弹簧管自由端位移较小，因此能测量较高的压力。为了增加自由端的位移，可以制成多圈弹簧管，如图2-7b所示。

（2）薄膜式弹性元件

薄膜式弹性元件根据其结构不同可以分为膜片与膜盒等。它的测压范围比弹簧管式低。图2-7c所示为膜片式弹性元件，它是由金属或非金属材料做成的具有弹性的一张膜片（有平膜片与波纹膜片两种形式），在压力作用下能产生变形。有时也可以由两张膜片沿周口对焊起来形成一薄壁盒子，内充液体（如硅油），称为膜盒，如图2-7d所示。

（3）波纹管式弹性元件

波纹管式弹性元件是一个周围为波纹状的薄壁金属筒体，如图2-7e所示。这种弹性元件易于变形，而且位移很大，常用于微压与低压的测量（一般不超过1MPa）。

2. 弹簧管压力表

弹簧管压力表结构图如图2-8所示。弹簧管1是压力表的测量元件，它是一根弯成270°

圆弧的椭圆截面的空心金属管子。管子的自由端B封闭，管子的另一端固定在接头9上，被测压力由接头9输入。当输入被测的压力p后，由于椭圆形截面在压力p的作用下将趋于圆形，而弯成圆弧形的弹簧管也随之产生向外挺直的扩张变形。由于变形，使弹簧管的自由端B产生位移。输入压力与弹簧管自由端B的位移成正比，只要测得B点的位移量，就能反映压力p的大小，这就是弹簧管压力表的基本测量原理。

弹簧管自由端B的位移量一般很小，直接显示有困难，所以必须通过放大机构才能指示出来。具体的放大过程如下：弹簧管自由端B的位移通过拉杆2使扇形齿轮3作逆时针偏转，于是指针5通过同轴的中心齿轮4的带动而作顺时针偏转，在面板6的刻度尺上显示出被测压力p的数值。由于弹簧管自由端的位移与被测压力之间具有正比关系，因此弹簧管压力表的刻度标尺是线性的。游丝7用来克服因扇形齿轮和中心齿轮间的传动间隙而产生的仪表变差。改变调整螺钉8的位置（即改变机械传动的放大系数），可以实现压力表量程的调整。

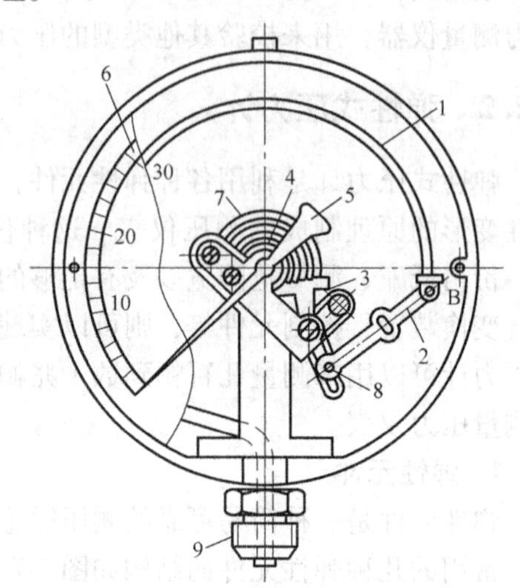

图2-8　弹簧管压力表

1—弹簧管　2—拉杆　3—扇形齿轮　4—中心齿轮　5—指针　6—面板　7—游丝　8—调整螺钉　9—接头

弹簧管压力表结构简单，使用方便，价格低廉，适用范围广，测量范围宽，可以测量负压、微压、低压、中压和高压，因此应用十分广泛。根据制造的要求，仪表的精度等级最高为0.15级。

2.2.3　电气式压力计

电气式压力计是一种能将压力转换成电信号进行传输及显示的仪表，一般由压力传感器、测量电路和信号处理装置组成。常用的信号处理装置有指示仪、记录仪以及控制器、微处理机等。图2-9所示为电气式压力计的组成框图。

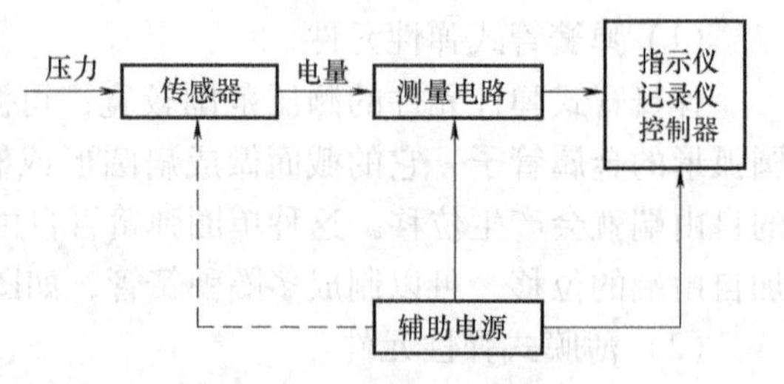

图2-9　电气式压力计的组成框图

压力传感器的作用是检测压力，并转换成电信号进行输出，当输出的电信号能够进一步变换为标准信号时，压力传感器又称为压力变送器。

标准信号是指物理量的形式和数值范围都符合国际标准的信号。例如直流电流4～20mA、空气压力0.02～0.1MPa都是当前通用的标准信号。我国还有一些变送器以直流电流0～10mA为输出信号。

下面简单介绍几种常用的压力传感器和压力变送器。

1. 霍尔式压力传感器

霍尔式压力传感器是根据霍尔效应制成的，即利用霍尔元件将由压力引起的弹性元件的位移转换成霍尔电势，从而实现压力的测量。

霍尔元件为一半导体（如锗）材料制成的薄片。如图2-10所示，在霍尔片的Z轴方向加一磁感应强度为B的恒定磁场，在Y轴方向加一外电场（接入直流稳压电源），便有恒定电流沿Y轴方向通过。当电子在霍尔片中运动（电子逆Y轴方向运动）时，由于受电磁力的作用，而使电子的运动轨道发生偏移，造成霍尔片的一个端面上有电子积累，另一个端面上正电荷过剩，于是在霍尔片的X轴方向上出现电位差，这一电位差称为霍尔电势，这种物理现象就称为“霍尔效应”。

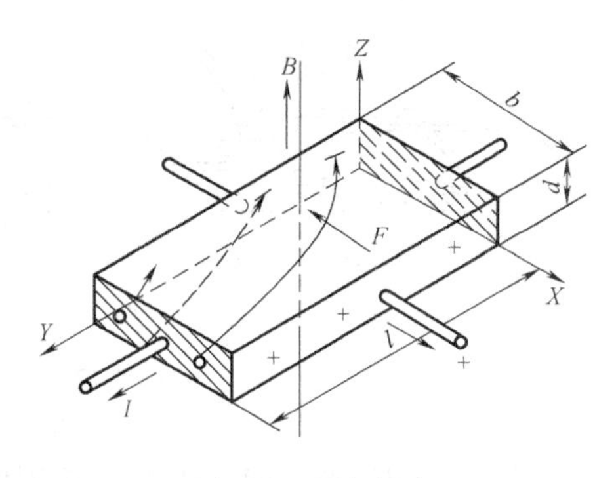

图2-10 霍尔效应

霍尔电势的大小与半导体材料、所通过的电流（一般称为控制电流）、磁感应强度以及霍尔元件的几何尺寸等因素有关，即

$$U_H = k_H B I \tag{2-14}$$

式中，U_H为霍尔电势；k_H为霍尔元件灵敏系数，与霍尔片材料、几何形状有关；B为磁感应强度；I为控制电流的大小。

由式（2-14）可知，霍尔电势与磁感应强度和控制电流成正比。提高B和I值可增大霍尔电势U_H，但两者都有一定的限度，一般I为3～20mA，B约为几千高斯，所得的霍尔电势U_H约为几十毫伏数量级。

将霍尔元件与弹簧管配合，就组成了霍尔式弹簧管压力传感器，如图2-11所示。被测压力由弹簧管1的固定端引入，弹簧管的自由端与霍尔片3相连接，在霍尔片的上、下方垂直安放两对磁极，使霍尔片处于两对磁极形成的非均匀磁场中。霍尔片的4个端面引出4根导线，其中与磁钢2相平行的两根导线和直流稳压电源相连接，另两根导线用来输出霍尔电势。

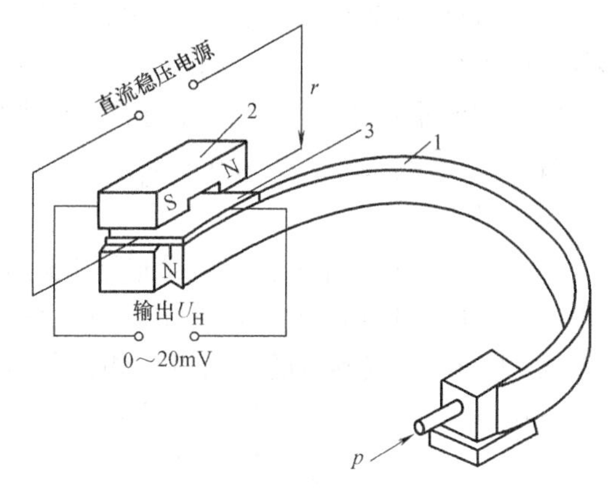

图2-11 霍尔式压力传感器
1—弹簧管 2—磁钢 3—霍尔片

当被测压力引入后，在被测压力作用下，弹簧管自由端产生位移，因而改变了霍尔片在非均匀磁场中的位置，使所产生的霍尔电势与被测压力成正比。利用这一电势即可实现远距离显示和自动控制。

2. 应变片式压力传感器

应变片是由金属导体或半导体材料制成的电阻体，基于电阻应变效应工作。在电阻体受到外力作用时，其电阻值发生变化，相对变化量为

$$\frac{\Delta R}{R} = k\varepsilon \tag{2-15}$$

式中，ε是应变；k是应变片的应变系数。

金属电阻应变片的结构形式有丝式和箔式，半导体应变片的结构形式有体型和扩散型。图2-12所示为金属电阻应变片的几种结构形式。

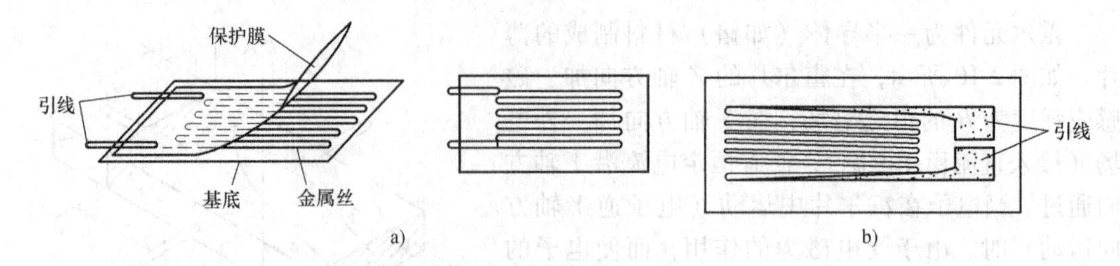

图 2-12 金属电阻应变片的结构形式

a）丝式应变片 b）箔式应变片

半导体电阻应变片的应变系数比金属电阻应变片的应变系数大，但受温度影响较大。应变片一般要和弹性元件结合在一起使用，将应变片粘贴在弹性元件上，在弹性元件受应力作用变形的同时应变片也发生应变，其电阻值发生变化。

图 2-13a 所示为一种形式的粘贴式应变压力传感器的原理图。被测压力作用在膜的下方，应变片贴在膜的上表面。当膜片受压力作用变形向上凸起时，膜片上任一点的径向应变 ε_r 和切向应变 ε_t 分别为

$$\varepsilon_r = \frac{3p}{8\delta^2 E}(1-\mu^2)(r_0^2-3r^2) \tag{2-16}$$

$$\varepsilon_t = \frac{3p}{8\delta^2 E}(1-\mu^2)(r_0^2-r^2) \tag{2-17}$$

式中，δ 为膜片的厚度；E 为膜片材料的弹性模量；μ 为膜片材料的泊松比；r_0 为膜片自由变形部分的半径。

图 2-13b 所示为 ε_r 和 ε_t 沿径向的分布曲线。可以看出，在 $r=0$ 处，ε_r 和 ε_t 都达到最大值，且相等；在 $r=r_0/\sqrt{3}\approx 0.58r_0$ 处，$\varepsilon_r=0$；当 $r>0.58r_0$ 时，ε_r 为负值；当 $r=r_0$ 时，ε_r 达到负的最大值。

膜片上应变片的粘贴位置就是根据上述应变分布规律来确定的，如图 2-13b 所示。图中粘贴有 4 个应变片 R_1、R_2、R_3 和 R_4，在膜片受压力作用时，R_2 和 R_3 受到正 ε_t 的拉伸，电阻值增大；R_1 和 R_4 受到负的 ε_r 作用，电阻值减小。把这 4 个应变片接在一个桥路的 4 个桥臂上，其中 R_1 和 R_4，R_2 和 R_3 互为对边，则桥路的输出信号反映了被测压力的大小。

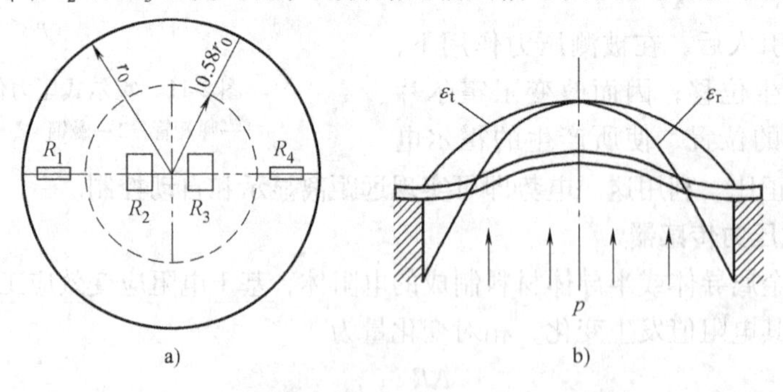

图 2-13 平膜片上应变片分布及应力曲线

3. 压阻式压力传感器

压阻元件是基于压阻效应工作的一种压力敏感元件。所谓压阻元件实际上就是指在半导体材料的基片上用集成电路工艺制成的扩散电阻，当它受外力作用时，其阻值由于电阻率 ρ 的变

化而改变。和应变片一样，扩散电阻正常工作需依附于弹性元件，常用的是单晶硅膜片。

图2-14所示为压阻式压力传感器的结构示意图，它的核心部分是一块圆形的单晶硅膜片。在膜片上布置4个扩散电阻，如图2-14b所示，组成一个全桥测量电路。膜片用一个圆形硅环固定，将两个气腔隔开。一端接被测压力，另一端接参考压力。当存在压差时，膜片产生形变，使两对电阻的阻值发生变化，电桥失去平衡，其输出电压与膜片承受的压差成正比。

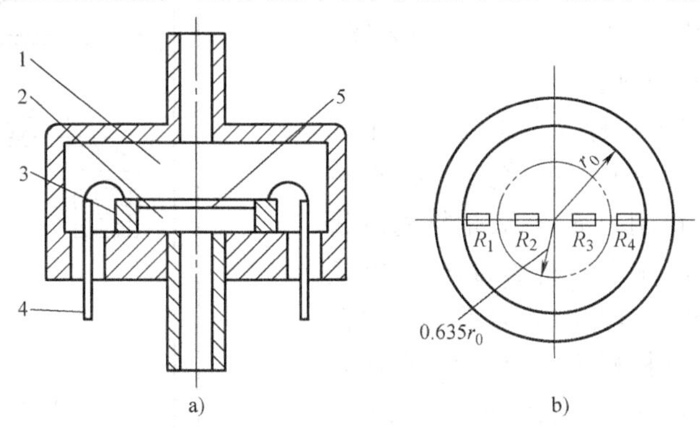

图2-14　压阻式压力传感器结构示意图

a）内部结构　b）硅膜片示意图

1—低压腔　2—高压腔　3—硅杯　4—引线　5—硅膜片

压阻式压力传感器的主要优点是体积小，结构简单，其核心部分就是一个单晶硅膜片，其上既扩散压敏元件，同时又作为弹性元件。扩散电阻的灵敏系数是金属应变片灵敏系数的50~100倍，能直接反映出微小的压力变化，能测出十几帕斯卡的微压。它的动态响应好，可用来测量高达数千赫兹乃至更高频率的脉动压力，目前发展迅速，应用较广。

压阻式压力传感器的缺点是敏感元件易受温度的影响，从而影响压阻系数的大小。解决的方法是在制造硅片时，利用集成电路的制造工艺，将温度误差补偿电路、放大电路甚至将电源变换电路集成在同一块单晶硅膜片上，从而可以大大提高传感器的静态特性和稳定性。因此，这种传感器也称固态压力传感器，有时也叫集成压力传感器。

4. 压电式压力传感器

当某些材料受到某一方向的压力作用发生形变时，内部就产生极化现象，同时在它的两个表面上产生符号相反的电荷；当去掉外力后，又重新恢复不带电状态，这种现象称为压电效应。具有压电效应的材料称为压电材料。压电材料的种类很多，有天然石英晶体，人造压电陶瓷，还有高分子压电薄膜等。

图2-15所示为一种测量均布压力的传感器。拉紧的薄壁管对压电晶体提供预载力而感受外部压力的是由扰性材料做成的很薄的膜片。预载筒外的空腔可以连接冷却系统，以保证传感器工作在一定的环境温度条件下，避免因温度变化造成预载力变化引起的测量误差。

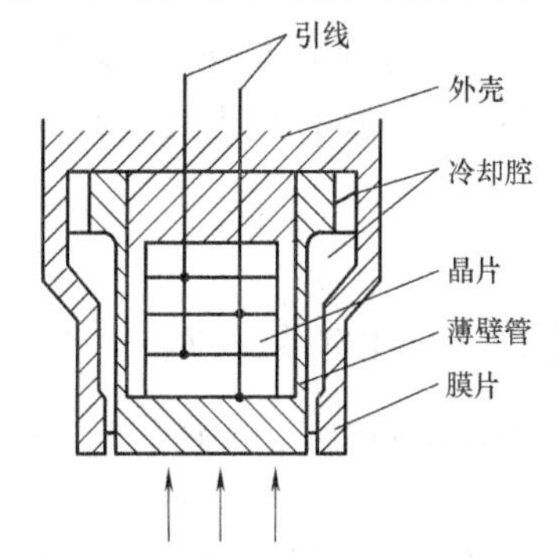

图2-15　测量均布压力的传感器

5. 力矩平衡式压力变送器

力矩平衡式压力变送器是一种典型的自平衡检测仪表，它利用负反馈工作原理克服元件材料、加工工艺等不利因素的影响，使仪表具有较高的测量精度（一般为0.5级），有工作稳定可靠、线性好、不灵敏区小等优点。

下面以DDZ-Ⅲ型系列为例，其电源为DC24V供电，输出DC 4~20mA，两线制，本质安全防爆。图2-16所示为DDZ-Ⅲ型电动力矩平衡压力变送器的结构示意图。

被测压力p作用在测量膜片1上，通过膜片的有效面积转变成集中力F_i，即

$$F_i = SP \quad (2\text{-}18)$$

式中，S为膜片的有效面积。

集中力F_i作用在主杠杆3的下端，使主杠杆以轴封膜片2为支点偏转，并将集中力F_i转化成对矢量机构4的作用力F_1，矢量机构以量程调整螺钉5为轴，将水平向右的力F_1分解成连杆6向上的力F_2和矢量方向的力F_3（消耗在支点上）。分力F_2使副杠杆7以O_2为支点逆时针转动，使与副杠杆刚性连接的检测片（衔铁）8靠近差动变压器9，从而改变差动变压器一、二次绕组的磁耦合，使差动变压器二次绕组输出电压改变，经检测放大器11放大后转变成直流电流I_0，此电流流过反馈动圈10时，产生电磁反馈力F_f施加于副杠杆的下端，使副杠杆以O_2为支点顺时针转动。当反馈力矩与在F_2作用下副杠杆的驱动力矩相平衡时，检测放大器有一个确定的对应输出电流I_0，它与被测压力p成正比。

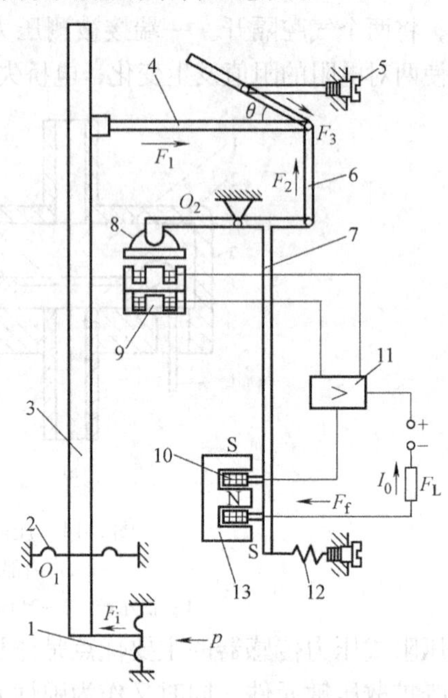

图2-16 DDZ-Ⅲ型电动力矩平衡压力变送器的结构示意图

1—测量膜片 2—轴封膜片 3—主杠杆 4—矢量机构 5—量程调整螺钉 6—连杆 7—副杠杆 8—检测片（衔铁） 9—差动变压器 10—反馈动圈 11—放大器 12—调零弹簧 13—永久磁铁

该变送器是按力矩平衡原理工作的。根据主、副杠杆的平衡条件可以推导出被测压力p与输出信号I_0的关系。

当主杠杆平衡时，应有

$$F_i l_1 = F_1 l_2 \quad (2\text{-}19)$$

式中，l_1、l_2分别为F_i、F_1与支点O_1的距离。

将式（2-18）代入式（2-19），有

$$F_1 = \frac{l_1}{l_2}SP = K_1 P \quad (2\text{-}20)$$

式中，K_1为比例系数，$K_1 = \frac{l_1}{l_2}S$。

矢量机构将F_1分解为F_2与F_3，有如下关系

$$F_2 = F_1\tan\theta = K_1 p\tan\theta \quad (2\text{-}21)$$

若不考虑调零弹簧12在副杠杆上形成的恒定力矩时，电磁反馈力矩应与F_2对副杠杆的驱动力矩相平衡，即

$$F_2 l_3 = F_f l_4 \quad (2\text{-}22)$$

式中，l_3、l_4 分别为 F_2 及电磁反馈力 F_f 与支点 O_2 的距离。

电磁反馈力的大小与通过反馈动圈10的电流 I_0 成正比，即

$$F_f = K_2 I_0 \tag{2-23}$$

式中，K_2 为比例系数。

将式（2-23）代入式（2-22）得

$$F_2 = \frac{l_4}{l_3}K_2 I_0 = K_3 I_0 \tag{2-24}$$

式中，$K_3 = \frac{l_4}{l_3}K_2$

联立式（2-21）与式（2-24）得

$$I_0 = Kp\tan\theta \tag{2-25}$$

式中，K 为转换比例系数，$K = \frac{K_1}{K_3}$。

当变送器的结构及电磁特征确定后，K 为一常数。式（2-25）说明当矢量机构的角度 θ 确定后，变送器的输出电流 I_0 与输入压力 p 成对应关系。

如图2-16所示，调节量程调整螺钉5，可改变矢量机构的夹角 θ，从而能连续改变两杠杆间的传动比，也就是能调整变送器的量程。通常，矢量角 θ 可以在4°～15°之间调整，$\tan\theta$ 变化约4倍，因而相应的量程也可以改变4倍。调节弹簧12的张力，可起到调整零点的作用。

6. 电容式压力变送器

电容式压力变送器是先将压力的变化转换为电容量的变化，然后通过测量电路转换成标准电压或电流的变化。在工业生产过程中，差压变送器的应用数量多于压力变送器，因此，以下以差压变送器为例介绍，其实两者的原理和结构基本上相同。

图2-17所示为电容式差压变送器的原理图，将左右对称的不锈钢底座的外侧加工成环状波纹沟槽，并焊上波纹隔离膜片。基座内侧有玻璃层，基座和玻璃层中央有孔道相通。玻璃层内表面磨成凹球面，球面上镀有金属膜，此金属膜层有导线通往外部，构成电容的左右固定极板。在测量膜片两侧的空腔中充满硅油。

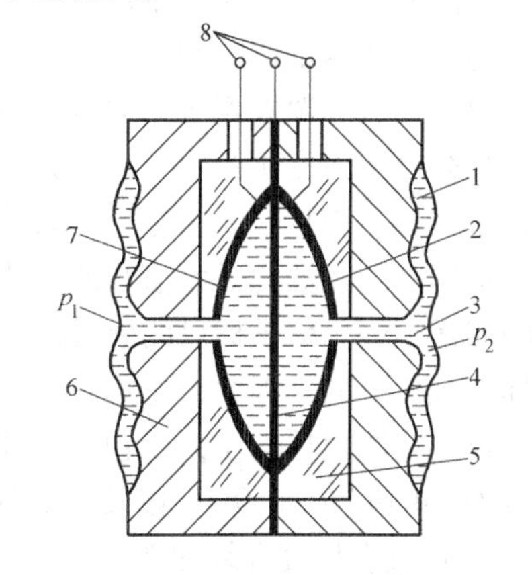

图2-17　电容式差压变送器的原理图
1—隔离膜片　2、7—固定电极　3—硅油　4—测量膜片　5—玻璃层　6—底座　8—引线

当被测压力 p_1、p_2 分别加于左右两侧的隔离膜片时，通过硅油将差压传递到测量膜片上，使其向压力小的一侧弯曲变形，引起中央动极板与两边固定电极间的距离发生变化，两电极与中央动极板间的电容量不再相等，一个增大，另一个减小，电容的变化量通过引线传至测量电路，通过测量电路的检测和放大，输出一个4～20mA的直流电信号。

电容式差压变送器的结构可以有效地保护测量膜片，当差压过大并超过允许测量范围时，测量膜片将平滑地贴靠在玻璃凹球面上，因此不易损坏，过载后的恢复特性很好，这样

大大提高了过载承受能力。与力矩平衡式相比，电容式没有杠杆传动机构，因而尺寸紧凑，密封性与抗震性好，测量精度可达0.2级。

2.2.4 压力计的选用及安装

1. 压力计的选用

压力计的选用应根据生产工艺过程对压力测量的要求，结合其他方面的情况，进行全面的考虑和具体的分析，一般应考虑以下几个方面的问题。

（1）仪表类型的选择

仪表类型的选择必须满足生产工艺要求。例如输出信号是否需要远传、自动记录或报警；被测介质的物理化学性能（如腐蚀性、温度高低、黏度大小、脏污程度、易燃易爆性能等）是否对测量仪表提出特殊要求；现场环境条件（如高温、电磁场、振动及现场安装条件等）对仪表类型是否有特殊要求等。总之，根据工艺要求正确选用仪表类型是保证仪表正常工作及安全生产的重要前提。

例如，普通压力计的弹簧管多采用铜合金，高压的也有采用碳钢的，而氨用压力计弹簧管的材料却都采用碳钢，不允许采用铜合金。因为氨气对铜的腐蚀极强，所以普通压力计用于氨气压力测量时很快就会损坏。

（2）仪表测量范围的确定

仪表的测量范围是指该仪表可按规定的精度对被测量进行测量的范围，它是根据操作中需要测量参数的大小来确定的。

在测量压力时，为了延长仪表使用寿命，避免弹性元件因受力过大而损坏，压力计上限值应该高于工艺生产中可能的最大压力值。根据“化工自控技术设计规定”，在测量稳定压力时，最大工作压力不应超过测量上限值的2/3；测量脉动压力时，最大工作压力不应超过测量上限值的1/2；测量高压压力时，最大工作压力不应超过测量上限值的3/5。

为了保证测量值的精确度，所测的压力值不能太接近于仪表的下限值，即仪表的量程不能选得太大，一般被测压力的最小值不低于仪表满量程的1/3为宜。

当被测压力变化范围大，最大和最小工作压力可能不能同时满足上述要求时，选择仪表量程应当首先满足最大工作压力条件。

根据被测参数的最大值和最小值计算出仪表的上、下限后，还不能以此数值直接作为仪表的测量范围。仪表标尺的极限值不是取任意一个数字都可以，它是由国家有关部门用规程或标准规定了的。因此，选用仪表的标尺极限值时，也只能采用相应的规程或标准中的数值，目前我国出厂的压力（包括差压）检测仪表有统一的量程系列，它们是1kPa、1.6kPa、2.5kPa、4.0kPa、6.0kPa以及它们的10^n倍数（n为整数）。

（3）仪表精度等级的选取

仪表精度等级是根据生产工艺所允许的最大测量误差来确定的。一般来说，所选用的仪表越精密，测量结果就越精确、可靠。但不能认为选用的仪表精度越高越好，因为越精密的仪表，一般价格越贵，操作和维护不方便。在满足工艺要求的前提下，应尽可能选用精度较低、价廉耐用的仪表。

［**例2-3**］ 某台往复式压缩机的出口压力范围为25～28MPa，测量误差不得大于1MPa。工艺上要求就地观察，并能高低限报警，试正确选用一台压力表，指出型号、精度等级与测量范围。

解　由于往复式压缩机的出口压力脉动较大，所以选择仪表的上限为

$$p_1 = p_{max} \times 2 = (28 \times 2)\ \text{MPa} = 56\text{MPa}$$

根据就地观察及能进行高低限报警的要求，由附录A，可查得选用YX-150型电接点压力表，测量范围为0～60MPa。

由于$\frac{25}{60} > \frac{1}{3}$，故被测压力的最小值不低于满量程的$\frac{1}{3}$，这是允许的。

另外，根据测量误差的要求，可算得允许误差为

$$\frac{1}{60} \times 100\% = 1.67\%$$

所以，精度等级为1.5级的仪表完全可以满足误差要求。至此，可以确定，选择的压力表为YX-150型电接点压力表，测量范围为0～60MPa，精度等级为1.5级。

2. 压力计的安装

压力计的安装正确与否，直接影响到测量结果的准确性和压力计的使用寿命。

（1）测压点的选择

所选择的测压点应能反映被测压力的真实大小。为此，必须注意以下几点。

1）要选在被测介质直线流动的管段部分，不要选在管路拐弯、分叉、死角或其他易形成漩涡的地方。

2）测量流动介质的压力时，应使取压点与流动方向垂直，取压管内端面与生产设备连接处的内壁应保持平齐，不应有凸出物或毛刺。

3）测量液体压力时，取压点应在管道下部，使导压管内不积存气体；测量气体压力时，取压点应在管道上方，使导压管内不积存液体。

（2）导压管敷设

1）导压管粗细要合适，一般内径为6～10mm，长度应尽可能短，最长不得超过50m，以减少压力指示的迟缓。如超过50m，应选用能远距离传送的压力计。

2）导压管水平安装时应保证有1∶10～1∶20的倾斜度，以利于积存于其中液体（或气体）的排出。

3）当被测介质易冷凝或冻结时，必须加设保温伴热管线。

4）取压口到压力计之间应装有切断阀，以备检修压力计时使用。切断阀应装设在靠近取压口的地方。

（3）压力计的安装

1）压力计应安装在易观察和检修的地方。

2）安装地点应力求避免振动和高温影响。

3）测量蒸汽压力时，应加装凝液罐，以防止高温蒸汽直接与测压元件接触，如图2-18a；对于有腐蚀性介质的压力测量，应加装有中性介质的隔离罐，图2-18b表示了被测介质的密度ρ_2大于和小于隔离液密度ρ_1的两种情况。

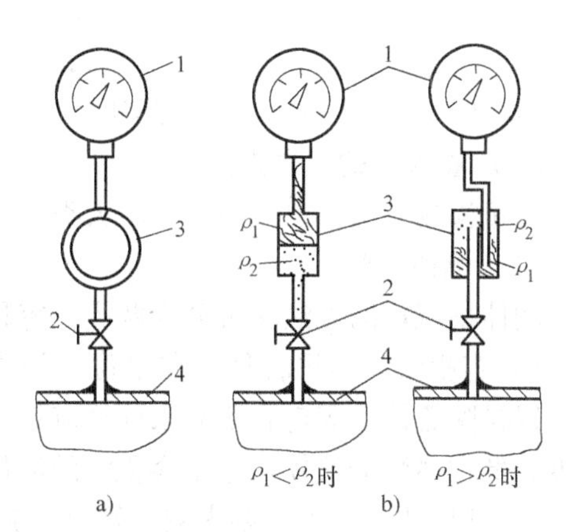

图2-18　压力计安装示意图

a）测量蒸汽时　b）测量有腐蚀性介质时

1—压力计　2—切断阀门　3—凝液管　4—取压容器

4）压力计的连接处，应根据被测压力的高低和介质性质，选择适当的材料，作为密封垫片，以防泄漏。

5）当被测压力较小，而压力计与取压口又不在同一高度时，对由此高度而引起的测量误差应按 $\Delta p = \pm H\rho g$ 进行修正。式中，H 为高度差，ρ 为导压管中介质的密度，g 为重力加速度。

6）为了安全起见，测量高压的压力计除选用有通气孔外，安装时表壳应面向墙壁或无人通过之处，以防发生意外。

2.3 流量检测及仪表

2.3.1 概述

1. 流量的概念

流量是指单位时间内流过管道某一截面流体的数量，即瞬时流量。在某一时段内流过流体的总和，即瞬时流量在某一时段的累积量称为累积流量（总流量）。

流量通常有3种表示方法。

1）质量流量 q_m。质量流量是指单位时间内流过某截面的流体的质量，其单位为kg/s。

2）工作状态下的体积流量 q_v。工作状态下的体积流量是指单位时间内流过某截面流体的体积，其单位为 m^3/s。它与质量流量 q_m 的关系为

$$q_m = q_v\rho \text{ 或 } q_v = q_m/\rho$$

式中，ρ 是流体密度。

3）标准状态下的体积流量 q_{vn}。气体是可压缩的，q_v 会随工作状态而变化，q_{vn} 就是折算到标准的压力和温度状态下的体积流量。在仪表计量上多数以20℃及1个标准大气压为标准状态。

q_{vn} 与 q_m 和 q_v 的关系为

$$q_{vn} = q_m/\rho_n \quad \text{或} \quad q_m = q_{vn}\rho_n$$

$$q_{vn} = q_v\rho/\rho_n \quad \text{或} \quad q_v = q_{vn}\rho_n/\rho$$

式中，ρ_n 是气体在标准状态下的密度。

2. 流量检测的主要方法

流量检测方法可以分为以下两大类。

(1) 测体积流量

测体积流量的方法又可分为两类：容积法（又称直接法）和速度法（又称间接法）。

1）容积法。容积法是指在单位时间内以标准固定体积对流动介质连续不断地进行度量，以排除流体的固定容积数来计算流量。容积法受流体流动状态影响较小，适用于测量高黏度、低雷诺数的流体。基于容积法的流量检测仪表有椭圆齿轮流量计、腰轮流量计等。

2）速度法。速度法要先测出管道内流体的平均流速，再乘以管道截面积求得流体的体积流量。用于测量管道内流速的方法或仪表主要有：

① 差压式。又称节流式，利用节流件前后的差压和流速关系，通过差压值获得流体的流速。

② 电磁式。导电流体在磁场中运动产生感应电势，感应电势大小与流体的平均流速成

正比。

③　旋涡式。流体在流动中遇到一定形状的物体会在其周围产生有规则的旋涡，旋涡释放的频率与流速成正比。

④　涡轮式。流体作用在置于管道内部的涡轮上使涡轮转动，其转动速度在一定流速范围内与管道内流体的流速成正比。

⑤　声学式。根据声波在流体中传播速度的变化得到流体的流速。

⑥　热学式。利用加热体被流体的冷却程度与流速的关系来检测流速。

基于速度法的流量检测仪表有节流式流量计、靶式流量计、转子流量计、电磁流量计、涡街流量计、超声流量计等。

（2）测质量流量

质量流量计是以测量流体流过的质量为依据的流量检测仪表，具有精度不受流体的温度、压力、密度、黏度等变化影响的优点。质量流量的测量方法也分直接法和间接法两种。

1）直接法直接测量质量流量，如科里奥利质量流量计等。

2）间接法又称推导法，测出流体的体积流量以及密度（或温度和压力），经过运算求得质量流量。

2.3.2　差压式流量计

差压式（也称节流式）流量计是基于流体流动的节流原理，利用流体流经节流装置时产生的压力差来实现流量测量的，它是目前生产中测量流量最成熟，最常用的方法之一。

1. 节流现象与流量基本方程式

（1）节流现象

流体在有节流装置的管道中流动时，在节流装置前后的管壁处，流体的静压力产生差异的现象称为节流现象。

节流装置包括节流件和取压装置，节流件是能使管道中的流体产生局部收缩的元件，应用最广泛的是孔板，其次是喷嘴、文丘里管等。下面以孔板为例说明节流现象。

具有一定能量的流体，才可能在管道中形成流动状态。流动流体的能量有两种形式，即静压能和动能，流体由于有压力而具有静压能，又由于有流动速度而具有动能。这两种形式的能量在一定的条件下可以互相转化。根据能量守恒定律，流体所具有的静压能和动能，再加上克服流动阻力的能量损失，在没有外加能量的情况下，其总和是不变的。图2-19表示在孔板前后流体的速度与压力分布的情况。流体在管道界面Ⅰ前，以一定的流速 v_1 流动。此时静压力为 p_1' 。在接近节流装置时，由于遇到节流装置的阻挡，使靠近管壁处的流体受到节流装置的阻挡作用最大，因而使一部分动能

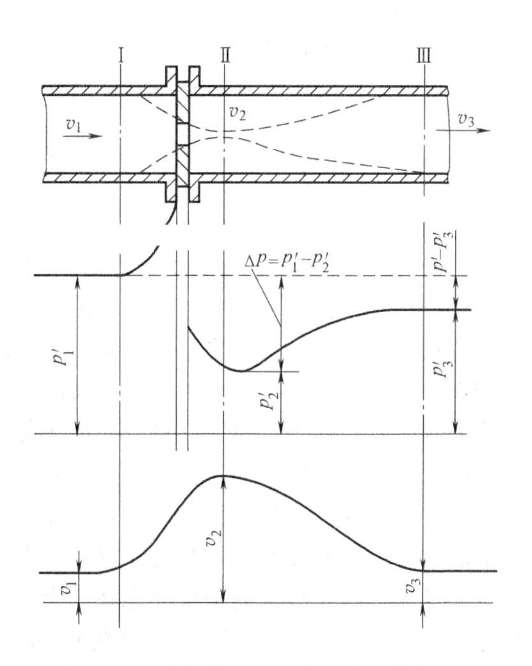

图2-19　孔板装置及压力、流速分布图

转换为静压能，出现了节流装置入口端面靠近管壁处的流体静压力升高，并且比管壁中心处的压力要大，即在节流装置入口端面处产生一径向压差。这一径向压差使流体产生径向附加速度，从而使靠近管壁处的流体质点的流向就与管道中心轴线相倾斜，形成了流束的收缩运动。由于惯性作用，流束的最小截面并不在孔板的出孔处，而是经过孔板后仍继续收缩，到截面Ⅱ处达到最小，这时流速最大，达到 v_2 ，随后流束又逐渐扩大，至截面Ⅲ后完全复原，流速便降低到原来的数值，即 $v_3=v_1$。

由于节流装置造成流束的局部收缩，使流体的流速发生变化，即动能发生变化。与此同时，表征流体静压能的静压力也要发生变化。在截面Ⅰ，流体具有静压力 p_1' 。到达截面Ⅱ，流速增加到最大值，静压力就降低到最小值 p_2' ，而后又随着流束的恢复而逐渐恢复。由于在孔板端面处，流通截面突然缩小与扩大，使流体形成局部涡流，要消耗一部分能量，同时流体流经孔板时，要克服摩擦力，所以流体的静压力不能恢复到原来的数值 p_1'，而产生了压力损失 $\delta_p=p_1'-p_3'$ 。

节流装置前流体压力较高，称为正压，常以“+”作标记；节流装置后流体压力较低，称为负压（注意不要与真空混淆），常以“-”作标记。节流装置前后压差的大小与流量有关。管道中流动的流体流量越大，在节流装置前后产生的压差越大，只要测出孔板前后两侧压差的大小，即可表示流量的大小，这就是节流装置测量流量的基本原理。

值得注意的是：要准确地测量出截面Ⅰ与截面Ⅱ处的压力 p_1' 、p_2' 是有困难的，这是因为产生最低静压力 p_2' 的截面Ⅱ的位置随着流速的不同是会改变的，事先根本无法确定。实际上是在孔板前后的管壁上选择两个固定的取压点来测量流体在节流装置前后的压力变化。所测量的压差与流量之间的关系，与测压点与测压方式的选择是紧密相关的。

（2）流量基本方程式

流量基本方程式是阐明流量与压差之间定量关系的基本流量公式。它是根据流体力学中的伯努利方程和流体连续性方程推导得到的，即

$$q_v = \alpha\varepsilon F_0\sqrt{\frac{2}{\rho_1}\Delta p} \tag{2-26}$$

$$q_m = \alpha\varepsilon F_0\sqrt{2\rho_1\Delta p} \tag{2-27}$$

式中，α 为流量系数，它与节流装置的结构形式、取压方式、孔口截面积与管道截面积之比 m、雷诺数 Re、孔口边缘锐度、管壁粗糙度等因素有关；ε 为膨胀校正系数，它与孔板前后压力的相对变化量、介质的等熵指数、孔口截面积与管道截面积之比等因素有关，应用时可查阅有关手册。但对不可压缩的液体来说，常取 $\varepsilon=1$ ；F_0 为节流装置的开孔截面积；Δp 为节流装置前后实际测得的压力差；ρ_1 为节流装置前的流体密度。

由流量基本方程式可以看出，要知道流量与压差的确切关系，关键在于 α 的取值。α 是一个受许多因素影响的综合参数，对于标准节流装置，其值可从有关手册中查出。对于非标准节流装置，其值要由实验方法确定。在进行节流装置的设计计算时，是针对特定条件选择一个 α 值来计算，计算的结果只能在一定条件下应用。一旦条件改变（例如节流装置形式、尺寸、取压方式、工艺条件等的改变），必须另行计算。例如，按小负荷情况下计算的孔板，用来测量大负荷时流体的流量，就会引起较大的误差，必需加以必要的修正。

由流量基本方程式还可以看出，流量与压力差 Δp 的二次方根成正比。所以，用这种流量计测量流量时，如果不加开方器，流量标尺刻度是不均匀的。初始部分的刻度很密，后来

逐渐变疏。因此，在用差压法测量流量时，被测流量值不应接近于仪表的下限值，否则误差将会很大。

2. 标准节流装置

差压式流量计，由于使用历史久，已经积累了丰富的实践经验和完整的实验资料。因此，国内外已把最常用的节流装置孔板、喷嘴、文丘里管等标准化，并称为“标准节流装置”。标准化的具体内容包括节流装置的结构、尺寸、加工要求、取压方法、使用条件等。例如，标准孔板对尺寸和公差、粗糙度等都有详细规定。孔板截面示意图如图2-20所示，其中d/D应在0.2～0.8之间；最小孔径应不小于12.5mm；直孔部分的厚度$h = (0.005 \sim 0.02)D$；总厚度$H < 0.05D$；锥面的斜角$\alpha = 30° \sim 45°$等，需要时可参阅设计手册。

3. 流量的检测

流量的检测是通过检测节流装置前后差压Δp，其差压经导压管接到差压变送器，同时配有显示仪表将流量指示出来，如图2-21所示。

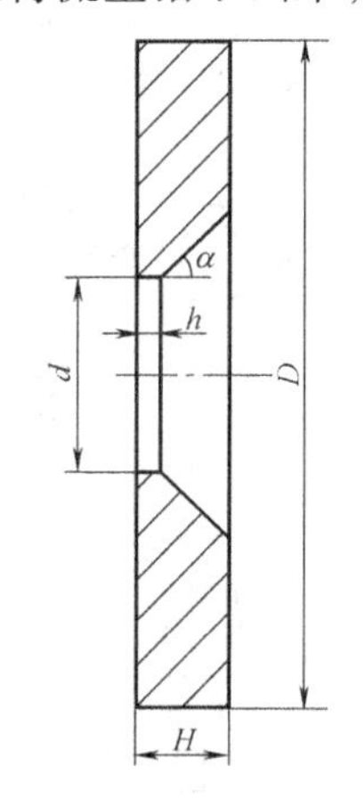

图2-20 孔板截面示意图

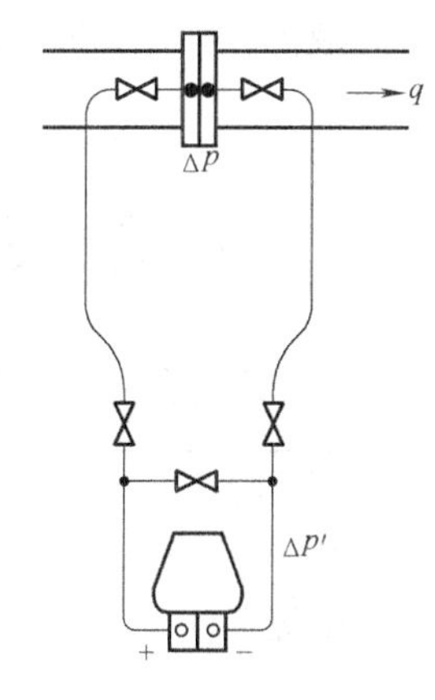

图2-21 节流装置与差压变送器连接

要使仪表的指示值与通过管道的实际流量相符，必需做到以下几点。

1）差压变送器的差压和显示仪表的流量标尺有若干种规格，选择时应与节流装置孔径匹配。

2）在测量蒸汽和气体流量时，常遇到工作条件的密度ρ与设计时的密度ρ_c不相同，这时必需对示值读数进行修正，修正公式为

$$q_v = C_{qv} q'_v \text{，} q_m = C_{qm} q'_m \text{，} q_{vn} = C_{qv} q'_{vn}$$

式中，$C_{qv} = \sqrt{\dfrac{\rho_c}{\rho}}$，$C_{qm} = \sqrt{\dfrac{\rho}{\rho_c}}$；$q'_v$，$q'_m$，$q'_{vn}$分别为设计条件下的体积流量、质量流量、标准体积流量；ρ_c为设计条件下的介质密度；ρ为工作条件下的介质密度。

3）显示仪表刻度通常是线性的，测量值（差压信号）要经过开方运算进行线性化处理后再送显示仪表。

4）节流装置应正确安装。例如节流装置前后应有一定长度的直管段；流向要正确；要装在充满流体的管道内等。

5）接至差压变送器的差压应该与节流装置的前后差压相一致，这就需要正确安装差压信号管路。介质为液体，差压变送器应装在节流装置的下面，取压点应在工艺管道的中心线

以下引出（下倾45°左右），导压管最好垂直安装，否则也应有一定的斜度。当差压变送器放在节流装置之上时，要装置储气罐，如图2-22所示，图2-22a表示仪表在管道下方时的情况，2-22b表示仪表在管道上方时的情况。

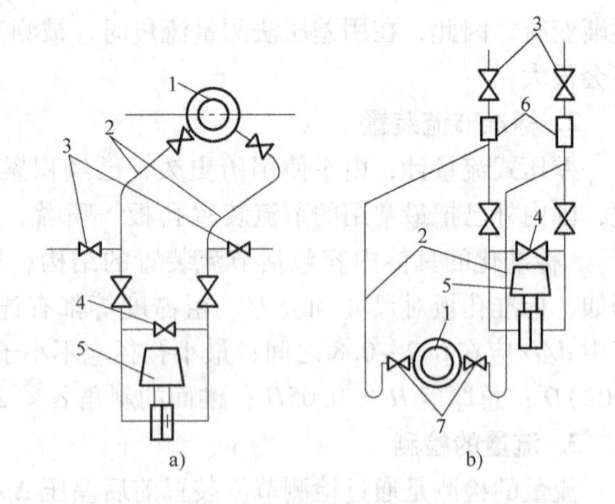

图2-22　测量液体流量时的连接图

1—节流装置　2—引压导管　3—放空阀　4—平衡阀　5—差压变送器　6—储气罐　7—切断阀

介质为气体时，要防止导压管内积聚液滴，因此差压变送器应装在节流装置的上面，取压点应在工艺管道的上半部引出，如图2-23所示。

介质为蒸汽时，应使导压管内充满冷凝液，因此在取压点的出口处要装设凝液罐，其他安装同液体，如图2-24所示。

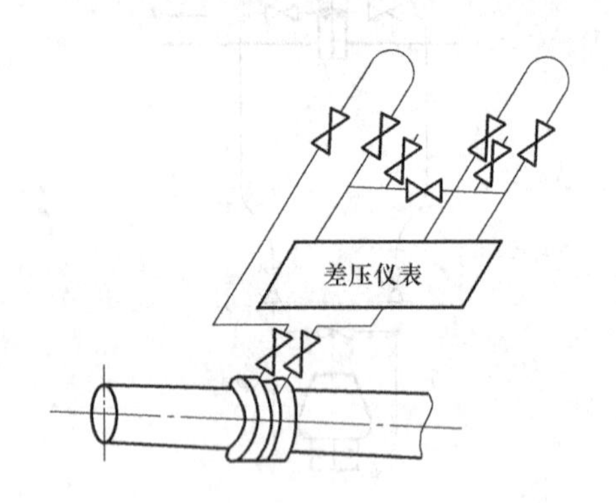

图2-23　被测流体为气体时信号管路安装示意图

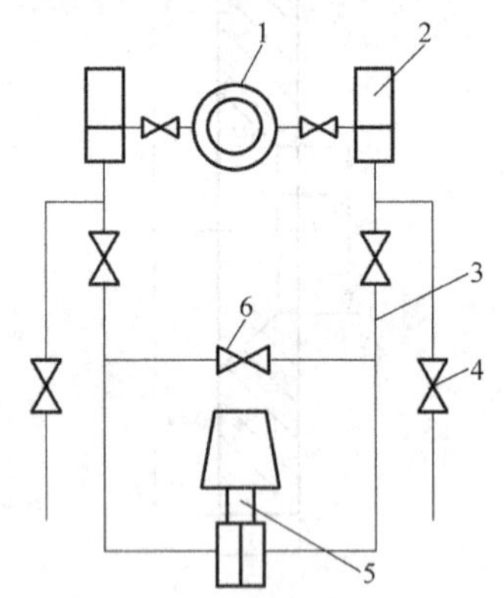

图2-24　测量蒸汽流量的连接图

1—节流装置　2—凝液罐　3—引压导管　4—排放阀　5—差压变送器　6—平衡阀

介质具有腐蚀性时，可在节流装置和差压变送器之间装设隔离罐，内放不与介质互溶的隔离液来传递压力，如图2-25所示。

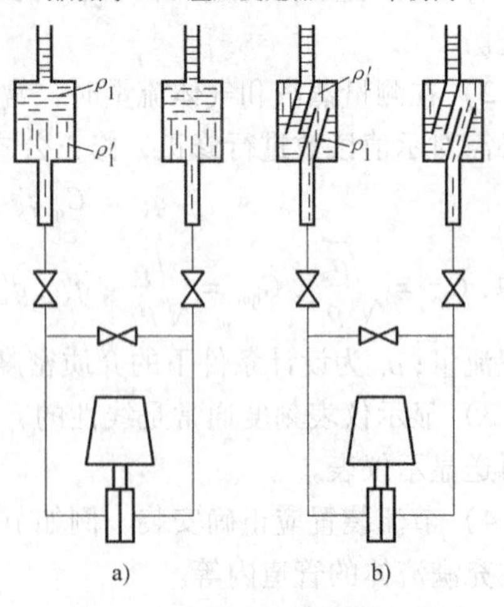

图2-25　隔离罐的两种形式

a) $\rho_1 < \rho_1'$　b) $\rho_1 > \rho_1'$

2.3.3　转子流量计

根据转子在锥形管内的高度来测量流量，如图2-26所示。利用流体通过转子和管壁之间的间隙时产生的差压来平衡转子的质量，流量越大，转子被托得越高，转子的高度与流量成正比。转子越高，转子与锥形管间具有更大的环隙面积，即环隙面积随流量变化，所以一般称为面积法。它较多地用于中、小流量的测量。

远传式转子流量计可采用金属锥形管，它的

信号远传方式有电动和气动两种类型，测量转换机构将转子的移动转换为电信号或气信号进行远传及显示。

图2-27所示为电远传转子流量计工作原理。其转换机构为差动变压器组件，用于测量转子的位移。流体流量变化引起转子的移动，转子同时带动差动变压器中铁心做上、下运动，差动变压器的输出电压将随之改变，通过信号放大后输出的电信号表示出相应流量的大小。

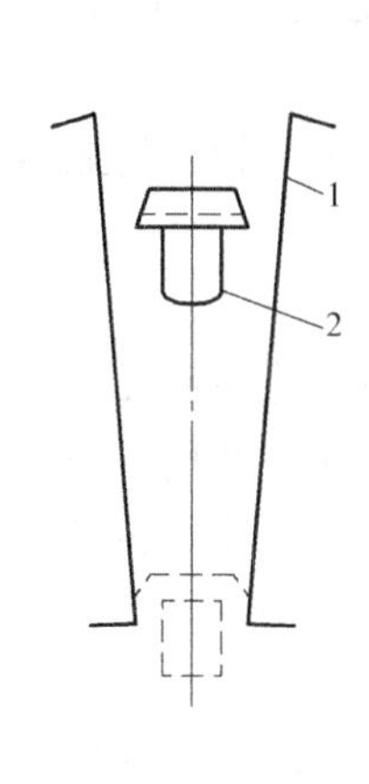

图2-26 转子流量计示意图
1—锥形管 2—转子

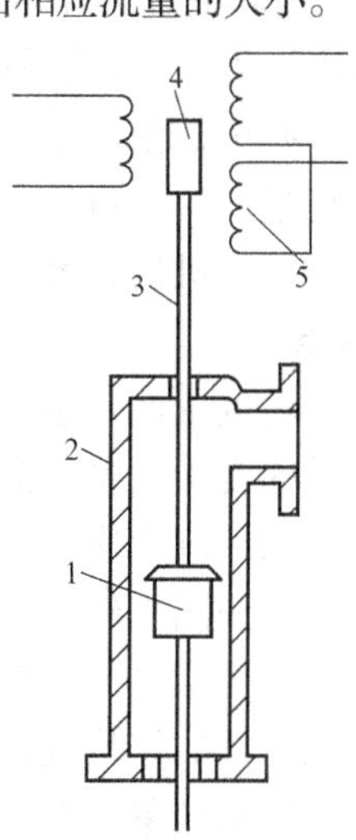

图2-27 电远传转子流量计工作原理
1—转子 2—锥形管 3—连动杆
4—铁心 5—差动线圈

2.3.4 椭圆齿轮流量计

椭圆齿轮流量计属于一种容积式流量计。它对被测流体的黏度变化不敏感，特别适合于测量高黏度的流体（例如重油、聚乙烯醇、树脂等），甚至糊状物的流量。

1. 工作原理

椭圆齿轮流量计的测量部分是由两个互相啮合的椭圆形齿轮A和B，轴及壳体组成。椭圆齿轮与壳体之间形成测量室，其结构原理如图2-28所示。

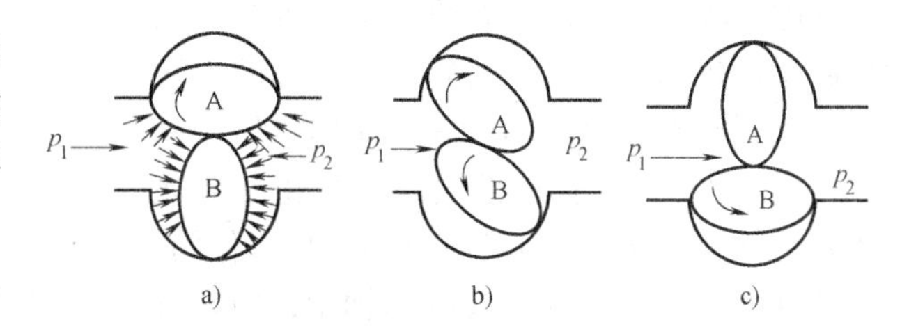

图2-28 椭圆齿轮流量计结构原理

当流体流过椭圆齿轮流量计时，由于要克服阻力将会引起阻力损失，从而使进口侧压力 p_1 大于出口侧压力 p_2，在此压力差作用下，产生作用力矩使椭圆齿轮连续转动。在图2-28a所示位置时，由于 $p_1 > p_2$，在 p_1 和 p_2 的作用下所产生的合力矩使A轮作顺时针方向转动，这时A为主动轮，B为从动轮。图2-28b上所示为中间位置，根据力的分析可知，A轮与B轮均为主动轮。当继续转至图2-28c所示位置时，p_1 和 p_2 作用在A轮上的合力矩为零，作用在B轮上的合力矩使B轮作逆时针方向转动，并把B与外壳间已吸入的半月形容积内的介质从出口排出，这时B轮为主动轮，A轮为从动轮，与图2-28a所示情况刚好相反。如此往复循环，A轮和B轮互相交替地由一个带动另一个转动，并把被测介质以半月形容积为单位一次一次地由进口排至出口。显然，图 2-28 所示仅仅表示椭圆齿轮转动了 1/4 周的情况，而其所排出的被测介质为一个半月形容积。所以，椭圆齿轮每转一周所排出的被测介质量为半月形容积的 4 倍。故通过椭圆齿轮流量计的体积流量 q_v 为

$$q_v = 4nV_0 \tag{2-28}$$

式中，n 为椭圆齿轮的旋转速度；V_0 为半月形测量室容积。

由式（2-28）可知，在椭圆齿轮流量计的半月形容积 V_0 已定的条件下，只要测出椭圆齿轮的转速 n，便可知道被测介质的流量。

椭圆齿轮流量计的流量信号（即转速 n）的显示，有就地显示和远传显示两种。配以一定的传动机构及积算机构，就可记录或指示被测介质的总量。

2. 使用特点

由于椭圆齿轮流量计是基于容积式测量原理，与流体的黏度等性质无关，因此，特别适用于高黏度介质的流量测量，测量精度较高，压力损失较小，安装使用也较方便。但是，在使用时要特别注意被测介质中不能含有固体颗粒，更不能夹杂机械物，否则会引起齿轮磨损以至损坏。为此，椭圆齿轮流量计的入口端必须加装过滤器。另外，椭圆齿轮流量计的使用温度有一定范围，温度过高，就有使齿轮发生卡死的可能。

椭圆齿轮流量计的结构复杂，加工制造较为困难，因而成本较高。如果使用不当或使用时间过久，发生泄漏现象，会引起较大的测量误差。

2.3.5 涡轮流量计

涡轮流量计是利用安装在管道中可以自由转动的叶轮感受流体的速度变化，从而测定管道内的流体流量。

1. 涡轮流量计的构成

涡轮流量计结构示意图如图 2-29 所示。流量计主要由壳体、前后导流件、轴承等支承件、涡轮和磁电转换器组成，涡轮是测量元件，它由导磁系数较高的不锈钢材料制成，轴芯上装有数片呈螺旋形或直形的叶片，流体作用于叶片，使涡轮转动。壳体和前后导流件由非导磁的不锈钢材料制成，导流件对流体起导直作用。在导流件上装有滚动轴承或滑动轴承，用来支撑转动的涡轮。流体通过涡轮流量计时推动涡轮转动，涡轮叶片周期性地扫过磁钢，使磁路的磁阻周期性地发生变化，线圈感应产生的交流电信号频率与涡轮转速成正比，即与流速成正比。磁电感应信号检测器包括磁电转换器和前置放大器，磁电转换器由线圈和磁钢组成，用于产生与叶片转速成比例的电信号，前置放大器放大微弱电信号，使之便于远传。

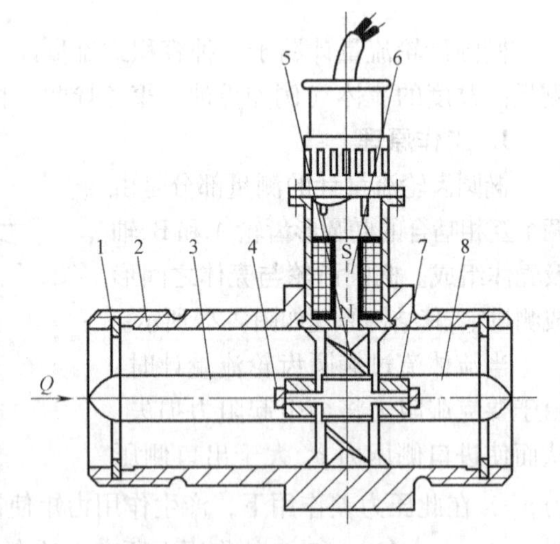

图 2-29 涡轮流量计结构示意图
1—紧固环 2—壳体 3—前导流件 4—止推片 5—涡轮的叶轮 6—磁电转换器 7—轴承 8—后导流件

涡轮流量计的显示仪表是一个脉冲频率测量和计数的仪表，根据单位时间的脉冲数和一段时间的脉冲计数，分别显示瞬时流量和累积流量。

2. 涡轮流量计的特点和使用

涡轮流量计可以测量气体、液体流量，但要求被测介质洁净，并且不适用于黏度大的液体测量。它的测量精度较高，一般为0.5级，在小范围内误差可以≤±0.1%；由于仪表刻度为线性，范围度可达（10～20）∶1；输出频率信号便于远传及与计算机相连；仪表有较宽的工作温度（－200～400℃），可耐较高工作压力（<10MPa）。

涡轮流量计一般应水平安装，并保证其前后有一定的直管段。为保证被测介质洁净，仪表前应装过滤装置。如果被测液体易汽化或含有气体时，要在仪表前装消气器。涡轮流量计的缺点是制造困难，成本高。由于涡轮高速转动，轴承易磨损，降低了长期运行的稳定性，影响使用寿命。通常涡轮流量计主要用于测量精度要求高、流量变化快的场合，还用作标定其他流量计的标准仪表。

2.3.6 电磁流量计

1. 电磁流量计测量原理

电磁流量计的基本原理是法拉第电磁感应定律，即导体在磁场中切割磁力线运动时，在其两端产生感应电动势。电磁流量计测量原理如图2-30所示，导电性液体在垂直于磁场的非磁性测量管内流动，与流动方向垂直的方向上产生与流量成比例的感应电动势，电动势方向按右手规则判定，其值为

$$E = BDv \tag{2-29}$$

式中，E为感应电动势（V）；B为磁感应强度（T）；D为测量管内径（m）；v为平均流速（m/s）。

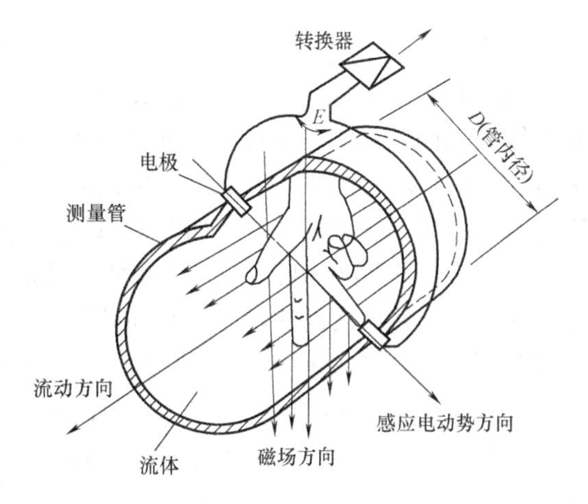

图2-30　电磁流量计测量原理

设液体的体积流量为$q_v = \pi D^2 v/4$，则$v = 4q_v/\pi D^2$，代入式（2-29）得

$$E = (4B/\pi D)q_v = Kq_v \tag{2-30}$$

式中，K为仪表常数，$K = 4B/\pi D$。

由式（2-30）可知，在管道直径已确定，磁感应强度不变的条件下，体积流量与电磁感应电动势有一一对应的线性关系，而与流体密度、黏度、温度、压力和电导率无关。

2. 电磁流量计的构成

电磁流量计由磁路系统、测量导管、电极和调整转换装置等组成。电磁流量计结构如图2-31所示，由非导磁性的材料制成的导管，测量电极嵌在管壁上，若导管为导电材料，其内壁与电极之间必须绝缘，通常在整个测量导管内壁装有绝缘衬里。导管的外围励磁线圈用来产生交变磁场。在导管和线圈外还有磁轭，以便形成均匀磁场和具有较大的磁通量。

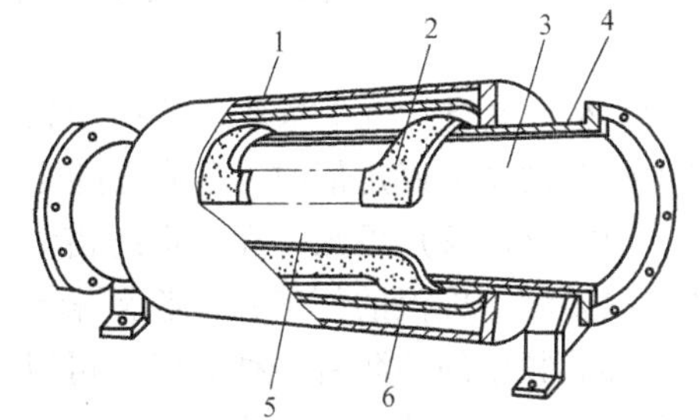

图2-31　电磁流量计结构
1—外壳　2—励磁线圈　3—衬里
4—测量导管　5—电极　6—铁心

电磁流量计转换部分的输出电流I_0与平均流速成正比。

3. 电磁流量计的特点及应用

电磁流量计的测量导管中无阻力件，压力损失极小；其流速测量范围宽，为0.5～10m/s；范围度可达10∶1；流量计的口径可从几毫米到几米以上；流量计的精度为0.5～1.5级；仪表反应快，流动状态对示值影响小，可以测量脉动流和两相流，如泥浆和纸浆的流量。电磁流量计测量导电流体的电导率一般要求$\gamma > 10^{-4}$S/cm，因此不能测量气体、蒸汽和电导率低的石油流量。

电磁流量计对直管段要求不高，前直管段长度为$5D \sim 10D$。安装地点应尽量避免剧烈振动和交直变强磁场。在垂直安装时，流体要自下而上流过仪表，水平安装时两个电极要在同一平面上。要确保流体、外壳、管道间的良好接地。

电磁流量计的选择要根据被测流体情况确定合适的内衬和电极材料。其测量准确度受导管的内壁，特别是电极附近结垢的影响，应注意清洗维护。

2.3.7 涡街流量计

1. 测量原理

涡街流量计又称旋涡流量计，其测量方法基于流体力学中的卡门涡街原理。把一个旋涡发生体（如圆柱体、三角柱体等非流线型对称物体）垂直插在管道中，当流体流过旋涡发生体时会在其左右两侧后方交替产生旋涡，且左右两侧旋涡的旋转方向相反。这种旋涡列就称为卡门旋涡，旋涡发生原理如图2-32所示。

由于旋涡之间互相影响，旋涡列一般是不稳定的。而当两旋涡列之间的距离h和同列的两个旋涡之间的距离L满足公式$h/L = 0.281$时，非对称的旋涡列就能保持稳定。此时旋涡的频率f与流体的平均流速v以及旋涡发生体的宽度d有如下关系式

$$f = S_t v/d \tag{2-31}$$

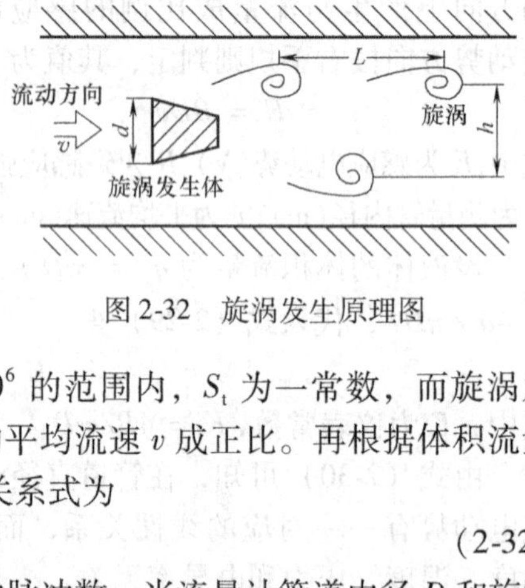

图2-32 旋涡发生原理图

式中，S_t为斯特劳哈尔系数，与旋涡发生体的宽度d和流体雷诺数Re有关。在雷诺数Re为$2\times10^4 \sim 7\times10^6$的范围内，$S_t$为一常数，而旋涡发生体宽度$d$也是定值，因此旋涡产生的频率$f$与流体的平均流速$v$成正比。再根据体积流量与流速的关系，可推导出体积流量q_v与旋涡频率f的关系式为

$$q_v = f/K \tag{2-32}$$

式中，K为流量计流量系数，其物理意义是每升流体的脉冲数。当流量计管道内径D和旋涡发生体宽度d为确定值时，K值也随之确定。

由式（2-32）可知，在一定的雷诺数Re范围内，体积流量q_v与旋涡的频率f成线性关系。只要测出旋涡的频率f就能求得流过流量计管道流体的体积流量q_v。

旋涡频率的检测有多种方式，可以分为一体式和分体式两类。一体式的检测元件放在旋涡发生体内，如热丝式、膜片式、热敏电阻式；分体式检测元件则装在旋涡发生体下游，如压电式、超声波式，均为利用旋涡产生时引起的波动进行测量。

2. 涡街流量计的特点及使用

涡街流量计适用于气体、液体和蒸汽介质的流量测量，其测量几乎不受流体参数（温度、压力、密度、黏度）变化的影响。涡街流量计在仪表内部无可动部件，使用寿命长；

压力损失小，输出为频率信号；有较宽的范围度30∶1；测量精度为±0.5%～±1%。

涡街流量计可以水平安装，也可以垂直安装。在垂直安装时，流体必须自下而上通过，使流体充满管道。在仪表上、下游要求有一定的直管段，下游长度为5*D*，上游长度根据阻力件形式而定，约15*D*～40*D*，但上游不应设流量调节阀。

涡街流量计的不足之处，主要是流体流速分布情况和脉动情况将影响测量准确度，旋涡发生体被玷污也会引起测量误差。

2.3.8　质量流量计

质量流量测量仪表通常可分为两大类：间接式质量流量计和直接式质量流量计。间接式质量流量计采用密度或温度、压力补偿的方法，在测量体积流量的同时，测量流体密度或流体的温度、压力值，再通过运算求得质量流量。直接式质量流量计则直接输出与质量相对应的信号，反映质量流量的大小，目前主要有差压式质量流量计、涡轮式质量流量计、热式质量流量计和科里奥利质量流量计。

1. 科里奥利质量流量计

科里奥利质量流量计简称科氏力流量计，其测量原理基于流体在振动管中流动时产生与质量流量成正比的科里奥利力。图2-33是一种U形管式科氏力流量计测量原理。

U形管的两个开口端固定，流体由此流入和流出。在U形管顶端装上电磁装置，激发U形管以*O*-*O*为轴，按固有的自振频率振荡，振动方向垂直于U形管所在平面。U形管内的流体在沿管道流动的同时又随管道作垂直运动，此时流体就会产生一科里奥利加速度，并以科里奥利力反作用于U形管。由于流体在U形管两侧的流动方向相反，因此作用于U形管两侧的科氏力大小相等，方向相反，形成一个作用力矩。U形管在该力矩的作用下将发生扭曲，扭转的角度与通过流体的质量流量成正比。如果在U形管两侧中心平面处安装两个电磁传感器测出U形管扭转角度的大小，就可以得到所测流体的质量流量，其关系式为

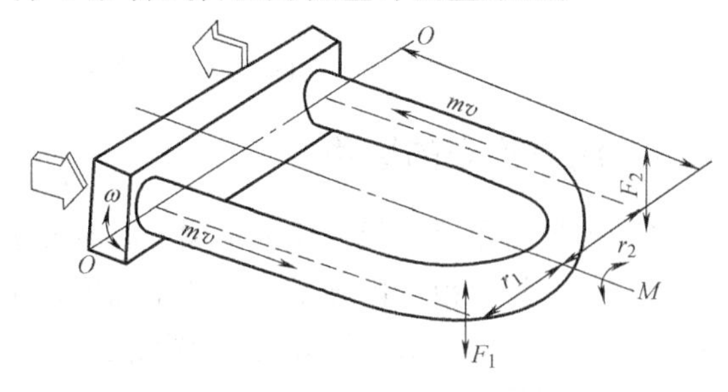

图2-33　科氏力流量计测量原理

$$q_m = \frac{K_s\theta}{4\omega r} \tag{2-33}$$

式中，θ为扭转角；K_s为扭转弹性系数；ω为振动角速度；r为U形管跨度半径。

科氏力质量流量计特点是直接测量质量流量，不受物体物性（密度、黏度等）影响，测量精度高；测量值不受管道内流场影响，无上、下游直管段长度的要求；可测量各种非牛顿流体以及黏滞的和含微粒的浆液。但是它的阻力损失较大，零点不稳定以及管路振动会影响测量精度。

2. 间接式质量流量计

在测量体积流量的同时测量被测流体密度，再将体积流量和密度结合起来求得质量流量。密度的测量还可以通过压力和温度的测量来得到。

图2-34是几种间接式质量流量计组合示意图。从图中可以看到，间接式质量流量计的

结构复杂，目前多将微机技术用于间接式质量流量计中以实现有关计算功能。

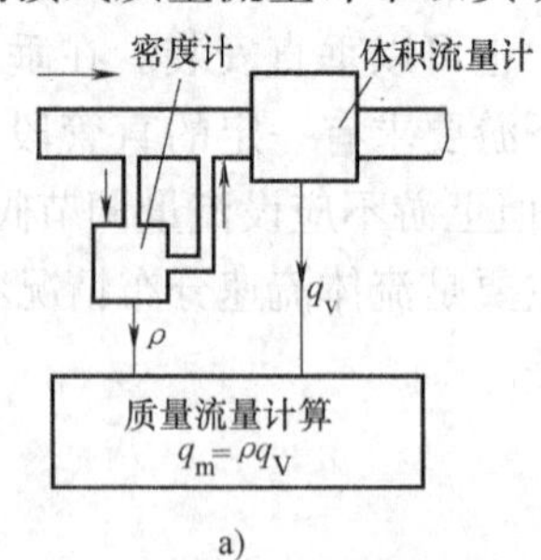

a)

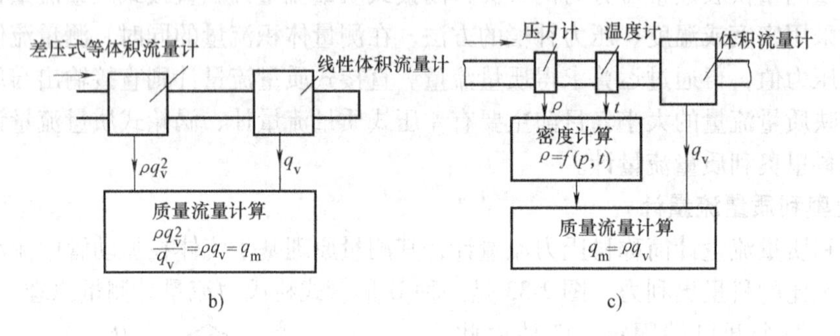

b) c)

图 2-34 间接式质量流量计组合示意图

2.3.9 流量仪表的选用

各种测量对象对测量的要求不同，有时要求在较宽的流量范围内保持测量的精确度，有时要求在某一特定范围内满足一定的精确度即可。一般过程控制中对流量的测量可靠性和重复性要求较高，而在流量结算 、商贸储运中对测量的准确性要求较高，应该针对具体的测量目的有所侧重地选择仪表。

流体特征对仪表的选用有很大影响。流体物性参数对测量精确度影响较大，流体的化学性质、脏污结垢等对测量的可靠性影响较大。在众多物性参数中，影响最大的是密度和黏度。如大部分流量计测量的是体积流量，但在生产过程中经常要进行物料平衡与能源计量，这就需要结合密度来计算质量流量，若选用直接式质量流量计则价格太贵。差压式流量计测量原理中测量流量本身与密度有关，密度的变化直接影响测量的准确性。涡轮流量计适用于测量低黏度介质，容积式流量计适用于测量高黏度介质。电磁流量计要考虑流体的电导率。有些流量计与介质直接接触，必须考虑是否会产生腐蚀、可动部件是否被堵塞等。表 2-4 是按被测介质部分特性选用流量计的参考表。

表 2-4 按被测介质部分特性选用流量计的参考表

流量仪表 \ 适用性 \ 介质		清洁液体	脏污液体	蒸汽或气体	高黏性液体	腐蚀性液体	腐蚀浆液	含纤维浆液	高温介质	低温介质	低流速流动	部分充满管道	非牛顿液体
节流装置	孔板	○	+	○	+	√	×	×	○	+	×	×	+
	文丘里管	○	+	○	+	+	×	×	+	+	+	×	×
	喷嘴	○	+	○	+	+	×	×	○	+	+	×	×

（续）

介质 适用性 流量仪表	清洁液体	脏污液体	蒸汽或气体	高黏性液体	腐蚀性液体	腐蚀浆液	含纤维浆液	高温介质	低温介质	低流速流动	部分充满管道	非牛顿液体
电磁流量计	○	○	×	×	○	○	○	+	×	√	+	√
涡街流量计	○	+	√	+	√	×	×	√	√	×	×	×
超声波流量计	○	+	×	+	+	×	×	×	+	+	×	×
转子流量计	○	+	○	√	√	×	×		×	√	×	×
容积式流量计	○	×	○	○	+	×	×	√	√	√	×	×
涡轮流量计	○	+	√	√	√	×	×	+	√	+	×	×
靶式流量计	○	√	√	√	√	+	×	√	+	×	×	+

注：标记“√”为适用；“○”为可用；“+”为一定条件下可用；“×”为不适用。

各种流量计对安装要求差异很大，如差压式流量计、旋涡式流量计需要长的上游直管段，而容积式流量计就无此要求。间接式质量流量计中包括推导运算，上、下游直管段长度的要求是保证测量准确性的必要条件。因此选用流量仪表时必须考虑安装条件。

流量仪表一般由检测元件、转换器及显示仪组成，而转换器及显示仪受环境条件影响较大，要注意测量环境的温度、湿度、大气压、安全性、电气干扰等对测量结果的影响。

2.4　温度检测及仪表

2.4.1　温标

温度是表征物体或系统冷热程度的物理量。物体的许多物理现象和化学性质都与温度有关，许多生产过程，特别是化学反应过程，都是在一定的温度范围内进行的。所以，在工业生产和科学实验中，经常会遇到温度的检测与控制问题。

温标是用来度量物体温度高低的标尺，它是温度的一种数值表示，温标主要包括两个方面内容：一是给出温度数值化的一套规则和方法，例如规定温度的读数起点（零点）；二是给出温度的测量单位。

1. 温标的演变

随着人们认识的深入，温标不断地发展和完善，下面做一简单介绍。

（1）经验温标

借助于某一种物质的物理量与温度变化的关系，用实验方法或经验公式所确定的温标称为经验温标，它主要有摄氏温标和华氏温标两种。

摄氏温标是把在标准大气压下水的冰点定为0℃，水的沸点定为100℃的一种温标。在0～100℃之间划分100等分，每一等分为1℃，单位符号为℃。摄氏温标虽不是国际统一规定的温标，但我国目前还在继续使用。

华氏温标规定在标准大气压下水的冰点为32 ℉，水的沸点为212 ℉，中间划分为180等分，每一等分为1 ℉，单位符号为℉。

由此可见，经验温标是借助于一些物质的物理量与温度之间的关系，用实验方法得到的经验公式来确定的温度值的标尺，有其局限性和任意性。

（2）热力学温标

热力学温标又称开尔文温标，单位符号为K。热力学温标是以热力学第二定律为基础的一种理论温标，已被国际计量大会采纳作为国际统一的基本温标。它有一个绝对零度，低于零度的温度不可能存在。热力学温标的特点是不与某一特定的温度计相联系，并与测温物质的性质无关，是由卡诺定理推导出来的，所以用热力学温标所表示的热力学温度被认为是最理想的温度数值。

热力学中的卡诺热机是一种理想的机器，实际上并不存在，因此热力学温标是一种纯理论的理想温标，无法直接实现。

（3）国际温标

为了使用方便，国际上协商决定，建立一种既能体现热力学温度（即能保证较高的准确度），又使用方便、容易实现的温标，这就是国际温标。国际温标选择了一些固定点（可复现的平衡态）温度作为温标基准点；规定了不同温度范围内的基准仪器；固定点温度间采用内插公式，这些公式建立了标准仪器示值与国际温标数值间的关系。随着科学技术的发展，固定点温度的数值和基准仪器的准确度会越来越高，内插公式的精度也不断提高，因此国际温标在不断更新和完善，准确度会不断提高，并尽可能接近热力学温标。

第一个国际温标是1927年建立的，记为ITS-27。1948年、1968年和1990年进行了几次较大修改，相继有ITS-48、ITS-68和ITS-90。目前我国采用的是ITS-90。

2. 1990年国际温标（ITS-90）简介

根据第18届国际计量大会决议，自1990年1月1日起开始在全世界实行90国际温标（ITS-90），我国自1994年1月1日开始全面实施90国际温标。90国际温标主要有3方面内容。

（1）温度单位

热力学温度是基本物理量，符号为T，单位为开尔文（K），K的定义为水的三相点温度的1/273.16。用与冰点273.15K的差值表示的热力学温度称为摄氏温度，符号为t，单位为摄氏度（℃），即$t = T - 273.15$，并有1℃ = 1K。温差可用开尔文，也可用摄氏度表示，即$\Delta T = \Delta t$。这里讲的摄氏度与古典的经验温标的摄氏度是完全不同的。这里的摄氏度（℃）是由国际温标重新定义的，是以热力学温标为基础的。

90国际温标定义国际开尔文温度T_{90}和国际摄氏温度t_{90}间的关系为

$$t_{90} = T_{90} - 273.15$$

它们的单位与热力学温度T和摄氏温度t的单位一致。

（2）定义固定温度点

90国际温标定义固定温度点是利用一系列纯物质相间可复现的平衡状态或蒸气压所建立起来的特征温度点。这些特征温度点的温度指定值是由国际公认的最佳测量手段测定的。

（3）复现固定温度点的方法

90国际温标把温度分为4个温区，各个温区的范围、使用的标准测温仪器分别为

1）0.65～5.0K为^{3}He或^{4}He蒸气压温度计；

2）3.0～24.5561K为^{3}He或^{4}He定容气体温度计；

3）13.8033K～961.78℃为铂电阻温度计；

4）961.78℃以上为光学或光电高温计。

在使用中，一般在水的冰点以上的温度使用摄氏温度单位（℃），在冰点以下的温度使用热力学温度单位（K）。

2.4.2　温度检测的主要方法

温度检测方法根据敏感元件和被测介质接触与否，可分为接触式测温和非接触式测温两大类。接触式测温时，温度敏感元件与被测对象接触，经过换热后两者温度相等。目前常用的接触式测温仪表有：基于物质受热体积膨胀性质的膨胀式温度计；基于导体或半导体电阻值随温度变化的热电阻温度计；基于热电效应的热电偶温度计。非接触测温时，温度敏感元件不与被测对象接触，而是通过辐射能量进行热交换，由辐射能量的大小来推算被测物体的温度。目前常用的非接触测温仪表有：光学高温计、光电高温计、辐射温度计和比色温度计。

各种温度检测方法（仪表）有自己的特点和测温范围，主要温度检测方法及特点见表2-5。本书主要介绍热电偶和热电阻测温原理和使用方法，其他测温方法，可参阅有关仪表使用说明书和文献。

表2-5　主要温度检测方法及特点

测温方式	测温种类和仪表		测温范围/℃	主要特点
接触式	膨胀式	玻璃液体	-100～600	结构简单、使用方便、测量精度较高、价格低廉；测量上限和精度受玻璃质量的限制，易碎，不能远传
		双金属	-80～600	结构紧凑、牢固、可靠；测量精度较低、量程和使用范围有限
	压力式	液体	-40～200	耐振、坚固、防爆、价格低廉；工业用压力式温度计精度较低、测温范围小、滞后大
		气体	-100～500	
	热电阻	铂电阻	-260～850	测量精度高，便于远距离、多点、集中检测和自动控制；不能测高温，需注意环境温度的影响
		铜电阻	-50～150	
		半导体热敏电阻	-50～300	灵敏度高、体积小、结构简单、使用方便；互换性较差，测量范围有一定限制
	热电效应	热电偶	-200～1800	测温范围大，测量精度高，便于远距离、多点、集中检测和自动控制；需冷端温度补偿，在低温段测量精度较低
非接触式	辐射式		0～3500	不破坏温度场，测温范围大，可测运动物体的温度；易受外界环境的影响，标定较困难

2.4.3　热电偶温度计

1. 热电偶介绍

热电偶的测温原理是基于热电偶的热电效应，如图2-35所示。将两种不同材料的导体或半导体A和B连在一起组成一个闭合回路，而且两个接点的温度$t \neq t_0$，则回路内将有电流产生，电流大小正比于接点温度t和t_0的函数之差，而其极性则取决于A和B的材料。

显然，回路内电流的出现，证实了当 $t \neq t_0$ 时内部有热电动势存在，即热电效应。图 2-35a 中 A、B 称为热电极，A 为正极，B 为负极。接点放置于被测介质温度为 t 的一端，称为工作端或热端；另一端称为参比端或冷端（通常处于室温或恒定的温度之中）。在此回路中产生的热电动势为

$$E_{AB}(t,t_0) = E_{AB}(t) - E_{AB}(t_0) \tag{2-34}$$

式中，$E_{AB}(t)$ 表示工作端（热端）温度为 t 时在 A、B 接点处产生的热电动势，$E_{AB}(t_0)$ 表示参比端（冷端）温度为 t_0 时在 A、B 另一端接点处产生的热电动势。

为了达到正确测量温度的目的，必须使参比端温度维持恒定，这样对一定材料的热电偶总热电动势 E_{AB} 便是被测温度的单值函数了。即

$$E_{AB}(t,t_0) = f(t) - C = \varphi(t) \tag{2-35}$$

式中，C 为常数，此时只要测出热电动势的大小，就能判断被测介质的温度。

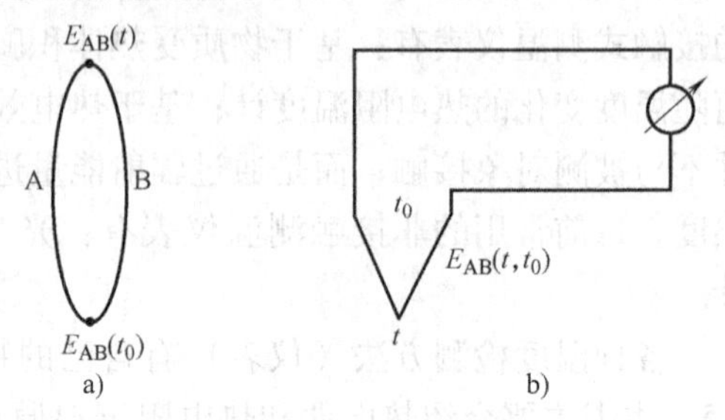

图 2-35　热电偶测温原理及测温回路示意图
a）热电偶热电效应　b）热电偶测温回路

在用热电偶测量温度时，想要得到热电动势数值，必须要在热电偶回路中引入第 3 种导体，接入测量仪表。根据后面将要介绍的热电偶"中间导体定律"可知，热电偶回路中接入第 3 种导体后，只要该导体两端的温度相同，热电偶回路中所产生的总热电动势与没有接入第 3 种导体时热电偶回路所产生的总热电动势相同。同理，如果回路中接入更多种导体时，只要同一导体两端温度相同，也不影响热电偶回路所产生的热电动势值。因此，热电偶回路可以接入各种显示仪表、变送器、连接导线等，如图 2-35b 所示。

在参比端温度为 0℃条件下，常用热电偶热电动势与温度一一对应的关系都可以从标准数据表中查到，这种表称为热电偶的分度表。与分度表所对应的该热电偶的代号则称为分度号。本书附录 4 和附录 5 中列出了两种常用的标准化热电偶分度表。

2. 热电偶基本定律

1）中间导体定律　如图 2-36 所示，将 A、B 构成的热电偶的 t_0 端断开，接入第三种导体 C，并使 A 与 C 和 B 与 C 接触处的温度均为 t_0，则接入导体 C 后对热电偶回路中的总热电动势没有影响。即

$$E_{ABC}(t,t_0) = E_{AB}(t,t_0) \tag{2-36}$$

同理，加入第 4、第 5 种导体后，只要加入导体的两端温度相等，则回路的总热电动势与原热电偶回路的热电动势值相同。根据热电偶的这一性质，可以在热电偶回路中引入各种仪表、变送器、连接导线等，如图 2-35b 所示。例如，在热电偶的冷端接入一只测量热电动势的仪表，并保证两个接点的温度一致就可以对热电动势进行测量，且不影响热电偶的输出。

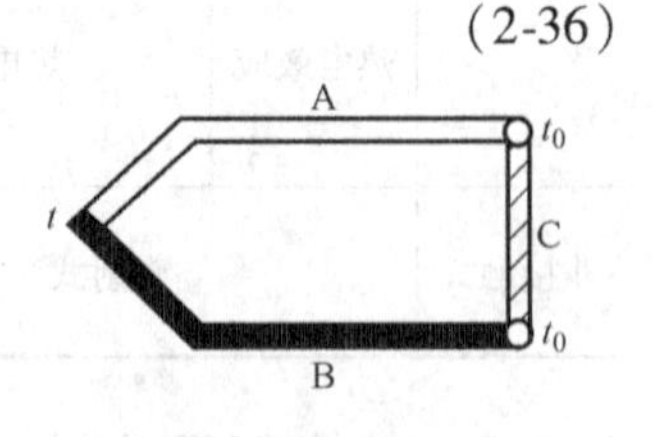

图 2-36　接入第 3 种导体的热电回路

2）均质导体定律。由一种均质导体组成的闭合回路，不论导体的截面如何以及各处的温度分布如何，都不能产生热电动势。这条定律说明，热电偶必须由两种不同性质的材料构成。

3）中间温度定律。热电偶 AB 在接点温度为 t、t_0 时的热电动势 $E_{AB}(t,t_0)$ 等于热电偶

AB 在接点温度为 t、t_c 和 t_c、t_0 的热电动势 $E_{AB}(t,\ t_c)$ 和 $E_{AB}(t_c,\ t_0)$ 的代数和，如图 2-37 所示，即

$$E_{AB}(t,t_0) = E_{AB}(t,t_c) + E_{AB}(t_c,t_0) \tag{2-37}$$

4）等值替代定律。如果使热电偶 AB 在某一温度范围内所产生的热电动势等于热电偶 CD 在同一温度范围内所产生的热电动势，即 $E_{AB}(t,t_0) = E_{CD}(t,t_0)$，则这两支热电偶在该温度范围内可以互相代用。

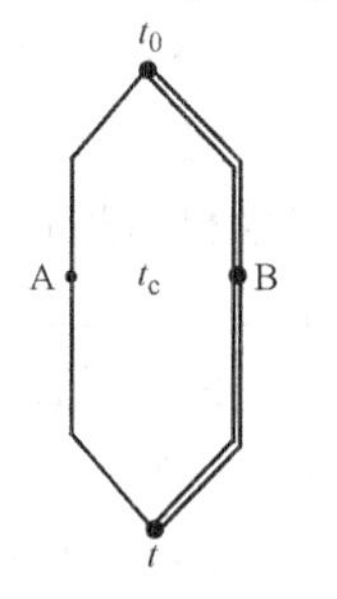

图 2-37 中间温度定律

3. 标准化热电偶与分度表

根据热电偶的测温原理，似乎任何两种导体都可以组成热电偶用来测量温度，但是为了保证在工程技术中应用可靠，并具有足够精度，不是所有材料都能作为热电偶电极材料。一般来说，对热电偶电极材料有以下要求。

1）在测温范围内，热电性质稳定，不随时间和被测介质变化；物理化学性能稳定，不易氧化或腐蚀。

2）电导率高，电阻温度系数较小。

3）由它们组成的热电偶，热电动势随温度的变化率要大，并且希望该变化率在测温范围内接近常数。

4）材料的机械强度要高，复制性好，复制工艺简单，价格便宜。

目前在国际上被公认的比较好的热电材料只有几种。所谓标准化热电偶是指由这些材料组成的热电偶，它们已列入工业标准化文件中，具有统一的分度表。标准化文件还对同一型号的标准化热电偶规定了统一的热电极材料及化学成分、热电性质和允许偏差，故同一型号的标准化热电偶具有良好的互换性。

目前国际上经常使用的有 8 种标准化热电偶。这些热电偶的型号（分度号）、热电极材料以及测温范围见表 2-6。表中所列的每一种型号的热电材料前者为热电偶正极，后者为负极；温度的测量范围是指热电偶在良好的使用环境下允许测量的温度极限值，实际使用，特别是长时间使用时，一般允许测量的温度上限是极限值的 60% ~80%。

表 2-6 标准化热电偶

分度号	电极材料	测温范围/℃	分度号	电极材料	测温范围/℃
S	铂铑$_{10}$-铂①	0 ~ 1300	N	镍铬硅-镍硅	-200 ~ 1300
P	铂铑$_{13}$-铂	0 ~ 1300	E	镍铬-铜镍合金（康铜）	-200 ~ 900
B	铂铑$_{30}$-铂铑$_6$	0 ~ 1600	J	铁-铜镍合金（康铜）	-40 ~ 600
K	镍铬-镍硅	-200 ~ 1300	T	铜-铜镍合金（康铜）	-200 ~ 350

① 铂铑$_{10}$表示铂 90%，铑 10%，依此类推。

下面简单介绍几种常见的标准化热电偶的主要性能和特点。

（1）铂铑$_{10}$-铂热电偶（S 型）

这是一种贵金属热电偶，由直径为 0.5mm 以下的铂铑合金丝（铂 90%，铑 10%）和纯铂丝制成。这种热电偶的复制精度和测量准精较高，可用于精密温度测量。S 型热电偶在氧化性或中性介质中具有较高的物理化学稳定性，在 1300℃ 以下可长时间使用。其主要缺点是金属材料的价格昂贵；热电动势小，且热电特性曲线非线性较大；在高温时易受还原性气体所发出的蒸气和金属蒸气的侵害而变质，失去测量精度。

（2）铂铑$_{30}$-铂铑$_6$ 热电偶（B 型）

这种类型的热电偶具有 S 型热电偶的各种特点，其长期使用温度可达1600℃。但这种热电偶产生的热电动势很小（在所有标准化热电偶中热电动势为最小），当 $t\leqslant 50$℃，热电动势小于 3μV，因此在测量高温时基本不考虑冷端的温度补偿。

（3）镍铬-镍硅热电偶（K 型）

这是一种使用面十分广泛的廉价金属热电偶，热电丝直径一般为 1.2 ~2.5mm。由于热电极材料具有良好的高温抗氧化性能，可在氧化性或中性介质中长时间地测量 900℃以下的温度。K 型热电偶具有复现性好、产生的热电动势大，且线性好、价格便宜等优点。这种热电偶的主要缺点是如果用于还原性介质中，热电极会很快受到腐蚀，在此情况下，只能用于测量 500℃以下的温度。

（4）镍铬-铜镍合金热电偶（E 型）

这种热电偶在我国通称为镍铬-康铜热电偶，虽不及 K 型热电偶应用广泛，但它热电动势大，在所有标准化热电偶中为最大，可测量微小变化的温度。它的另一个特点是对于高湿度气体的腐蚀并不灵敏，宜在我国南方地区使用或湿度环境较高的纺织工业使用。其缺点是负极（铜镍合金）难于加工，热电均匀性比较差，不能用于还原性介质中。

以上几种常用标准化热电偶的温度与热电动势特性曲线如图 2-38 所示。

根据上述热电偶的分度表和热电特性曲线，可以得出如下结论。

1）$t=0$℃时，所有型号的热电偶的热电动势均为零；当 $t<0$℃时，热电动势为负值。

2）不同型号的热电偶在相同温度下，热电动势一般有较大的差别；在所有标准化热电偶中，B 型热电偶的灵敏度最低，E 型热电偶灵敏度最高。

3）如果把温度和热电动势间关系绘成曲线，如图 2-38 所示，则可以看到温度与热电动势之间的关系一般为非线性；正由于热电偶的这种非线性特性，当冷端温度 $t_0\neq 0$℃时，则不能用测得的热电动势 $E(t,t_0)$ 直接查分度表得 t'，然后再加 t_0，而应该根据下列公式先求出 $E(t,0)$，即

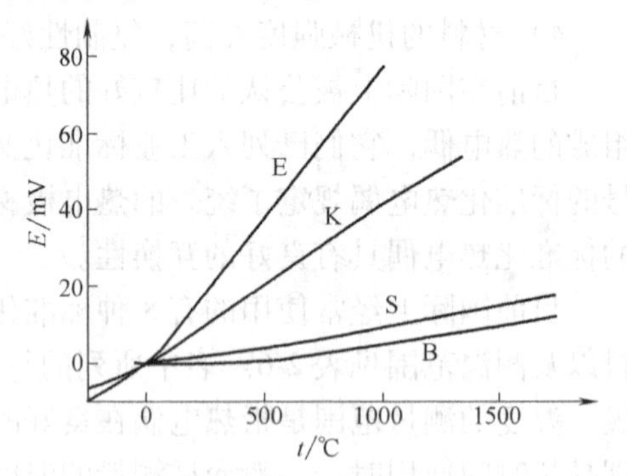

图 2-38　常用标准热电偶的热电特性

$$E(t,0) = E(t,t_0) + E(t_0,0) \tag{2-38}$$

然后再查分度表得到热端温度 t。

［例 2-4］　S 型热电偶在工作时冷端温度 $t_0=30$℃，现测得热电偶的热电动势为 7.5mV，求被测介质的实际温度。

解：由题意热电偶测得的热电动势为 $E(t,\ 30)$，即 $E(t,\ 30)=7.5\text{mV}$，其中 t 为被测介质温度。

由分度表可查得 $E(30,\ 0)=0.173\text{mV}$，则

$$E(t,0) = E(t,30) + E(30,0) = (7.5 + 0.173)\text{mV} = 7.673\text{mV}$$

再由分度表中查出与其对应的实际温度为 830℃。

4. 热电偶结构

工业常用热电偶外形结构基本上有以下几种。

1）普通型热电偶。普通型热电偶主要由热电极、绝缘子（或绝缘管）、保护管、接线

盒、接线柱（或端子）等组成，如图 2-39 所示。

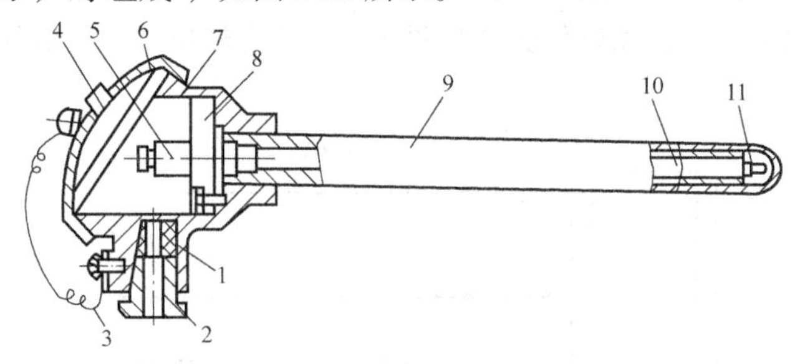

图 2-39　普通热电偶的基本结构

1—出线孔密封圈　2—出线孔螺母　3—链条　4—面盖　5—接线柱
6—密封圈　7—接线盒　8—接线座　9—保护管　10—绝缘子　11—热电偶

在普通型热电偶中，绝缘子（或绝缘管）用于防止两根热电极短路，其材质取决于测温范围。保护管的作用是保护热电极不受化学腐蚀和机械损伤，其材质要求耐高温、耐腐蚀、不透气和具有较高的导热系数等。但是，热电偶加上保护套后，其动态响应变慢，因此要使用时间常数小的热电偶保护管。

2）铠装热电偶。铠装热电偶用金属套管、陶瓷绝缘材料和热电极组合加工而成，其结构如图 2-40 所示。铠装热电偶具有能弯曲、耐高压、热响应时间短和坚固耐用等优点，可适应复杂结构的安装要求。

3）多点式热电偶。多点式热电偶是用多支不同长度的热电偶感温元件，用多孔的绝缘管组装而成，适合于化工生产中反应器不同高度的多点温度测量，如测量合成塔不同位置的温度。

4）隔爆外壳型热电偶。隔爆外壳型热电偶基本参数与普通热电偶一样，区别在于采用了防爆结构的接线盒。当生产现场存在易燃易爆气体时，必须使用隔爆外壳型热电偶。

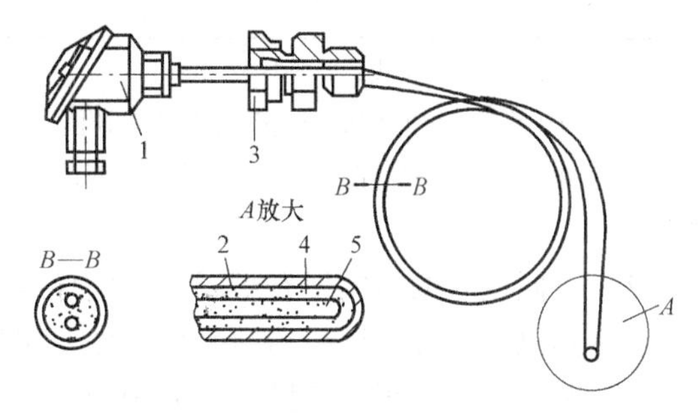

图 2-40　铠装热电偶

1—接线盒　2—金属套管　3—固定装置
4—绝缘材料　5—热电极

5）表面型热电偶。表面型热电偶是利用真空镀膜法将两电极材料蒸镀在绝缘基底上的薄膜热电偶，专门用于测量各种形状的固体表面温度，反应速度极快，热惯性极小。它作为一种便携式测温计，在纺织、印染、橡胶、塑料等领域广泛应用。

5. 补偿导线

热电偶测温时要求参比端温度恒定。由于热电偶工作端与参比端靠得很近，热传导、辐射会影响到参比端温度；此外，参比端温度还受到周围设备、管道、环境温度的影响，这些影响很不规则，因此，参比端温度难以保持恒定，这就希望将热电偶做得很长，使参比端远离工作端且进入恒温环境，但这样做要消耗大量贵重的电极材料，很不经济。因此，使用专用的廉价导线，将热电偶的参比端延伸出来，以解决参比端温度的恒定问题，这种导线就称为补偿导线。

补偿导线通常用比两根热电极材料便宜得多的两种金属材料做成，它在 0 ~ 100℃ 范围内的热电性质与要补偿的热电偶的热电性质几乎完全一样，所以使用补偿导线犹如将热电偶热电极延长，把热电偶的参比端延伸到离热源较远、温度较恒定又较低的地方。补偿导线的连接如图 2-41 所示。

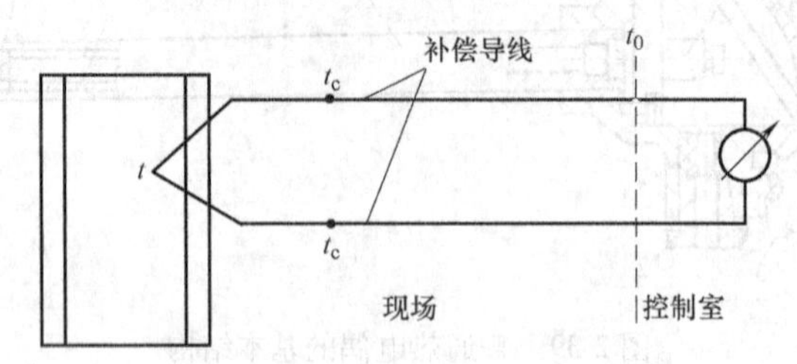

图 2-41　补偿导线的连接图

图 2-41 中原来的热电偶参比端温度 t_c 很不稳定，使用补偿导线后，参比端可移到温度恒定的 t_0 处。常用热电偶的补偿导线见表 2-7。

表 2-7　常用热电偶的补偿导线

补偿导线型号	配用热电偶的分度号	补偿导线材料		绝缘层着色	
		正极	负极	正极	负极
SC	S（铂铑 10-铂）	铜	铜镍	红	绿
KC	K（镍铬-镍硅，镍铬-镍铝）	铜	铜镍	红	蓝
EX	E（镍铬-康铜）	镍铬	康铜	红	棕

注：C 代表补偿型；X 代表延伸型。

在使用补偿导线时必须注意以下问题。

1）补偿导线只能在规定的温度范围内（一般为 0 ~ 100℃）与热电偶的热电动势相等或相近。

2）不同型号的热电偶有不同的补偿导线。

3）热电偶和补偿导线的两个接点处要保持相同温度。

4）补偿导线有正、负极，需分别与热电偶的正、负极相联。

5）补偿导线的作用只是延伸热电偶的冷端，当冷端温度 $t_0 \neq 0$ 时，还需进行其他的补偿与修正。

6. 热电偶参比端（冷端）的温度补偿

使用补偿导线只解决了参比端（冷端）温度恒定的问题。但是，在配热电偶显示仪表上面的温度标尺分度或温度变送器的输出信号都是根据分度表来确定的。分度表是在参比端温度为 0℃ 的条件下得到的。由于现场使用的热电偶其参比端温度通常并不是 0℃，因此，测量得到的热电动势如不经修正就输出显示，会带来测量误差。测量得到的热电动势必须通过修正，即参比端温度补偿，才能使被测温度与热电动势的关系符合分度表中热电偶静态特性关系，以使被测温度能真实地反映到仪表上来。

下面介绍参比端温度补偿原理。当热电偶工作端温度为 t，参比端温度为 t_0 时，热电偶产生的热电动势为

$$E(t,t_0) = E(t) - E(t_0) = E(t,0) - E(t_0,0) \tag{2-39}$$

也可写成

$$E(t,0) = E(t,t_0) + E(t_0,0) \tag{2-40}$$

这就是说，要使热电偶的热电动势符合分度表，只要将热电偶的热电动势加上 $E(t_0,0)$ 即可。各种补偿方式都是基于此原理进行的。

参比端温度补偿方法有以下几种。

1）计算法。根据补偿原理计算修正。由式（2-40）可知，将热电偶测得的热电动势 $E(t,\ t_0)$ 加上根据参比端温度查分度表所得热电动势 $E(t_0,\ 0)$，就可得到工作端温度相对于参比端温度为0℃时对应的热电动势 $E(t,\ 0)$，再反查分度表得到工作端温度 t。

例如，用镍铬-镍硅（K）热电偶测温，热电偶参比端温度 $t_0=20℃$，测得的热电动势 $E(t,\ t_0)=32.479\text{mV}$。由K分度表查得 $E(20,\ 0)=0.798\text{mV}$，则

$$E(t,0) = E(t,20) + E(20,0) = (32.479 + 0.798)\text{mV} = 33.277\text{mV}$$

再反查K分度表，得实际温度是800℃。计算法由于要查表计算，使用时不太方便，因此仅在实验室或临时测温时采用，但是可在智能仪表和计算机控制系统中通过事先编好的查分度表和设计的软件程序进行自动补偿。

2）冰浴法。冰浴法是将热电偶的参比端放入冰水混合物中，使参比端温度保持0℃。这种方法一般用于实验室。

3）机械调零法。一般仪表在未工作时指针指在零位（机械零点）。当参比端温度不为0℃时，可以预先将仪表指针调到参比端温度处。如果参比端温度就是室温，那么就将仪表指针调到室温，但若室温不恒定，则也会带来测量误差。

4）补偿电桥法。在温度变送器、电子电位差计中采用补偿电桥法进行自动补偿。补偿电桥法是利用参比端温度补偿器产生的不平衡电动势去补偿热电偶因冷端温度变化而引起的热电动势变化值。

2.4.4　热电阻温度计

由电阻的热效应可知，电阻体阻值随温度的升高而增加或减少。从电阻随温度的变化原理来看，大部分的导体或半导体都有这种性质，能用作温度检测元件的电阻体称为热电阻。目前国际上最常用的热电阻有铂电阻、铜电阻等金属热电阻及半导体热敏电阻。

1. 金属热电阻

金属热电阻主要有铂电阻、铜电阻和镍电阻等，其中铂电阻和铜电阻最为常用，有一套标准的制作要求和分度表、计算公式。

金属热电阻阻值随温度的变化大小用电阻温度系数 α 来表示，其定义为

$$\alpha = \frac{R_{100} - R_0}{100R_0} \tag{2-41}$$

式中，R_0 和 R_{100} 分别为0℃和100℃时热电阻的电阻值。可见 R_{100}/R_0 越大，α 值也越大，说明温度升高使热电阻的电阻值增加越多。

金属的纯度对电阻温度系数影响很大，纯度越高，α 值越大。例如，作为基准用的铂电阻，要求 $\alpha>3.925\times10^{-3}\Omega/\Omega\cdot℃$；一般工业上用的铂电阻则要求 $\alpha>3.85\times10^{-3}\Omega/\Omega\cdot℃$。

（1）工业用热电阻温度计的分度公式和分度号

对于工业用铂电阻温度计可用简单的分度公式来描述其电阻与温度的关系，在 $-200\sim0℃$ 的温度范围内

$$R_t = R_0[1 + At + Bt^2 + C(t-100)t^3] \quad (2\text{-}42)$$

在0～850℃的温度范围内

$$R_t = R_0(1 + At + Bt^2) \quad (2\text{-}43)$$

式中，R_t 和 R_0 分别为 t℃和0℃时铂电阻的电阻值；A、B 和 C 为常数。在ITS-90中，这些常数规定为：$A = 3.9083\times10^{-3}/℃$，$B = -5.775\times10^{-7}/℃^2$，$C = -4.183\times10^{-12}/℃^4$。

铜电阻温度计也有相应的分度公式。由于它在－50～150℃范围内，其电阻值与温度间的关系几乎是线性的，因此在一般场合下可近似地表示为

$$R_t = R_0(1 + \alpha t) \quad (2\text{-}44)$$

式中，α 为铜电阻的电阻温度系数，$\alpha =（4.25～4.28）\times10^{-3}/℃$。

由于热电阻在温度 t 时的电阻值与 R_0 有关，所以对 R_0 的允许误差有严格的要求。另外 R_0 的大小也有相应的规定。目前，我国规定工业用铂电阻温度计有 $R_0 = 10\Omega$ 和 $R_0 = 100\Omega$ 两种，它们的分度号分别为Pt10和Pt100；铜电阻温度计也有 $R_0 = 50\Omega$ 和 $R_0 = 100\Omega$ 两种，其分度号分别为Cu50和Cu100。

用表格形式给出在不同温度下各种热电阻分度号的电阻值称为热电阻的分度表。附录2和附录3中列出了铂电阻和铜电阻温度计的分度表。

（2）热电阻传感器的结构形式

工业用热电阻结构如图2-42a所示，它主要由电阻体、保护套管和接线盒等部分组成。

电阻体由细铂丝或铜丝绕在支架上构成。由于铂的电阻率较大，而且相对机械强度较大，通常铂丝的直径在0.05mm以下，铜电阻丝直径一般为0.1mm。为了使电阻感温体没有电感，无论哪种热电阻都必须采用无感绕法，即先将电阻丝对折起来，绕法如图2-42b所示，使两个端头都处于支架的同一端。

热电阻的感温体必须防止有害气体腐蚀，尤其是铜电阻还要防止氧化；水分浸入会造成漏电，直接影响阻值。所以工业用热电阻都要有金属保护套管。保护套管上一般附有安装固定件，以便将热电阻温度传感器固定在被测设备上。

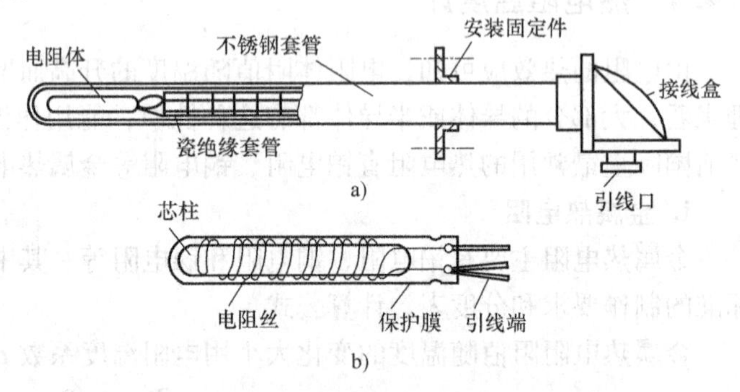

图2-42 工业用热电阻传感器的结构

（3）金属热电阻的特点

和热电偶相比，金属热电阻有以下特点。

1）同样温度下输出信号大，易于测量。以100℃为例，如用K型热电偶，输出为4.096mV，用S型热电偶，输出只有0.646mV，但用铂电阻Pt100，则100℃时电阻为138.51Ω，增加量为38.51Ω（或38.51%）。测量毫伏级的电动势显然不如测几十欧姆的电阻增量容易。

2）热电阻的阻值测量必须借助于外加电源，如用电桥桥臂上电阻值的变化转换为电压的输出，热电偶只要两端存在温差，就能输出热电动势，直接进行测量，但是热电偶需要冷端温度补偿，而热电阻不需要。

3）和热电偶相比，热电阻的电阻感温体结构复杂，体积较大，热惯性大，不适宜测点

温和温度变化快的温度，抗机械冲击与抗振动性能也较差。

4）同类材料制成的热电阻不如热电偶测温上限高，但在低温区（$t<0℃$）用热电阻测温较好。

（4）金属热电阻温度传感器使用注意事项

铂电阻温度传感器的特点是测量精度高，稳定性好，性能可靠，但电阻与温度间为非线性关系；铜电阻温度传感器的特点是温度系数大，而且几乎不随温度而变，铜容易加工和提纯，价格便宜，但温度测量范围小。此外，铜在温度超过100℃时容易被氧化，而铂在还原性介质中，特别是在高温下很容易被从氧化物中还原出来的蒸气沾污，使铂丝变脆，并改变它的电阻与温度间的关系。因此，铂电阻和铜电阻温度计必须使用保护套管以设法避免或减轻上述危害。

工业用热电阻安装在生产现场，离控制室较远，因此热电阻的引线对测量结果有较大的影响。目前，热电阻的引线方式有两线制、三线制和四线制3种，如图2-43所示。

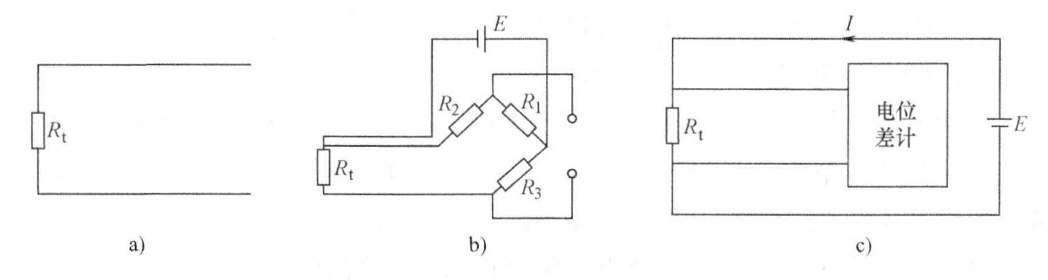

图2-43 热电阻的引线方式

1）两线制。在热电阻感温体的两端各连一根导线的引线形式为两线制，如图2-43a。这种引线方式简单、费用低，但是引线电阻以及引线电阻的变化会带来附加误差。因此，两线制适用于引线不长，测温精度要求较低的场合。

2）三线制。在热电阻感温体的一端连接两根引线，另一端连接一根引线，此种引线形式称为三线制，如图2-43b所示。当热电阻与电桥配套使用时，这种引线方式可以较好地消除引线电阻的影响，提高测量精度。所以，工业热电阻多半采用三线制接法。

3）四线制。在热电阻感温体的两端各连两根引线称为四线制，如图2-43c所示。这种引线方式主要用于高精度温度检测。其中两根引线为热电阻提供恒流源I，在热电阻上产生的压降$u=R_tI$通过另外两根引线引至电位差计进行测量。因此，它完全能消除引线电阻对测量的影响。

2. 半导体热敏电阻

半导体热敏电阻是利用半导体的电阻值随温度显著变化的特性而制成的热敏元件。它是由某些金属氧化物和其他化合物按不同的配方比例烧结制成的，具有以下一些优点。

1）热敏电阻的温度系数比金属大，约大4~9倍，半导体材料可以有正或负的温度系数，根据需要加以选择。

2）电阻率大，可以制成极小的电阻元件，体积小，热惯性小，适于测量点温、表面温度及快速变化的温度。

3）结构简单、机械性能好。可根据不同要求，制成各种形状。

热敏电阻的最大缺点是线性度较差，只在某一较窄温度范围内有较好的线性度，由于是半导体材料，其复现性和互换性较差。

根据热敏电阻的电阻率随温度变化的特性不同，热敏电阻可分为正温度系数（PTC）、负温度系数（NTC）和临界温度系数（CTR）3 种类型，其特性如图 2-44 所示。

PTC 热敏电阻是以钛酸钡掺和稀土元素烧结而成的半导体陶瓷元件，具有正温度系数。当温度超过某一数值时，其电阻值朝正的方向快速变化。其用途主要是彩电消磁、各种电器设备的过热保护和发热源的定温控制，也可作为限流元件使用。

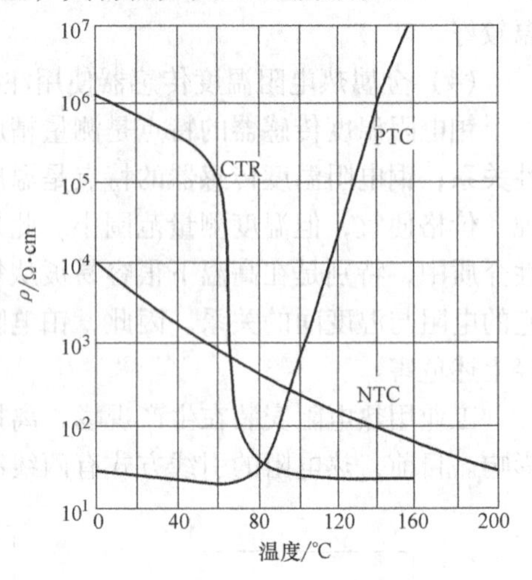

图 2-44　热敏电阻的特性

CTR 热敏电阻是以三氧化二钒与钡、硅等氧化物，在磷、硅氧化物的弱还原气氛中混合烧结而成，它呈半玻璃状，具有负温度系数。通常 CTR 热敏电阻用树脂包封成珠状或厚膜形使用，其阻值为 1kΩ ~ 10MΩ，在某个温度值上电阻值急剧变化，具有开关特性。CTR 热敏电阻主要用作温度开关。

NTC 热敏电阻主要由 Mn、Co、Ni、Fe、Cu 等过渡金属氧化物混合烧结而成，改变混合物的成分和配比，就可获得测温范围、阻值及温度系数不同的 NTC 热敏电阻。它具有很高的负电阻温度系数，特别适用于在 -100 ~ 300℃之间测温，也适用于测量点温、表面温度、温差、温场等，同时也广泛地应用在自动控制及电子电路的温度补偿电路中。

2.4.5　其他温度检测方法及仪表

1. 辐射式温度计

辐射式温度计是利用物体的辐射能随温度变化的原理制成的。在应用辐射式温度计检测温度时，只需把温度计对准被测物体，而不必与被测物体直接接触。因此，辐射式温度计是一种非接触式温度检测仪表。它可以用于检测运动物体的温度和小的被测对象的温度，且不会破坏被测对象的温度场。

当前辐射测温仪表的名称和术语很不统一，分类也不一致。一般来说，辐射测温主要有以下 3 种基本方法。

1）全辐射法。测出物体在整个波长范围内的辐射能量 $f(T)$，并以其辐射率（也称黑度系数）ε_T 校正后确定被测物体的温度。对应的测温仪表有辐射式温度计。

2）亮度法。测出物体在某一波长（实际上是一个波长段 $\lambda \sim \lambda + \Delta\lambda$）上的辐射能量 $f(T)$，经辐射率 ε_T 校正后确定被测物体的温度。对应的仪表有光学高温计和光电高温计。

3）比色法。测出物体在两个特定波长段上的辐射能比值 $\Phi(T)$，经辐射率 ε_T 修正后确定被测物体的温度。对应的仪表有比色温度计。

以上 3 种测温方法各有特点：全辐射法接受辐射能量大，有利于提高仪器的灵敏度，缺点是容易受环境的干扰；亮度法虽然接受的辐射能量小，但抗环境干扰的能力强；比色法适应性较强，物体的辐射率影响较小，因此仪表值接近真实温度，但结构比较复杂，仪表设计和制造要求较高。

无论采用何种辐射测温方法，辐射式温度计主要由光学系统、光电转换系统和信号处理与转换电路等部分组成。

光学系统是将物体的辐射能（光能）通过光学透镜聚焦到光电元件，光电元件（对红外光需用热敏元件）将辐射能转换成电信号，经信号放大、辐射率修正和标度变换后输出与被测温度相对应的信号。

2. 集成温度传感器

集成温度传感器是利用晶体管PN结的电流电压特性与温度的关系，把敏感元件、放大电路和补偿电路等部分集成化，并把它们封装在同一壳体内的一种一体化温度检测元件。它除了与半导体热敏电阻一样有体积小、反应快等优点外，还具有线性好、性价比高等特点。由于PN结受耐热性能和特征范围的限制，集成温度传感器只能用来测150℃以下的温度，最常用的集成温度传感器有美国AD公司生产的AD590，其电源电压为5～30V，测温范围为－55～150℃。

2.4.6　测温元件的安装

接触式测温仪表所测得的温度是由测温（感温）元件来决定的。在正确选择测温元件和二次仪表之后，如不注意测温元件的正确安装，测量精度仍得不到保证。在工业上，一般是按下列要求进行安装的。

1. 测温元件的安装要求

1）在测量管道温度时，应保证测温元件与流体充分接触，以减少测量误差。因此，要求安装时测温元件应迎着被测介质流向插入，至少须与被测介质正交（成90°），切勿与被测介质形成顺流。测温元件安装示意图如图2-45所示。

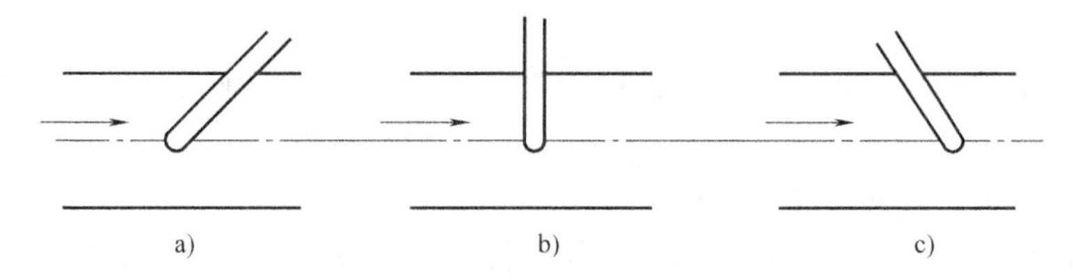

图2-45　测温元件安装示意图之一

a）逆流　b）正交　c）顺流

2）测温元件的感温点应处于管道中流速最大处。一般来说，热电偶、铂电阻、铜电阻保护套管的末端应分别越过流束中心线5～10mm、50～70mm、25～30mm。

3）测温元件应有足够的插入深度，以减小测量误差。为此，测温元件应斜插安装或在弯头处安装，如图2-46所示。

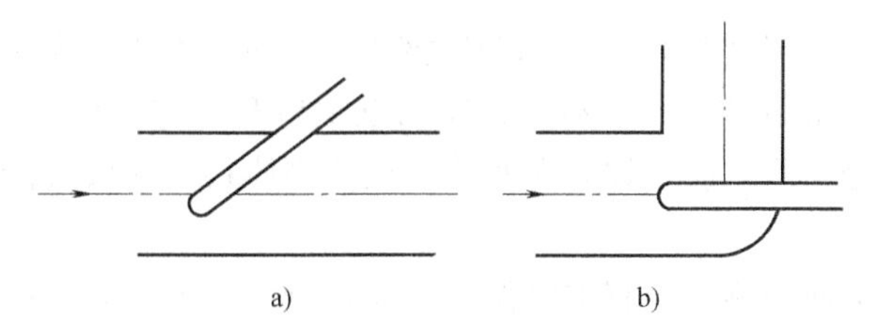

图2-46　测温元件安装示意图之二

a）斜插　b）插入弯头处

4）若工艺管道过小（直径小于80mm），安装测温元件处应接装扩大管，如图2-47所示。

5）热电偶、热电阻的接线盒面盖应向上，以避免雨水或其他液体、脏物进入接线盒中影响测量，如图2-48所示。

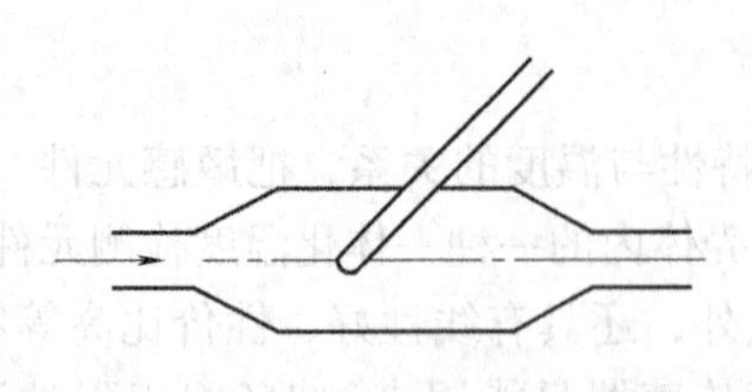

图2-47 小工艺管道上测温元件安装示意图

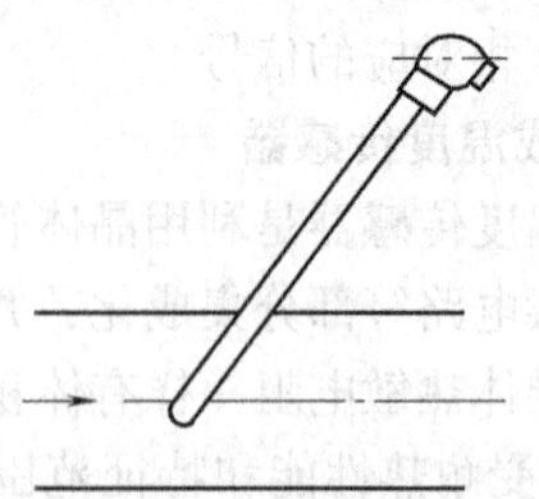

图2-48 热电偶或热电阻安装示意图

6）为防止热量散失，测温元件应插在有保温层的管道或设备处。

7）测温元件安装在负压管道中时，必须保证其密封性，以防外界冷空气进入，使读数降低。

2. 布线要求

1）按照规定的型号配用热电偶的补偿导线，注意热电偶的正、负极与补偿导线的正、负极相连接，不要接错。

2）热电阻的电路电阻一定要符合所配二次仪表的要求。

3）为了保护连接导线与补偿导线不受外来机械损伤，应把连接导线或补偿导线穿入钢管内或走槽板。

4）导线应尽量避免有接头，应有良好的绝缘。禁止与交流输电线合用一根穿线管，以免引起感应。

5）导线应尽量避开交流动力电线。

6）补偿导线不应有中间接头，否则应加装接线盒。此外，最好与其他导线分开敷设。

2.5 物位检测及仪表

2.5.1 物位检测的主要方法

1. 物位的概念

物位是指容器（开口或密封）中液体介质液面的高低（称为液位），两种液体介质分界面的高低（称为界面）和固体块、散粒状物质的堆积高度（称为料位）。用来检测液位的仪表称为液位计，检测分界面的仪表称为界面计，检测固体料位的仪表称为料位计，它们统称为物位计。

物位检测在现代工业检测中具有重要作用，通过物位检测可以确定容器中被测介质的存储量，以保证生产过程物料平衡，也为经济核算提供可靠依据；通过物位检测并加以控制可以使物位维持在规定的范围内，这对于保证产品产量和质量，确证安全生产具有重要意义。

2. 物位检测的主要方法和分类

在工业生产中，物位检测对象有液位，也有料位等，有几十米高的大容器，也有几毫米的微型容器，介质的特性更是千差万别。因此，物位检测方法很多，目前常用的检测方法有以下几种。

1）直读式物位检测。它是在容器上开一些窗口以便进行观测。对于液位检测，可以使用与被测容器相连通的玻璃管（或玻璃板）来显示容器内液体的高度。

2）静压式物位检测。根据流体静力学原理，静止介质内某一点的静压力与介质上方自由空间压力之差与该点上方的介质高度成正比，因此可以利用差压来检测液位，这种方法一般只用于液位的检测。

3）浮力式物位检测。利用漂浮于液面上浮子随液面变化的位置，或者部分浸没于液体中的物质的浮力随液面的变化来检测液位，前者称为恒浮力法，后者称为变浮力法。

4）电气式物位检测。把敏感元件做成一定形状的电极置于被测介质中，则电极之间的电气参数，如电阻、电容等随物位的变化而改变。这种方法既可以用于液位检测，也可以用于料位检测。

5）声学式物位检测。利用超声波在介质中的传播速度以及不同相界面之间的反射特性来检测物位。液位和料位的检测都可以用此方法。

6）射线式物位检测。放射性同位素所放出来的射线（如β射线、γ射线等）穿过被测介质（液体或固体）因被其吸收而减弱，吸收程度与物位有关。利用这种方法可实现物位的非接触式检测。

7）光学式物位检测。利用物位对光线的遮断和反射原理工作，可利用的光源可以是普通的白炽灯或激光等。

2.5.2 静压式物位检测

1. 检测原理

静压式物位检测方法是基于液位高度变化时，由液柱产生的静压力也随之变化的原理。如图2-49所示，A 代表实际液面，B 代表零液位，H 为液柱高度，根据流体静力学原理可知，A、B 两点的压力差为

$$\Delta p = p_B - p_A = H\rho g \tag{2-45}$$

式中，p_A 和 p_B 为容器中 A 点和 B 点的静压力，其中 p_A 应理解为液面上方气相的压力，当被测对象为敞口容器时，则 p_A 为大气压力，上式变为

$$p = p_B - p_0 = H\rho g \tag{2-46}$$

式中，p 为 B 点的表压力。

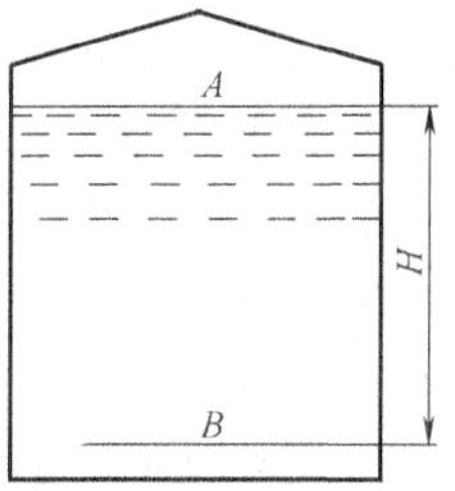

图2-49 静压法液位测量原理

由式（2-45）和式（2-46）可知，当被测介质密度 ρ 为已知时（一般可视为常数），A、B 两点的压力差 Δp 或 B 点的表压力 p 与液位高度 H 成正比，这样就把液位的检测转化为压力差或表压力的检测，选择合适的压力（差压）检测仪表可实现液位的检测。

2. 实现方法

如果被测对象为敞口容器，可以直接用压力检测仪表对液位进行检测。方法是将压力仪表通过引压导管与容器底侧零液位相连，如图2-50所示。压力指示值与液位高度满足式（2-46）。这种方法要求液体密度为定值，否则会引起误差。另外，压力仪表实际指示的压力

是液面至压力仪表入口之间的静压力，当压力仪表与取压点（零液位）不在同一水平位置时，应对其位置高度差而引起的固定压力进行修正，否则仪表指示值不能直接用式（2-45）或式（2-46）计算得到液位。

在密闭容器中，容器下部的液体压力除与液位高度有关外，还与液位上部介质压力有关。根据式（2-45）可知，可以用测量差压的方法来获得液位，如图 2-51 所示，和压力检测法一样，差压检测法的差压指示值除了与液位高度有关外，还与液体密度和差压仪表的安装位置有关，当这些因素影响较大时必须进行修正。

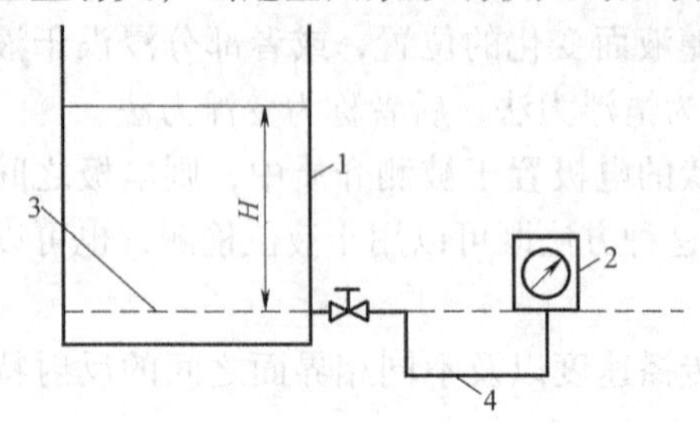

图 2-50　压力计式液位计（图要修改）
1—容器　2—压力表　3—液位零面　4—导压管

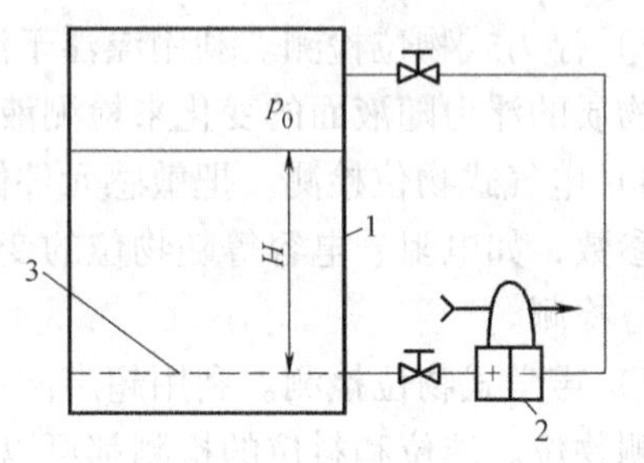

图 2-51　差压式液位计示意图（图要修改）
1—容器　2—差压计　3—液位零面

对于具有腐蚀性或含有结晶颗粒以及黏度大、易凝固的液体介质，引压导管易被腐蚀或堵塞，影响测量精度，甚至不能测量，这时应用法兰式压力（差压）变送器。这种仪表是用法兰直接与容器上的法兰相连，如图 2-52 所示。敏感元件为金属膜盒，它直接与被测介质接触，省去引压导管，从而克服导管的腐蚀和堵塞问题。膜盒经毛细管与变送器的测量室相通，它们所组成的密闭系统内充以硅油作为传压介质。为了使毛细管经久耐用，其外部均套有金属蛇皮保护管。

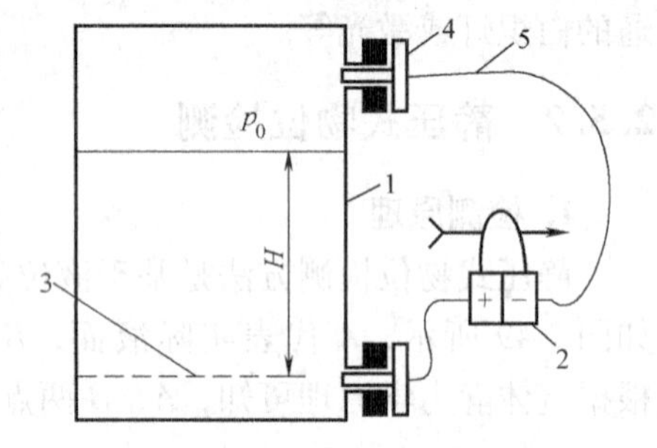

图 2-52　法兰式液位计示意图
1—容器　2—差压计　3—液位零面
4—法兰　5—毛细管

3. 量程迁移

前面已提到无论是压力检测法还是差压检测法都要求取压口（零液位）与压力（差压）检测仪表的入口在同一水平高度，否则会产生附加静态误差。但是，在实际安装时不一定能满足这个要求。如采用法兰式差压变送器时，由于从膜盒至变送器的毛细管中充了硅油，无论差压变送器安装在什么高度，一般均会产生附加静压。在这种情况下，可通过计算进行校正，更多的是对压力（差压）变送器进行零点调整，使它在只受附加静压（静压差）时输出为“零”，这种方法称为“量程迁移”。量程迁移有无迁移、负迁移和正迁移 3 种情况，下面以差压变送器检测液位为例进行介绍。

（1）无迁移

如图 2-53a 所示，将差压变送器的正、负压室分别与容器下部和上部的取压点相连通，并保证正压室与零液位等高；连接负压室与容器上部取压点的引压管中充满与容器液位上方相同的气体，由于气体密度相对于液体小得多，则取压点与负压室之间的静压差很小，可以忽略。设压差变送器正、负压室所受到的压力分别为 p_+ 和 p_-，则有

$$p_+ = p_0 + H\rho_1 g \qquad p_- = p_0$$

所以

$$\Delta p = p_+ - p_- = H\rho_1 g \tag{2-47}$$

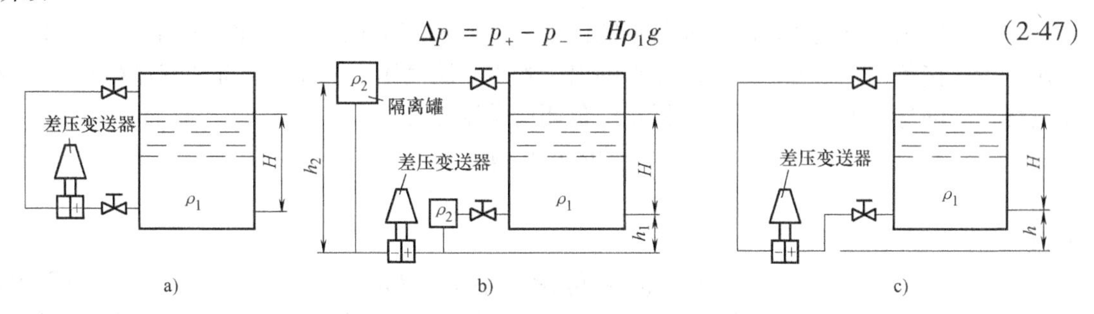

图 2-53　差压变送器测量液位原理

可见，当 $H=0$ 时，$\Delta p=0$，压差变送器未受任何附加静压；当 $H=H_{max}$时，$\Delta p=\Delta p_{max}$。这就说明差压变送器无需迁移。

差压变送器的作用是将输入压差转化为统一的标准信号输出。对于Ⅲ型电动单元组合仪表（DDZ-Ⅲ）来说，其输出信号为 DC 4～20mA 的电流。如果选取合适的差压变送器量程，使 $H=H_{max}$时，最大差压值 Δp_{max}为差压变送器的满量程。则在无迁移情况下，差压变送器输出 $I=4$mA，表示输入压差值为零，也即 $H=0$；差压变送器输出 $I=20$mA，表示输入压差达到 Δp_{max}，即 $H=H_{max}$。因此，差压变送器的输出电流 I 与液位 H 呈线性关系。图 2-54 表示了液位 H 与差压 Δp 以及差压 Δp 与输出电流 ΔI 之间的关系。

（2）负迁移

如图 2-53b 所示，当容器中液体上方空间的气体是可凝的，如水蒸气，为了保持负压室所受的液柱高度恒定，或者被测介质有腐蚀性，为了引压管的防腐，常常在差压变送器正、负压室与取压点之间分别装有隔离罐，并充以隔离液。设隔离液的密度为 ρ_2，这时差压变送器正、负压室所受的压力分别为

$$p_+ = h_1\rho_2 g + H\rho_1 g + p_0$$
$$p_- = h_2\rho_2 g + p_0$$

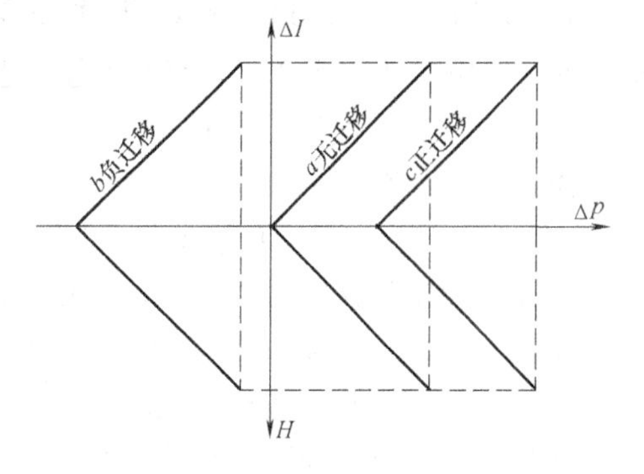

图 2-54　差压变送器的正负迁移示意图

所以

$$\Delta p = p_+ - p_- = H\rho_1 g + h_1\rho_2 g - h_2\rho_2 g = H\rho_1 g - B \tag{2-48}$$

式中，$B=(h_2-h_1)\rho_2 g$；h_1 为正压室隔离罐液柱高度，h_2 为负压室隔离罐的液柱高度。

由式（2-48）可见，当 $H=0$ 时，$\Delta p=-B<0$，差压变送器受到一个附加的差压作用，使差压变送器的输出 $I<4$mA。为使 $H=0$，差压变送器输出 $I=4$mA 时就要设法消去 $-B$ 的作用，这称为量程迁移。由于要迁移的量为负值，所以称为负迁移，负迁移量为 B。

对于 DDZ-Ⅲ型差压变送器，量程迁移只要调节变送器上的迁移弹簧，使变送器在 $\Delta p=-B$（对应于 $H=0$ 的差压值）时，输出电流 $I=4$mA。当液位 H 在 $0\sim H_{max}$变化时，差压的变化量为 $H_{max}\rho_1 g$，该值即为差压变送器的量程。这样，当 $H=H_{max}$时，$\Delta p=H_{max}\rho_1 g-B$，差压变送器的输出电流 $I=20$mA，从而实现了差压变送器输出与液位之间的线性关系，如图 2-54 中的 b 线。

（3）正迁移

在实际安装差压变送器时，往往不能保证变送器和零液位在同一水平面上，如图2-53c所示。设连接负压室与容器上部取压点的引压管中充满气体，与液面上部的气体相同，并忽略气体产生的静压力，则差压变送器正、负侧所受压力为

$$p_+ = H\rho_1 g + h\rho_1 g + p_0$$

$$p_- = p_0$$

所以

$$\Delta p = p_+ - p_- = H\rho_1 g + h\rho_1 g = H\rho_1 g + C \tag{2-49}$$

由式（2-49）可见，当$H=0$时，$\Delta p=C$，差压变送器受到一个附加正差压作用，使差压变送器的输出$I>4\text{mA}$。为使$H=0$时，$I=4\text{mA}$，就需设法消去C的作用。由于$C>0$，故需要正迁移，迁移量为C。迁移方法与负迁移相似。

根据式（2-49）可知，当H在$0\sim H_{max}$间变化时，差压的变化量为$H_{max}\rho_1 g$，与前面两种情况相同。这说明尽管由于差压变送器的安装位置等原因需要进行量程迁移，但差压的量程不变，只与液位的变化范围有关。因此，对于图2-53c在进行正迁移后，当$H=H_{max}$（$\Delta p=H_{max}\rho_1 g+C$）时，差压变送器的输出$I=20\text{mA}$，见图2-54中的$c$线所示。

从以上分析可知，正负迁移的实质是通过迁移弹簧改变变送器的零点，它的作用是同时改变量程的上、下限，而不改变量程的大小。

[例2-5] 如图2-53b所示，用差压变送器检测液位。已知$\rho_1=1200\text{kg/m}^3$，$\rho_2=950\text{kg/m}^3$，$h_1=1.0\text{m}$，$h_2=5.0\text{m}$，液位变化的范围$0\sim3.0\text{m}$，如果当地重力加速度$g=9.8\text{m/s}^2$。求差压变送器的量程和迁移量。

解： 当液位在$0\sim3.0\text{m}$变化时，差压的变化量为

$$H_{max}\rho_1 g = (3.0\times1200\times9.8)\text{Pa} = 35280\text{Pa}$$

根据差压变送器的量程系列，可选差压变送器的量程为40kPa。

由式（2-48）可知，当$H=0$时，有

$$\Delta p = -(h_2-h_1)\rho_2 g = -(5.0-1.0)\times950\times9.8\text{Pa} = -37240\text{Pa}$$

所以，差压变送器需要进行负迁移，负迁移量为37.24kPa。迁移后该差压变送器的测量范围为$-37.24\sim2.76\text{kPa}$。若选用DDZ-Ⅲ型仪表，则当变送器输出$I=4\text{mA}$时，表示$H=0$；当$I=20\text{mA}$时，$H=(40\times3.0/35.28)\text{m}=3.4\text{m}$，即实际可测液位范围为$0\sim3.4\text{m}$。

上例中，如果要求$H=3.0\text{m}$时差压变送器输出满刻度（20mA），则可在负迁移后再进行量程调整，使得当$\Delta p=(-37.24+35.28)\text{kPa}=-1.96\text{kPa}$，差压变送器的输出达到20mA。

2.5.3 浮力式物位检测

浮力式物位检测的基本原理是通过测量漂浮于被测液面上的浮子（也称浮标）随液面变化而产生的位移，或利用沉浸在被测液体中的浮筒（也称沉筒）所受的浮力与液面位置的关系检测液位。前者一般称为恒浮力式检测，后者称为变浮力式检测。

恒浮力式物位检测包括浮标式、浮球式和翻板式等检测方法，由于它们的原理比较简单，这里不再介绍。

变浮力式物位检测方法中经典的敏感元件是浮筒，它是利用浮筒由于被液体浸没高度不

同以致所受的浮力不同来检测液位的变化。图2-55所示是变浮力式物位计原理图。将一横截面积为A，质量为m的圆筒形空心金属浮筒悬挂在弹簧上，由于弹簧的下端被固定，因此弹簧因浮筒的重力被压缩，当浮筒的重力与弹力达到平衡时，则有

$$mg = Cx_0 \tag{2-50}$$

式中，C为弹簧的刚度；x_0为弹簧由于浮筒重力被压缩所产生的位移。

当浮筒的一部分被液体浸没时，浮筒受到液体对它的浮力作用而向上移动。当它与弹簧力和浮筒的重力平衡时，浮筒移动的距离，也就是弹簧的位移改变量为Δx，则

$$H = h + \Delta x \tag{2-51}$$

根据力平衡可得

$$mg - Ah\rho g = C(x_0 - \Delta x) \tag{2-52}$$

式中，ρ为浸没浮筒的液体密度。将式（2-50）代入式（2-52），整理后得

$$Ah\rho g = C\Delta x \tag{2-53}$$

一般情况下，$h >> \Delta x$，由式（2-51）可得$H \approx h$，从而被测液位H可表示为

$$H = \frac{C}{A\rho g}\Delta x \tag{2-54}$$

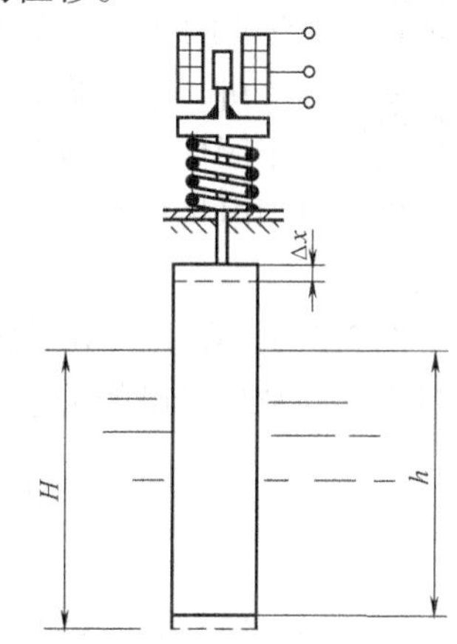

图2-55　变浮力式物位计原理

式（2-54）表明，当液位变化时，使浮筒产生位移，其位移量Δx与液位高度H成正比关系。因此变浮力物位检测方法实质上就是将液位转换成敏感元件（在这里为浮筒）的位移，再通过在浮筒的连杆上安装一铁心，可随浮筒一起上下移动，使差动变压器的输出电压发生变化，输出电压与位移成正比，配上显示仪表在现场或控制室进行液位指示或控制。

2.5.4　电气式物位检测

电气式物位检测方法是利用敏感元件直接把物位变化转换为电参数的变化。根据电参数不同，可分为电阻式、电容式和电感式等。目前电容式最为常见，其原理如图2-56所示。它是由两个长度为L，半径分别为R和r的圆筒金属导体组成。当两圆筒间充以介电常数为ε_1的介质时，则由该圆筒组成的电容器的电容量为

$$C_0 = \frac{2\pi\varepsilon_1 L}{\ln\frac{R}{r}} \tag{2-55}$$

如果两圆筒形电极间的一部分被介电常数为ε_2的液体浸没，设被浸没的电极长度为H，此时的电容量为

$$C = C_1 + C_2 = \frac{2\pi\varepsilon_1(L-H)}{\ln\frac{R}{r}} + \frac{2\pi\varepsilon_2 H}{\ln\frac{R}{r}} \tag{2-56}$$

经整理后可得

$$C = C_0 + \Delta C \tag{2-57}$$

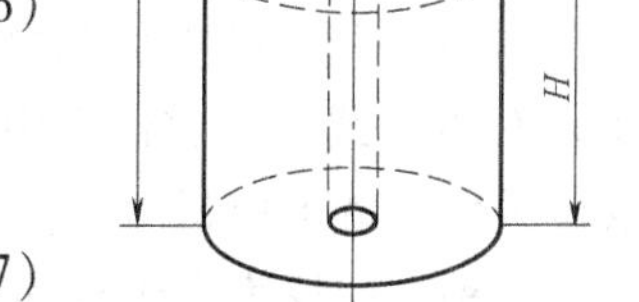

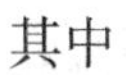
其中

图2-56　电容式物位计原理

$$\Delta C = \frac{2\pi(\varepsilon_2 - \varepsilon_1)}{\ln \dfrac{R}{r}} H \tag{2-58}$$

式（2-57）和式（2-58）表明：当圆筒形电容器的几何尺寸 L、R 和 r 保持不变，且介电常数也不变时，电容器电容量 ΔC 与电极被介电常数为 ε_2 的介质所浸没的高度 H 成正比关系。此外，两种介质的介电常数的差值（$\varepsilon_2-\varepsilon_1$）越大，则 ΔC 也越大，说明相对灵敏度越高。

从原理上讲，用圆筒形电容器既可用于非导电液体的液位检测，也可用于固体颗粒的料位检测。由于固体间磨损较大，容易"滞留"，所以一般不用双电极式电极，可用电极棒及容器壁组成电容器的两极来测量非导电固体的料位。

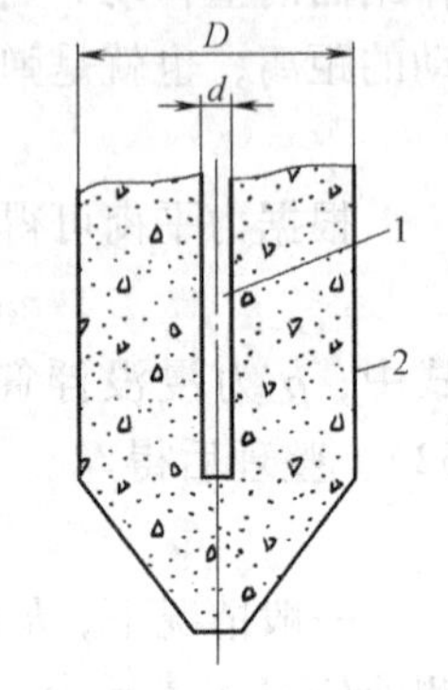

图 2-57　料位检测

1—金属电极棒　2—容器壁

图 2-57 所示为金属电极棒插入容器来测量料位的示意图。它的电容量变化与料位升降的关系为

$$\Delta C_x = \frac{2\pi(\varepsilon - \varepsilon_0) H}{\ln \dfrac{D}{d}} \tag{2-59}$$

式中，D、d 分别为容器的内径和电极的外径；ε、ε_0 分别为物料和空气的介电常数；

电容物位计的传感部分结构简单、使用方便。但由于电容变化量不大，要精确测量，就需借助于较复杂的电子电路才能实现。此外，还应注意当介质浓度、温度变化时，其介电常数也要发生变化，需及时调整仪表，达到预期的测量精度。

2.5.5　核辐射物位计

放射性同位素的辐射线射入一定厚度的介质时，部分粒子因克服阻力与碰撞动能消耗被吸收，另一部分粒子则透过介质。射线的透射强度随着通过介质层厚度的增加而减弱。射入强度为 I_0 的放射源，随介质厚度增加其强度呈指数规律衰减，其关系为

$$I = I_0 e^{-\mu H} \tag{2-60}$$

式中，μ 为介质对放射线的吸收系数，H 为介质层的厚度，I 为穿过介质后的射线强度。

不同介质吸收射线的能力是不一样的。一般来说，固体吸收能力最强，液体次之，气体最弱。当放射源已经选定，被测的介质不变时，则 I_0 与 μ 都是常数，根据式（2-60）可知，只要测定通过介质后的射线强度 I，介质的厚度 H 就知道了。介质层的厚度，在这里指的是液位或料位的高度，这就是放射线检测物位法的原理。

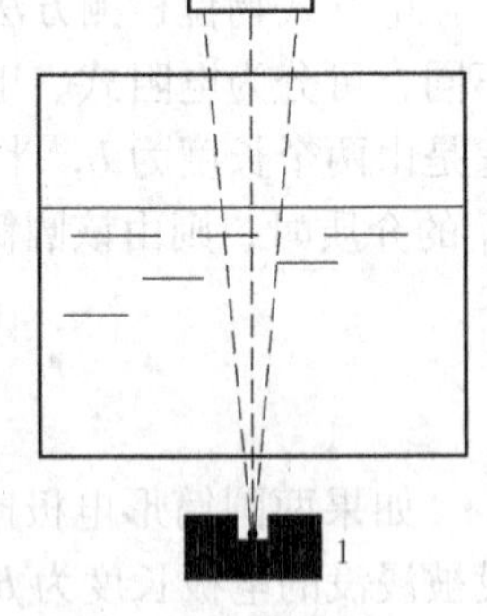

图 2-58　核辐射物位计的原理示意图

1—辐射源　2—接收器

图 2-58 所示为核辐射物位计的原理示意图。辐射源 1 射出强度为 I_0 的射线，接收器 2 用来检测透过介质后的射线强度 I，再配以显示仪表就可以指示物位的高低。

这种物位仪表由于核辐射线的突出特点，能够透过钢板等各种物质，因而可以完全不接触被测物质，适用于高温、高压容器、强腐蚀、剧毒、有爆炸性、黏滞性、易结晶或沸腾状

态的介质的物位测量，还可以测量高温融熔金属的液位，也可在高温、烟雾、尘埃、强光及强电磁场等环境下工作。但由于放射线对人体有害，其剂量需严格控制，所以核辐射物位计的使用范围受到一些限制。

2.5.6　声学式物位检测

声波是一种机械波，是机械振动在介质中的传播过程，当振动频率在十余赫兹到万余赫兹时可以引起人的听觉，称为闻声波；更低频率的机械波称为次声波；20kHz 以上频率的机械波称为超声波。作为物位检测，一般应用超声波。当声波从一种介质向另一种介质传播时，因为两种介质的密度不同，在分界面上声波会产生反射和折射。声学式物位检测方法就是利用声波这一特性，通过测量声波从发射至接收到被物位界面所反射的回波的时间间隔来确定物位的高低。图 2-59 所示为超声波液位检测的原理图。超声波发射器被置于容器底部，当它向液面发射短促的脉冲时，在液面处产生反射，回波被超声接收器接收。若超声发射器和接收器（图中简称探头）到液面的距离为 H，声波在液体中传播速度为 v，则有如下简单关系：

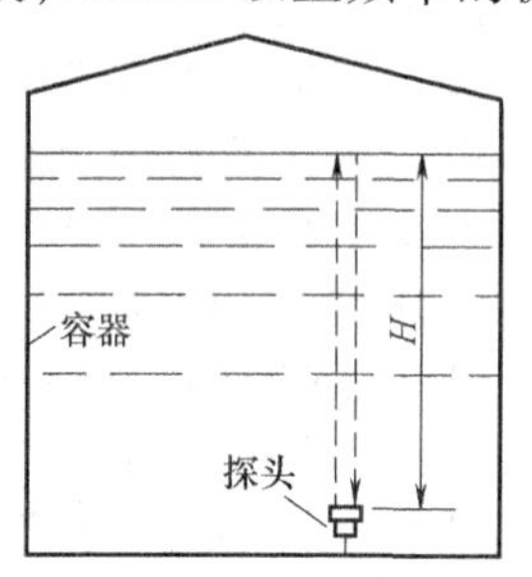

图 2-59　超声波液位检测的原理图

$$H = \frac{1}{2}vt \tag{2-61}$$

式中，t 为超声脉冲从发射到接收所经过的时间。当超声波的传播速度 v 为已知时，利用上式便可求出物位。

思考题与习题

2-1　什么叫测量过程？

2-2　测量误差的表示方法主要有哪两种？各有什么意义？

2-3　简述仪表精度等级的定义。

2-4　某一标尺为 0～1000℃ 的温度计出厂前经校验，其刻度标尺上的各点测量结果分别为

被校表读数/℃	0	200	400	600	700	800	900	1000
标准表读数/℃	0	201	402	604	706	805	903	1001

1）求出该温度计的最大绝对误差值；

2）确定该温度计的精度等级。

2-5　如果有一台压力表，其测量范围为 0～10MPa，经校验得出下列数据：

被校表读数/MPa	0	2	4	6	8	10
标准表正行程读数/MPa	0	1.98	3.96	5.94	7.97	9.99
标准表反行程读数/MPa	0	2.02	4.03	6.06	8.03	10.01

1）求出该压力表的变差；

2）问该压力表是否符合 1.0 级精度？

2-6　防爆仪表分为哪三类？简述各类的使用环境。

2-7　简述控制仪表的防爆措施。

2-8　简述控制系统的防爆措施。

2-9　为什么一般工业上的压力计做成测表压或真空度，而不做成测绝对压力的形式？

2-10　弹簧管压力计的测压原理是什么？试述弹簧管压力计的主要组成及测压过程。

2-11 霍尔片式压力传感器是如何利用霍尔效应实现压力测量的？

2-12 应变片式与压阻式压力计各采用什么测压元件？

2-13 简述压电式压力传感器的测量原理。

2-14 简述DDZ-Ⅲ型力矩平衡压力变送器的基本工作原理，它是如何实现负反馈作用的？

2-15 简述电容式压力传感器的工作原理及特点？

2-16 某压力表的测量范围为0～1MPa，精度等级为1.0级，试问此压力表允许的最大绝对误差是多少？若用标准压力计来校验该压力表，在校验点为0.5MPa时，标准压力计上读数为0.508MPa，试问被校压力表在这一点是否符合1.0级精度？为什么？

2-17 如果某反应器最大压力为0.8MPa，允许最大绝对误差为0.01MPa。现用一台测量范围为0～1.6MPa，精度等级为1.0级的压力表进行测量，问能否符合工艺上的误差要求？如采用一台测量范围为0～1.0MPa，精度等级为1.0级的压力表，问能否符合工艺误差要求？试说明其理由。

2-18 压力计安装要注意哪些问题？

2-19 试述差压式流量计测量流量的原理，并说明哪些因素对差压式流量计的测量精度有影响？

2-20 原来测量水的差压式流量计，现在用来测量相同测量范围油的流量，读数是否正确？为什么？

2-21 什么是标准节流装置？常用的标准节流装置有哪几种？

2-22 简述转子流量计的工作原理。

2-23 简述椭圆齿轮流量计的工作原理，并说明在使用中要注意哪些问题？

2-24 简述涡轮式流量计的工作原理。

2-25 简述电磁流量计的工作原理，它对被测介质有什么要求？

2-26 简述涡街流量计的工作原理及其特点。

2-27 简述科里奥利质量流量计的工作原理。

2-28 90国际温标主要包括哪三方面内容？

2-29 常用的热电偶主要有哪几种？所配用的补偿导线是什么？为什么要使用补偿导线？并说明使用补偿导线时要注意哪些问题？

2-30 用热电偶测温时，为什么要进行冷端温度补偿？其冷端温度补偿的方法有哪几种？

2-31 用K型热电偶测量某设备的温度，测得的热电势为20mV，冷端（室温）为25℃，求设备的温度？如果改用E型热电偶来测温，在相同的条件下，E型热电偶测得的热电势是多少？

2-32 现用一支镍铬-镍硅热电偶测某换热器内的温度，其冷端温度为30℃，显示仪表的机械零位在0℃时，这时指示值为400℃，则认为换热器内的温度为430℃对不对？为什么？正确值为多少度？

2-33 试述热电阻测温原理？常用热电阻传感器的种类？其R_0分别为多少？

2-34 用分度号Pt100铂电阻测温，在计算时错用了Cu100的分度表，查得的温度为140℃，问实际温度为多少？

2-35 简述半导体热敏电阻的特点。热敏电阻一般分为哪三类？其特点是什么？

2-36 简述辐射式温度计的测温原理。

2-37 试述测温元件的安装及布线要求。

2-38 差压式液位计的工作原理是什么？当测量有压容器的液位时，差压计的负压室为什么一定要与容器的气相相连接？

2-39 简述液位测量时的零点迁移问题？怎样进行迁移？其实质是什么？

2-40 正迁移和负迁移有什么不同？如何判断？

2-41 简述浮力式物位计的测量原理。

2-42 简述电容式物位计的测量原理。

2-43 试述核辐射物位计的特点及其应用场合。

2-44 简述超声波液位计的测量原理及应用场合。

第3章　显示仪表

显示仪表是将生产过程中被测参数进行指示、记录或显示的仪表。按显示方式的不同可分为模拟显示仪表、数字显示仪表及图像显示仪表。本章模拟式显示仪表主要介绍自动电子电位差计和自动电子平衡电桥。数字式显示仪表重点介绍其组成及主要技术指标，XMZ 系列单回路数显仪表。图像显示仪表以无纸记录仪及虚拟显示仪表为例予以介绍。

在工业生产中，不仅需要使用不同的检测元件、传感器或变送器测量生产中有关参数的大小，而且还要求把这些测量值用指针位移、字符、数字、图像等形式显示出来。这种将生产过程中被测参数进行指示、记录或累积显示的仪表统称为显示仪表。

显示仪表一般都装在控制室的仪表盘面上，它既可以和各种测量元件或变送单元配套使用，连续显示或记录生产过程中各参数的变化情况，又能与控制单元配套使用，对生产过程中的各参数进行自动控制和显示。

显示仪表按显示方式可分为模拟显示仪表、数字显示仪表和图像显示仪表 3 种。

模拟显示仪表是以仪表的指针（或记录笔）的线位移或角位移来模拟显示被测参数连续变化的仪表。这类仪表使用了磁电偏转机构或电动式伺服机构，测量速度较慢，读数容易造成多值性。但它结构简单，工作可靠，还能反映出被测值的变化趋势，因此，目前在工业生产中仍在使用。

数字显示仪表是直接以数字形式显示被测参数值大小的仪表。它具有测量速度快，精度高，读数直观，并且对所测参数便于进行数值控制和数字打印记录，也便于和计算机或其他数字装置联用等特点。因此，这种仪表在常规仪表中得到了迅速发展和广泛使用。

图像显示仪表是直接把工艺参数的变化以曲线、数字、字符和图形的形式在屏幕上进行显示的仪表。它是随着电子计算机的推广使用而相应发展起来的一种新型显示设备，其中应用比较普遍的是无纸记录仪、CRT 显示器。由于其功能强大、显示集中且清晰，使原有控制室的面貌发生了根本的变化，过去庞大的仪表盘面将大为缩小，甚至可以取消。它不仅能把计算机处理过程中的中间数据及处理结果按操作者的需要显示出来，而且操作者还可以利用计算机通信装置（如键盘、鼠标等）进行“人-机对话”。

综上所述，显示仪表种类繁多，发展迅速。本章主要介绍模拟显示仪表、数字显示仪表、无纸记录仪和虚拟显示仪表。

3.1　模拟显示仪表

模拟显示仪表可分为动圈式显示仪表和电子平衡式显示仪表，以及它们的变形品种。动圈式显示仪表由于受环境因素和电路电阻的影响较大，仪表的准确性、灵敏度均受到限制。此外，动圈仪表的可动部分怕振动，易损坏，阻尼时间长，还不便于实现自动记录。因此动圈式显示仪表几乎被淘汰，自动平衡式显示仪表仍有大量使用。

常用的自动平衡式显示仪表有自动电子电位差计和自动电子平衡电桥两类。它们能自动测量、显示、记录各种电信号（直流电压、电流和电阻），具有测量精度高、工作可靠等优点。

3.1.1　自动电子电位差计

电子电位差计是用来测量电压信号的，凡是能转换成毫伏级直流电压信号的各种工艺参数都能用它来测量，并能与温度、压力、流量、液位、成分等变送器配套，用来指示这些变量。

电子电位差计的工作原理就是将被测电动势与已知的电位差进行比较，两者之差为零（即达到平衡）时，被测电动势就等于已知的电位差，此时仪表达到平衡而停止工作。为了更好地了解电子电位差计如何利用平衡法的原理来测量未知电动势的，先简单介绍一下手动电位差计的基本测量原理。

1. 手动电位差计

手动电位差计的电压平衡原理如图 3-1 所示。图中，滑线电阻 R_P 为线性度很高的锰铜丝绕制电阻，E 为稳压电源，因此，可以认为流过 R_P 上的电流 I 是恒定的，这样就可将 R_P 的标尺刻成电压数值。G 为检流计，U_X 为被测的未知电动势。测量时，可调节滑动触点 C 的位置，使 R_{CB}上的压降 U_{CB}变化，即

$$U_{CB} = IR_{CB} \tag{3-1}$$

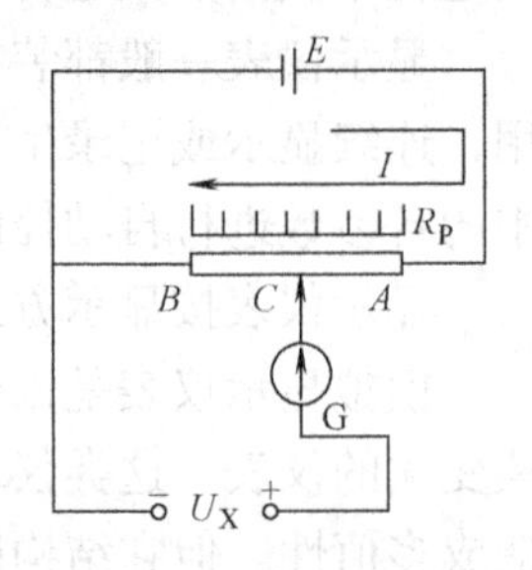

图 3-1　手动电位差计的电压平衡原理

这样，当 $U_{CB} > U_X$ 时，检流计 G 中有电流流过，指针向某一方向偏转；当 $U_{CB} < U_X$ 时，检流计 G 中也有电流流过，且电流方向相反，指针向另一方向偏转；只有当 $U_{CB} = U_X$ 时，检流计 G 中无电流流过，指针指向零位，也就是说，这时的已知电压 U_{CB}和未知的被测电动势 U_X 相平衡。为了测得未知电动势 U_X，必须不断地用手调整 R_P 的滑动触点 C 的位置，当检流计指针指向零位时停止滑动，此时有

$$U_X = U_{CB} \tag{3-2}$$

因此，根据滑动触点 C 的位置，可以读出 U_{CB}，这样就达到了对未知电动势测量的目的。

由上述分析可知，电位差计的原理就是用已知的电位差（U_{CB}）去平衡（补偿）未知的被测电动势（U_X）而进行工作的，这就如同天平称重时，用已知质量的砝码去平衡被称物而称重的工作原理一样。

由于测量时被测量电路中无电流流过，因此，被测量电路电阻的大小对测量没有影响，测量结果的准确性仅取决于工作电流 I 和电路电阻 R_P 的准确程度。但实际上由于检流计的灵敏度不可能无限制的高，即使检流计指零时，被测量的电路内，总还是存在一微小电流，因此被测电路电阻的大小对测量还是有一些影响，故使用的检流计灵敏度越高，则测量精度越高。

2. 自动电子电位差计

由手动电位差计的分析可知，电位差计能够很好地工作，除了工作电流必须稳定不变外，还必须具备下列两个条件：第一，必须有检测已知电位差与被测电动势是否达到平衡的检流计 G；第二，必须有根据检流计偏转去调节滑线电阻的人。在自动电子电位差计中，由电子放大器代替了检流计来检测不平衡电压，并进行放大；用可逆电动机及一套机械传动机

构代替人手进行电压平衡。图 3-2 所示为自动电子电位差计工作原理图。当被测电动势 U_X 与已知的电压 U_{CB}相比较时，若 $U_X \neq U_{CB}$，其比较后的差值（即不平衡信号）经放大器放大后，输出足以驱动可逆电动机的功率，推动可逆电动机带动指针和记录笔移动指示、记录被测电动势值，同时还带动滑动触点 C 移动，直到 $U_X = U_{CB}$，电路达到新的平衡为止。自动电子电位差计保持了手动电位差计测量精度高的优点，无需用手去调节就能自动指示和记录被测量。

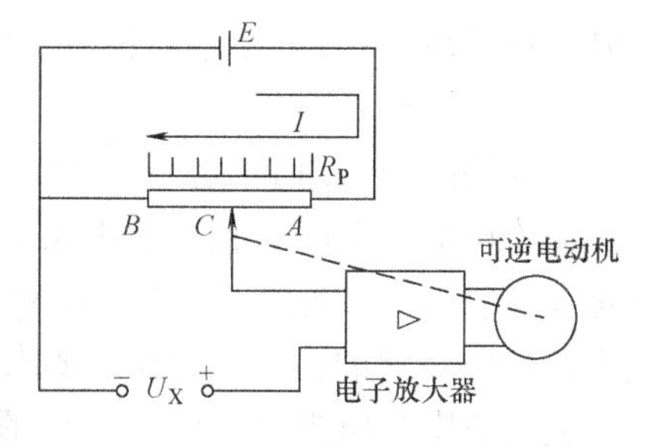

图 3-2　自动电子电位差计工作原理图

3. 自动电子电位差计的测量电路

（1）测量电路

自动电子电位差计由于和检测元件、传感器或变送器配套使用，对工业生产中的多种参数进行显示记录，因此必须满足生产过程中的各种要求。仪表的下限根据生产的需要有时是零，有时可能是某一正值，而有时又可能是某一负值；另外若和热电偶配用测量温度，当热电偶的热端温度保持不变，而冷端温度高于 0℃ 或低于 0℃时，则热电偶产生正或负的附加电动势，对于以上情况，单靠如图 3-2 所示的一条支路是无法满足各种要求的，实际上采用的是如图 3-3 所示的两条支路的桥路形式。

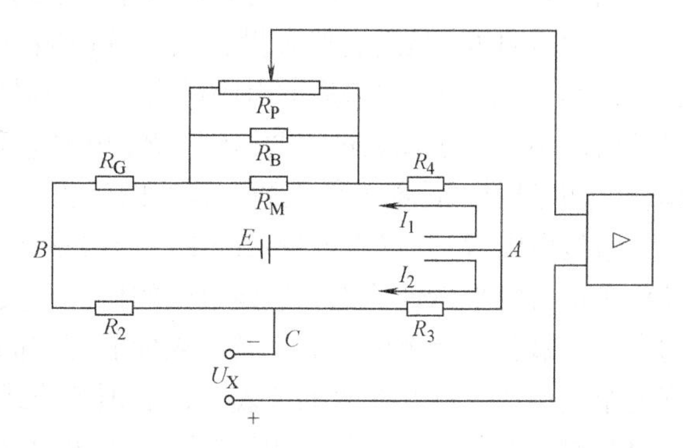

图 3-3　电子电位差计工作情况

例如，用镍铬-镍硅热电偶测量温度，其热端温度不变，而冷端温度从 0℃升到 25℃，此时热电动势将降低 1mV，仪表指针会指示偏低。如果把 R_2 做成随温度变化的电阻，且使其阻值在温度从 0℃升到 25℃时增大 0.5Ω，这时电阻上的电压降 U_{CB}增大为 $\Delta U_{CB} = \Delta R_2 I_2$，若 $I_2 = 2\text{mA}$，则 $\Delta U_{CB} = 1\text{mV}$，即增大 1mV（此时滑动变阻器 R_P 的触点位置并没有改变），起到了热电偶冷端温度补偿作用。

（2）测量桥路中各电阻的作用及要求

如图 3-3 所示，测量桥路的电源电压为 1V，上支路电流 $I_1 = 4\text{mA}$，下支路电流 $I_2 = 2\text{mA}$，因此，上支路总电阻值为 250Ω，下支路则为 500Ω。

起始电阻 R_G 是决定仪表刻度始点（零位）的电阻，用锰铜电阻丝绕制，在不同下限的仪表中有不同的阻值，下限越高，R_G 越大。一般把起始电阻 R_G 分作 R'_G 和 r_G 两部分串联而成（即 $R_G = R'_G + r_G$，图 3-3 中未画出）。r_G 可作微调，这样既便于调整，又能降低对 R'_G 的精度要求。调校时，对应于被测电动势的下限值，若仪表的指针在起始刻度以上时，这时应调大，反之，则应调小 r_G。

桥臂电阻 R_2 在配接热电偶测温时，作为热电偶冷端温度补偿电阻。目前常用的补偿电阻是铜电阻，用符号 R_{Cu}表示，它是用电阻温度系数 $\alpha_0 = 4.25 \times 10^{-3}/℃$的高强度漆包线（$\phi = 0.1 \sim 0.2\text{mm}$），采用无感双线法绕制，并经过老化处理。当配用镍铬-镍硅（K）热电偶时，R_{Cu} =（5.33 ±0.02）Ω（25℃时）；当配接铂铑 10-铂（S）热电偶时，R_{Cu} =（0.74 ±

0.01）Ω（25℃时）。注意：若电子电位差计不是配接热电偶测温时，则 R_2 应为锰铜丝绕制。

下支路限流电阻 R_3 是一个由锰铜丝绕制而成的固定电阻。它与 R_2 配合，保证下支路电路的工作电流为2mA。由于铜电阻 R_2 的阻值随温度而变化，因此，下支路电路工作电流 I_2 只是在仪表的标准温度（一般为25℃）时才为2mA。R_3 的精度直接影响到下支路电流 I_2 的大小，所以对它的精度有较高的要求，一般在 ±0.2% 以内。

上支路限流电阻 R_4 是由锰铜电阻丝绕制的固定电阻。它与 R_{nP}（R_P、R_B、R_M 三个电阻并联后的等效电阻）、R_G 串联，使上支路电路电流为4mA。虽然电阻 R_4 的准确度会影响上支路电路电流 I_1 的大小，但因上支路中有下限微调电阻 r_G 和量程微调电阻 r_M 可作微调（r_G 和 r_M 分别为 R_G 和 R_M 的一部分，图3-3 中未标注），使仪表的上、下限（即仪表的量程和零位）符合设计要求，所以 R_4 的允许偏差可达到 ±0.5%。

量程电阻 R_M 是决定仪表量程大小的电阻（$R_M = R'_M + r_M$）。它与滑线电阻相并联。R_M 越大，则与 R_P、R_B 并联后的电阻越大，因而对应的仪表量程也越大；反之，R_M 越小，仪表量程就越小。为了仪表量程的微调，R_M 由 R'_M 和 r_M 串联而成（图3-3 中 r_M 未画出），只要调整 r_M 的阻值，即能方便地微调仪表的量程。

滑线电阻 R_P 是仪表测量系统中一个很重要的元件，仪表的示值误差、变差、灵敏度以及仪表运行的平滑性等都和滑线电阻的优劣有关。因此，除了要求装配牢靠之外，对材料的耐磨、抗氧化、接触的可靠性及绝缘性能等方面都有很高的要求。尤其是对滑线电阻的线性度要求更严格，在0.5 级的仪表中，必须把非线性误差控制在0.2%范围内。常用的滑线电阻材料是锰铜丝，也有的采用裸锰丝、卡玛丝（镍铬铁铝合金）或银钯丝等材料。

滑线电阻的滑动触头的材料多采用银铜合金，形式有刷形、滚子两种。滑动触头除要求抗氧化性能好之外，更重要的是它和滑线电阻的接触热电动势要小，否则滑动触头在滑线电阻上滑动时发热而产生较大的误差。特别是在快速测量仪表中，必须把这一因素考虑进去。因此，快速测量的仪表中采用滚子形较好。

工艺电阻 R_B 是 R_P 的并联电阻。由于滑线电阻的阻值很难绕得十分准确，而且绕制成的电阻不便于用增减圈数的方法来调整阻值，为此，给滑线电阻 R_P 并联一个电阻 R_B，使并联后的总阻值为一个固定的电阻值，即把 R_P 与 R_B 当做一个整体来处理。这样，便于计算和调整，有利于批量生产。此外，当滑线电阻 R_P 进行长期使用磨损后，阻值发生变化时，可通过改变 R_B 的大小，方便地进行调整。我国通常选用 R_B 与 R_P 并联后的电阻阻值为（90 ± 0.1）Ω。有的仪表中采用了卡玛丝作为滑线电阻，其阻值较小，因此与 R_B 并联后的阻值也小，一般取 R_B 与 R_P 并联阻值为 25 ~30Ω。

注意，上述的电阻 R_3、R_4、R_G、R_M 和 R_B 都采用温度系数很小的锰铜丝进行无感双线绕制而成，绕制好的电阻同样也应经过老化处理后才能使用。

3.1.2 自动电子平衡电桥

自动电子平衡电桥也是一种自动平衡式显示仪表。它与热电阻配套使用时，可作为温度测量的显示仪表；当它与其他电阻型传感器、变送器相配用时，也可测量、显示、记录其他一些相应的工艺参数。它与电子电位差计相比较，除了感温元件及测量桥路外，其他组成部分几乎完全相同，甚至整个仪表的外壳形状、尺寸大小、内部结构以及大部分零部件都是通用的。因此，工业上通常把电子电位差计和电子平衡电桥统称为自动平衡显示仪表。

1. 平衡电桥的工作原理

图3-4所示为一个具有检流计的平衡电桥原理图。热电阻 R_t 为其中一个桥臂，R_P 为滑线电阻，触点 B 可以左右移动，它们与 R_2、R_3、R_4 组成电桥，电源电压为 E，对角线 A、B 接入一检流计G。

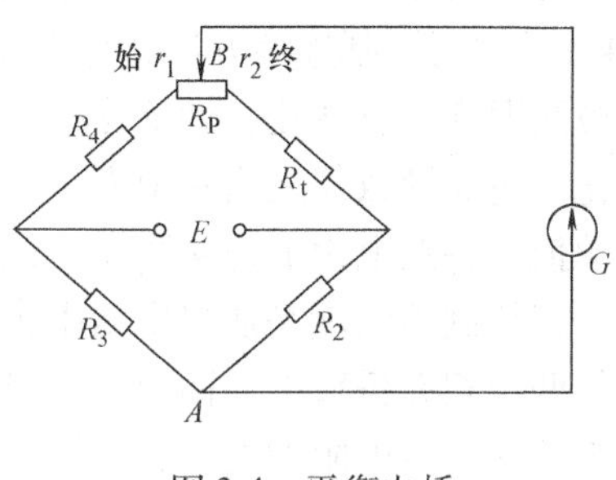

图3-4 平衡电桥

当被测温度为下限时，R_t 有最小值 R_{t0}，滑动触点 B 应在 R_P 的左端，此时电桥的平衡条件为

$$R_3\ (R_{t0}+R_P)\ =R_2R_4 \tag{3-3}$$

当温度升高引起热电阻值增加 ΔR_t，触点 B 必然向右移动，则平衡条件为

$$R_3\ (R_{t0}+R_P+\Delta R_t-r_1)\ =R_2\ (R_4+r_1) \tag{3-4}$$

用式（3-4）减去式（3-3），整理后得

$$r_1=\frac{R_3}{R_2+R_3}\Delta R_t \tag{3-5}$$

由式（3-5）可知，滑动触点 B 的位置可以反映出热电阻的变化，也反映了温度的变化，并且可以看出触点的位移与热电阻的增量呈线性关系。此外，该桥路的滑线电阻处于两桥臂之间，这样可以消除接触电阻的影响，提高了测量精度。

如果将检流计G换成电子放大器，利用放大后的不平衡电压去驱动可逆电动机，使可逆电动机带动滑动触点 B 移动以达到电桥平衡，就构成自动电子平衡电桥的工作原理。

2. 自动电子平衡电桥

自动电子平衡电桥工作原理如图3-5所示。它同自动电子电位差计一样，R_{nP}实际上也是由3个元件（R_P、R_B、R_5+r_5）所组成，R_P 与 R_B 并联后的电阻值为90Ω。R_5+r_5 为量程电阻，R_6+r_6 为调整仪表零位的起始电阻，r_5、r_6 为刻度的微调电阻。R_4 为限流电阻，它决定了上支路电流 I_1 的大小。

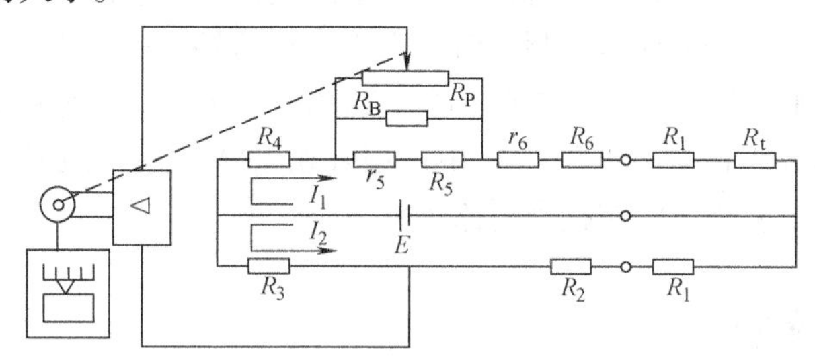

图3-5 自动电子平衡电桥工作原理图

当被测温度变化时，若 R_t 阻值增加，桥路失去平衡，这一不平衡电压引至电子放大器进行放大，然后驱动可逆电动机正反转，由可逆电动机带着滑线电阻器的滑动触点移动，以改变上支路两个桥臂阻值的比例，直至使桥路恢复平衡状态。可逆电动机同时带动指针，指示出温度变化的数值。当被测温度为仪表刻度的始端值时，热电阻的阻值最小，滑动触点应移向 R_P 的左端，当被测温度升至刻度的终端时，热电阻的阻值最大，滑动触点移向 R_P 的右端。

应当指出的是，自动电子平衡电桥的热电阻应当采用如图3-5所示的三线制接法。这是因为当热电阻测量温度时，热电阻安装在被测温度的现场，而平衡电桥中的其他电阻连同仪表一起安装在控制室。由于现场离控制室较远，连接热电阻的导线往往很长，如果采用图3-4所示的两线制连接方法，那么热电阻两边的连接导线连同热电阻本身都接在同一桥臂上。当被测温度没有变化，即 R_t 没有变化，而周围环境温度改变了，就会导致连接导线电阻的变化，进而导致仪表指示值发生变化，产生较大温度测量误差。为了准确地指示出被测温度的数值，将热电阻的连接采用三线制接法，并加外接调整电阻 R_1，如图3-5所示。

三线制接法就是从热电阻引出3根导线，其中与热电阻两端相连的两根导线分别接入桥路的两个相邻桥臂上，而第3根导线与稳压电源的负极相连。这样，由于环境温度的变化而引起连接导线电阻的变化，可以互相抵消一部分，从而减少对仪表读数的影响。

为了克服因连接导线长短不同而引起的测量误差，一般规定连接导线的电阻值为 $2\times2.5\Omega$，即每根连接导线的电阻值为 2.5Ω。这样，仪表出厂时，就带有两个用锰铜丝绕制而成的电阻，其阻值每个为 2.5Ω，称之为外接调整电阻。在校验仪表时，必须把两个外接调整电阻分别接在仪表的接线端子上。而实际使用时，若每根连接导线电阻不足 2.5Ω 时，则须用外接调整电阻来补足，使外接电阻凑足 2.5Ω，图3-5中的 R_1 为外接调整电阻。

3. 自动电子平衡电桥与自动电子电位差计的比较

电子电位差计和自动电阻平衡电桥有很多相似之处，首先，原理结构上相似，它们都由测量电路、放大器、可逆电动机、指示记录和调节机构组成；其次，与这两种仪表配套的测温元件（热电偶、热电阻）在外形结构上十分相似。但这两种仪表在本质上却各有其特点，现将它们不同之处归纳如下。

1）输入信号不同。电子电位差计输入信号是电动势；而电子平衡电桥输入信号是电阻。

2）作用原理不同。电子电位差计的测量桥路在测量时，其本身是处于不平衡状态，即测量桥路有不平衡电压输出，它与被测电动势大小相同，而极性相反，这样才与被测电动势相补偿，从而使仪表达到平衡状态。对于电子平衡电桥，当仪表达到平衡时，测量桥路本身处于平衡状态，即测量桥路无输出。

3）当用热电偶配电子电位差计测温时，其测量桥路需要考虑热电偶冷端温度的自动补偿问题；而用热电阻配电子平衡电桥测温时，则不存在这种问题。

4）测温元件与测量桥路的连接方式不同。自动电子电位差计的测温元件热电偶是连接在桥路输出电路（即放大器的输入电路）中，用补偿导线采用两线制接法，而电子平衡电桥的测温元件热电阻是采用三线制接到桥路中。

3.2 数字显示仪表

随着科学技术的不断发展，人们对生产过程的检测与控制提出了越来越高的要求，传统的模拟显示仪表存在着很大的局限性，比如，测量速度不够快、精度难以再提高、存在读数误差、易受环境干扰影响等，特别是模拟显示仪表用指针、标尺等方法显示被测量，不能与计算机通信，不利于信息的处理。数字显示仪表正好克服了上述缺点，且可与计算机联用，因此获得了广泛应用。

数字显示仪表与不同的检测元件、传感器、变送器等配合，实现对压力、物位、流量、温度以及电工量、机械量、成分量等进行测量，并直接以数字形式显示被测结果。其特点是显示直观、测量速度快、精确度高，并可接打印机直接打印。此外，它还能输出数字信号与计算机进行通信联网，或输出直流模拟信号与相应的调节器配用，其作用如图 3-6 所示。

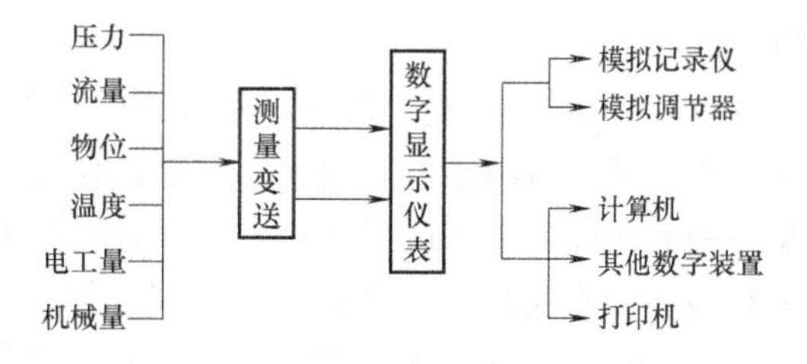

图 3-6　数字显示仪表作用示意图

3.2.1　数字显示仪表分类

数字显示仪表的分类常见的有以下几种。

1）按照显示位数分，可以分为 $3\frac{1}{2}$位、$3\frac{3}{4}$位、$4\frac{1}{2}$位、$5\frac{1}{2}$位数字显示仪表等。显示位数中的整数部分表示低位上能够显示 0 ~ 9 之间任何数码的位数，分数部分的$\frac{1}{2}$表示最高位只能够显示 0 或 1，分数部分的$\frac{3}{4}$表示最高位只能够显示 0 ~ 3。

2）按照采样速率分，可以分为低速型、中速型和高速型数字显示仪表。低速型数字显示仪表的采样速率为零点几次每秒到几次每秒；中速型的为十几次每秒到几百次每秒；高速型的为几千次每秒以上。

3）按照输入信号的形式分，可以分为电压型和频率型数字显示仪表。前者的输入信号为电压或电流等形式的信号；后者的输入信号为频率、脉冲或开关量等形式的信号。

4）按照输入信号的点数分，可以分为单点式和多点式数字显示仪表。

5）按照电路中的主要元器件分，可以分为电子管式、晶体管式、集成电路式和带微处理器式数字显示仪表等。

6）按照显示器件分，可以分为利用辉光管、荧光管、液晶、发光二极管、等离子体等显示器进行显示的数字显示仪表等。

7）按照仪表的功能分，可以分为显示型、显示报警型、显示调节型和巡回检测型数字显示仪表等。

3.2.2　数字显示仪表的主要技术指标

在工业过程参数测量中，由于被测物理量种类的多样性，使得数字显示仪表的品种繁多，如热工量仪表（温度、流量、压力、液位测量仪等）、几何量仪表（长度、角度仪器等）、机械量仪表（测力仪、速度测量仪等）、时间频率仪表（各种计时仪器与钟表等）、电磁量仪表（电流表、电压表等）、电离辐射仪表（X、γ 射线及中子计量仪器等）。不同品种的仪表，技术指标不完全相同，下面介绍一些主要的技术指标。

1）准确度。准确度是测量仪表最重要的技术指标之一。目前国内外数字显示仪表准确度的常用表示方法为

$$\Delta = \pm a\% \times 读数值 \pm b\% \times 仪表量程 \tag{3-6}$$

或

$$\Delta = \pm a\% \times 读数值 \pm n\ 个字 \tag{3-7}$$

式中，Δ 为数字显示仪表测量值的绝对误差；a 为误差的相对项系数（与被测量大小有关的相对项）；b 为误差的固定项系数（与被测量无关的固定项）；“n 个字”为仪表末位数的单

位值的 n 倍。

由式（3-7）可见，数字显示仪表的误差由两部分组成：一部分是与被测量大小有关的相对项，用相对项系数 a 表示，它是由仪表中基准电源、前置放大器放大倍数的不稳定性以及各种非线性因素等造成的；另一部分是与被测量无关的固定项，用固定项系数 b（或 n 个字）表示，它是由放大器的零点漂移、热噪声以及 A-D 转换器的量化误差等引起的。

2）分辨力或分辨率。数字显示仪表的分辨力是指其末位改变1 个字时所代表的输入量，它表明仪表能够显示的被测参数的最小变化量。分辨率则是指分辨力相对于仪表量程的百分数。

3）输入阻抗。输入阻抗是指在工作状态下，呈现在数字显示仪表两输入端间的等效阻抗。为了减小数字显示仪表对传感器或变送器的负载效应，其输入阻抗应尽量大。通常是在前置放大器中采用深度负反馈来提高输入阻抗，目前一般可以达到 10MΩ 以上。

4）干扰抑制系数。由于工业生产现场的环境条件恶劣，存在着各种各样的干扰，这都会对测量结果造成影响。通常由干扰抑制系数来表征抗干扰能力，其值越大，仪表的抗干扰能力就越强。根据干扰作用在仪表输入端的形式不同，可以分为串模干扰和共模干扰，故有串模干扰抑制比（SMRR）和共模干扰抑制比（CMRR）之分。数字显示仪表的 SMRR 一般可以达到 40 ~ 60dB，而 CMRR 一般可以达到 100 ~ 120dB。

5）显示位数。数字显示仪表的显示位数决定了其分辨率的高低，显示位数越多，分辨率就越高。例如，$3\frac{1}{2}$位数字显示仪表的最大读数为 1999，其分辨率为 0.05%，而 $4\frac{1}{2}$位数字显示仪表的分辨率为 0.005%。

6）采样速率。采样速率是指在单位时间内，以规定的准确度，最多能够完成的测量次数。采样速率主要由 A-D 转换器的转换速度决定，而 A-D 转换器的转换速度与其转换原理有关。对于缓慢变化的信号来说，允许采样速率较低，如果测量点数增多或信号变化速度较快，则必须相应地提高采样速率。

3.2.3 数字显示仪表的基本组成

数字显示仪表品种繁多，结构各不相同，但基本组成相似，通常包括信号变换、前置放大、滤波、非线性校正、模/数（A-D）转换、标度变换、数字显示、电压/电流（V-I）转换及各种控制电路等部分，其构成如图 3-7 所示。

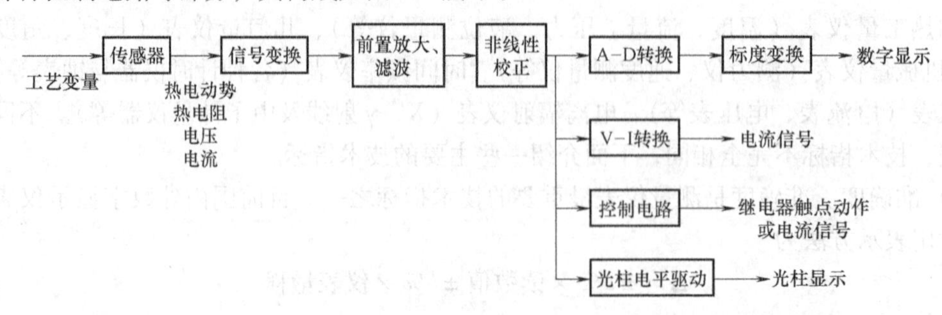

图 3-7 数字显示仪表构成

1. 信号变换

将生产过程中的工艺变量经过检测变送后的信号转换成相应的电压或电流信号。由于输入信号不同，可能是热电偶的热电动势信号，也可能是热电阻信号等，因此，数显仪表有多种信号变换电路模块供选择，以便与不同类型的输入信号配接。

2. 前置放大、滤波

来自于传感器或变送器的电信号一般都比较微弱，必须经前置放大电路放大至伏级电压幅度，才能供线性化电路或A-D转换电路工作。此外，信号在传输过程中包含着受到的各种干扰成分，因此，要进行滤波，抑制干扰影响。

3. 非线性校正

许多检测元件（如热电偶、热电阻）具有非线性特性，需要将信号经过非线性校正电路处理后呈线性特性，以提高仪表测量精度。在微机化仪表中，还可以利用软件实现非线性校正。

4. 模-数（A-D）转换

被测信号通过各种传感器或变送器转换后，几乎都是随时间连续变化的模拟信号。在数字显示仪表中，必须要经过A-D转换器将模拟信号转换为数字信号，实际上是把时间上和数值上连续变化的模拟量变换成一种断续变化的脉冲数字量，它是数字显示仪表的核心。

5. 标度变换

模拟信号经过A-D转换后，转换成与之对应的数字量输出，而实际上往往要求用被测变量的形式显示，例如温度、压力、流量、物位等，但是数字显示怎样和被测原始参数统一起来呢，这就存在一个量纲还原问题，通常称之为标度变换。

6. 数字显示电路及光柱电平驱动电路

数字显示方法很多，常用的有LED和LCD。光柱电平驱动电路是将测量信号与一组基准值比较，驱动一列半导体发光管，使被测值以光柱高度或长度形式进行显示。

7. V-I转换电路和控制电路

数显仪表除了可以数字显示外，还可以直接将被测电压信号通过V-I转换电路转换成4~20mA或0~10mA直流电流标准信号，以便使数显仪表可以与电动单元组合仪表、可编程序控制器或计算机联用。数显仪表还可以具有控制功能，它的控制电路可以根据偏差信号按PID控制规律或其他控制规律进行运算、输出控制信号，并直接对生产过程加以控制。

3.2.4 XMZ系列单回路数字显示仪表

XMZ系列单回路数字显示仪表，可与各式热电偶、热电阻、霍尔变送器以及各种流量、压力、液位等变送器输出的信号适配，对其进行单回路热工参数的线性、开方指示。

1. 主要特点及功能

1）通过简单的软、硬件设定，可对输入分度号、量程、小数点位置等功能参数、控制参数的设定进行选择，所有整定的参数均可永久保存，且掉电不丢失数据。

2）可对每个继电器控制输出进行上限、上上限、下限、下下限等控制输出功能进行编程；各控制数值可在全量程范围内设定。

3）采用先进的全自动数字调校系统，能方便快捷地进行精度调校，无需电位器调整，从而提高了仪表的稳定性和一致性。

4）具有超量程、断线、断偶指示等故障自诊断功能。

5）具有0~10mA、4~20mA、0~5V、1~5V隔离模拟变送输出信号。模拟变送值可在全量程范围内任意编程。

6）主屏4位高亮度数码管显示测量值，副屏4位高亮度数码管可编程显示控制设定值等。

7）可带隔离串行通信接口，传输速率可通过按键自由设定，可与各种带输入/输出通信功能的设备进行双向通信，并组成网络控制系统。

8）采用Modbus-RTU通信协议。

9）各设定参数和调试参数可用密码锁定，锁码后可防止误操作。

10）仪表供电方式有AC 220V、AC 220V（开关电源）、DC 24V（开关电源）或其他用户特殊要求的供电方式。

2. 主要技术指标

1）准确度为满度±0.5%±1个字。

2）显示位数为$3\frac{1}{2}$。

3）分辨力为与热电偶连接时1℃，其他物理量为末位一个字。

4）采样速率为3次/s。

5）显示方式为$3\frac{1}{2}$位LED数码管显示，最大为1999。

6）工作电源为AC 220V。

3. 基本工作原理

XMZ数字显示仪表原理图如图3-8所示，被测变量经过测量电路、前置放大器、线性化电路后，由CC7107A-D转换器转换为数字信号，最后通过LED显示器显示结果。

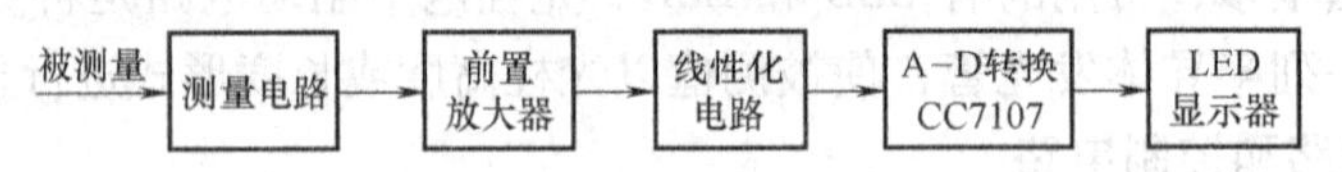

图3-8 XMZ数字显示仪表原理图

3.3 图像显示仪表

3.3.1 无纸记录仪

无纸记录仪以微处理器为核心，内有大容量存储器，可以存储多个过程变量的大量历史数据，用液晶屏幕显示数字、曲线、图形代替传统记录仪的指针显示。无纸记录仪用大规模存储器件代替传统的记录纸进行数据的记录与保存，避免了纸和笔的消耗与维护，无机械传动部件，仪表性能和可靠性大大提高，功能更加丰富。下面以SUPCON-AR3000/AR4000系列无纸记录仪为例简要介绍。

AR3000/AR4000经典记录仪是一种集信号采集、显示、处理、记录、积算、报警、配电等于一身的多功能无纸记录仪，适用于冶金、石油、化工、建材、造纸、食品、制药、热处理和水处理等各种工业现场。

无纸记录仪由主机板、液晶显示屏（LCD）、按键、输入输出单元、RS232/485通信接口、以太网通信接口等部分组成，其原理结构如图3-9所示。

1. 主机板

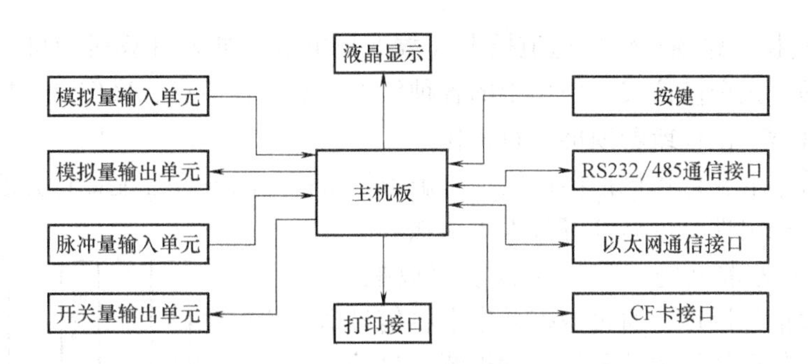

图3-9 无纸记录仪组成原理结构图

主机板包括中央处理器（CPU）、只读存储器（ROM）和可擦写存储器（EPROM）等。CPU实现对输入变量的运算处理，并负责指挥协调无纸记录仪的各种工作。ROM、RAM和EPROM是无纸记录仪的数据信息存储器件。ROM中存放支持仪表工作的系统程序和基本运算处理程序，如滤波处理程序、开方运算、线性化程序、标度变换程序等，在仪表出厂前由生产厂家将程序固化在存储器内，用户不能更改其内容。RAM中存放过程变量的数值，包括输入处理单元送来的原始数据，CPU中间运算值。EPROM主要用来存储各个过程变量的组态数据，如记录间隔、输入信号类型、量程范围、报警限等，允许用户根据需要随时进行修改。内置32MB NAND FLASH作为历史数据的存储介质，可在长期停电的情况下保存记录数据。

2. 按键

无纸记录仪在仪表面板上设置了简易键盘，在不同画面显示时定义为不同的功能。

3. 液晶显示

5.6 inTFT彩色/单色液晶显示屏，体积小、质量轻、耗电少、可靠性高、寿命长。

4. 数据外部存储

1）CF卡。通过CF卡可手动或自动转存历史数据，也可保存组态数据、累积报表、报警信息、操作信息、监控画面，以便在PC上进行分析。

2）通信。采用RS-232C/RS-485通信端口，支持Modbus/R-Bus通信协议，可实现远程实时监控、组态管理、历史数据读取。

3）以太网。通过以太网通信端口，可实现远程实时监控、组态管理、读取历史数据。

5. 输入/输出单元

具有12路模拟量输入、2路脉冲量输入、4路模拟量变送输出、12路开关量输出、100mA配电输出。

6. 温压补偿

可对过热蒸汽、饱和蒸汽、一般气体、天然气进行质量流量补偿。补偿类型有过热蒸汽、饱和蒸汽、一般气体、压力补偿和温度补偿5种类型。

7. 累积通道

12路累积通道，可对所有的模拟量输入AI、脉冲量输入PI及流量信号进行累积。提供累积流量时报表、班报表、日报表、月报表。

3.3.2 虚拟显示仪表

虚拟显示仪表是利用计算机来完成显示仪表的工作。其硬件结构简单，仅由原有意义上的采样、模-数转换电路通过输入通道插卡（数据采集卡）插入计算机即可。它的显著特点是在计算机屏幕上完全模仿实际使用中的各种仪表，如仪表面盘、操作盘、接线端子等，用户通过计算机键盘、鼠标或触摸屏进行操作。

由于数据采集卡和计算机性能的增强，虚拟显示仪表的各种性能如计算速度、计算的复杂性、精确度、稳定性、可靠性等都大大增强。

图 3-10 所示为常见的虚拟显示仪表组成框图。被测量信号经过信号调理，通过数据采集卡将信号送入计算机，完成数据的处理并最终实现被测信号的显示存储等功能。

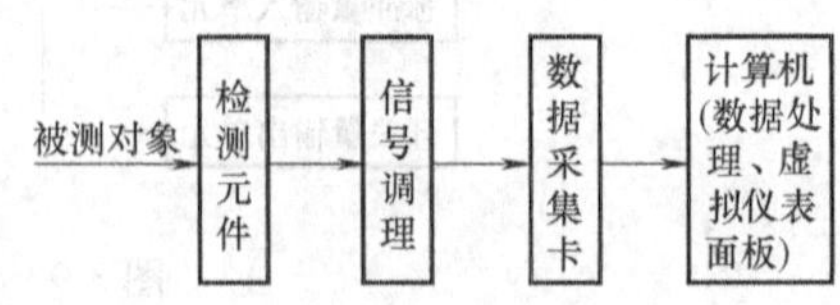

图 3-10 虚拟显示仪表组成框图

虚拟显示仪表实际上是一个按照仪器需求组织的数据采集系统，涉及的基础理论主要有计算机数据采集和数字信号处理。目前在这一领域内，使用较为广泛的计算机图形化编程语言是美国 NI 公司的 LabVIEW。

虚拟显示仪表由以下两种方式实现。

1. 一个应用程序，不同的设备

在许多设备上使用同样的应用程序，升级硬件十分轻松，如图 3-11 所示分别采用 USB 接口、PCI 总线接口和 PXI 系统 3 种不同的硬件实现同一被测系统的显示。

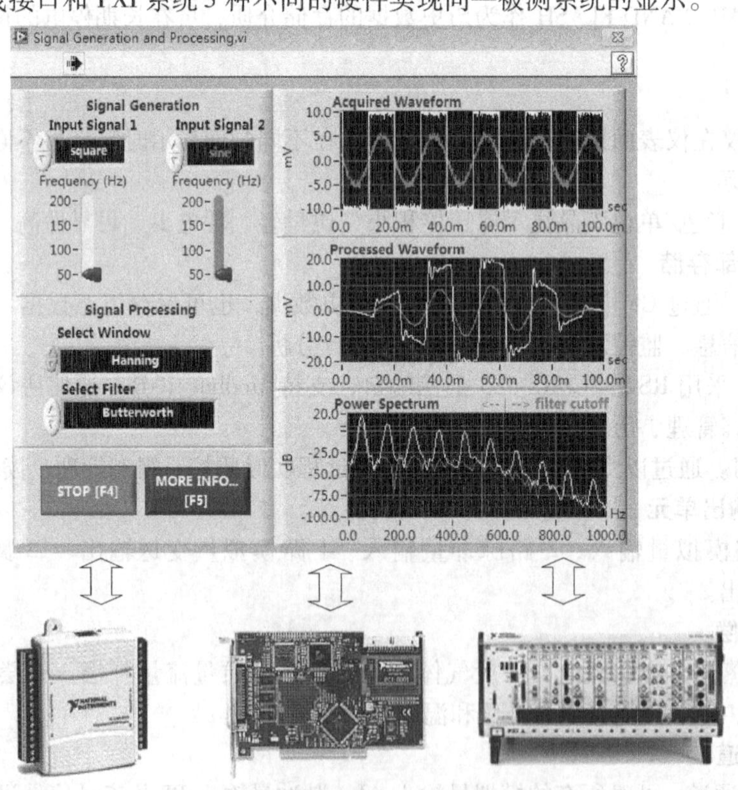

图 3-11 一个应用程序，不同的设备

2. 多个应用程序，一个设备

同一个设备上实现许多应用程序，如图 3-12 所示，通过为许多应用程序重复使用硬件减少成本，并且一台计算机可以同时实现多台虚拟仪表，可以集中运行和显示。

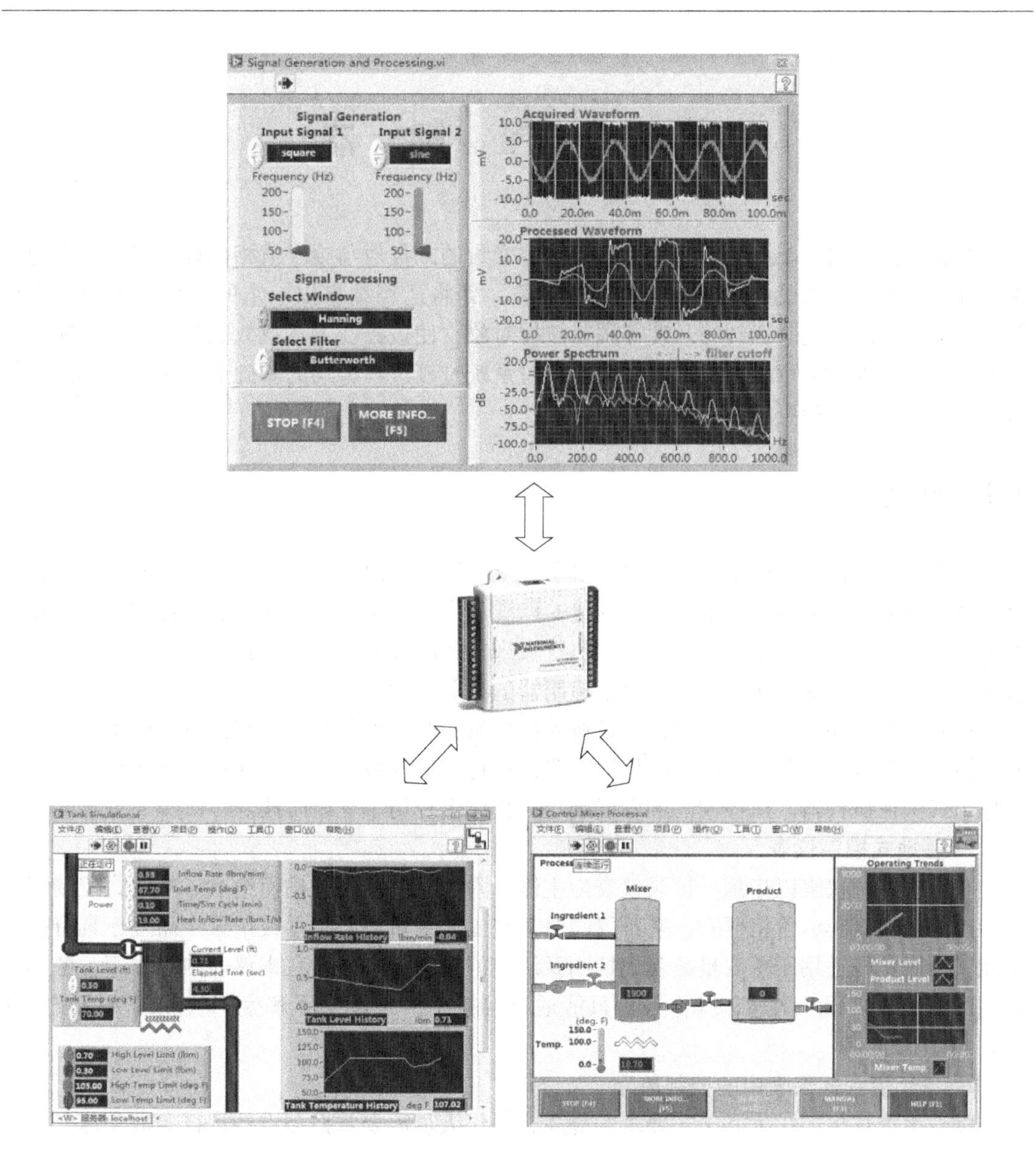

图 3-12 多个应用程序，一个设备

思考题与习题

3-1 显示仪表分为哪几类？各有什么特点？

3-2 与热电偶配套的自动电子电位差计是如何进行冷端温度补偿的？

3-3 数字显示仪表主要由哪几部分组成？各部分的作用是什么？

3-4 简述无纸记录仪的特点。

3-5 简述虚拟显示仪表的特点。

第4章 控 制 器

控制器在自动控制系统中的作用是将被控变量的测量值与给定值相比较，产生一定的偏差，针对其偏差按照设计的控制策略进行运算，并将运算结果以一定的信号形式送往执行器，再由执行器通过改变阀的开度等调节被控对象，使被控变量参数数值在工艺要求规定的误差允许范围内。本章在分析控制规律及其对系统过渡过程影响的基础上，介绍模拟式控制器、数字式控制器和可编程序控制器。

4.1 概述

在化工、炼油等工业生产过程中，对于生产装置中的温度、压力、流量、液位等参数要求维持在一定的数值或按一定的规律变化，以满足生产要求。要实现系统的自动控制，在检测工艺参数的基础上，还需要控制器和执行器来构成闭环控制系统。在第2章中已经介绍了这些工艺参数的检测方法，本章将介绍控制器的相关知识。

控制器在自动控制系统中的作用是将被控变量的测量值与给定值相比较，产生一定的偏差，控制器根据该偏差按照设计的控制策略，进行一定的数学运算，并将运算结果以一定的信号形式送往执行器。从控制器的发展来看，大体上经历了三个阶段。

1. 基地式控制仪表

基地式控制仪表以指示、记录仪表为主体，附加某些控制机构而组成。基地式控制仪表的特点是结构简单、价格便宜，它不仅能对某些工艺变量进行指示或记录，而且还具有控制功能，因此比较适用于单变量的就地控制系统。但是信号一般仅在本仪表内起作用，各测控点间的信号难以相互沟通，操作人员只能通过巡视生产现场来了解生产状况，目前较少使用。

2. 单元组合式仪表中的控制单元

随着生产规模的扩大和工艺要求的提高，操作人员需要掌握多点的运行参数和信息，需要按多点的运行信息进行操作控制，于是出现了气动、电动系列的单元组合式仪表，产生了集中控制室。生产现场各处的参数通过统一的模拟信号送到集中控制室，在控制盘上连接，操作人员可以坐在控制室纵观生产流程各处的状况。单元组合式控制仪表将整套仪表划分成能独立实现一定功能的若干单元，各单元之间采用标准信号进行联系。使用时可根据控制系统的需要，对各单元进行选择和组合，从而构成多种多样的、复杂程度各异的自动检测和控制系统。其特点是使用灵活、通用性强、使用维护方便。它适用于各种企业的自动控制。电动单元组合仪表有两种类型：DDZ-II型，使用AC 220V电源，输出标准信号为0～10mA；DDZ-III型，使用DC 24V电源，输出标准信号为4～20mA或DC 1～5V。

3. 以微处理器为处理单元的智能控制器

以微处理器为处理单元的控制装置其控制功能丰富、操作方便，很容易构成各种复杂控制系统，并且具备数字信号传输和模拟信号传输两种功能。目前该类控制器主要有数字控制器、可编程序控制器（PLC）和微型计算机系统等。近年来，由于现场总线技术的发展，出现了具有现场总线协议标准的智能仪表。

4.2 基本控制规律及其对系统过渡过程的影响

在具体讨论控制器的结构与工作原理之前，需要对控制器的控制规律及其对系统过渡过程的影响进行研究。控制器的形式虽然很多，但从控制规律来看，基本控制规律只有有限的几种。

图4-1所示为单回路控制系统框图，在该控制系统中，被控变量由于受扰动f（如生产负荷的改变，上下工段间出现的生产不平衡现象等）的影响，常常偏离给定值，即产生了偏差，则

$$e = z - x \neq 0 \tag{4-1}$$

式中，e为偏差；z为测量值；x为给定值。

控制器接收了偏差信号e后，按一定的控制规律使其输出信号p发生变化，通过控制阀改变操纵变量q，以抵消干扰f对被控变量y的影响，从而使被控变量回到给定值上来。

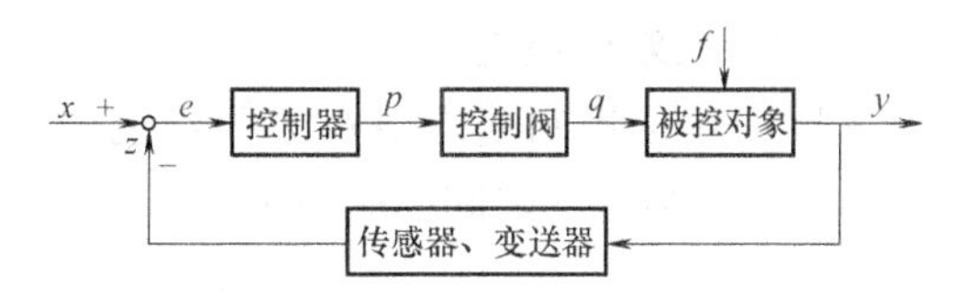

图4-1 单回路控制系统框图

被控变量能否回到给定值上，或者以什么样的途径、经过多长时间回到给定值上来，这不仅与被控对象的特性有关，而且还与控制器的特性有关。

所谓控制规律，就是控制器的输出信号p随输入信号（偏差e）变化的规律，即

$$p = f(e) = f(z - x) \tag{4-2}$$

对控制器而言，习惯上，$e = z - x > 0$称为正偏差，$e = z - x < 0$称为负偏差；$e > 0$，相应的输出$p > 0$时，则该控制器称正作用控制器；$e > 0$，相应的输出$p < 0$时，则该控制器称反作用控制器。

控制器的基本控制规律有位式控制（双位控制较常用）、比例作用（P）、积分作用（I）和微分作用（D）以及它们的组合形式，如PI、PD和PID等几种形式。

4.2.1 双位控制

双位控制的动作规律是当测量值大于给定值时，控制器的输出为最大（或最小），而当测量值小于给定值时，则输出为最小（或最大），即控制器只有两个输出值，相应的控制机构只有开和关两个极限位置，因此又称为开关控制。

1. 理想的双位控制

理想的双位控制器输出p与输入偏差e之间的关系为

$$p = \begin{cases} p_{\max} & e > 0(\text{或}\, e < 0) \\ p_{\min} & e < 0(\text{或}\, e > 0) \end{cases} \tag{4-3}$$

理想的双位控制特性如图4-2所示。

图4-3所示为一个采用双位控制的液位控制系统，它利用电极式液位计来控制贮槽的液位，槽内装有一根电极作为测量液位的装置，电极的一端与继电器K的线圈相接，另一端

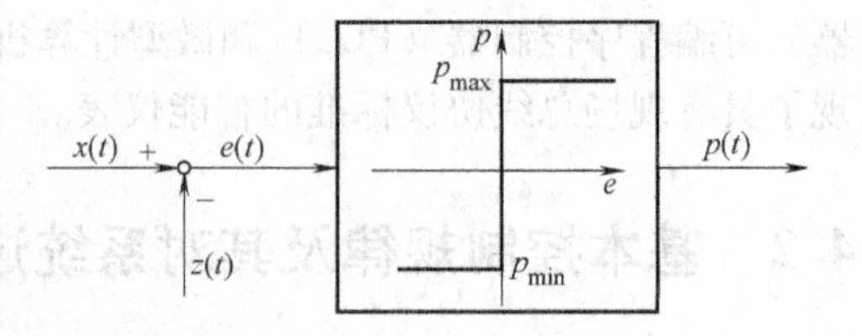

图 4-2 理想的双位控制特性

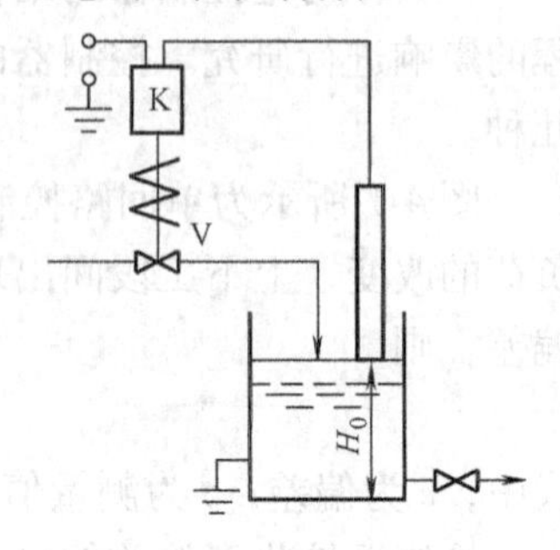

图 4-3 双位控制示例

调整在液位给定值的位置，导电的流体由装有电磁阀 V 的管线进入贮槽，经下部出料管流出。贮槽外壳接地，当液位低于给定值 H_0 时，流体未接触电极，继电器线圈断路，此时电磁阀 V 全开，流体流入贮槽使液位上升，当液位上升至稍大于给定值时，流体与电极接触，于是继电器线圈接通，从而使电磁阀全关，流体不再进入贮槽。但槽内流体仍在继续往外排出，故液位将要下降。当液位下降至稍小于给定值时，流体与电极脱离，于是电磁阀 V 又开启，如此反复循环，而液位被维持在给定值上下很小一个范围内波动。可见输出在 0 与 1 之间不断变化，电磁阀也在开和关两个状态上不停地动作，这样会因动作频繁而容易损坏，这种现象在实际工业系统中是不允许的，而实际使用的是具有中间区的双位控制。

2. 实际的双位控制

实际的双位控制偏差值在中间区内时，控制机构不动作，输出 p 与输入偏差 e 之间的关系为

$$p = \begin{cases} p_{max} & e > e_{max} \\ p_{min} \text{ 或 } p_{max} & e_{min} \leqslant e \leqslant e_{max} \\ p_{min} & e < e_{min} \end{cases} \tag{4-4}$$

其特性如图 4-4 所示，当偏差大于 e_{max} 时，控制器的输出变为最大 p_{max}，控制机构处于开（或关）的状态；当偏差小于 e_{min} 时，控制器的输出变为最小 p_{min}，控制机构处于关（或开）的状态，而 e 处于 e_{min} 和 e_{max} 中间时，控制机构不动作。将上例中的测量装置及继电器电路稍加改变，便可成为具有中间区间的双位控制器，其过程如图 4-5 所示，当液位 y 低于下限值 y_L 时，电磁阀是开的，流体流入贮槽，由于流入量大于流出量，故液位上升。当升至上限值 y_H 时，阀关闭，流体停止流入，由于此时流体只出不入，故液位下降，直到液位值下降至下限值 y_L 时，电磁阀重新开启，液位又开始上升。图 4-5 中上面的曲线表示控制机构阀位与时间的关系，下面的曲线表示被控变量（液位）在中间区内随时间变化的关系，是一个等幅振荡过程。

实际双位控制器由于设置了中间区，当偏差在中间区内变化时，控制机构不会动作，因此可以使控制机构开关动作的频繁程度大为降低，延长了控制器中运动部件的使用寿命。

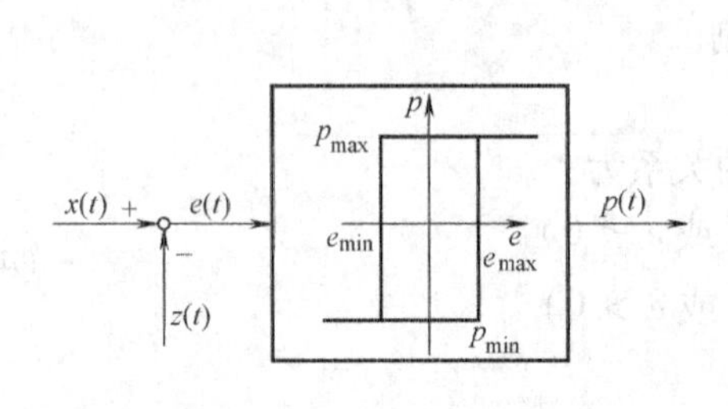

图 4-4 实际的双位控制特性

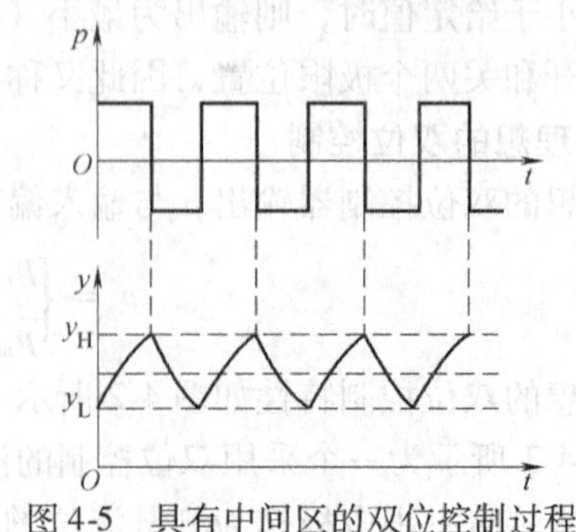

图 4-5 具有中间区的双位控制过程

双位控制过程中不采用对连续控制作用下的衰减振荡过程所提的那些品质，一般采用振幅与周期作为品质指标，在设计双位控制系统时，一般希望振幅小而周期长。

如果生产工艺允许被控变量在一个较宽的范围内波动，控制器的中间区就可以宽一些，这样振荡周期较长，可使可动部件动作的次数减少，于是减少了磨损，减少了维修的工作量，因此，只要被控变量波动的上、下限在允许范围内，使周期长些比较有利。

双位控制器结构简单、成本较低、易于实现，适用于单容量对象及对象特性好、负荷变化较小、过程滞后小、工艺允许被控参数在一定范围内波动和要求不高的场合，例如仪表用压缩空气贮罐的压力控制，恒温炉、管式炉的温度控制等。

4.2.2 比例控制

1. 比例控制规律

在双位控制系统中，被控变量不可避免地会产生持续的等幅振荡过程，这是由于双位控制器只有两个特定的输出值，相应的控制阀也只用两个极限位置（开或关）。为了避免这种情况，应该使控制阀的开度（即控制器的输出值）与被控变量的偏差成比例，根据偏差的大小，控制阀可以处于不同的位置，这样就有可能获得与对象负荷相适应的操纵变量，从而使被控变量趋于稳定，达到平衡状态。如图 4-6 所示的简单比例控制系统，浮球是测量元件，杠杆就是一个最简单的控制器。当液位高于给定值时，控制阀就关小，液位越高，阀关得越小；若液位低于给定值，控制阀就开大，液位越低，阀开得越大。它相当于把位式控制的位数增加到无穷多位，于是变成了连续控制系统。

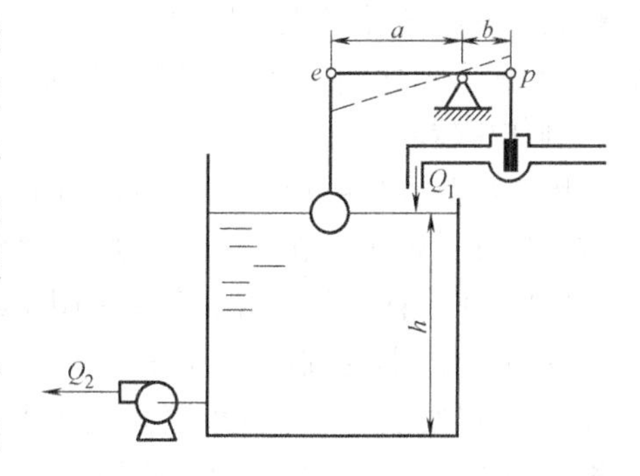

图 4-6 简单的比例控制系统示意图

在图 4-6 中，若杠杆在液位改变前的位置用实线表示，改变后的位置用虚线表示，根据相似三角形原理，有

$$\frac{b}{a} = \frac{p}{e} \text{或} p = \frac{b}{a} \times e \tag{4-5}$$

式中，e 为杠杆左端的位移，即液位的变化量；p 为杠杆右端的位移，即阀杆的位移量；a、b 分别为杠杆支点与两端的距离。

由式（4-5）可见，在该控制系统中，阀门开度的改变量与被控变量（液位）的偏差值成比例，这就是比例控制规律。

对于具有比例控制规律的控制器（比例控制器），其输出信号（指变化量）p 与输入信号（指偏差，当给定值不变时，偏差就是被控变量测量值的变化量）e 之间成比例关系，即

$$p = K_p e \tag{4-6}$$

式中，K_p 是调节器的比例增益或放大倍数。对于图 4-6 所示的比例控制器，$K_p = \frac{b}{a}$，改变杠杆支点的位置，便可改变 K_p 的数值。

比例控制器的阶跃响应特性如图 4-7 所示。由式（4-6）可以看出，比例控制器的放大倍数 K_p 是一个重要的系数，它决定了比例控制作用的强弱。K_p 越大，比例控制作用越强。

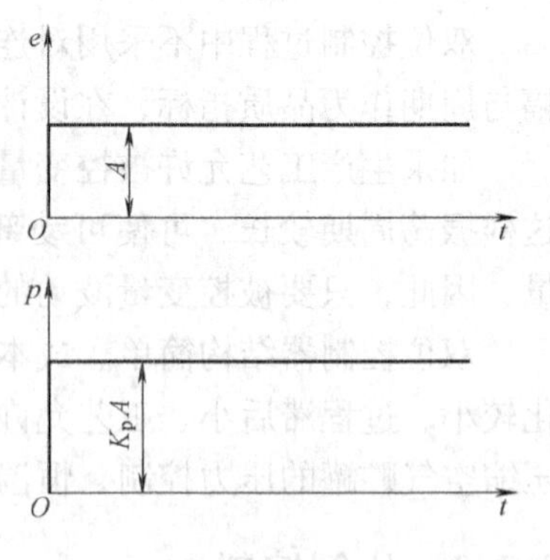

图 4-7　比例控制器的阶跃响应特性

在实际的比例控制器中，习惯上使用比例度 δ 而不用放大倍数 K_p 来表示比例控制作用的强弱。

所谓比例度就是指控制器输入的变化相对值与相应的输出变化相对值之比的百分数，即

$$\delta = \left(\frac{e}{x_{max} - x_{min}} / \frac{p}{p_{max} - p_{min}}\right) \times 100\% \qquad (4\text{-}7)$$

式中，e 为输入变化量；p 为相应的输出变化量；$x_{max} - x_{min}$ 为输入的最大变化量，即仪表的量程；$p_{max} - p_{min}$ 为输出的最大变化量，即控制器输出的工作范围。

将式（4-6）代入式（4-7），经整理后可得

$$\delta = \frac{1}{K_p} \frac{p_{max} - p_{min}}{x_{max} - x_{min}} \times 100\% \qquad (4\text{-}8)$$

对于一个具体的比例作用控制器，指示值的刻度范围及输出的工作范围是一定的，所以，比例度 δ 与放大倍数 K_p 成反比。这就是说，控制器的比例度 δ 越小，它的放大倍数 K_p 就越大，它将偏差（控制器输入）放大的能力越强，反之亦然。因此，比例度 δ 和放大倍数 K_p 都能表示比例控制器作用的强弱，只不过 K_p 越大，表示控制作用越强，而 δ 越大，表示控制作用越弱。

图 4-8 表示图 4-6 所示的液位比例控制系统的过渡过程，如果系统原来处于平衡状态，液位恒定在某值上，在 $t = t_0$ 时刻，系统外加一个干扰作用，即出水量 Q_2 有一个阶跃增加（见图 4-8a），液位 h 开始下降（见图 4-8b），浮球也跟着下降，通过杠杆使进水阀的阀杆上升，这就是作用在控制阀上的信号 p（见图 4-8c），于是进水量 Q_1 增加（见图 4-8d）。由于 Q_1 增加，促使液位下降速度逐渐缓慢下来，经过一段时间后，待进水量的增加量与出水量的增加量相等时，系统又建立新的平衡，液位稳定在一个新值上。但是控制过程结束时，液位的新稳态值将低于给定值，它们之间的差就叫余差，如果定义偏差 e 为测量值减去给定值，e 的变化曲线如图 4-8e 所示。

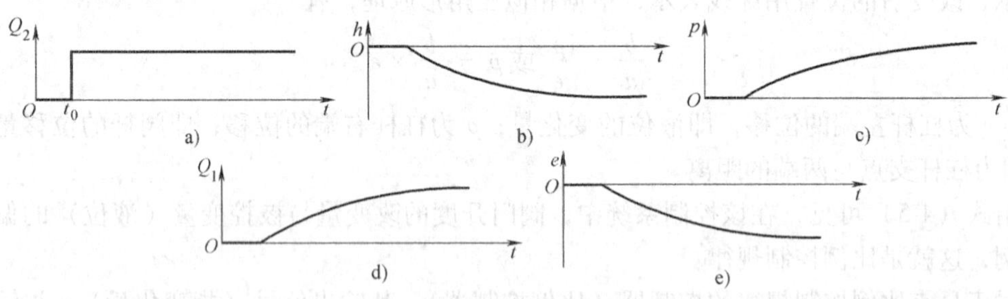

图 4-8　液位比例控制系统过渡过程

为什么会有余差呢？它是比例控制规律的必然结果。从图 4-6 可见，原来系统处于平衡，进水量等于出水量，此时控制阀有一固定开度，比如说对应于杠杆为水平的位置。当 $t = t_0$ 时，出水量有一阶跃增加，于是液位下降，引起进水量增加，只有当进水量增加到与出水量相等时才能重新建立平衡，而液位也才不再变化。但是要使进水量增加，控制阀必须开大，阀杆必须上移，而阀杆上移时浮球必然下移。因为杠杆是一种刚性的结构，这就是说达到新的平衡时浮球位置必定下移，也就是液位稳定在一个比原来稳定值要低的位置上，其差

值就是余差。存在余差是比例控制的缺点。

比例控制的优点是反应快，控制及时。有偏差信号输入时，输出立刻与它成比例地变化，偏差越大，输出的控制作用越强。

2. 比例控制规律对过渡过程的影响

为了减小余差，就要增加 K_p（减小比例度 δ），但这会使系统的稳定性变差，比例度对控制过程的影响如图 4-9 所示，比例度 δ 越大（K_p 越小），过渡过程曲线越平稳，但余差也越大；比例度越小，则过渡过程曲线振荡越强；比例度过小时就可能出现发散振荡，如图 4-9 曲线 1 所示，这在工业控制中是很危险的。因此，对于比例控制系统而言，系统稳定性和余差是一对矛盾，需要统筹兼顾，调节到合适的比例度。

一般来说，若对象滞后较小、时间常数较大以及放大倍数较小时，比例度可以选得小些，以提高系统的灵敏度，使反应快些，从而过渡过程曲线的形状较好。反之，比例度就要选大些以保证稳定。

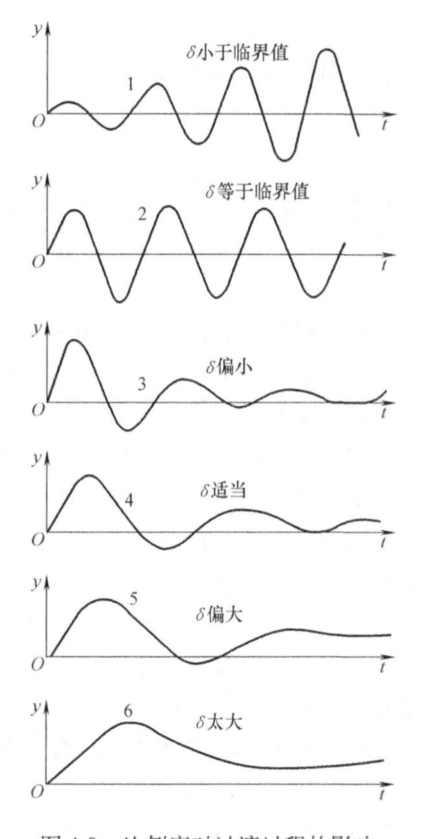

图 4-9 比例度对过渡过程的影响

4.2.3 积分控制

1. 积分控制规律

比例控制器的缺点是有余差，若要求控制系统无余差，就需要在比例控制的基础上，再加上能消除余差的积分控制作用。积分控制作用的输出变化量 p 与输入偏差 e 的积分成正比，即

$$p = K_I\int e\mathrm{d}t \tag{4-9}$$

式中，K_I 为积分增益，代表积分速度，当输入偏差是常数 A 时，式（4-9）可写为

$$p = K_I\int A\mathrm{d}t = K_I At \tag{4-10}$$

即输出是一直线，积分控制器特性如图 4-10 所示，当有偏差存在时，输出信号将随时间增大（或减小）。当偏差为零时，输出才停止变化而稳定在某一值上，因而用积分控制器组成控制系统可以达到无余差。

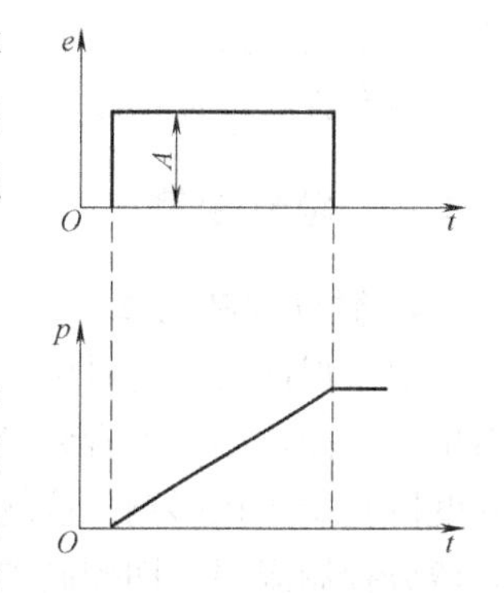

图 4-10 积分控制器特性

2. 比例积分控制规律

由于积分控制规律中的输出信号的变化速度与偏差 e 及 K_I 成正比，其控制作用是随着时间积累才逐渐增强的，所以控制动作缓慢，会出现控制不及时。当对象惯性较大时，被控变量将出现大的超调量，过渡时间也将延长，因此，常常把比例控制与积分控制组合起来，这样控制既及时，又能消除余差，比例积分控制规律可用下式表示为

$$p = K_{\mathrm{P}}\left(e + K_{\mathrm{I}}\int e\mathrm{d}t\right) \tag{4-11}$$

经常采用积分时间 T_{I} 来代替 K_{I}，$T_{\mathrm{I}}=\frac{1}{K_{\mathrm{I}}}$，所以式（4-11）常写为

$$p = K_{\mathrm{P}}\left(e + \frac{1}{T_{\mathrm{I}}}\int e\mathrm{d}t\right) \tag{4-12}$$

若偏差是幅值为 A 的阶跃干扰，代入式（4-12）可得

$$p = K_{\mathrm{P}}A + \frac{K_{\mathrm{P}}}{T_{\mathrm{I}}}At \tag{4-13}$$

比例积分控制器特性如图 4-11 所示，在加入阶跃信号瞬间，输出跳跃上去（BC 段所示），这是比例作用，以后呈线性增加（CE 段所示）这是积分作用。当 $t=T_{\mathrm{I}}$ 时，输出为 $2K_{\mathrm{P}}A$，因此积分时间定义为在阶跃信号输入下，积分作用的输出变化到等于比例作用输出所经历的时间就是积分时间 T_{I}。

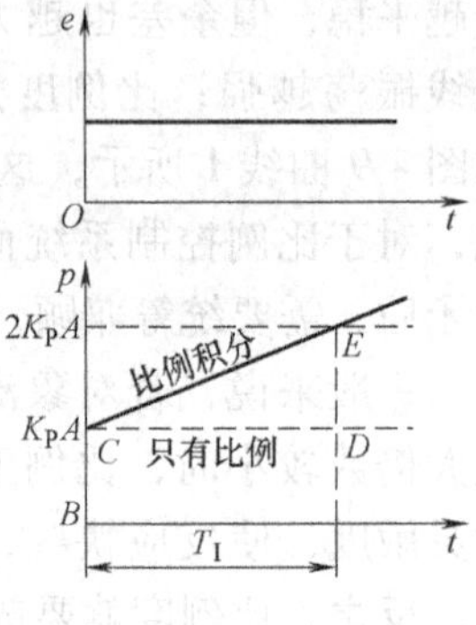

图 4-11　比例积分控制器特性

积分时间 T_{I} 的大小影响曲线的斜率和输出曲线的上升速度，是表征积分控制作用强弱的一个重要参数。当积分时间 T_{I} 越小（K_{I} 越大）时，直线上升越快，积分控制作用越强。反之，T_{I} 越大（K_{I} 越小），直线上升越慢，积分作用越弱。若积分时间 T_{I} 为无穷大，就没有积分作用，成为纯比例控制器了。

3. 积分控制规律对过渡过程的影响

图 4-12 所示为在同样比例度下，积分时间 T_{I} 对过渡过程的影响。积分时间对过渡过程的影响具有两重性，积分时间过大或过小均不合适。T_{I} 过大，积分作用不明显，余差消除很慢，见曲线 3；T_{I} 过小，过渡过程振荡太剧烈，稳定程度降低，见曲线 1。曲线 2 过渡过程适宜。

比例积分控制器的主要优点是能消除余差。但当对象滞后很大，负荷变化剧烈时，控制不能及时，控制时间较长，此时可增加微分作用。故此种控制适合于控制对象负荷变化不大，过程较缓慢，惯性不大，容量滞后小和工艺要求不允许有余差的场合。

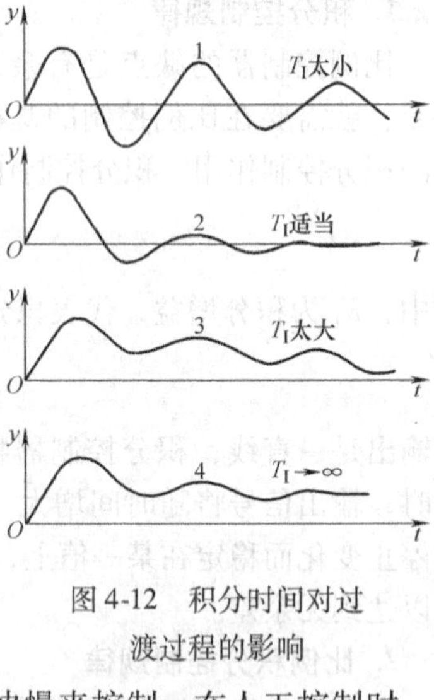

图 4-12　积分时间对过渡过程的影响

4.2.4　微分控制

1. 微分控制规律

对于惯性较大的对象，常常希望能根据被控变量变化的快慢来控制，在人工控制时，虽然偏差可能还小，但看到参数变化很快，估计很快就会有更大偏差，此时会过分地改变阀门开度以克服干扰影响，这就是按偏差变化速度进行控制。在自动控制时，这就要求控制器具有微分控制规律，即控制器的输出信号与偏差信号的变化速度成正比，即

$$p = T_{\mathrm{D}}\frac{\mathrm{d}e}{\mathrm{d}t} \tag{4-14}$$

式中，T_D 为微分时间；$\frac{de}{dt}$ 为偏差信号变化速度。

式（4-14）表示理想微分控制器的特性，若在 $t=t_0$ 时输入一个阶跃信号，则在 $t=t_0$ 时输出将为无穷大，其余时间输出为零，如图4-13所示。这种控制器作用在系统中，即使偏差很小，只要出现变化趋势，马上就进行控制，故有超前控制之称，这是微分控制器的优点。但是，它的输出不能反映偏差的大小，假如偏差固定，即使数值很大，微分作用也没有输出，因而控制结果不能消除偏差，所以不能单独使用这种控制器，它常与比例或比例积分组合构成比例微分或比例积分微分控制器。

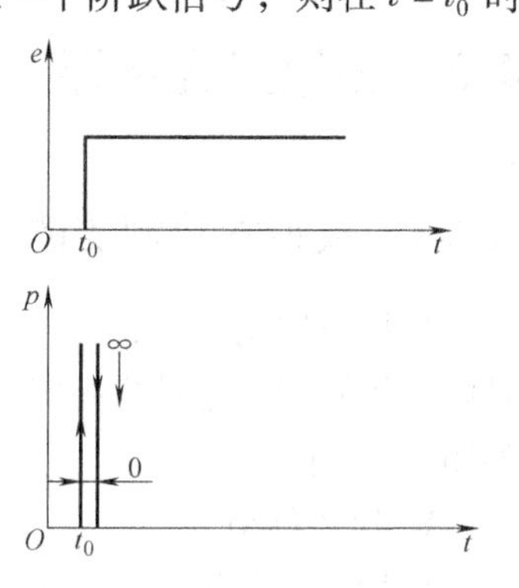

图4-13　理想微分控制器特性

2. 比例微分控制规律及其对过渡过程的影响

比例微分控制规律为

$$p = K_p\left(e + T_D \frac{de}{dt}\right) \tag{4-15}$$

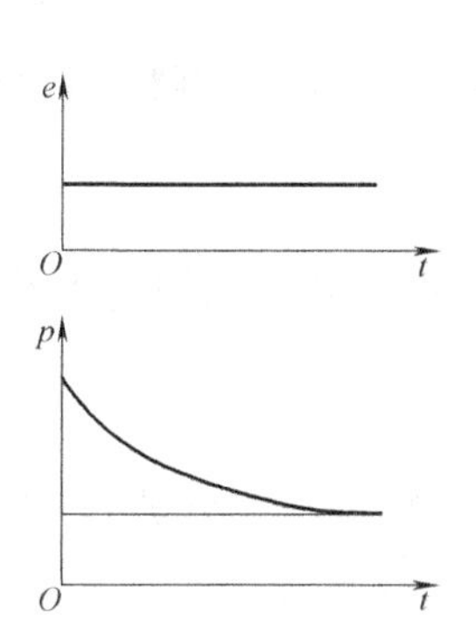

图4-14　比例微分控制器特性

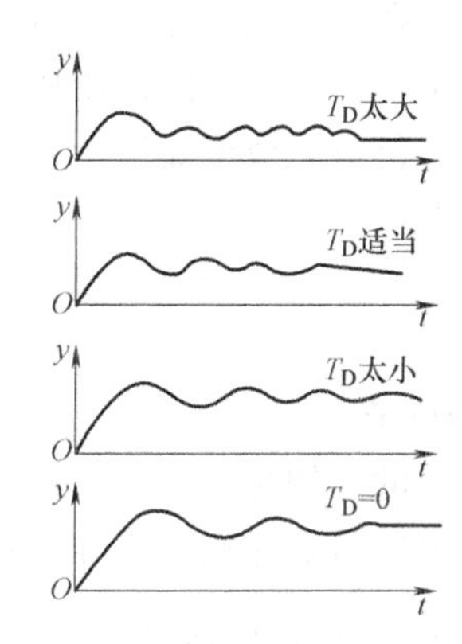

图4-15　微分时间对过渡过程的影响

其控制器特性如图4-14所示，微分时间 T_D 是表征微分控制作用强弱的一个重要参数。当微分时间 T_D 增大时，微分曲线下降慢，微分作用增强；反之，T_D 减小，微分曲线下降快，微分作用减弱，当 $T_D=0$ 时，无微分作用，比例微分控制器变为纯比例控制器。微分作用按偏差的变化速度进行控制，其作用比比例作用快，因而对惯性大的对象用微分控制可以改善控制质量，减小最大偏差，节省控制时间。微分时间对过渡过程的影响如图4-15所示，T_D 增大，微分作用加强，系统稳定性提高，表现为衰减比增大，过渡过程最大偏差减少，过渡时间减小。T_D 太大，微分作用太强，导致反应速度过快，引起系统振荡；引入微分作用以后，不能消除余差，但余差会有所减少，微分作用对纯滞后的对象不起作用。

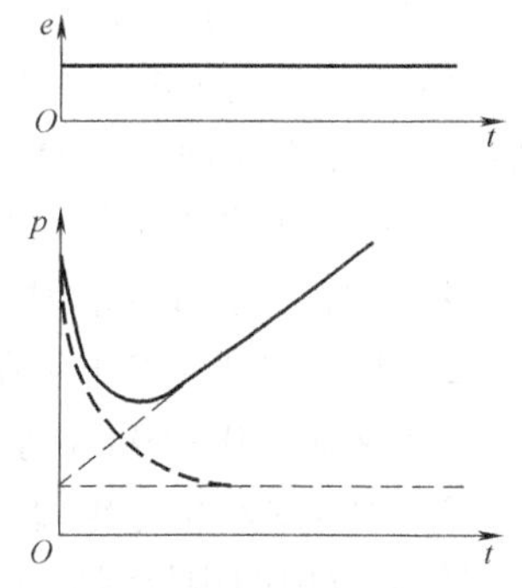

图4-16　比例积分微分（PID）控制器特性

3. 比例积分微分控制规律

比例积分微分控制规律为

$$p = K_p\left(e + \frac{1}{T_I}\int e\mathrm{d}t + T_D \frac{de}{dt}\right) \tag{4-16}$$

当有阶跃信号输入时，输出为比例、积分和微分3部分输出之和，如图4-16所示，PID控制器综合了各种控制规律的优点，取长补短，只要合理选择δ、T_1、T_D这3个参数，就能获得较高的控制质量。

4.3　模拟式控制器

4.3.1　模拟式控制器的基本结构

在模拟控制器中，所传送的信号形式为连续的模拟信号，目前应用的模拟式控制器主要是电动控制器。电动模拟式控制器由比较环节、放大器和反馈环节3部分组成，其基本结构如图4-17所示。

1. 比较环节

比较环节的作用是将给定信号与测量信号进行比较，产生一个与它们的偏差成比例的偏差信号。在电动控制器中，给定信号和测量信号都是电信号，因此比较环节都是在输入电路中进行电压或电流信号的比较。

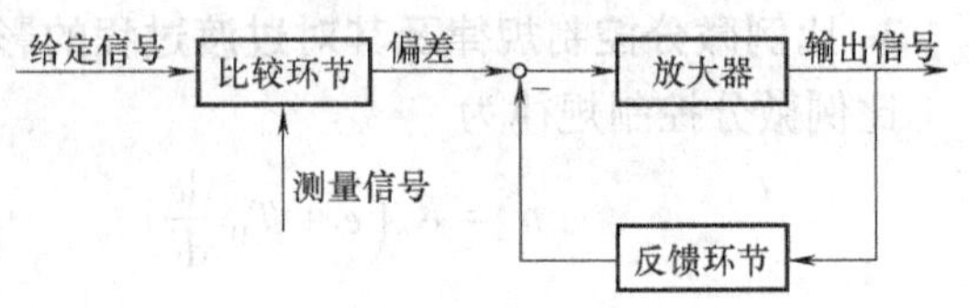

图4-17　模拟式控制器基本结构

2. 放大器

放大器实质上是一个稳态增益很大的比例环节。电动控制器中采用高增益的运算放大器。

3. 反馈环节

反馈环节的作用是通过正、负反馈来实现比例、积分、微分等控制规律。在电动控制器中，输出的电信号通过由电阻和电容构成的无源网络反馈到输入端。

4.3.2　DDZ-Ⅲ型电动单元控制器

在模拟式控制器中，有DDZ-Ⅱ型和DDZ-Ⅲ型电动单元控制器，目前较常见的是DDZ-Ⅲ型电动控制器，下面以此为例，简单介绍其特点及基本工作原理。

1. DDZ-Ⅲ型电动控制器特点

DDZ-Ⅲ型电动控制器采用集成电路和安全火花型防爆结构，提高了防爆等级、稳定性和可靠性，适应了大型化工厂、炼油厂的要求，具体有以下特点。

（1）采用国际电工委员会（IEC）推荐的标准信号，现场传输信号为DC 4～20mA，控制室联络信号为DC 1～5V，信号电流与电压的转换电阻为250Ω，这种信号制的优势如下：

1）电气零点不是从零开始，且不与机械零点重合，这不但利用了晶体管的线性段，而且容易识别断电、断线等故障。

2）只要改变转换电阻阻值，控制室仪表便可接收其他1∶5的电流信号。例如，将DC 1～5mA或DC 10～50mA等电流信号转换为DC 1～5V电压信号。

3）因为最小信号电流不为零，为现场变送器实现两线制创造了条件。现场变送器与控制室仪表仅用两根导线联系，既节省了电缆线和安装费用，还有利于安全防爆。

（2）采用集成电路，可靠性提高，维修工作量减少，为仪表带来了如下优点：

1）由于集成运算放大器均为差分放大器，且输入对称性好，漂移小，仪表的稳定性得到提高。

2）由于集成运算放大器高增益，开环放大倍数很高，使仪表的精度得到提高。

3）由于采用了集成电路，焊点少，强度高，大大提高了仪表的可靠性。

（3）DDZ-Ⅲ型仪表统一由电源箱供给DC 24V电源，并有蓄电池作为备用电源。这种供电方式的好处是：

1）各单元省掉了电源变压器，没有工频电源进入单元仪表，既解决了仪表发热问题，又为仪表的防爆提供了有利条件。

2）在工频电源停电时备用电源投入，整套仪表在一定时间内仍可照常工作，继续进行监视控制作用，有利于安全停车。

（4）结构合理，与DDZ-Ⅱ型单元组合仪表相比有许多先进之处。

1）DDZ-Ⅲ基型控制器有全刻度指示控制器和偏差指示控制器两个品种，指示表头为100mm刻度纵形大表头，指示醒目，便于监视操作。

2）自动、手动的切换以无平衡、无扰动的方式进行，并有硬手动和软手动两种方式。面板上设有手动操作插孔，可和便携式手动操作器配合使用。

3）结构形式适于单独安装和高密度安装。

4）有内给定和外给定两种给定方式，并设有外给定指示灯，能与计算机配套使用，可组成SPC系统实现计算机监督控制，也可组成DDC的备用系统。

（5）整套仪表可构成安全火花型防爆系统。

DDZ-Ⅲ仪表在设计上是按照国家防爆规程设计的，在工艺上对容易脱落的元件、部件都进行了胶封，增加了安全单元——安全栅，实现了控制室与危险场所之间的能量限制与隔离，使电动仪表在石油化工企业中应用的安全性及可靠性有了显著提高。

2. DDZ-Ⅲ型电动控制器的组成与操作

DDZ-Ⅲ型电动控制器有两个基型品种：全刻度指示和偏差指示，它们的结构和电路相同，仅指示电路有些差异。这两种基型调节器均具有一般控制器应具有的对偏差进行PID运算、偏差指示、正反作用选择、内外给定切换、产生内给定信号、手动/自动双向切换和阀位显示等功能。为了满足各种复杂控制系统的要求，还有各种特殊控制器，例如断续控制器、自整定控制器、前馈控制器、非线性控制器等，特殊控制器是在基型控制器功能基础上的扩展，是在基型控制器中附加各种单元而构成的变型控制器。下面以全刻度指示灯基型控制器为例，来说明DDZ-Ⅲ型电动控制器的组成及操作。

DDZ-Ⅲ型电动控制器主要由输入电路、给定电路、PID运算电路、自动与手动（包括硬手动和软手动两种）切换电路、输出电路及指示电路等组成，其结构框图如图4-18所示。

在图4-18中，控制器接收变送器送来的测量信号（DC 4～20mA或DC 1～5V），在输入电路中与给定信号进行比较，得出偏差信号，然后在PD、PI电路中对偏差进行PID运算，最后由输出电路转换为DC 4～20mA输出。

控制器的给定值可由“内给定”或“外给定”两种方式取得，用切换开关S_6进行选择。当控制器工作于“内给定”方式时，给定电压DC 1～5V由控制器内部的高精度稳压电源取得。当控制器需要由计算机或另外的控制器供给给定信号时，开关S_6切换到“外给定”位置上，由外来的DC 4～20mA通过250Ω精密电阻产生DC 1～5V的给定电压。控制器的工作状态有“自动”、“软手操”、“硬手操”和“保持”4种，“自动”、“软手操”、“硬手

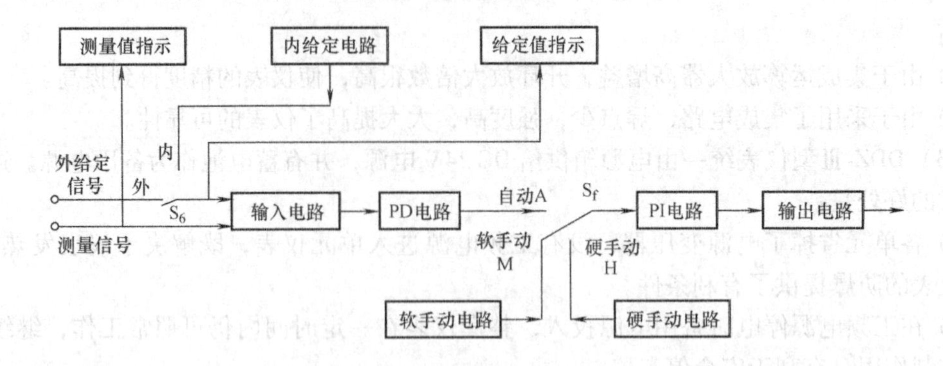

图 4-18 DDZ-Ⅲ型控制器结构框图

操”工作状态的切换由开关 S_f 进行切换。

图 4-19 所示为一种全刻度指示调节器（DTL-3110）的正面图，它的正面表盘上装有两个指示表头，其中一个双针垂直指示器 2 有两个指针，红针为测量指针，黑针为给定信号指针，它们可以分别指示测量信号和给定信号。偏差的大小可以根据两个指示值之差读出。当仪表处于“内给定”状态时，给定信号是由拨动内给定设定轮 3 给出的，其值由指针显示出来。当使用外给定时，仪表右上方的外给定指示灯 7 会亮，提醒操作人员以免误用内给定设定轮。输出指示器 4 可以显示控制器输出信号的大小，输出指示表下面有表示阀门安全开度的输出记录指示 9，X 表示关闭，S 表示打开。11 为输入检测插孔，当调节器发生故障需要把调节器从壳体中卸下时，可把便携式操作器的输出插头插入调节器下部的手动输出插孔 12 内，可以代替调节器进行手动操作。

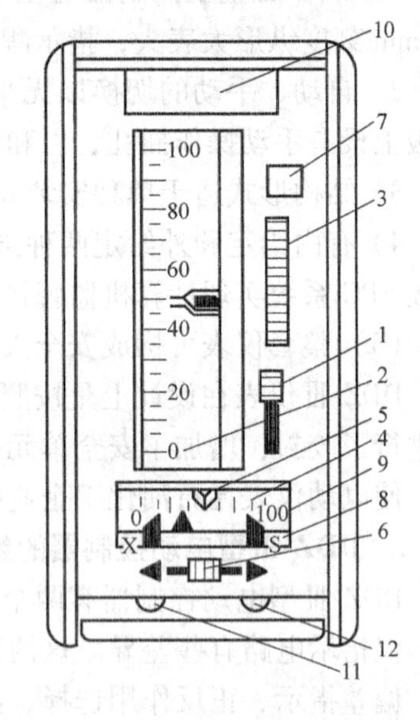

图 4-19 DTL-3110 型调节器正面图

1—自动-软手动-硬手动切换开关 2—双针垂直指示器 3—内给定设定轮 4—输出指示器 5—硬手动操作杆 6—软手动操作板键 7—外给定指示灯 8—阀位指示器 9—输出记录指示 10—位号牌 11—输入检测插孔 12—手动输出插孔

在控制系统投运过程中，一般总是先手动控制，待工况正常后，再切换到自动。当系统运行中出现异常时，往往又需要从自动切向手动。在切换的瞬间，应当保持控制器的输出不变，这样才能使执行器的位置在切换过程中不至于突变，不会对生产过程引起附加的扰动，这称为无扰动切换。

在 DTL-3110 调节器中，手动工作状态安排比较细致，有硬手动和软手动两种情况，若在软手动状态，并同时按下软手动操作板键 6，调节器的输出便随时间按一定的速度增加或减小；若手离开操作板键则当时的信号值就被保持，这种“保持”状态特别适宜于处理紧急事故。当切换到硬手动状态时，调节器的输出量大小完全取决于硬手动操作杆 5 的位置，即对应于此操作杆在输出指示器刻度上的位置，就得到相应的输出。通常都是用软手动操作板键进行手动操作，这样控制比较平稳精细，只有当需要给出恒定不变的操作信号（例如，阀的开度要求长时间不变）或者在紧急时要立即控制到安全开度等情况，才使用硬手动操作。

该调节器在手自动切换时，"自动"⟷"软手动"切换是双向无平衡无扰动；"硬手动"⟶"软手动"切换是无平衡无扰动；"硬手动"⟶"自动"切换是无平衡无扰动；"软手动"⟶"硬手动"切换是预平衡无扰动；"自动"⟶"硬手动"切换是预平衡无扰动，也就是说从"软手动"或"自动"切换到"硬手动"，必须预先调整硬手动操作杆，使操作杆与输出对齐，然后才能切换到"硬手动"，达到无扰动切换。

在调节器中还设有正、反作用切换开关，位于调节器的右侧面，把调节器从壳体中拉出时即可看到。正作用即当调节器的测量信号增大（或给定信号减小）时，其输出信号随之增大；反作用则是当调节器的测量信号增大（或给定信号减小）时，其输出信号随之减小。调节器的正、反作用的选择是根据工艺要求而定的，目的是为了构成一个负反馈控制系统。

4.4 数字式控制器

数字式控制器与模拟式控制器构成原理和所用器件有很大的差别，模拟式控制器采用模拟技术，以运算放大器等模拟电子器件为基本部件；而数字式控制器采用数字技术，以微处理器为核心部件，尽管两者具有根本的差别，但从仪表总的功能和输入输出关系来看，由于数字式控制器备有模-数和数-模转换，因此两者并无外在的明显差异。数字式控制器在外观、体积、信号制上都与DDZ-Ⅲ模拟控制器相似或一致。

4.4.1 数字式控制器的主要特点

1. 实现了模拟仪表与计算机一体化

将CPU引入控制器，使其功能得到了很大的增强，提高了性价比。同时考虑到人们长期以来的习惯，数字控制器在外形结构、面板布置、操作方式等方面保留了模拟调节器的特征。

2. 具有丰富的运算控制功能

数字控制器具有比模拟调节器更丰富的运算控制功能，一台数字控制器既可以实现简单PID控制，也可以实现串级控制、前馈控制、变增益控制和史密斯补偿控制；既可以进行连续控制，也可以进行采样控制、选择性控制和非线性控制等。此外，数字式控制器还可以对输入信号进行处理，如线性化、数据滤波、标度变换、逻辑运算等。

3. 通过软件实现所需功能

数字控制器的运算控制功能是通过软件实现的。在可编程调节器中，软件系统提供了各种功能模块，用户选择所需的功能模块，通过编程将它们连接在一起，构成用户程序，便可实现所需的运算与控制功能。

4. 具有通信功能，便于系统扩展

数字式控制器除了用于代替模拟调节器构成独立的控制系统之外，还可以与上位计算机一起组成DCS控制系统。数字控制器与上位计算机之间实现串行双向的数字通信，可以将手动、自动状态、PID参数及输入/输出值等信息送到上位计算机，必要时上位计算机也可对控制器施加干预，如工作状态的变更，参数的修改等。

5. 可靠性高，维护方便

在硬件方面，一台数字式控制器可以替代数台模拟仪表，同时控制器所用硬件高度集成化，可靠性高。在软件方面，数字式控制器的控制功能主要通过模块软件组态来实现，具有多种故障的自诊断功能，能及时发现故障并采取保护措施。

4.4.2　数字式控制器的基本构成

模拟式控制器是由模拟元器件构成的，它的功能也完全由硬件构成形式所决定，因此其控制功能比较单一，而数字式控制器由硬件电路和软件两部分组成，其控制功能主要是由软件所决定，因此可以实现多种不同控制功能。

1. 数字式控制器的硬件电路

数字式控制器的硬件电路主要由主机电路、过程输入通道、过程输出通道、人机接口电路以及通信接口电路等部分组成，其构成框图如图 4-20 所示。

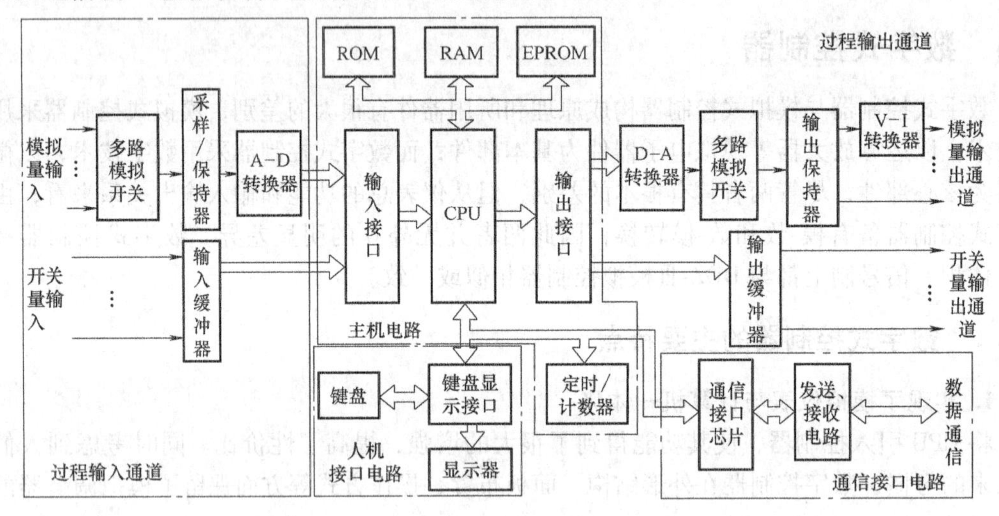

图 4-20　数字式控制器的硬件电路

（1）主机电路

主机电路是数字式控制器的核心，用于实现仪表数据运算处理及各组成部分之间的管理。主机电路由微处理器（CPU）、只读存储器（ROM、EPROM）、随机存储器（RAM）、定时/计数器（CTC）以及输入、输出接口（I/O 接口）等组成。

ROM 存放系统程序，EPROM 存放用户自行编制的用户程序，RAM 存放输入数据、显示数据、运算的中间值、结果等；CTC 的定时功能用来确定控制器的采样周期，并产生串行通信接口所需要的时钟脉冲，计数功能主要用来对外部事件进行计数。

（2）过程输入通道

过程输入通道包括模拟量输入通道和开关量输入通道，模拟量输入通道用于连接模拟量输入信号，开关量输入通道用于连接开关量输入信号。通常，数字式控制器都可以接收几个模拟量输入信号和几个开关量输入信号。

1）模拟量输入通道。模拟量输入通道将多个模拟量输入信号分别转换为 CPU 能接受的数字量。它包括多路模拟开关、采样/保持器和 A-D 转换器，如果控制器输入的是低电平信号，还需要信号放大电路，将信号放大到 A-D 转换器所需要的信号电平。

多路模拟开关将多个模拟量输入信号分别连接到采样/保持器，它一般采用固态模拟开关，其速度可达 10^5 点/s。

采样/保持器具有暂时存储模拟输入信号的作用。它在某一特定时刻采入一个模拟信号值，并把该值保持一段时间，以供 A-D 转换器转换。如果输入信号变化缓慢，多路模拟开关的输出可直接送到 A-D 转换器，而不必使用采样/保持器。

A-D 转换器的作用是将模拟信号转换为相应的数字量，常用的 A-D 转换器有逐位比较型、双积分型和 V/F 转换型等几种。这几种转换器的转换精度都比较高，基本误差约为 0.01% ~0.5%。逐位比较型 A-D 转换器的转换速度最快，一般在 10^4 次/s 以上，缺点是抗干扰能力差；其余两种 A-D 转换器的转换速度较慢，通常在 100 次/s 以下，但它们的抗干扰能力较强。

2）开关量输入通道。开关量输入通道将多个开关输入信号转换为多个被计算机识别的数字信号。开关量指的是在控制系统中电接点的通与断，或者逻辑电平的“1”和“0”这两类状态的信号。例如各种按钮、接近开关、液（料）位开关、继电器触点的接通与断开以及逻辑部件输出的高电平与低电平等，这些开关信号通过输入缓冲电路或者直接输入接口至主机电路。

为了抑制来自现场的干扰，开关量输入通道常采用光耦合器件作为输入电路进行隔离传输，使通道的输入与输出信号电气上互相隔离，彼此间无公共连接点，因而具有抗共模干扰的能力。

（3）过程输出通道

过程输出通道包括模拟量输出通道和开关量输出通道。模拟量输出通道用于输出模拟量信号，开关量输出通道用于输出开关量信号。通常，数字式控制器都具有几个模拟量输出信号和几个开关量输出信号。

1）模拟量输出通道。模拟量输出通道依次将多个运算处理后的数字信号进行 D-A 转换，并经多路模拟开关送入输出保持电路暂存，以便分别输出模拟电压（1 ~5V）或电流（4 ~20mA）信号，该通道包括 D-A 转换器、多路模拟开关、输出保持电路和 V-I 转换器。D-A 转换器起数/模转换作用；V-I 转换器的作用是将 1 ~5V 的模拟电压信号转换成 4 ~20mA 直流电流信号，其作用与 DDZ-Ⅲ型调节器的输出电路类似。

2）开关量输出通道。开关量输出通道通过锁存器输出开关量（包括数字、脉冲量）信号，以便控制继电器触点和无触点开关的接通和释放，也可控制步进电动机的运转。

同开关量输入通道一样，开关量输出通道也常用光耦合器件作为输出电路进行隔离传输，以免受到现场干扰的影响。

（4）人/机联系部件

人/机联系部件一般置于控制器的正面和侧面。正面板的布置类似于模拟式控制器，有测量值和给定值显示器、输出电流显示器、运行状态（自动、串级、手动）切换按钮、给定值增/减按钮和手动操作按钮等，还有一些状态显示灯。侧面板有设置和指示各种参数的键盘、显示器。

显示器常使用固体器件显示器，如发光二极管、荧光管和液晶显示器等。液晶显示器既可以显示图形，也可显示数字。固体器件显示器的优点是无可动部件，可靠性高，但价格较贵。

在有些控制器中附带后备手操器，当控制器发生故障时，可用手操器来改变输出电流，进行遥控操作。

(5) 通信接口电路

通信接口电路包括通信接口芯片和发送、接收电路等。通信接口将欲发送的数据转换成标准通信格式的数字信号，经发送电路送至通信线路（数据通道）上；同时通过接收电路接收来自通信线路的数字信号，将其转换成能被计算机接收的数据。

通信接口有并行和串行两种，分别用来进行并行传送和串行传送数据。并行传送数据的优点是传送数据传输效率高，适用于短距离传输，缺点是需要较多的电缆，成本较高；串行传送数据的优点是所用电缆少，成本低，适用于较远距离传输，缺点是其数据传输速率比并行传送的低。可编程调节器大多采用串行传送方式。

2. 数字式控制器的软件

数字式控制器的软件分为系统程序和用户程序两大部分。

(1) 系统程序

系统程序是控制器软件的主体部分，通常由监控程序和功能模块两部分组成。

1）监控程序。监控程序使调节器各硬件电路能正常工作并实现所规定的功能，同时完成各组成部分之间的管理。其主要完成的任务有以下几种。

系统初始化：对硬件电路的可编程器件（例如 I/O 接口、定时/计数器）进行初值设置等。

中断管理：识别不同的中断源，比较它们的优先级，以便做出相应的中断处理。

自诊断处理：实时检测控制器各硬件电路是否正常，如果发生异常，则显示故障代码、发出报警或进行相应的故障处理。

键处理：根据识别的键码，建立键服务标志，以便执行相应的键服务程序。

定时处理：实现控制器的定时（或计数）功能，确定采样周期，并产生时序控制所需要的时基信号。

通信处理：按一定的通信规程完成与外界的数据交换。

掉电处理：用于处理“掉电事故”，当供电电压低于规定值时，CPU 立即停止数据更新，并将各种状态、参数和有关信息存储起来，以备复电后控制器能照常运行。

运行状态控制：判断控制器操作按钮的状态和故障情况，以便进行手动、自动或其他控制。

2）功能模块。用户可以选择所需要的功能模块以构成用户程序，使调节器实现用户所规定的功能。调节器提供的功能模块主要有以下几种。

数据传送：模拟量和数字量的输入和输出。

PID 运算：通常都有两个 PID 运算模块，以实现复杂的控制功能。

四则运算：加、减、乘、除运算。

逻辑运算：逻辑与、或、非、异或等运算。

开平方运算。

取绝对值运算。

脉冲输入计数与积算脉冲输出。

高值选择和低值选择。

上限幅和下限幅。

折线逼近法函数运算：实现函数曲线的线性化处理。

一阶惯性滞后处理：完成输入信号的滤波处理或用作补偿环节。

纯滞后处理。

移动平均值运算：从设定的时间到现在的平均值。

控制方式切换：手动、自动、串级等方式的切换。

以上为可编程调节器系统所包含的基本功能，不同的控制器，其具体用途和硬件结构不完全一样，因而它们所包含的功能在内容和数量上是有差异的。

（2）用户程序

用户程序是用户根据控制系统的要求，在系统程序中选择所需要的功能模块，并将它们按一定的规则连接起来的结果。作用是使调节器完成预定的控制与运算功能。用户程序的编制过程也称为“组态”。

用户程序的编程通常采用面向过程语言（Procedure-Oriented Language，POL）。各种可编程调节器一般都有自己专用的POL，但无论何种POL，均具有容易掌握、程序设计简单、软件结构紧凑、便于调试和维修等特点。

3. XMGA5000/XMGA6000系列数字控制器

XMGA5000/XMGA6000系列高级PID调节器具有4个模拟量输入，2个模拟量输出，1个开关量输入、3个开关量输出和先进的专家自整定PID控制算法，适合于温度、压力、液位、流量等工业过程参数测量、显示和精确控制。

（1）功能特点

XMGA5000/XMGA6000控制器工作原理框图如图4-21所示，功能特点如下。

1）4个模拟量输入（AI）。IN1是被控过程参数的测量反馈输入端，可接收各种热电阻、热电偶、标准信号等任一输入信号，信号之间分度号可切换，即设即用。

IN2是前馈控制输入（XMGA6000）或辅助输入端（XMGA5000），可接收各种热电阻、热电偶、标准信号等任一输入信号，信号之间分度号可切换，即设即用。XMGA5000无前馈控制，IN2为辅助输入端，只显示，不参与控制。XMGA6000带前馈控制，IN2为前馈加法控制输入端。

IN3可接收0~10mA/4~20mA/0~5V/1~5V等任一标准信号，输入信号之间可按键切换，即设即用。可用于带后备操作器时阀位反馈信号输入端，与DI1配合实现后备操作器手动/自动无扰切换。也可用于两台调节器串级控制时，后级（副回路）调节器变送输出（OUT1）的反馈输入端与DI1配合实现后级（副回路）手动/自动无扰切换。

IN4是外给定（RSP）信号输入端，可接受0~10mA/4~20mA/0~5V/1~5V等任一标准信号，以上分度号之间可切换，即设即用。

2）两个模拟量输出（AO）。OUT为PID调节控制输出端，0~10mA/4~20mA/0~5V/1~5V输出可选。

OUT1可作为IN1的变送输出端（用于串级控制或带记录仪），也可作为PID调节（加热制冷）双重控制输出中-100%~0的控制输出端，0~10mA/4~20mA/0~5V/1~5V输出可选。

3）1个开关量输入（DI）。DI1用于后备操作器手动状态信号输入端（闭合时为手动），与IN3配合实现后备操作器手动/自动无扰切换。也可用于两台调节器串级控制时，后级（副回路）手动状态信号输入端，与IN3配合实现后级（副回路）调节器手动/自动无扰切换。

4）3个继电器输出（DO）。DO1、DO2为IN1值的报警输出，其上、下限报警方式可设定，继电器动作时，输出触点闭合。

DO3 是手动控制状态输出端，当调节器为手动控制时，继电器动作，输出触点闭合。主要用于串级控制时，副回路（内环）手动/自动无扰切换。

5）PID 控制给定值。本机给定（LSP）和远程给定（RSP）无扰切换，自动加偏置补偿，本机控制给定值可按键直接设定，也可以加密码锁定，不允许修改。

6）PID 参数专家自整定。独特的专家自整定 PID 算法，使之能自动适应各种工业现场，自整定成功率达 95% 以上。

7）双数字、双光柱显示。

8）可带 RS485 隔离通信接口。

9）XMGA5000/XMGA6000 可单独使用，也可与后备操作器配合使用，单独使用时可实现本机手动/自动输入无扰切换；与后备操作器配合使用时，还可实现后备操作器手动/自动无扰切换。

（2）面板操作

XMGA5000/XMGA6000 的外形图如图 4-22 所示，具体面板介绍见表 4-1。

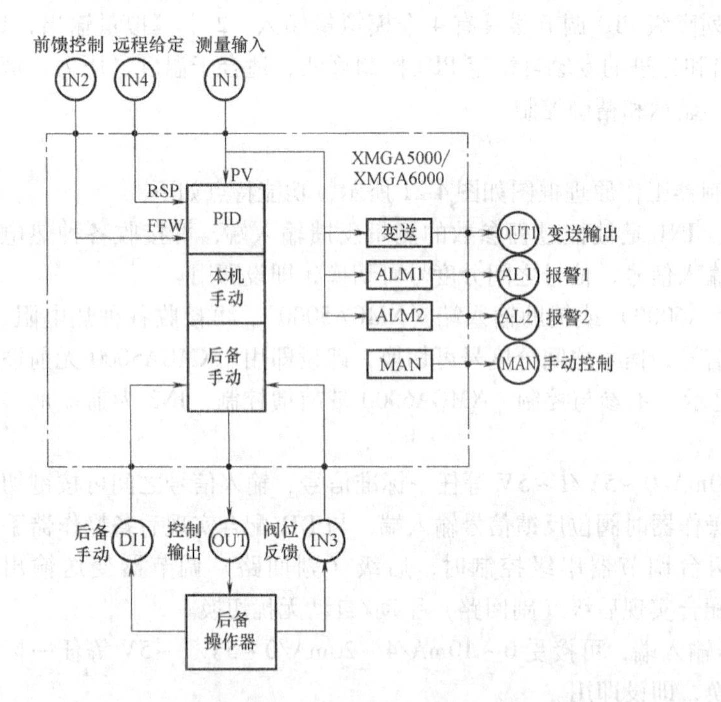

图 4-21 XMGA5000/XMGA6000 控制器工作原理框图

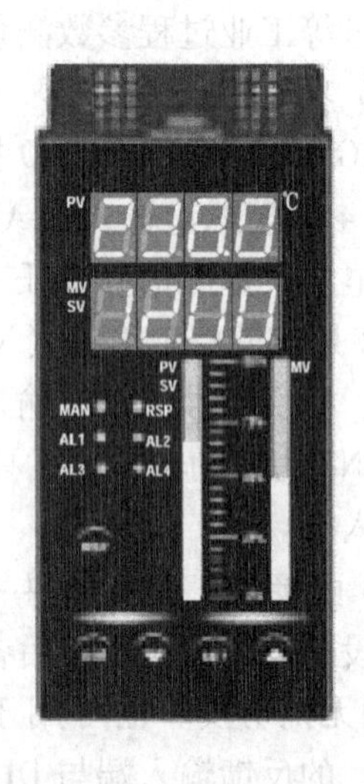

图 4-22 XMGA5000/XMGA6000 的外形图

操作总框图如图 4-23 所示，图中△、S、▽分别代表面板上△、SET、▽键，方框中符号为仪表 LED 显示符号。完成上锁/解锁操作、控制参数 PID 设定、报警参数设定、量程设置、冷端去除、通信参数设置等操作，详细操作阅读产品使用说明书。

（3）应用举例

该控制器除了能构成单回路控制外，还可以构成串级控制系统，如图 4-24 所示。图 4-25 所示为锅炉三冲量串级控制系统接线图，XMGA6000 为主控制器，XMGA5000 为副控制器，DFDA5000 或 DFQA5000 为后备手动操作器。

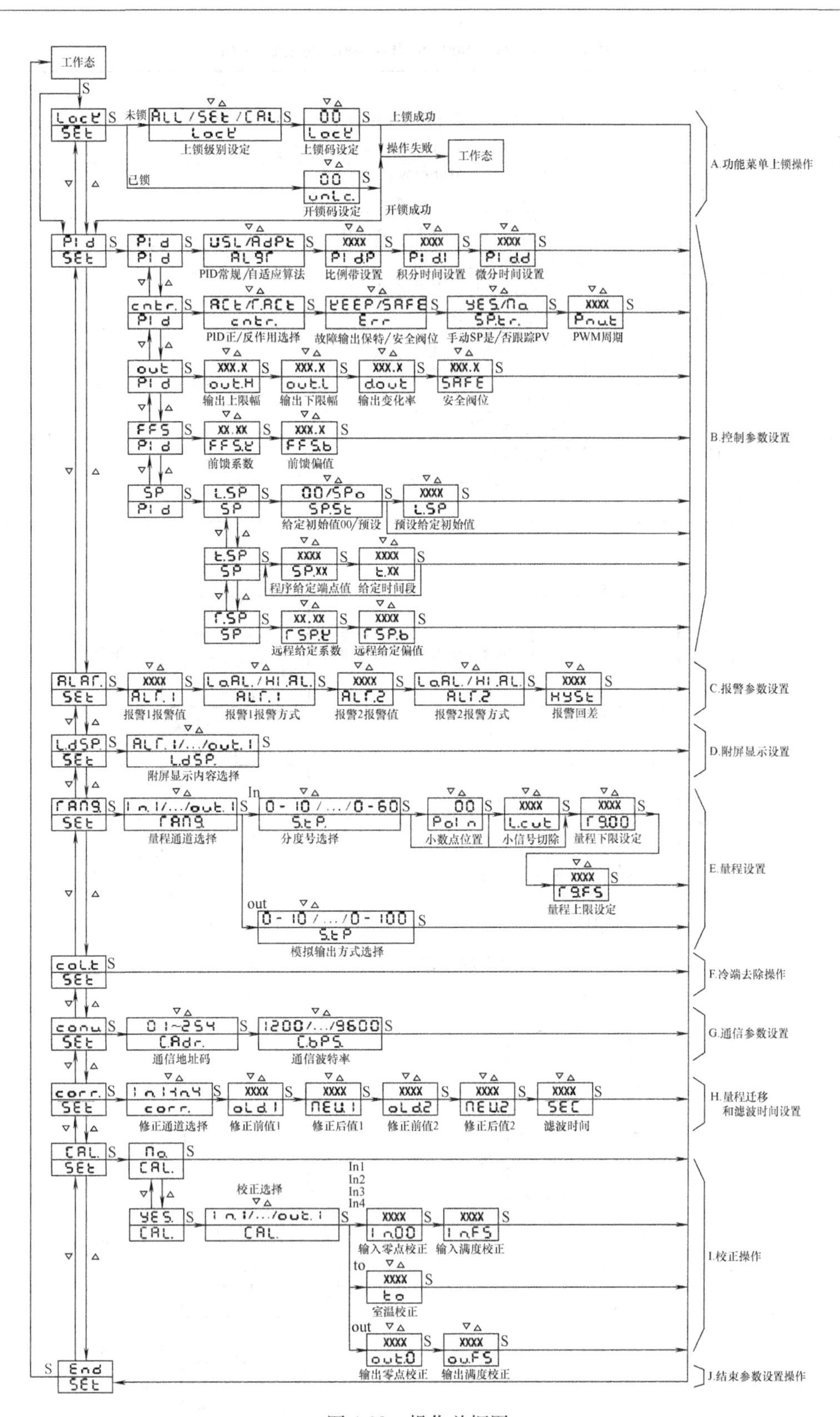
工作态
未锁
上锁级别设定
上锁码设定
上锁成功
操作失败
工作态
已锁
开锁码设定
开锁成功
A.功能菜单上锁操作
PID常规/自适应算法
比例带设置
积分时间设置
微分时间设置
PID正/反作用选择
故障输出保持/安全阀位
手动SP是/否跟踪PV
PWM周期
输出上限幅
输出下限幅
输出变化率
安全阀位
前馈系数
前馈偏值
给定初始值00/预设
预设给定初始值
程序给定端点值
给定时间段
远程给定系数
远程给定偏值
B.控制参数设置
报警1报警值
报警1报警方式
报警2报警值
报警2报警方式
报警回差
C.报警参数设置
附屏显示内容选择
D.附屏显示设置
量程通道选择
分度号选择
小数点位置
小信号切除
量程下限设定
量程上限设定
模拟输出方式选择
E.量程设置
F.冷端去除操作
通信地址码
通信波特率
G.通信参数设置
修正通道选择
修正前值1
修正后值1
修正前值2
修正后值2
滤波时间
H.量程迁移
和滤波时间设置
校正选择
输入零点校正
输入满度校正
室温校正
输出零点校正
输出满度校正
I.校正操作
J.结束参数设置操作

图4-23 操作总框图

表 4-1 XMGA5000/XMGA6000 的面板介绍

名 称		内 容
显示屏	上显示屏	正常状态显示输入工程量或输入信号故障状态给定值 参数设定时显示被设定参数或被设定参数值
	下显示屏	工作状态下显示附屏设置内容 参数设置状态下显示参数提示信息
操作键	∇	变更参数设定时，用于减少数值
	SET	参数设定确认键
	△	变更参数设定时，用于增加数值
	A/M	用于手动/自动切换
	RSP	用于本机/远程给定切换
指示灯	AL1	低报（ALR. 1）指示灯
	AL2	高报（ALR. 2）指示灯
	RSP	远程给定指示灯
	MAN	手动状态指示灯
	左边光柱	显示过程值 PV 和 PID 给定值 SP（闪亮点指示）
	右边光柱	显示输出值 MV

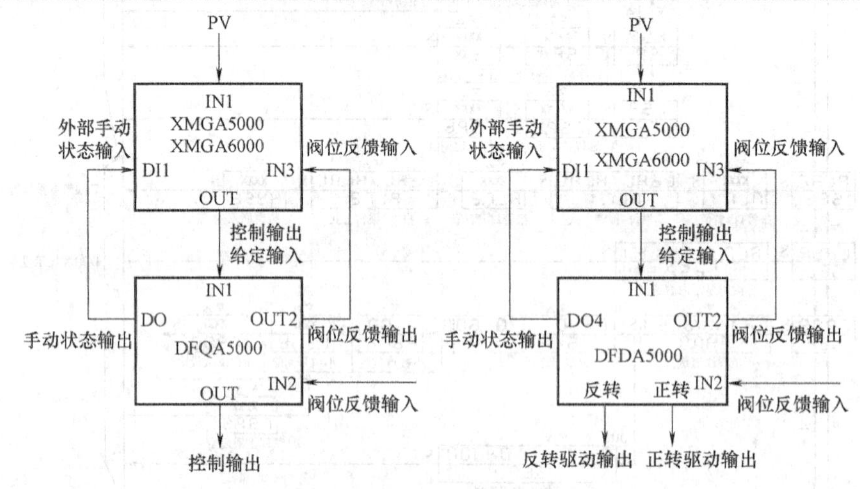

图 4-24 串级控制构成

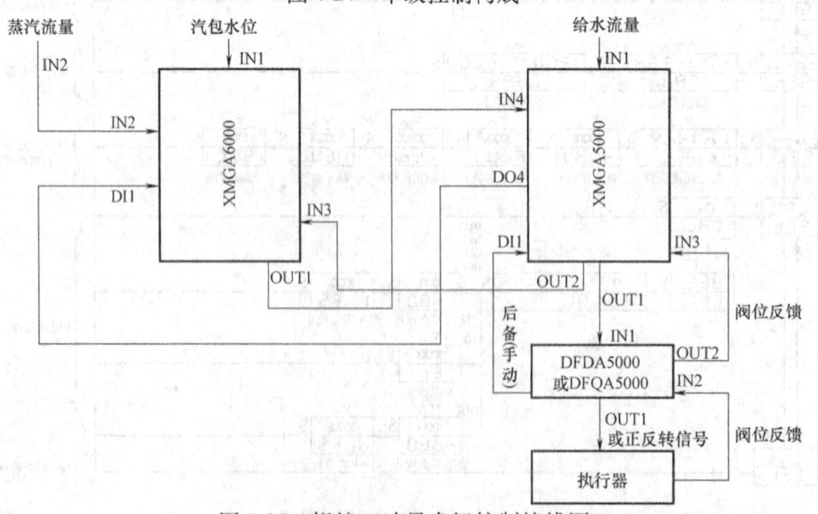

图 4-25 锅炉三冲量串级控制接线图

4.5 可编程序控制器

4.5.1 概述

可编程序控制器是在继电器控制和计算机控制的基础上开发出来的，并逐渐发展成以微处理器为核心，把自动化技术、计算机技术和通信技术融为一体的新型工业自动控制装置。目前广泛地应用于各种生产机械和生产过程的自动控制中，成为一种最重要、最普及、应用场合最多的工业控制装置，被公认为现代工业自动化的三大支柱（PLC、机器人、CAD/CAM）之一。

早期的可编程序控制器在功能上只能进行逻辑控制，因此被称为可编程序逻辑控制器(Programmable Logic Controller，PLC)。随着科学技术的发展，采用微处理器来作为可编程序控制器的中央处理单元（CPU），从而扩大了控制器的功能，它不仅可以进行逻辑控制，而且还可以对模拟量进行控制，因此美国电气制造商协会（National Electrical Manufactures Association，NEMA）于1980年将它正式命名为可编程序控制器（Programmable Controller，PC）。而PC是个人计算机（Personal Computer）的专称，为了区别，现在常把可编程序控制器称为PLC。

1. 分类

PLC产品种类繁多，其规格和性能也各不相同。对PLC的分类，通常根据其结构形式的不同、功能的差异和I/O点数的多少等进行分类。

（1）按I/O点数分类

根据PLC的I/O点数的多少，可将PLC分为小型、中型和大型三类。

1）小型PLC。I/O点数为256点以下的为小型PLC。其中，I/O点数小于64点的为超小型或微型PLC。如SIEMENS公司的S7-200系列（外形图见图4-26所示）、S5-100U，OMRON公司的CMP1A系列、CMP2A系列，三菱公司的FX2N、GE公司的GE-1系列等。

2）中型PLC。I/O点数为256点以上、2048点以下的为中型PLC。如SIEMENS公司的S7-300系列（外形见图4-27）、S5-115U，GE公司的GE-Ⅲ系列等。

3）大型PLC。I/O点数为2048以上的为大型PLC。其中，I/O点数超过8192点的为超大型PLC。如SIEMENS公司的S7-400系列、S5-155U，GE公司的GE-Ⅳ等。

图4-26 S7-200 PLC外形图

图4-27 S7-300 PLC外形图

（2）按结构形式分类

根据 PLC 的结构形式，可将 PLC 分为整体式和模块式两类。

1）整体式 PLC。整体式 PLC 是将电源、CPU、I/O 接口等部件都集中装在一个机箱内，具有结构紧凑、体积小、价格低的特点。小型 PLC 一般采用这种整体式结构。整体式 PLC 由不同 I/O 点数的基本单元（又称主机）和扩展单元组成。基本单元内有 CPU、I/O 接口、与 I/O 扩展单元相连的扩展口以及与编程器或 EPROM 写入器相连的接口等。扩展单元内只有 I/O 和电源等，没有 CPU。基本单元和扩展单元之间一般用扁平电缆连接。整体式 PLC 一般还可配备特殊功能单元，如模拟量单元、位置控制单元等，使其功能得以扩展。

2）模块式 PLC。模块式 PLC 是将 PLC 各组成部分，分别做成若干个单独的模块，如 CPU 模块、I/O 模块、电源模块（有的含在 CPU 模块中）以及各种功能模块。模块式 PLC 由框架或基板和各种模块组成。模块装在框架或基板的插座上。这种模块式 PLC 的特点是配置灵活，可根据需要选配不同规模的系统，而且装配方便，便于扩展和维修。大、中型 PLC 一般采用模块式结构。

还有一些 PLC 将整体式和模块式的特点结合起来，构成所谓叠装式 PLC。叠装式 PLC 其 CPU、电源、I/O 接口等也是各自独立的模块，它们之间是靠电缆进行连接，并且各模块可以一层层地叠装。这样，不但系统可以灵活配置，还可做得体积小巧。

（3）按功能分类

根据 PLC 所具有的功能不同，可将 PLC 分为低档、中档、高档三类。

1）低档 PLC 具有逻辑运算、定时、计数、移位以及自诊断、监控等基本功能，还有少量模拟量输入/输出、算术运算、数据传送和比较、通信等功能。主要用于逻辑控制、顺序控制或少量模拟量控制的单机控制系统。

2）中档 PLC 除具有低档 PLC 功能外，还具有较强的模拟量输入/输出、算术运算、数据传送和比较、数制转换、远程 I/O、子程序、通信联网等功能。有些还可增设中断控制、PID 控制等功能，适用于复杂控制系统。

3）高档 PLC 除具有中档 PLC 的功能外，还增加了带符号算术运算、矩阵运算、位逻辑运算、二次方根运算及其他特殊功能函数的运算、制表及表格传送功能等。高档 PLC 具有更强的通信联网功能，可用于大规模过程控制或构成分布式网络控制系统，实现工厂自动化。

在实际中，一般 PLC 功能的强弱与其 I/O 点数的多少是相互关联的，即 PLC 的功能越强，其可配置的 I/O 点数越多。因此，通常所说的小型、中型、大型 PLC，除指其 I/O 点数不同外，同时也表示其对应功能为低档、中档、高档。

2. 特点

PLC 技术之所以高速发展，除了工业自动化的客观需要外，主要是因为它具有许多独特的优点。它较好地解决了工业控制领域中普遍关心的可靠、安全、灵活、方便、经济等问题。PLC 技术主要有以下特点。

（1）可靠性高、抗干扰能力强

PLC 的平均无故障时间可达几十万小时，之所以有这么高的可靠性，是由于它采用了一系列的硬件和软件抗干扰措施。

1）硬件方面。I/O 通道采用光电隔离，有效地抑制了外部干扰源对 PLC 的影响；对供电电源及电路采用多种形式的滤波，从而消除或抑制了高频干扰；对 CPU 等重要部件采用良好的导电、导磁材料进行屏蔽，以减少空间电磁干扰；对有些模块设置了联锁保护、自诊断电路等。

2）软件方面。PLC 采用扫描工作方式，减少了由于外界环境干扰引起的故障；在 PLC 系统程序中设有故障检测和自诊断程序，能对系统硬件电路等故障实现检测和判断；当由外界干扰引起故障时，能立即将当前重要信息加以封存，禁止任何不稳定的读写操作，一旦外界环境正常后，便可恢复到故障发生前的状态，继续原来的工作。

（2）编程简单、使用方便

目前，大多数 PLC 采用的编程语言是梯形图语言，它是一种面向生产、面向用户的编程语言。梯形图与电器控制电路图相似，形象、直观，不需要掌握计算机知识，很容易让广大工程技术人员掌握。当生产流程需要改变时，可以现场改变程序，使用方便、灵活。同时，PLC 编程器的操作和使用也很简单，这也是 PLC 获得普及和推广的主要原因之一。许多 PLC 还针对具体问题，设计了各种专用编程指令及编程方法，进一步简化了编程。

（3）功能完善、通用性强

现代 PLC 不仅具有逻辑运算、定时、计数、顺序控制等功能，而且还具有 A-D 和 D-A 转换、数值运算、数据处理、PID 控制、通信联网等功能。此外，由于 PLC 产品的系列化、模块化，有品种齐全的硬件装置供用户选用，可以组成满足各种要求的控制系统。

（4）设计安装简单、维护方便

由于 PLC 用软件代替了传统电气控制系统的硬件，控制柜的设计、安装接线工作量大为减少。PLC 的用户程序大部分可在实验室进行模拟调试，缩短了应用设计和调试周期。在维修方面，由于 PLC 的故障率极低，维修工作量很小；此外，PLC 具有很强的自诊断功能，如果出现故障，可根据 PLC 上指示或编程器上提供的故障信息，迅速查明原因，维修方便。

（5）体积小、质量轻、能耗低

由于 PLC 采用了集成电路，其结构紧凑、体积小、能耗低，因此是实现机电一体化的理想控制设备。

4.5.2 可编程序控制器的基本组成

PLC 的硬件主要由中央处理器（CPU）、存储器、输入单元、输出单元、通信接口、扩展接口、电源等部分组成。其中，CPU 是 PLC 的核心，输入单元与输出单元是连接现场输入/输出设备与 CPU 之间的接口电路，通信接口用于与编程器、上位计算机等外设连接。

对于整体式 PLC，所有部件都装在同一机壳内，其组成框图如图 4-28 所示。对于模块式 PLC，各部件独立封装成模块，各模块通过总线连接，安装在机架或导轨上，其组成框图如图 4-29 所示。无论是哪种结构类型的 PLC，都可根据用户需要进行配置与组合。

尽管整体式与模块式 PLC 的结构不太一样，但各部分的功能作用是相同的，下面对 PLC 主要组成部分进行简单介绍。

1. 中央处理单元（CPU）

同一般的微机一样，CPU 是 PLC 的核心。PLC 中所配置的 CPU 随机型不同而不同，常用的有 3 类：通用微处理器（如 8086、80286 等）、单片微处理器（如 8031、8096 等）和位片式微处理器（如 AMD29W 等）。小型 PLC 大多采用 8 位通用微处理器和单片微处理器；

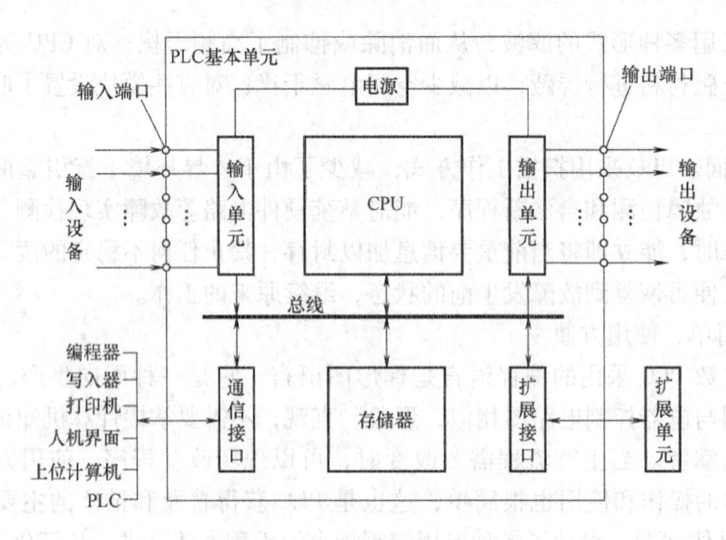

图 4-28　整体式 PLC 组成框图

中型 PLC 大多采用 16 位通用微处理器或单片微处理器；大型 PLC 大多采用高速位片式微处理器。

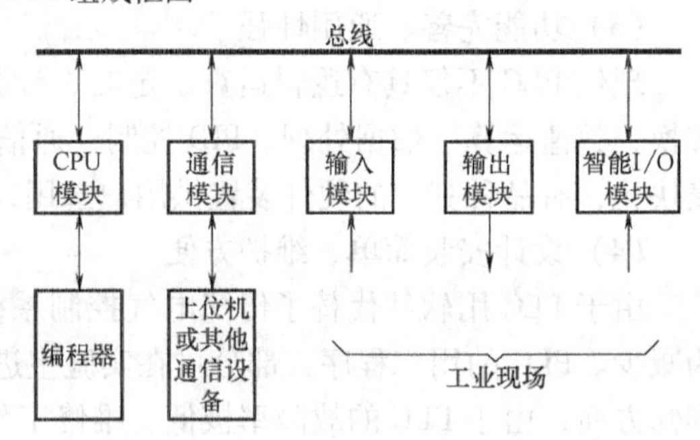

图 4-29　模块式 PLC 组成框图

目前，小型 PLC 为单 CPU 系统，而中、大型 PLC 则大多为双 CPU 系统，甚至有些 PLC 中多达 8 个 CPU。对于双 CPU 系统，一般一个为字处理器，采用 8 位或 16 位处理器；另一个为位处理器，采用由各厂家设计制造的专用芯片。字处理器为主处理器，用于执行编程器接口功能，监视内部定时器，监视扫描时间，处理字节指令以及对系统总线和位处理器进行控制等。位处理器为从处理器，主要用于处理位操作指令和实现 PLC 编程语言向机器语言的转换。位处理器采用各厂家设计制造的专用芯片，提高了 PLC 的速度，使 PLC 更好地满足实时控制要求。

在 PLC 中 CPU 按系统程序赋予的功能，指挥 PLC 有条不紊地进行工作，归纳起来主要有以下几个方面。

1）接收从编程器输入的用户程序和数据。

2）诊断电源、PLC 内部电路的工作故障和编程中的语法错误等。

3）通过输入接口接收现场的状态或数据，并存入输入映像寄存器或数据寄存器中。

4）从存储器逐条读取用户程序，经过解释后执行。

5）根据执行的结果，更新有关标志位的状态和输出映像寄存器的内容，通过输出单元实现输出控制，有些 PLC 还具有制表打印或数据通信等功能。

2. 存储器

存储器主要有两种：一种是可读/写操作的随机存储器 RAM，另一种是只读存储器 ROM、PROM、EPROM 和 EEPROM。在 PLC 中，存储器主要用于存放系统程序、用户程序及工作数据。

系统程序是由 PLC 的制造厂家编写的，和 PLC 的硬件组成有关，完成系统诊断、命令解释、功能子程序调用管理、逻辑运算、通信及各种参数设定等功能，提供 PLC 运行的平台。系统程序关系到 PLC 的性能，而且在 PLC 使用过程中不会变动，所以是由制造厂家直接固化在只读存储器 ROM、PROM 或 EPROM 中，用户不能访问和修改。

用户程序是随 PLC 的控制对象而定的，由用户根据对象生产工艺的控制要求而编制的应用程序。为了便于读出、检查和修改，用户程序一般存于 CMOS 静态 RAM 中，用锂电池作为后备电源，以保证掉电时不会丢失信息。为了防止干扰对 RAM 中程序的破坏，当用户程序经过运行正常，不需要改变，可将其固化在只读存储器 EPROM 中。现在有许多 PLC 直接采用 EEPROM 作为用户存储器。

工作数据是 PLC 运行过程中经常变化、经常存取的一些数据，存放在 RAM 中，以适应随机存取的要求。在 PLC 的工作数据存储器中，设有存放输入输出继电器、辅助继电器、定时器、计数器等逻辑器件的存储区，这些器件的状态都是由用户程序的初始设置和运行情况确定的。根据需要，部分数据在掉电时用后备电池维持其现有的状态，这部分在掉电时可保存数据的存储区域称为保持数据区。

由于系统程序及工作数据与用户无直接联系，所以在 PLC 产品样本或使用手册中所列存储器的形式及容量是指用户程序存储器。当 PLC 提供的用户存储器容量不够用时，许多 PLC 还提供有存储器扩展功能。

3. 输入/输出单元

输入/输出单元通常也称 I/O 单元或 I/O 模块，是 PLC 与工业生产现场之间的连接部件。PLC 通过输入接口可以检测被控对象的各种数据，以这些数据作为 PLC 对被控制对象进行控制的依据；同时 PLC 又通过输出接口将处理结果送给被控制对象，以实现控制目的。

由于外部输入设备和输出设备所需的信号电平是多种多样的，而 PLC 内部 CPU 的处理的信息只能是标准电平，所以 I/O 接口要实现这种转换。I/O 接口一般都具有光电隔离和滤波功能，以提高 PLC 的抗干扰能力。另外，I/O 接口上通常还有状态指示，工作状况直观，便于维护。

PLC 提供了多种操作电平和驱动能力的 I/O 接口，有各种各样功能的 I/O 接口供用户选用。I/O 接口的主要类型有数字量（开关量）输入、数字量（开关量）输出、模拟量输入、模拟量输出等。

常用的开关量输入接口按其使用的电源不同有 3 种类型：直流输入接口、交流输入接口和交/直流输入接口。

PLC 的 I/O 接口所能接收的输入信号个数和输出信号个数称为 PLC 输入/输出（I/O）点数。I/O 点数是选择 PLC 的重要依据之一。当系统的 I/O 点数不够时，可通过 PLC 的 I/O 扩展接口对系统进行扩展。

4. 通信接口

PLC 配有各种通信接口，这些通信接口一般都带有通信处理器。PLC 通过这些通信接口可与监视器、打印机、其他 PLC、计算机等设备实现通信。PLC 与打印机连接，可将过程信息、系统参数等输出打印；与监视器连接，可将控制过程图像显示出来；与其他 PLC 连接，可组成多机系统或联成网络，实现更大规模的控制。与计算机连接，可组成多级分布式控制系统，实现控制与管理相结合。远程 I/O 系统也必须配备相应的通信接口模块。

5. 智能接口模块

智能接口模块是一独立的计算机系统，它有自己的CPU、系统程序、存储器以及与PLC系统总线相连的接口。它作为PLC系统的一个模块，通过总线与PLC相连，进行数据交换，并在PLC的协调管理下独立地进行工作。

PLC的智能接口模块种类很多，如高速计数模块、闭环控制模块、运动控制模块、中断控制模块等。

6. 编程装置

编程装置的作用是编辑、调试、输入用户程序，也可在线监控PLC内部状态和参数，与PLC进行人机对话，它是开发、应用、维护PLC不可缺少的工具。编程装置可以是专用编程器，也可以是配有专用编程软件包的通用计算机系统。专用编程器是由PLC厂家生产，专供该厂家生产的PLC产品使用，它主要由键盘、显示器和外存储器接插口等部件组成。一般小型的PLC带有手持式编程器。编程器只能对指定厂家的几种PLC进行编程，使用范围有限，价格较高。此外，由于PLC产品不断更新换代，专用编程器的生命周期也十分有限。因此，现在一般以个人计算机为基础的编程装置，用户只要购买PLC厂家提供的编程软件和相应的硬件接口装置，就可以用较少的投资获得高性能的PLC程序开发系统。基于个人计算机的程序开发系统功能强大，它既可以编制、修改PLC的梯形图程序，又可以监视系统运行、打印文件、系统仿真等。配上相应的软件还可实现数据采集和分析等功能。

7. 电源

PLC配有开关电源，以供内部电路使用。与普通电源相比，PLC电源的稳定性好、抗干扰能力强。对电网提供的电源稳定性要求不高，一般允许电源电压在其额定值±15%的范围内波动。许多PLC还向外提供DC 24V稳压电源，用于对外部传感器供电。

8. 其他外部设备

除了以上所述的部件和设备外，PLC还有许多外部设备，如EPROM写入器、外存储器、人/机接口装置等。

EPROM写入器是用来将用户程序固化到EPROM存储器中的一种PLC外部设备。为了使调试好的用户程序不易丢失，经常用EPROM写入器将PLC内RAM保存到EPROM中。

PLC内部的半导体存储器称为内存储器。有时可用外部的半导体存储器做成的存储盒等来存储PLC的用户程序，这些存储器件称为外存储器。外存储器一般是通过编程器或其他智能模块提供的接口，实现与内存储器之间相互传送用户程序。

人/机接口装置用来实现操作人员与PLC控制系统的对话。最简单、最普遍的人/机接口装置由安装在控制台上的按钮、转换开关、拨码开关、指示灯、LED显示器、声光报警器等器件构成。对于PLC系统，还可采用半智能型CRT人/机接口装置和智能型终端人/机接口装置。半智能型CRT人/机接口装置可长期安装在控制台上，通过通信接口接收来自PLC的信息并在CRT上显示出来；而智能型终端人/机接口装置有自己的微处理器和存储器，能够与操作人员快速交换信息，并通过通信接口与PLC相连，也可作为独立的结点接入PLC网络。

4.5.3 可编程序控制器的编程语言

PLC的软件由系统程序和用户程序组成。

系统程序是由PLC制造厂商设计编写的，并存入PLC的系统存储器中，用户不能直接读写或更改。系统程序一般包括系统诊断程序、输入处理程序、编译程序、信息传送程序、监控程序等。

PLC 的用户程序是用户利用 PLC 的编程语言，根据控制要求编制的程序。在 PLC 的应用中，最重要的是用 PLC 的编程语言来编写用户程序，以实现控制目的。由于 PLC 是专门为工业控制而开发的装置，其主要使用者是广大电气技术人员，为了满足他们的传统习惯和掌握能力，PLC 的主要编程语言是采用比计算机语言相对简单、易懂、形象的专用语言。

1. 编程语言分类

PLC 编程语言是多种多样的，不同生产厂家、不同系列的 PLC 产品采用的编程语言的表达方式也不相同，常见的有梯形图、语句表、功能块图、顺序功能图、高级语言等几种。

1）梯形图（LAD）。梯形图编程语言由原继电器控制系统演变而来，与电气逻辑控制原理图非常相似，它形象、直观、实用，为广大电气技术人员所熟知，是 PLC 的主要编程语言，绝大多数 PLC（特别是中、小型 PLC）均具有这种编程语言，只是一些符号的规定有所不同而已，本节将对此作重点介绍。

2）语句表（STL）。语句表程序又称助记符，是用若干个容易记忆的字符来代表 PLC 的某种操作功能。它与计算机的汇编语言很相似，但比汇编语言简单得多。微型、小型 PLC 常采用这种方法，故助记符也是一种用得最多的编程语言。不同的 PLC 生产厂家使用的助记符不尽相同。

3）功能块图（FBD）。这是一种类似于数字逻辑门电路的编程语言，有数字电路基础的人很容易掌握。实质上是一种将逻辑表达式用类似于“与”、“或”、“非”等逻辑电路结构图表达出来的图形编程语言。这种编程语言及专用编程器也只有少量 PLC 机型采用。例如西门子公司的 S5 系列 PLC 采用 STEP 编程语言，它就有功能块图编程法。

4）顺序功能图（SFC）。这是一种位于其他编程语言之上的图形语言，用来编制顺序控制程序，是描述控制系统的控制过程、功能、特性的一种图形（最初是一种工艺性的流程图），它并不涉及所描述的控制功能之具体技术，是一种通用的技术语言，可用于进一步的设计和不同专业的技术人员之间进行技术交流。这种设计方法很容易被初学者接受。对有一定经验的技术人员，也会提高设计效率，程序的设计、调试、修改和阅读也很容易。可以用顺序功能图来描述系统的功能，根据它可以很容易地画出梯形图程序。

5）高级语言。现代 PLC 已具有很强的数值运算、数据处理能力，为方便用户，许多 PLC 都配备了高级语言，如 PSM、PL/M、BASIC、PASCAL、C 语言等。

梯形图程序中输入信号与输出信号之间的逻辑关系一目了然，易于理解，与继电器电路图的表达方式极为相似，设计开关量控制程序时建议选用梯形图语言。语句表输入方便快捷，梯形图中功能块对应的语句只占一行的位置，还可以为每一条语句加上注释，便于复杂程序的阅读。在设计通信、数学运算等高级应用程序时建议使用语句表语言。下面将以西门子公司的 S7-200 系列 PLC 为例介绍梯形图和语句表编程语言。

2. 梯形图编程语言

梯形图与继电器逻辑图的设计思想是一致的，具体表达方式有点区别。PLC 的梯形图使用的是“软元件”（输入/输出继电器、内部辅助继电器、计数器等），是 PLC 存储器中的某一位，由软件（用户程序）实现逻辑运算，使用和修改灵活方便。与靠硬接线组成逻辑运算的继电器控制电路是无法相比的。

(1) 梯形图中的符号、概念

梯形图沿用了继电器逻辑图的一些画法和概念。

1) 母线。梯形图的两侧各有一条垂直的公共母线(Bus Bar),S7-200的梯形图中省略了右侧的垂直母线,母线之间是触点和线圈,用短路线连接。

2) 触点。PLC内部的I/O继电器、辅助继电器、特殊功能继电器、定时器、计数器、移位寄存器的常开/闭触点,都用表4-2所示的符号表示,通常用字母数字串或I/O地址标注。触点实质上是存储器中的某一位,其逻辑状态与通断状态间的关系见表4-2,这种触点在PLC程序中可被无限次地引用。触点放置在梯形图的左侧。

表4-2 触点、线圈的符号

名 称	符 号	说 明
常开触点	—┤├—	1为触点"接通",0为触点"断开"
常闭触点	—┤/├—	1为触点"断开",0为触点"接通"
继电器线圈	—( )	1为线圈"得电"激励,0为线圈"失电"不激励

3) 继电器线圈。对PLC内部存储器中的某一位写操作时,这一位便是继电器线圈,用表4-2中的符号表示,通常用字母数字串、输出点地址、存储器地址标注,线圈一般有输出继电器线圈、辅助继电器线圈。它们不是物理继电器,仅是存储器中的1bit。一个继电器线圈在整个用户程序中只能使用一次(写),但它还可当做该继电器的触点在程序中的其他地方无限次引用(读),既可常开,也可常闭。继电器线圈放置在梯形图的右侧。

4) 能流。能流是梯形图中的"概念电流",利用"电流"这个概念可帮助我们更好地理解和分析梯形图。假想在梯形图垂直母线的左、右两侧加上DC电源的正、负极,"概念电流"从左向右流动,反之不行。

(2) 梯形图举例

电动机起动、保持和停止电路在梯形图中的应用很广,如图4-30所示。图4-30a中的起动信号I0.1和停止信号I0.2(例如起动按钮和停止按钮提供的信号)持续为ON的时间一般都很短,这种信号称为短信号。

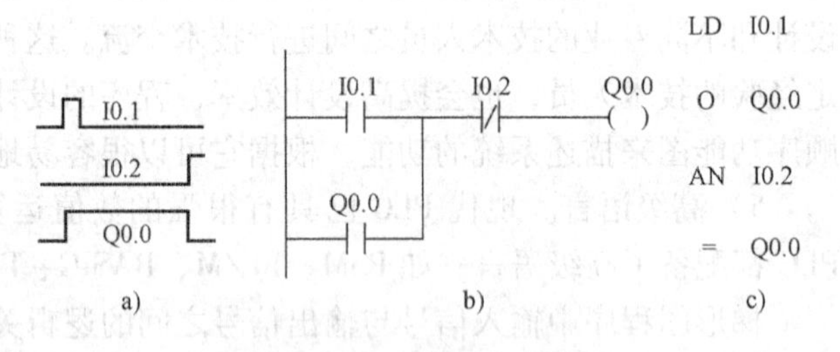

图4-30 电动机起动程序

a) 时序图 b) 梯形图 c) 语句表

该电路最主要的特点是具有"记忆"功能,梯形图如图4-30b所示,按下起动按钮,I0.1的常开触点闭合接通,如果这时未按停止按钮,I0.2的常闭触点接通,Q0.0的线圈"通电",它的常开触点同时接通。放开起动按钮,I0.1的常开触点断开,"能流"经Q0.0的常开触点和I0.2的常闭触点流过Q0.0的线圈,Q0.0仍为ON,这就是所谓的"自锁"或"自保持"功能。按下停止按钮,I0.2的常闭触点断开,使Q0.0的线圈"断电",其常开触点断开,以后即使放开停止按钮,I0.2的常闭触点恢复接通状态,Q0.0的线圈仍然"断电"。

3. 语句表编程语言

在语句表中，分别用LD（Load，装载）、A（And，与）和O（Or，或）指令来表示开始、串联和并联的常开触点。西门子S7-200系列部分指令见表4-3。图4-30c为图4-30b梯形图所对应的语句表程序。

表4-3 西门子S7-200系列部分指令

功能或逻辑运算		西门子S7-200系列指令
起点	装载常开触点	LD
	装载常闭触点	LDN
与（串联的常开触点）		A
与非（串联的常闭触点）		AN
或（并联的常开触点）		O
或非（并联的常闭触点）		ON
输出（线圈）		=

4. 功能指令

S7-200指令很多，这里仅介绍常用的几个。

（1）定时器

S7-200系列PLC按时基脉冲分为1ms、10ms、100ms三种，按工作方式分为接通延时定时器（TON）（保持型延时接通定时器（TONR））和断开延时定时器（TOF）两大类。

1）接通延时定时器（有记忆的接通延时定时器）。接通延时定时器和有记忆的接通延时定时器在使能输入接通时记时，定时器号（T××）决定了定时器的分辨率，分辨率在指令盒上标出，如图4-31所示，T37的分辨率为100ms，图4-31所示接通延时定时器梯形图对应的语句表及说明见表4-4。

2）断开延时定时器。断开延时定时器用于在输入断开后延时一段时间断开输出，断开延时定时器梯形图如图4-32所示，相应的语句表及说明见表4-5。

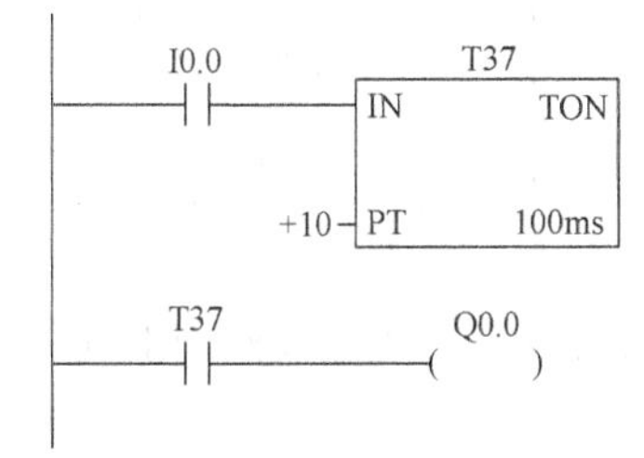

图4-31 接通延时定时器

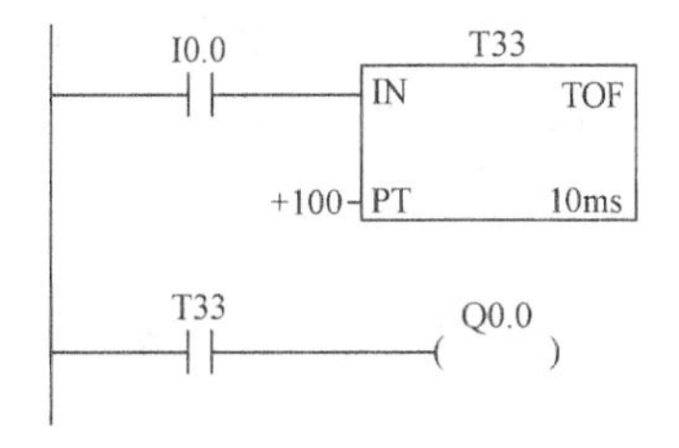

图4-32 断开延时定时器

表4-4 接通延时定时器语句表及说明

步 序	指 令	器件号	说明
1	LD	I0.0	100ms定时器T37在100ms×10=1s后到时动作，I0.0接通时，T37使能，I0.0断开时，复位T37。定时器T37控制Q0.0，使Q0.0输出线圈激励
2	TON	T37，+10	
3	LD	T37	
4	=	Q0.0	

表 4-5　断开延时定时器语句表及说明

步序	指令	器件号	说明
1	LD	I0.0	10ms 定时器 T33 在 10ms × 100 = 1s 后到时动作，I0.0 关断使能 T33，I0.0 接通 T33 复位。定时器 T33 用其输出位控制 Q0.0，使 Q0.0 输出线圈激励
2	TOF	T33，+100	
3	LD	T33	
4	=	Q0.0	

（2）计数器

计数器有增计数器、减计数器和增减计数器。

1）增计数器

增计数器如图 4-33a 所示，增计数指令（CTU）从当前计数值开始，在每一个（CU）输入状态从低到高时递增计数，当 C1 的当前值大于等于预置值 PV 时，计数器位 C1 置位，当复位端（R）接通或者执行复位指令后，计数器被复位，当它达到最大值（32767）后，计数器停止计数。

2）减计数器

减计数器如图 4-33b 所示，减计数指令（CTD）从当前计数值开始，在每一个（CD）输入状态从低到高时递减计数。当 C2 的当前值等于 0 时，计数器位 C2 置位。当装载输入端（LD）接通时，计数器的当前值设为预置值 PV。当计数值到 0 时，计数器停止计数，计数器位 C2 接通。

图 4-34 所示为利用 PLC 进行自动包装设备的控制梯形图。每 8 个产品为一个包装盒，利用增计数器指令进行计数，当 I0.0 的上升沿使 C1 当前值递增，C1 的当前值等于 8 时，常开触点 C1 接通，Q0.0 输出线圈激励。

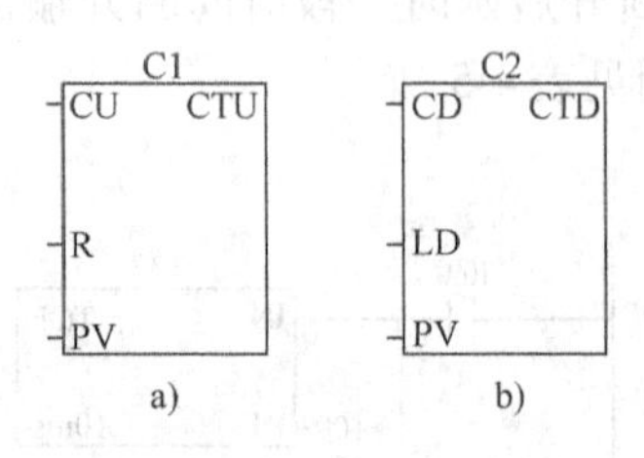

图 4-33　增/减计数器

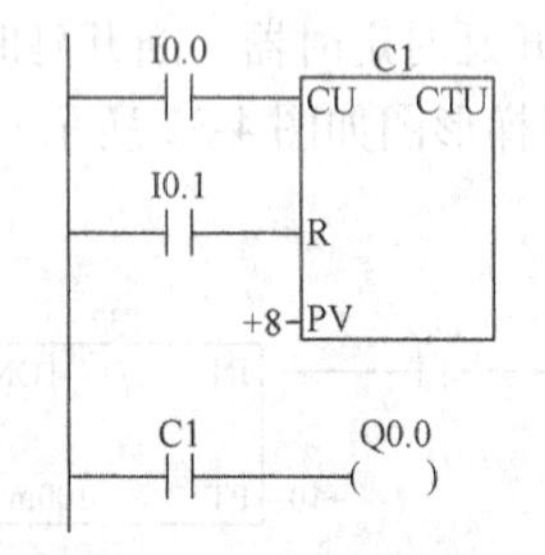

图 4-34　计数包装梯形图程序

4.5.4　应用举例

1. 小车自动往返运动的梯形图设计

图 4-35 所示为小车往返运动示意图，图 4-36 为 PLC 的外部接线图。按下右行起动按钮 SB2 或左行起动按钮 SB3 后，要求小车（或设备的运动部件，如机床的工作台）在左限位开关 SQ1 和右限位开关 SQ2 之间不停地循环往返，直到按下停车按钮 SB1。其中 KM1 和 KM2 分别是控制正转运行和反转运行的交流接触器。

图 4-37 为可编程序控制器的梯形图，在梯形图中，用两个起动、保持、停止电路来分别控制电动机的正转和反转。按下正转起动按钮 SB2，I0.0 变为 ON，其常开触点接通，

Q0.0 的线圈“得电”并自保持，使 KM1 的线圈通电，电动机开始正转运行。按下停车按钮 SB1，I0.2 变为 ON，其常闭触点断开，使 Q0.0 线圈“失电”，电动机停止运行。

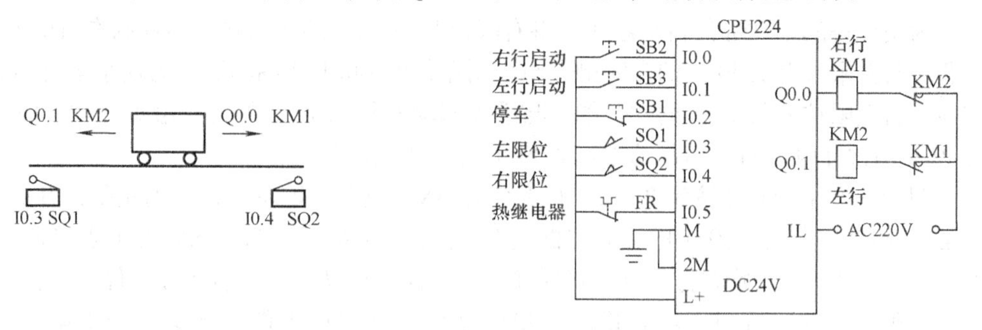

图 4-35 小车往返运动示意图

图 4-36 PLC 的外部接线图

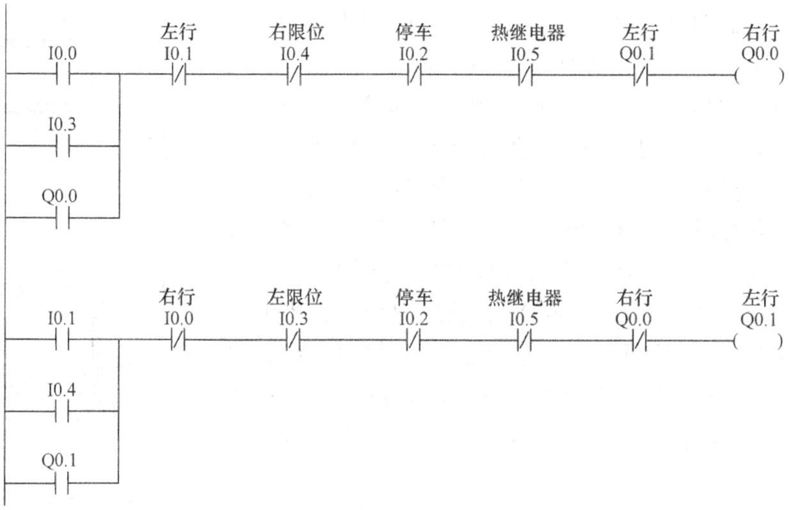

I0.0
I0.3
Q0.0
左行 I0.1
右限位 I0.4
停车 I0.2
热继电器 I0.5
左行 Q0.1
右行 Q0.0

I0.1
I0.4
Q0.1
右行 I0.0
左限位 I0.3
停车 I0.2
热继电器 I0.5
右行 Q0.0
左行 Q0.1

图 4-37 梯形图

在图 4-37 的梯形图中，将 Q0.0 和 Q0.1 的常闭触点分别与对方的线圈串联，可以保证它们不会同时为 ON，因此 KM1 和 KM2 的线圈不会同时通电，这种安全措施在继电器电路中称为“互锁”。除此之外，为了方便操作和保证 Q0.0 和 Q0.1 不会同时为 ON，在梯形图中还设置了“按钮联锁”，即将左行起动按钮控制的 I0.1 的常闭触点与控制右行的 Q0.0 的线圈串联，将右行起动按钮控制的 I0.0 的常闭触点与控制左行的 Q0.1 的线圈串联。设 Q0.0 为 ON，小车右行，这时如果想改为左行，可以不按停止按钮 SB1，直接按左行起动按钮 SB3，I0.1 变为 ON，它的常闭触点断开，使 Q0.0 的线圈“失电”，同时 I0.1 的常开触点接通，使 Q0.1 的线圈“得电”，小车由右行变为左行。

梯形图中的互锁和按钮联锁电路只能保证输出模块中与 Q0.0 和 Q0.1 对应的硬件继电器的常开触点不会同时接通，如果因主电路电流过大或接触器质量不好，某一接触器的主触点被断电时产生的电弧熔焊而被黏结，其线圈断电后主触点仍然是接通的，这时如果另一接触器的线圈通电，仍将造成三相电源短路事故。

为了防止出现这种情况，应在可编程序控制器外部设置由 KM1 和 KM2 的辅助常闭触点组成的硬件互锁电路，假设 KM1 的主触点被电弧熔焊，这时它与 KM2 线圈串联的辅助常闭触点处于断开状态，因此 KM2 的线圈不可能得电。

为使设备的运动部件自动停止，将右限位开关 I0.4 的常闭触点与控制右行的 Q0.0 线圈串联，将左限位开关 I0.3 的常闭触点与控制左行的 Q0.1 线圈串联。为使小车自动改变运动方向，将左限位开关 I0.3 的常开触点与手动起动右行的 I0.0 的常开触点并联，将右限位开关 I0.4 的常开触点与手动起动左行的 I0.1 的常开触点并联。

假设按下左行起动按钮 I0.1，Q0.1 变为 ON，小车开始左行，碰到左限位开关时，I0.3 的常闭触点断开，使 Q0.1 的线圈“断电”，小车停止左行。I0.3 的常开触点接通，使 Q0.0 的线圈“通电”，开始右行。以后将这样不断地往返运动下去，直到按下停止按钮 I0.2。

这种控制方法适用于小容量的异步电动机，且往返不能太频繁，否则电动机将会过热。

2. 液体混合系统控制

液体混合装置如图 4-38 所示，上限位 L1、下限位 L3 和中限位 L2 液位传感器被液体淹没时为 1 状态，阀 Y1、阀 Y2 和阀 Y3 为电磁阀，线圈通电时打开，线圈断电时关闭。开始时容器为空，各阀门均关闭，各传感器均为 0 状态。按下起动按钮后，打开阀 Y1，液体 A 流入容器，中限位开关变为 ON 时，关闭阀 Y1，打开阀 Y2，液体 B 流入容器。液面升到上限位开关时，关闭阀 Y2，电动机 M 开始运行，搅拌液体，60s 后停止搅拌，打开阀 Y3，放出混合液，当液面降至下限位开关 L3 之后再过 5s，容器放空，关闭阀 Y3，打开阀 Y1，又开始下一周期的操作。按下停止按钮，当前工作周期的操作结束后，才停止操作（返回并停在初始状态）。

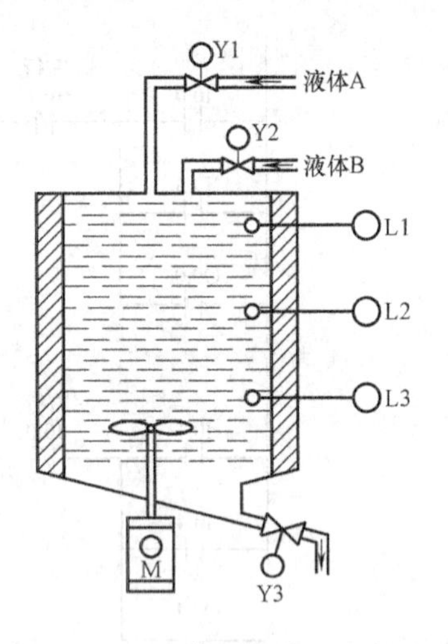

图 4-38 液体混合装置示意图

（1）I/O 分配

I/O 分配表见表 4-6。

表 4-6 I/O 分配表

输入	输出
起动按钮 SB1：I0.3	Y1：Q0.0
停止按钮 SB2：I0.4	Y2：Q0.1
L1 传感器：I0.1	Y3：Q0.3
L2 传感器：I0.0	M：Q0.2
L3 传感器：I0.2	

（2）程序

图 4-39a 所示为顺序功能图，SM0.1 为首次扫描时为 ON 的初始化脉冲；步 M0.0 为初始步；M0.1 ~ M0.5 各步分别完成进液体 A、进液体 B、搅拌 60s、放混合液、放混合液至容器空等系列动作；执行完 M0.5 步后，有个选择序列，即系统停止运行还是继续运行下一

周期，选择系统停止的条件是$\overline{\text{M1.0}}$ · T38 为 ON，选择继续运行的条件是 M1.0 · T38 为 ON。图 4-39b 所示为相应的梯形图。当程序运行时，M1.0 处于 ON 状态，M1.0 用起动按钮 I0.3 和停止按钮 I0.4 来控制。步 M0.5 到 M0.1 的转换条件 M1.0 · T38 是满足的，即程序转到 M0.1 步执行下一周期动作，当按下停止按钮 I0.4 时，M1.0 变为 OFF 状态，等系统完成最后一步 M0.5 的工作后，转换条件$\overline{\text{M1.0}}$ · T38 是满足的，才能返回初始步，系统停止运行。

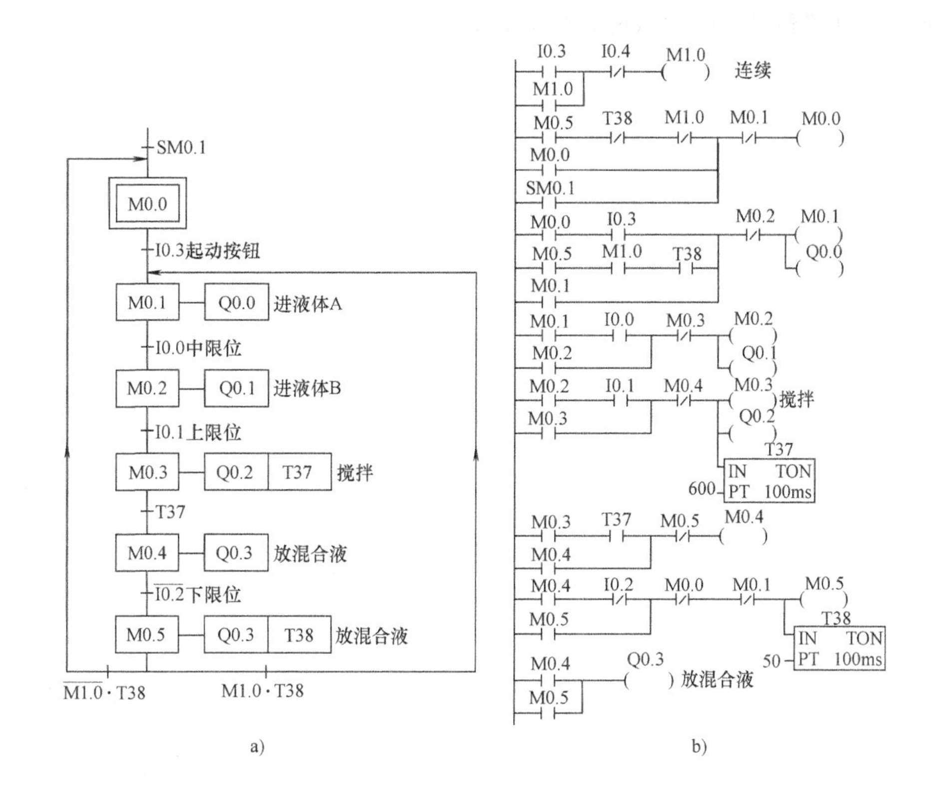

图 4-39 液体混合程序

a）顺序功能图 b）梯形图

思考题与习题

4-1 什么是控制器的控制规律？控制器有哪些基本控制规律？

4-2 简述双位控制规律的特点？

4-3 简述比例控制规律的特点？什么是比例控制的余差？为什么会产生余差？

4-4 何谓比例控制器的比例度？

4-5 比例控制器的比例度对控制过程有什么影响？选择比例度时要注意什么问题？

4-6 试写出积分控制规律的数学表达式，为什么积分控制能消除余差？

4-7 积分时间 T_I 的定义是什么？

4-8 写出理想微分控制规律的数学表达式？为什么微分控制规律不能单独使用？

4-9 试分析比例、积分、微分控制规律各自的特点。

4-10 DDZ-Ⅲ型控制器由哪几部分组成？各组成部分的作用是什么？

4-11 什么叫控制器的无扰动切换？

4-12 数字式控制器的主要特点是什么？

4-13 简述数字控制器的基本构成以及各部分的主要功能。

4-14 PLC 由哪几部分组成？各有什么作用？

4-15 PLC 常用的编程语言有哪些？各有什么特点？

4-16 开关 A 闭合后，输出阀门 B 立即导通，开关 A 断开后，输出阀门 B 延时 4s 断开。按照上述控制要求，使用 S7-200 系列 PLC 指令系统编制梯形图程序。

第5章　执　行　器

执行器接受来自控制器的控制信号，通过改变阀的开度、执行机构的动作等调节被控对象，使被控变量参数数值在误差允许的范围内。执行器由执行机构和调节机构两部分组成。本章介绍执行机构、调节阀、数字阀和智能控制阀。

5.1　概述

5.1.1　执行器的作用

以化工过程流量控制为例，执行器在自动控制系统中的作用是接收来自控制器的控制信号，通过其本身开度的变化，从而达到控制流量的目的。因此，执行器是自动控制系统中的一个重要的、必不可少的组成部分。

执行器直接与介质接触，常常在高压、高温、深冷、高黏度、易结晶、汽蚀、高压差等状况下工作，使用条件恶劣，因此，它是控制系统的薄弱环节。如果执行器选择或运用不当，会导致自动控制系统的控制质量下降、控制失灵，甚至因介质的易燃、易爆、有毒，而造成严重的生产事故。为此，对于执行器的正确选用以及安装、维护等环节，必须给予足够的重视。

5.1.2　执行器的构成

执行器由执行机构和调节机构两个部分构成，如图5-1所示。

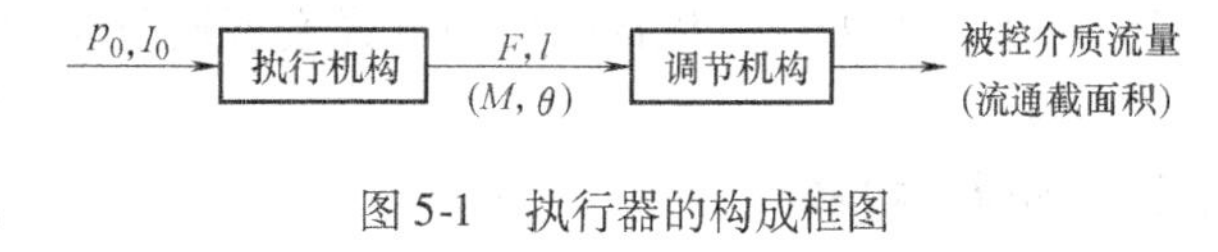

图5-1　执行器的构成框图

执行机构是执行器的推动装置，它根据输入控制信号的大小，产生相应的输出力 F（或输出力矩 M）和位移（直线位移 l 或角位移 θ），推动调节机构动作。调节机构是执行器的调节部分，在执行机构的作用下，调节机构的阀芯产生一定位移，即执行器的开度发生变化，从而直接调节从阀芯、阀座之间流过的被控介质的流量。

执行器还可以配备一定的辅助装置，常用的辅助装置有阀门定位器和手操机构。阀门定位器利用负反馈原理改善执行器的性能，使执行器能按控制器的控制信号，实现准确定位。手操机构用于人工直接操作执行器，以便在停电或停气、控制器无输出或执行机构失灵等情况下，保证生产能正常进行。

5.1.3　执行器的分类及特点

执行器按其使用的能源形式可分为气动执行器、电动执行器和液动执行器3大类。工业生产中多数使用前两种类型，它们常被称为气动调节阀和电动调节阀。

气动调节阀采用气动执行机构。气动执行机构有薄膜式、活塞式和长行程式 3 种类型，它们的输出均为直线位移 l，薄膜式和活塞式执行机构用于和直行程式调节机构配套使用，长行程式执行机构用于和角行程式调节机构配套使用。活塞式执行机构的输出力 F 比薄膜式执行机构大。

电动调节阀采用电动执行机构。电动执行机构有直行程式和角行程式两种类型，前者输出为直线位移 l，后者输出为角位移 θ，分别用于和直行程式的调节机构或角行程式调节机构配套使用。

气动调节阀具有结构简单、动作可靠稳定、输出力大、安装维修方便、价格便宜和防火防爆等优点，在工业生产中使用最广，特别是在石油、化工等领域生产过程中使用。气动执行器的缺点是响应时间长，信号不适于远传（传送距离限制在 150m 以内）。为了克服此缺点可采用电/气阀门定位器，使传送信号为电信号，现场操作为气动信号。

电动调节阀具有动作较快、特别适于远距离的信号传送、能源获取方便等优点；其缺点是价格较贵，一般只适用于防爆要求不高的场合。但由于其使用方便，特别是智能式电动执行机构的面世，使得电动调节阀在工业生产中得到越来越广泛的应用。

5.1.4 执行器的作用方式

执行器有正、反作用两种作用方式，当输入信号增大时，执行器的流通截面积增大，即流过执行器的流量增大，称为正作用；当输入信号增大时，流过执行器的流量减小，称为反作用。

气动调节阀的正、反作用可通过执行机构和调节机构的正、反作用组合来实现。通常，配用具有正、反作用的调节机构时，调节阀采用正作用的执行机构，而通过改变调节机构的作用方式来实现调节阀的气关或气开；配用只具有正作用的调节机构时，调节阀通过改变执行机构的作用方式来实现调节阀的气关或气开。

对于电动调节阀，由于改变执行机构的控制器（伺服放大器）的作用方式非常方便，因此一般通过改变执行机构的作用方式实现调节阀的正、反作用。

5.2 执行机构

执行机构的作用是根据输入控制信号的大小，产生相应的输出力 F 或输出力矩 M 和位移（直线位移 l 或角位移 θ），输出力 F 或输出力矩 M 用于克服调节机构中流动流体对阀芯产生的作用力或作用力矩，以及阀杆的摩擦力、阀杆阀芯质量以及压缩弹簧的预紧力等其他各种阻力；位移（l 或 θ）用于带动调节机构阀芯动作。

执行机构有正作用和反作用两种作用方式：输入信号增加，执行机构推杆向下运动，称为正作用；输入信号增加，执行机构推杆向上运动，称为反作用。

5.2.1 气动执行机构

气动执行机构接收气动控制器或阀门定位器输出的气压信号，并将其转换成相应的输出力 F 和直线位移 l，以推动调节机构动作。

气动执行机构有薄膜式、活塞式和长行程式 3 种类型。薄膜式执行机构简单、动作可靠、维修方便、价格低廉，是最常用的一种执行机构；活塞式执行机构允许操作压力可达500kPa，因此输出推力大，但价格高；长行程式执行机构的原理与活塞式执行机构基本相同，它具有行程长、输出力矩大等特点，直线位移为40～200mm，适用于输出角位移和力矩的场合。下面主要介绍薄膜式和活塞式气动执行机构。

1. 薄膜式

气动薄膜执行机构是最常见的执行机构，其结构如图5-2所示。

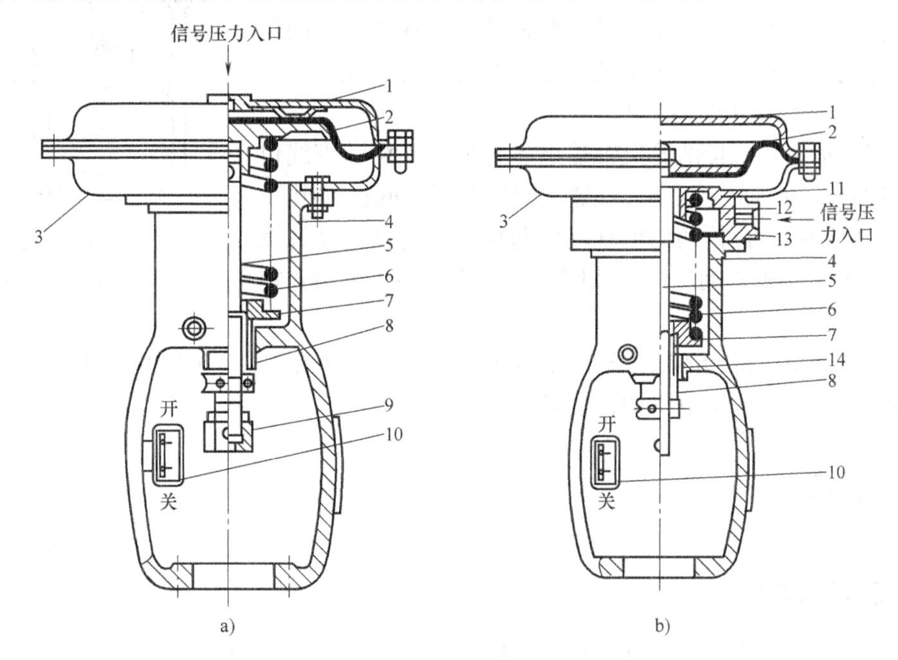

图5-2 气动薄膜执行机构

1—上膜盖 2—波纹薄膜 3—下膜盖 4—支架 5—推杆 6—压缩弹簧 7—弹簧座 8—调节件 9—螺母 10—行程标尺 11—密封膜片 12—密封环 13—填块 14—衬套

气动薄膜执行机构有正作用和反作用两种形式。图5-2a中信号压力增加时，推杆向下移动，这种结构称为正作用式；图5-2b中信号压力增加时，推杆向上移动，这种结构称为反作用式。国产正作用式执行机构称为ZMA型，反作用式执行机构称为ZMB型。较大口径的控制阀都是采用正作用的执行机构。信号压力通过波纹片的上方（正作用式）或下方（反作用式）进入气室后，在波纹膜片上产生一个作用力，使推杆移动并压缩或拉伸弹簧，当弹簧的反作用力与薄膜上的作用力相平衡时，推杆稳定在一个新的位置。信号压力越大，作用在波纹膜片上的作用力越大，弹簧的反作用力也就越大，即推杆的位移量越大。这种执行机构的特性是比例式的，即推杆输出位移（又称行程）与输入气压信号成正比。

2. 活塞式

活塞式执行机构属于强力气动执行机构，结构如图5-3所示。其汽缸允许操作压力高达0.5MPa，且无弹簧抵消推力，因此输出推力很大，特别适用于高静压、高压差、大口径场合。它的输出特性有两位式和比例式。两位式是根据活塞两侧操作压力的大小而动作，活塞由高压侧推向低压侧，使推杆从一个极端位置移动到另一个极端位置，其行程达25～

100mm，适用于双位控制系统；比例式是指推杆的行程与输入压力信号成比例关系，必需带有阀门定位器，它适用于控制质量要求较高的系统。

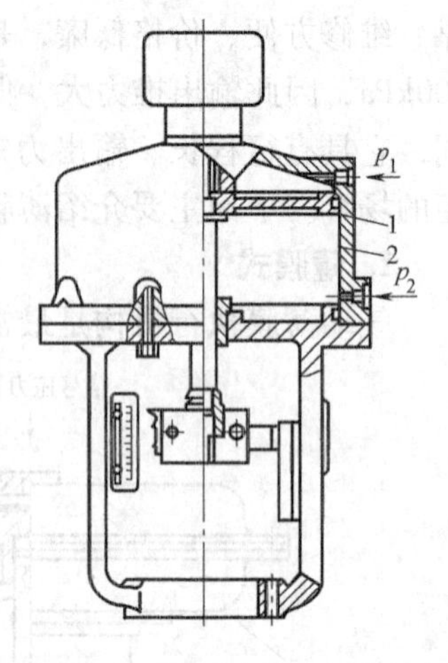

图 5-3 活塞式执行机构结构图
1—活塞 2—汽缸

5.2.2 电动执行机构

在防爆要求不高且无合适气源的情况下可以使用电动执行器，电动执行机构都是由电动机带动减速装置，在电信号的作用下产生直线运动和角度旋转运动。电动执行机构一般可以分为直行程、角行程、多转式 3 种。

直行程电动执行机构的输出轴输出各种大小不同的直线位移，通常用来推动单座、双座、三通、套筒等形式的控制阀。

角行程电动执行机构的输出轴输出角位移，转动角度范围小于 360°，通常用来推动蝶阀、球阀、偏心旋转阀等转角式控制阀。

多转式电动执行机构的输出轴输出各种大小不等的有效圈数，通常用于推动闸阀或由执行电动机带动旋转式的调节机构，如各种泵等。

5.3 控制阀

5.3.1 控制阀结构

从流体力学观点来看，控制阀是一个局部阻力可以改变的节流元件，其结构如图 5-4 所示。由于阀芯在阀体内移动，改变了阀芯与阀座间的流通面积，即改变了阀的阻力系数，操纵变量（调节介质）的流量也就相应地改变，从而达到控制工艺变量的目的。

图 5-4 所示为最常用的直通双座控制阀，控制阀阀杆上端通过螺母与执行机构推杆相连接，推杆带动阀杆及阀杆下端的阀芯上下移动，流体从左侧进入控制阀，然后经阀芯与阀座之间的间隙从右侧流出。

控制阀的阀芯与阀杆间用销钉连接，这种连接形式使阀芯根据需要可以正装（正作用），也可以倒装（反作用），如图 5-5 所示。

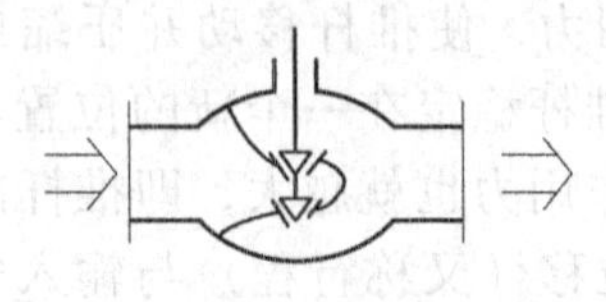

图 5-4 控制阀结构示意图

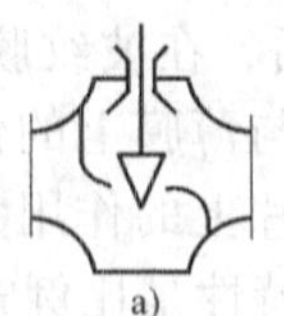

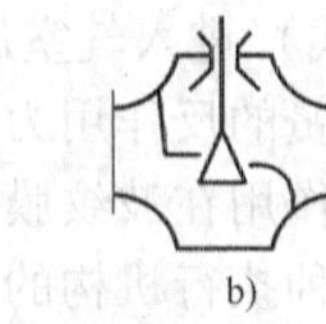

图 5-5 控制阀的正反作用
a）正作用 b）反作用

执行器如气动薄膜控制阀的执行机构和调节机构组合起来可以实现气开和气关式两种调节。由于执行机构有正、反两种作用方式，控制阀也有正、反两种作用方式，因此就有 4 种组合方式组成气开或气关形式，如图 5-6 所示，组合方式见表 5-1。气开式是输入气压越高时开度越大，而在失气时则全关，故称 FC 型；气关式是输入气压越高时开度越小，而在失气时则全开，故称 FO 型。

表 5-1 气动控制阀气开、气关组合方式表

序号	执行机构	阀体	控制阀
图 5-6a)	正	正	气关
图 5-6b)	正	反	气开
图 5-6c)	反	正	气开
图 5-6d)	反	反	气关

对于双座阀和公称通径 DN25 以上的单座阀，推荐使用图 5-6a、b 两种形式。对于单导向阀芯的高压阀、角型控制阀、DN25 以下的直通单座阀、隔膜阀等由于阀体限制阀芯只能正装，可采用图 5-6a、c 组合形式。对于密封装置的气体输送，尤其在断电情况下需要紧急排放物料，避免设备内由于通道被阻，压力瞬间上升等导致事故发生，可采用图 5-6d 组合形式。

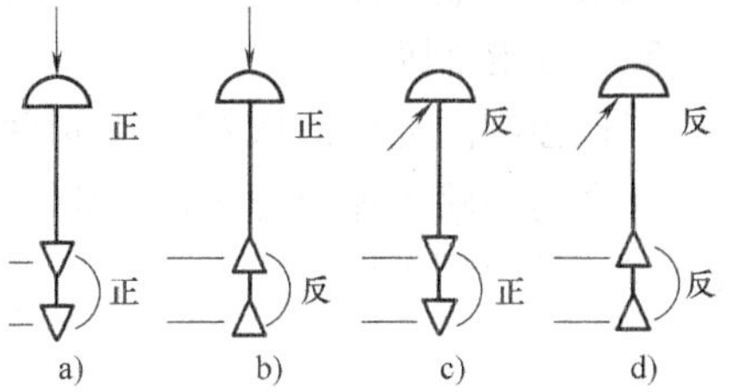

图 5-6 气动控制阀气开、气关组合方式图

一般情况下阀体材料采用铸铁，特殊情况下，如遇到高温、低温、高压、腐蚀性等介质时，目前除用铸钢、不锈钢等材料外，各种特殊合金钢，例如哈氏 C，Lewmet55、高分子材料也获得广泛应用。

控制阀中介质与外界的密封，一般用填料函来实现，但在遇到剧毒、易挥发等介质时，可以用波纹管密封。

5.3.2 控制阀类型

根据不同的使用要求，控制阀有多种类型，这里仅介绍其中的几种。

1. 直通单座控制阀

直通单座控制阀的结构如图 5-7 所示。阀体内有一个阀芯和阀座，流体从左侧进入经阀芯从右侧流出。由于只有一个阀芯和阀座，容易关闭，因此泄漏量较小，但阀芯所受到流体作用的不平衡推力较大，尤其在高压差、大口径时。直通单座控制阀适用于压差较小、要求泄漏量较小的场合。

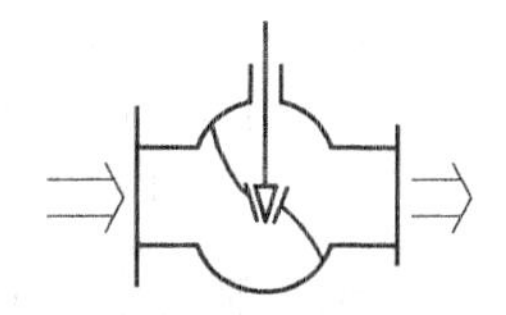

图 5-7 直通单座控制阀结构

2. 直通双座控制阀

直通双座控制阀的结构如图 5-4 所示，阀体内有两个阀芯和阀座，流体从左侧进入，经过上下阀芯汇合在一起从右侧流出。它与同口径的单座阀相比，流量系数增大 20% 左右，但泄漏量大，不平衡推力小。直通双座控制阀适用于阀两端压差较大、对泄漏量要求不高的场合，但由于流路复杂而不适合高黏度和带有固体颗粒的液体。

3. 角形控制阀

角形控制阀除阀体为直角外，其他结构与单座阀相类似，如图 5-8 所示。角形阀流向一

般都是底进侧出，此时它的稳定性较好，然而在高压差场合为了延长阀芯使用寿命而改用侧进底出的流向，但它容易发生振荡。角形控制阀流路简单、阻力小、不易堵塞，适用于高压差、高黏度、含有悬浮物和颗粒物质流体的控制。

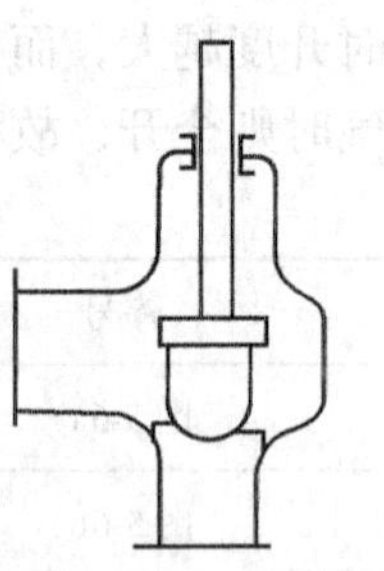

图 5-8 角形控制阀

4. 隔膜控制阀

隔膜控制阀用耐腐蚀衬里的阀体和耐腐蚀隔膜代替阀芯阀座组件，由隔膜位移起控制作用，如图 5-9 所示。隔膜控制阀耐腐蚀性强，适用于强酸、强碱等强腐蚀性介质的控制。它结构简单，流路阻力小，流量系数较同口径的其他阀大，无泄漏量。但由于隔膜和衬里的限制，耐压、耐温较低，一般只能在压力低于 1MPa、温度低于 150℃的情况下使用。

5. 三通控制阀

三通控制阀分合流阀和分流阀两种类型，前者是两路流体混合为一路，如图 5-10a 所示，后者是一路流体分为两路，如图 5-10b 所示。在阀芯移动时，总的流量可以不变，但两路流量比例得到了控制。

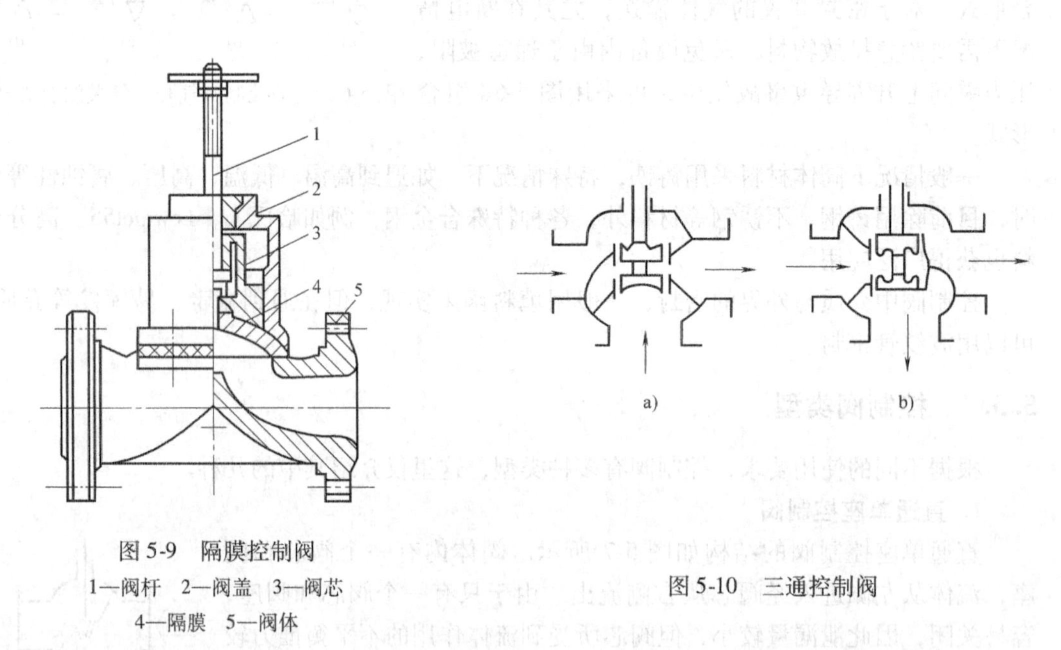

图 5-9 隔膜控制阀
1—阀杆 2—阀盖 3—阀芯
4—隔膜 5—阀体

图 5-10 三通控制阀

三通控制阀常用于换热器的旁路控制，如图 5-11 所示。在工艺要求载热体的总量不能改变的情况下，一般用分流阀或合流阀都可以，只是安装位置不同而已，分流阀在进口，合流阀在出口。此外，在采用合流阀时，如果两路流体温度相差过大，会造成较大的热应力，因此温差通常不能超过 150℃。

6. 套筒形控制阀

套筒形控制阀如图 5-12 所示。它的结构特点是在单座阀体内装有一个套筒，阀塞能在套筒内移动。当阀塞上下移动时，改变了套筒开孔的流通面积，从而控制调节介质流量。它的主要特点是由于阀塞上有均压平衡孔，不平衡推力小，稳定性很高且噪声小。因此适用于高压差、低噪声等场合，但不宜用于高温、高黏度、含颗粒和结晶的介质控制。

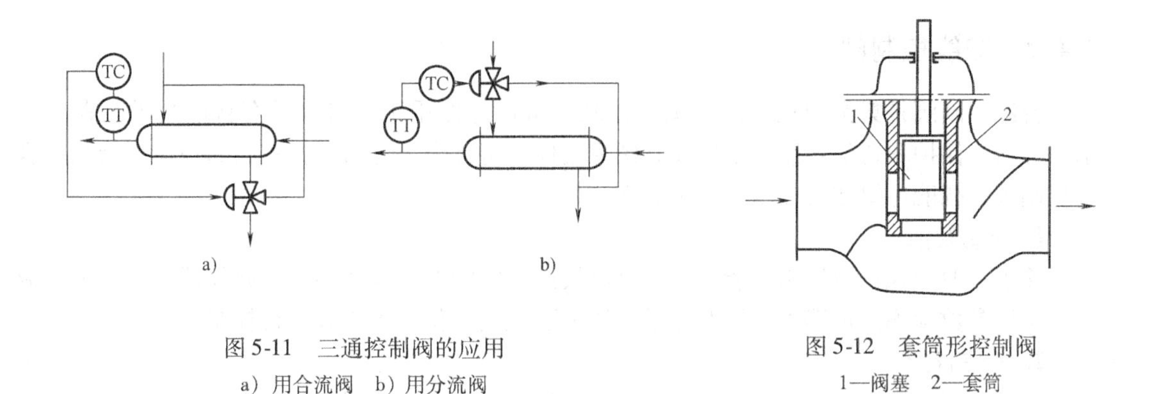

图 5-11　三通控制阀的应用
a）用合流阀　b）用分流阀

图 5-12　套筒形控制阀
1—阀塞　2—套筒

5.4　数字阀和智能控制阀

随着计算机控制技术的普及，执行器出现了与之相适应的新品种。数字阀和智能控制阀就是其中两例。

5.4.1　数字阀

数字阀是一种位式的数字执行器，由一系列并联安装而且按二进制排列的阀门组成。图 5-13 所示为一个 8 位二进制数字阀的控制原理。数字阀体内有一系列开闭式的流孔，它们按照二进制顺序排列。例如对这个数字阀，每个流孔的流量按 2^0、2^1、2^2、2^3、2^4、2^5、2^6、2^7 来设计，如果所有流孔关闭，则流量为 0，如果流孔全部开启，则流量为 255（流量单位），分辨率为 1（流量单位）。因此数字阀能在很大的范围内（如 8 位数字阀调节范围为 1～255）精密控制流量。数字阀的开度按步进式变化，每步大小随位数的增加而减少。

数字阀主要由流孔、阀体和执行机构 3 部分组成。每一个流孔都有自己的阀芯和阀座。执行机构可以用电磁线圈，也可以用装有弹簧的活塞执行机构。

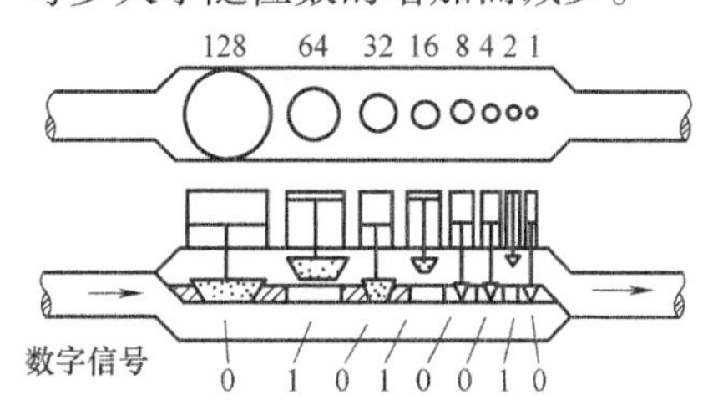

图 5-13　8 位二进制数字阀原理图

数字阀有以下特点：

1）高分辨率。数字阀位数越高，分辨率越高。8 位、10 位的分辨率比模拟式控制阀高得多。

2）高精度。每个流孔都装有预先校正流量特性的喷嘴和文丘里管，精度很高，尤其适合流量控制。

3）反应速度快，关闭特性好。

4）直接与计算机相连。数字阀能直接接收计算机的并行二进制数码信号，有直接将数字信号转换成阀开度的功能。因此数字阀能用于直接由计算机控制的系统中。

5）没有滞后、线性好、噪声小。

但是数字阀结构复杂、部件多、价格贵。此外由于过于敏感，导致输送给数字阀的控制信号稍有错误，就会造成控制错误，使被控流量大大高于或低于所要求的量。

5.4.2 智能控制阀

智能控制阀是集常规仪表的检测、控制、执行等作用于一身，具有智能化的控制、显示、诊断、保护和通信功能，是以控制阀为主体，将许多部件组装在一起的一体化结构。智能控制阀的智能主要体现在以下几个方面。

1. 控制智能

除了一般的执行器控制功能外，还可以按照一定的控制规律动作。此外还配有压力、温度和位置参数检测的传感器，可对流量、压力、温度、位置等参数进行控制。

2. 通信智能

智能控制阀采用数字通信方式与主控制室保持联络，主计算机可以直接对执行器发出动作指令。智能控制阀还允许远程检测、整定、修改参数或算法等。

3. 诊断智能

智能控制阀安装在现场，但都有自诊断功能，能根据配合使用的各种传感器通过微机分析判断故障情况，及时采取措施并报警。智能控制阀已经用于现场总线控制中。

思考题与习题

5-1 执行器在控制系统中有何作用？

5-2 执行机构有哪几种？工业现场为什么大多数使用气动执行器？

5-3 常用控制阀有哪几种类型？简述各自特点和适用场合。

5-4 什么是气开控制阀、气关控制阀？要想将一台气开阀改为气关阀，可采用什么措施？

5-5 简述数字阀的特点。

5-6 简述智能控制阀的特点。

第 6 章　控制方法

本章在分析控制对象特性的基础上，介绍单回路控制、串级控制、前馈控制、大纯滞后过程控制、具有反向响应过程特性的控制、比值控制、均匀控制、选择性控制等控制方法。

6.1　单回路控制

单回路控制系统又称为简单控制系统，它是由被控对象、测量变送单元、控制器和执行器组成的控制系统。单回路控制系统结构简单，投资少，易于调整和投运，能满足一般生产过程的控制要求，尤其适用于被控对象纯滞后和时间常数较小，负荷和干扰变化比较平缓或者对被控变量要求不太高的场合。

在控制系统的分析设计过程中，首先应分析生产过程中各个变量的性质及其相互关系，分析被控对象的特性，然后根据工艺的要求，选择被控变量、操纵变量，合理地选择控制系统中的测量变送单元、控制器和执行器。

6.1.1　对象特性

对象的特性包括静态特性和动态特性两部分。静态特性是指工艺对象在某一状态下达到稳定时的情况，它由物料平衡、能量平衡、传热、传质以及化学反应速度等决定。化工生产过程装置主要是通过静态计算进行设计的。但对于一个工程应用人员来说，除了关心对象稳定时的情况外，更要关心对象的变化过程。因为在生产过程中，经常有一些量以一定的幅度在波动，使控制系统处于动态变化中。有时还需要按照工艺操作的要求，人为地变更操作条件。而对一些关键的被控变量，如成分等，则不允许长时间存在较大偏差。所以研究对象在物料、能量的积聚或散发过程中，在传热、传质、化学反应过程中，在操作条件变动过程中被控变量的变化是十分重要的。

简单对象的动态特性可以通过理论分析，用数学推导的方法来求得。但对绝大多数对象，要完全借助于理论分析来得到与实际相符的动态特性表达式还是十分困难的。其主要原因在于理论分析和数学推导首先必须对对象做大量的简化假设；其次在推导过程中一些工艺数据在设计阶段尚不确切或不完备；还有某些工艺变量互为因果，互相影响，某些系数是随时间、工况或其他因素变化而改变的，难以确定。因此，往往通过实验手段，利用响应曲线法或脉冲法来获取对象的动态特性。

根据实践经验，除少数无自衡对象外，大多数对象均可用一阶、二阶、一阶加纯滞后、二阶加纯滞后这 4 种典型的动态特性来近似描述。为了进一步简化，也可以将所有对象都简化为一阶加纯滞后的形式。用传递函数可以表示为

$$G(s)=\frac{K\mathrm{e}^{-\tau s}}{1+Ts} \tag{6-1}$$

式中，K 为对象的静态放大倍数；τ 为对象的纯滞后时间；T 为对象的时间常数。

对于这种理想的一阶加纯滞后的对象，当输入一个阶跃干扰时，输出要经过一段时间才会开始发生变化，其反应曲线如图 6-1 所示。从加入阶跃干扰的时刻起，到输出开始变化的时刻为止，这段时间就是对象的纯滞后时间 τ。在单位阶跃作用下，当时间趋于无穷大时，对象的稳态输出值就是对象相应于此输入下的放大系数。时间常数的物理意义是当输入为阶跃干扰时，在对象的输出响应曲线上，从输出量开始变化的起始点做一切线，使该切线与稳态值相交，从输出量开始变化的时刻起，至上述交点 A 所对应的时刻为止，这一段时间等于时间常数 T 的值。

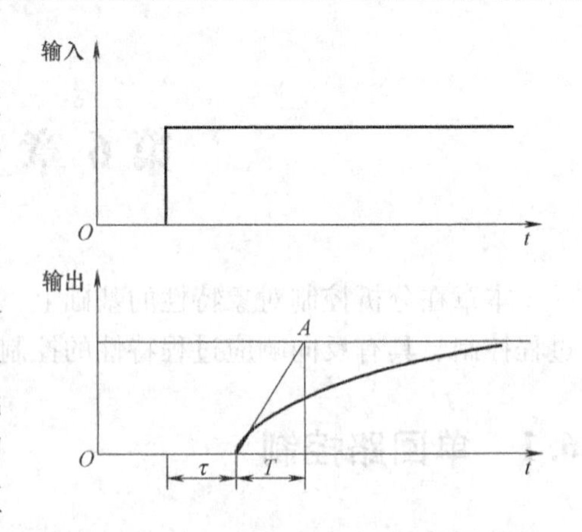

图 6-1　一阶自衡对象的阶跃响应曲线示意图

二阶以上的自衡对象的阶跃响应与图 6-1 并不完全一致，它的阶跃响应曲线如图 6-2 所示。作为一种近似的处理方法，在响应曲线上的拐点 D 处做一切线，与横轴交于 C。这样可以将实际上具有二阶以上特性对象的响应曲线 $ABDF$ 看做由一个纯滞后 τ 与一个一阶自衡对象 CDF 所组成。AB 段为纯滞后时间 τ_0，BC 段为容量滞后时间 τ_c，但在近似处理中，将纯滞后时间 τ_0 及容量滞后时间 τ_c 合在一起，一并叫做纯滞后时间 τ。在做了这种近似处理以后，就可以将一般的工业对象均用一阶加纯滞后的特性来描述。

从上面的分析可知，放大系数 K 取决于稳态下的数值，是反映静态特性的参数。对各种不同的通道，即控制通道和干扰通道的 K 值一般来说要求是不同的。在构成控制系统时，应使控制通道有较大的 K 值，这样的控制作用灵敏。而在诸多干扰中，出现频繁、K 值较大的干扰就是控制系统的主要干扰，希望有较小的 K 值，必要时可考虑其他控制方案，对其加以抑制。

对象的纯滞后时间使控制器改变输出时，不能立刻看出它的影响，使得它无法提供合适的校正作用，常常造成控制作用过头。因此对控制通道来说，希望它的对象纯滞后时间越小越好。对于干扰通道来说，由于它纯滞后时间的存在，即相当于干扰的影响要过一段时间才开始起作用，调节过程也将在时间轴上往后平移，相当于滤波一样，使调节作用或干扰作用的影响缓和起来，因此，容量滞后存在于干扰通道显然是有利于控制的。

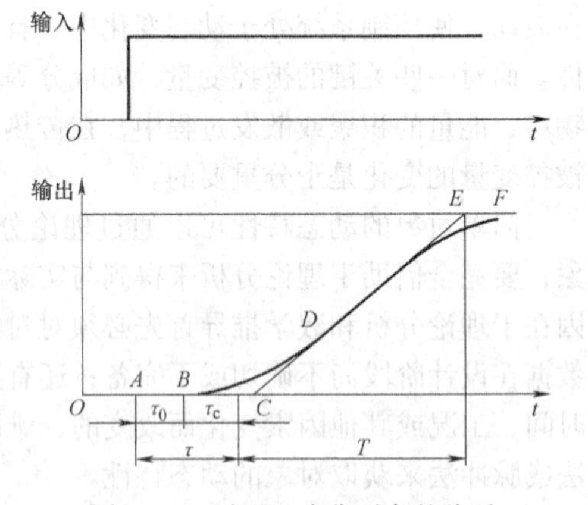

图 6-2　二阶以上自衡对象的阶跃响应曲线示意图

控制通道的时间常数越大，则控制作用的影响就越缓和，调节过程变得很缓慢；反之时间常数过小，调节过程变化较激烈，容易振荡。所以控制通道的时间常数过大或过小，在控制上都不利。对干扰通道，时间常数越大越好，这样干扰的影响缓和，就容易控制。

6.1.2 被控变量及操纵变量的选择

1. 被控变量的选择

在生产过程中，可能发生波动的工艺变量很多，但并非对所有的变量都要加以控制。一个化工厂的操作控制大体上可以分为3类，即物料平衡控制和能量平衡控制、产品质量或成分控制、限制条件或极限保护的控制。因此自控设计人员应深入了解工艺过程，在最初的工艺流程图一出来，就找出对稳定生产、对产品的质量和产量、对确保经济效益和安全生产有决定性作用的工艺变量，或者人工操作过于频繁、紧张、难以满足工艺要求的工艺变量作为被控变量来设计自动控制系统。作为物料平衡控制的工艺变量常常是流量、液位和压力，它们可以直接被检测出来作为被控变量。而作为产品质量控制的成分往往找不到合适的、可靠的在线分析仪表，常采用反应器的温度、精馏塔某一块灵敏板的温度或温差来代替成分作为被控变量。这个间接的被控变量——温度或温差，只要与成分有对应关系，并且有足够的灵敏度，则完全是合适的，这种做法在石油化工生产过程中是常见的，并且是一个行之有效的方法。

2. 操纵变量的选择

在生产过程中，工艺要求被控变量能稳定在设计值上。工艺变量的设计值是按一定的生产负荷、原料组分、质量要求、设备能力安全极限以及合理的单位能耗等因素综合平衡而确定的，工艺变量稳定在设计值上一般都能得到最大的经济效益。然而由于种种外部和内在的因素，对工艺过程的稳定运行必然存在着干扰，因此，自控设计人员必须深入研究工艺过程，认真分析干扰产生的原因，正确选择操纵变量，建立一个合理的控制系统，以确保生产过程平稳操作。选择操纵变量时，主要考虑以下原则：

1）首先从工艺上允许在一定范围内改变；

2）选择的操纵变量的控制通道放大倍数要大，这样对克服干扰较为有利；

3）在选择操纵变量时，应使控制通道的时间常数适当小一些，而干扰通道的时间常数适当大一些；

4）选择的操纵变量应对装置中其他控制系统的影响和关联较小，不会对其他控制系统的运行产生较大的干扰。

6.1.3 滞后对控制系统的影响

在生产过程中应用最多的是根据反馈原理的定值控制。所谓定值控制，就是控制器接收测量变送环节送来的测量信号，将它与给定值相比较，根据偏差的大小，按照一定的控制规律去改变操纵变量，最终消除偏差。定值控制系统的特点是能适应给定值和扰动两者的变化，使被控变量趋向于给定值。但在控制系统的一些环节中存在滞后时将严重影响调节过程的品质。如在测量变送单元中存在滞后，它就不能将被控变量的变化及时地、如实地送到控制器，使控制器仍按过时的信号来工作，导致过渡过程时间加长，系统的超调量增加。如果控制器输出的是气动信号，并且调节阀膜头上的空间容积较大，这样必然使调节阀动作迟缓，不能及时产生校正作用，同样会使调节品质变坏。

在生产过程中，要建立一个完全没有滞后的控制系统几乎是不可能的，但是，在设计阶段可以采用以下方法克服滞后过大带来的不利影响。

1. 合理地选择测量元件的安装位置，减少测量变送单元的纯滞后

在设计过程中，确定测量元件的安装位置，应使其有真正的代表性，并且纯滞后最小。举例来说，如果通过改变热交换器热载体的流量来控制某流体的温度时，测温点就应设在紧接热交换器的出口处，而不应设在远离热交换器的出口或下一台设备的入口处。为了减小成分分析器取样管线的纯滞后，可以采取环流取样或旁路取样等专门措施，也可以在现场设立分析器室，缩短取样管线的长度。

2. 选取小惰性的测量元件，减少时间常数

从测量元件的动态特性看，它的时间常数大，对被控变量的变化就会反应不及时，测量元件的读数跟不上实际被控变量的变化，它的示值不等于实际值，产生动态误差，所以应选取时间常数小的小惰性测量元件。

3. 采用气动继动器和阀门定位器

为了减少传输时间，当气动传输管线长度超过150m时，在中间可采用气动继动器，以缩短传输时间。当调节阀膜头容积过大时，为减少容量滞后，可设置阀门定位器。

4. 采取合适的控制规律

对滞后较大的温度控制系统、成分控制系统，可选用带微分作用的控制器，借助于微分作用来克服滞后的部分影响。对滞后特别大的系统，微分作用将难以见效，此时为了保证调节质量，可采用串级控制系统，借助于副回路来减少对象的时间常数，或采用采样控制以及预估控制等较为复杂的控制手段。

6.1.4 调节阀流量特性的选择

虽然调节阀的理想流量特性有直线、等百分比、抛物线和快开4种，但抛物线流量特性与等百分比流量特性较为接近，前者可以用后者来代替，而快开特性又主要用于位式控制和顺序控制，因此，所谓调节阀流量特性的选择，一般局限于直线特性与等百分比特性的选择。调节阀流量特性的选择可以通过理论计算的方法求得，但这种方法较复杂，并且同一个控制系统考虑不同的干扰，有时会得出不同的结果。所以在具体设计中，一般采用理论分析与实践经验相结合的方法，综合考虑各方面的因素，然后做出选择。主要考虑的因素有以下几种。

1. 从广义对象的特性出发

为了使自动控制系统在负荷改变的情况下仍能正常工作，希望包括变送器和执行器在内的广义对象的放大倍数能基本保持不变，使控制器的各项参数能适应不同的负荷。为此，当仅包括变送器在内的对象的输出特性为线性时，调节阀可选用直线流量特性；当对象的输出特性为非线性时，则调节阀应选用非线性流量特性，以期望两者合成后的特性是线性的。例如，与传热有关的温度对象，一般负荷增加时放大系数减少，因此，可相应选择一个负荷增加，放大倍数也增加的等百分比理想流量特性的调节阀。再如一个用差压法测量流量的流量控制回路，若不设开方器时，由于差压变送器的输出与流量的二次方值成正比，因此，差压变送器的增益与流量值成正比，所以从理论上分析，似乎应选用一个快开特性的调节阀，但实际上考虑到串联管道的压力损失，管路的畸变系数S（调节阀全开时的阀前后压差与管道系统的压差之比）值小于1，以及其他的因素，一般可以选用一个直线理想流量特性的调节阀。

2. 结合工艺配管的实际情况

结合工艺配管的实际情况，确定调节阀全开时在工艺管路中的允许压降，然后算出管路的畸变系数 S 值。按照控制系统的需要决定调节阀的实际流量特性，然后考虑到因 S 值引起的流量特性的畸变，最后确定调节阀的理想流量特性。

3. 结合节能来考虑

流体通过调节阀节流时，没有做有用的功，一部分机械能被白白地损耗，因此，如果仅仅从节能的角度出发，则希望调节阀都能在低 S 值运行，以减少输送流体所需要的能量。但考虑到流量特性的畸变，仅仅对一些流量大，压降大，确有节能效益的调节阀，可以让它在低 S 值下运行，此时选择调节阀的理想流量特性时，应预计到实际流量特性的畸变。如对一个需要实际流量特性为直线特性的低 S 值调节阀，则应选择等百分比的理想流量特性。但对需要实际流量特性为等百分比特性的调节阀，则可以采取更换阀门定位器的反馈凸轮片，以使阀杆行程与控制器输出信号为非线性关系，或在控制器输出至调节阀间加设乘法器等非线性补偿环节以及直接选用相应流量特性的低 S 值调节阀等措施来实现。但是，应引起注意的是，调节阀在低 S 值下运行时其可调比将显著减小，因此，必要时应根据工艺条件做可调比的核算。

4. 综合考虑其他因素

当所选用调节阀有可能经常在小开度下工作时，为使调节过程平稳，宜选用等百分比理想流量特性。当控制系统预计到负荷变化幅度较大时，宜选用等百分比理想流量特性。当调节阀的 S 值较小时，为避免实际流量特性变成快开，宜选用等百分比流量特性。当流体介质中含有较多固体悬浮物时，可以考虑选用直线理想流量特性，因为这种特性的阀，它的阀芯曲面形状相对较瘦，在调节阀小开度工作时，阀芯不易卡死。

6.1.5　阀门定位器的选用

当调节阀上的压降过大，因填料压得过紧阀杆存在较大的摩擦力以及流体黏度较大时，都能产生附加的力来阻碍阀芯的运动，这时调节阀的开度将与控制器所要求的位置相比较，如不符合要求，它就改变阀门定位器的输出，即调节执行机构上的空气压力，直到最终获得正确的阀杆位置为止。

阀门定位器能实现的功能有：

1）借助它能实现分程控制；

2）通过阀门定位器能改变调节阀工作时的作用方式；

3）在高压降的条件下，能提供足够的功率；

4）能克服阀杆的摩擦力，提高调节阀的响应速度；

5）较为准确地确定调节阀的开度，一定程度上提高调节的精确度；

6）通过更换定位器上的反馈凸轮片，在一定范围内能改变调节阀的流量特性。

但是需要引起注意的是，在一些反应迅速的过程中，例如流量和液体压力控制系统中，使用阀门定位器容易引起振荡，因此在这些场合不宜采用它。补救的办法是设置继动器来提高调节阀的响应速度和推动功率，设置加法器来改变调节阀工作时的作用方式。

6.1.6 控制器正、反作用的选择

任何一个控制系统在投运前，必须正确选择控制器的正、反作用，使自动控制系统构成具有被控变量负反馈的闭环系统，即如果被控变量值偏高，则控制作用应使之降低，如果被控变量值偏低，则控制作用应使之升高。相反，在闭环回路中进行的不是负反馈而是正反馈，将不断增大设定值与反馈值之间的偏差，最终必将把被控变量引导到受其他条件约束的高端或低端极限上。这里，涉及闭环控制系统中各环节的作用方向的问题，所谓作用方向，就是指某环节的输入变化后，输出的变化方向。当某个环节的输入增加时，其输出也增加，则称该环节具有“正作用”方向；反之，当环节的输入增加时，输出减小，则称该环节具有“反作用”方向。

单回路控制系统框图如图6-3所示。图中，G_c 为控制器的传递函数；G_v 为调节阀的传递函数；G_o 为被控对象的传递函数；H_m 为测量变送单元的传递函数；R 为给定值；C 为被控变量；C' 为被控变量的测量值；E 为偏差。

从图6-3可以看出，在一个单回路控制系统中，只要回路中具有反作用的环节有奇数个，就能实现闭环的负反馈控制。控制器、调节阀和对象的正、反作用规定如下。

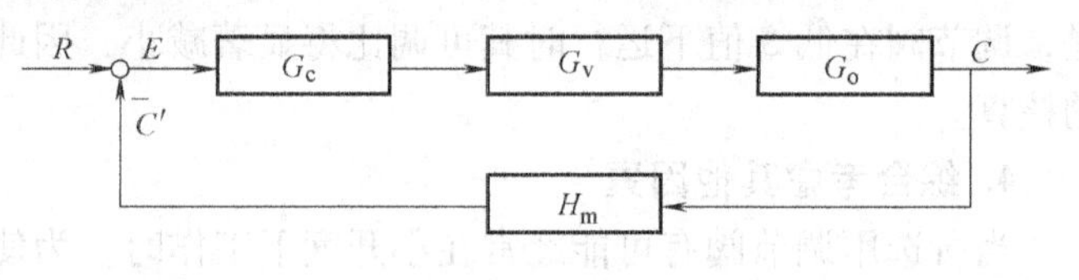

图6-3 单回路控制系统框图

1. 控制器的正、反作用

对于控制器来说，测量值增加，输出增加，称之为正作用；测量值增加，输出减小，称之为反作用。

2. 调节阀的正、反作用

调节阀的正反作用定义为气开阀为正作用，气关阀为反作用（有压力信号时阀关，无压力信号时阀开为气关阀；反之，为气开阀）。

3. 对象的正、反作用

对象的正、反作用定义为如果操纵变量增加，被控变量也增加，为正作用；操纵变量增加，被控变量减少，为反作用。

在实际的应用中，测量变送环节一般都为正作用的环节，因此，单回路控制系统控制器正、反作用方式的确定方法如下：首先确定对象的正、反作用，然后根据调节阀选型为气开或气关确定调节阀的正、反作用，最终回路中应具有奇数个反作用的环节，即可确定控制器的作用方式。

6.1.7 一些常见的控制系统分析

在石油化工厂众多的控制系统中，按其被控变量来划分，绝大多数都属于温度、压力、流量、液位和成分控制系统。显然，同一类型的控制系统有它们一些共同的特点，下面对它们共同的特点简要的分析。

1. 流量控制系统

在流量控制系统中，被控变量和操纵变量均是流量，所以对象的静态放大系数为1。流

量对象的时间常数很小，一般仅为几秒，对象的纯滞后时间也很小，调节过程中被控变量的振荡周期也很短。因为流量控制一般都与工艺的物料平衡有关，大多数情况下不允许有余差，因此，总是选用比例积分控制器。由于对象时间常数小，反应灵敏，控制器不必有微分作用。

2. 液位控制系统

一个设备或贮罐的液位，表征了它的流入量和流出量的累积。在化工生产中，由于生产的连续性，所以液位控制是为物料平衡服务的，液位控制应完成以下 3 项任务：

1）保持设备或贮罐内的滞留量是在规定的高限和低限之间，使它们具有一定的缓冲能力；

2）在每一种滞留量下，在绝大部分时间内保持入口流量和出口流量之间的平衡；

3）通过容积的缓冲来保持前后供需负荷的平衡，在需要改变流量时，希望能逐步地、平滑地调整流量。

从工艺流程上看，液位控制分成循流向和逆流向两种。所谓循流向就是由液位去控制排出量，这是比较传统的做法。逆流向就是由液位去控制进入量，这种做法的好处是能缩小贮罐的容积。液位对象的时间常数与容器的容积成正比，与流量成反比，一般为数分钟以上。

由于液体进入容器时的飞溅和扰动，液位测量与流量测量相似，也是有噪声的，在实践中，大多数情况下精确地控制液位是没有必要的，因而选用比例控制器。对有相变过程的设备，如再沸器、锅炉汽包、氨蒸发器等，它们的液位控制比较复杂，因为它们不仅与物料平衡有关，而且与传热有关。在这些设备中，液位常常以满量程的百分之几左右的幅度急剧波动，所以要实现良好的液位控制还需设计复杂的控制系统。

3. 压力控制系统

（1）气体压力

气体压力与液位相似，它是系统内进出物料不平衡程度的度量，因而气体的压力控制不是改变流入量就是改变流出量。气体压力对象基本上是单容的，具有自衡能力，它的时间常数也与容积成正比，与流量成反比，一般为几秒至几分钟。除了系统附近有脉动的压力源，如往复式压缩机等，一般气体压力的测量是没有噪声的，通常选用比例积分控制器，积分时间可以放得比流量控制时大。

（2）液体压力

由于液体的压力不可压缩性，因而液体的压力控制与流量控制非常相似，液体压力对象的时间常数仅为几秒，测量时也有明显的噪声，一般选用比例积分控制器来进行控制。当同一根工艺管线上既要控制压力又要控制流量时，两个控制系统会互相影响。

（3）蒸汽压力

常见的锅炉汽包压力控制，精馏塔、蒸发器压力控制，其实质上是传热的控制，系统蒸汽的压力就表征了热平衡的状况。所以在这类控制系统中，它的特性在某些方面与温度控制有相似之处。

4. 温度控制系统

温度控制实质上是一个传热的控制问题。温度对象常常是多容的，时间常数与对象的热容与热阻的乘积成正比，它可以从几分钟到几十分钟。换热器传热面的结垢会引起热阻增大，因而对象时间常数还具有时变的特性；此外，由于不均匀性，往往对象具有分布参数的性质。为了改善温度控制系统的品质，测量元件应选用时间常数小的元件，并尽量安装在测量纯滞后小的地方。控制器可以选用比例积分微分控制器，积分时间可置于几分钟，微分时间相对短一些。由于温度控制对象的非线性，随着负荷增加放大倍数下降，所以一般温度控制系统选用等分百分比流量特性的调节阀。

5. 成分控制系统

在生产现场，出现问题最多的往往是成分控制系统。成分控制系统的对象也是多容的，且时间常数大，纯滞后时间大；有的具有明显的非线性，如 pH 值控制对象。造成成分控制系统工作不良的原因，还有分析器本身结构比较复杂，取样系统和样品预处理部分工作不良，纯滞后过大等多方面的原因。

成分控制系统通常选用比例积分微分控制器。由于成分控制系统的惰性较大，系统可靠性不高，所以控制器的比例度一般均放得较大。对于 pH 值控制最好能使用非线性控制器；对纯滞后特别大的成分控制系统可以考虑采用采样控制。当选不到合适的成分分析仪器及控制器时，可以采用间接的被控变量如温度、温差控制器等来代替。

6.2 串级控制

串级控制的特点是两个控制器相串联，主控制器的输出作为副控制器的给定值，适用于时间常数及纯滞后较大的对象，如加热炉的温度控制等。

6.2.1 串级控制系统的基本概念及工作过程

图 6-4 所示为串级控制系统框图，该系统有两个控制器，控制器 1 为主控制器，控制器 2 为副控制器，主控制器的输出作为副控制器的给定；系统有两个测量变送单元，一个测量主被控变量 C_1，另一个测量副被控变量 C_2，串级控制系统的目的主要在于控制主被控变量稳定。现以图 6-5 所示的管式加热炉出口温度串级控制系统为例来说明串级控制系统的工作过程。图中，TC1、TC2 皆为温度控制器，TC1 为主控制器，TC2 为副控制器。

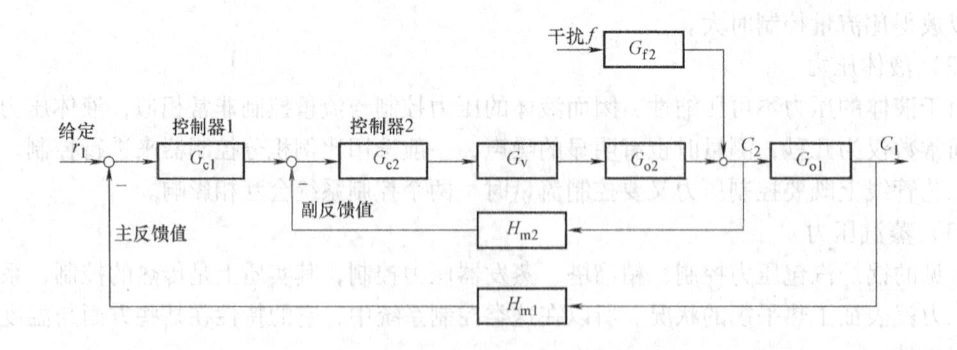

图 6-4 串级控制系统框图

管式加热炉是炼油生产过程中的重要设备，其作用是把原油加热至一定的温度，然后送去分馏，得到各种不同规格的产品。为了保证分馏部分生产正常，延长炉管寿命，要对出口温度加以控制，一般只允许 ±（1~2）℃的波动，为此采用了加热炉出口温度与炉膛温度串级控制系统。在外界干扰的作用下，系统的热平衡遭到破坏，加热炉出口温度发生变化，此时串级控制系统中的主、副控制器便开始工作。根据干扰施加点位置的不同，可分为下列3种情况。

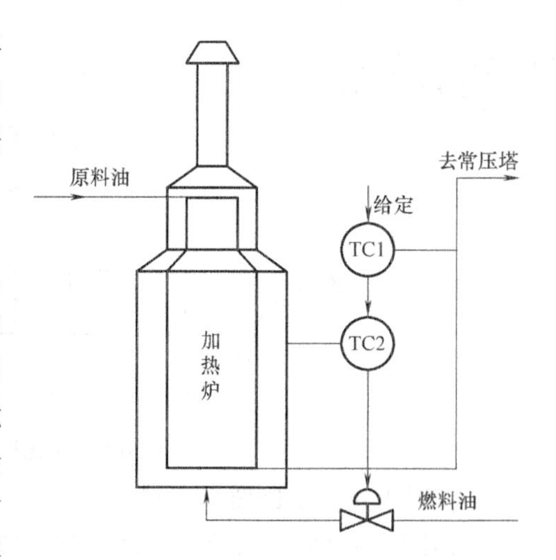

图6-5 管式加热炉出口温度串级控制系统图

1. 干扰作用于副回路

当燃料油压力、流量、组分等发生变化时，炉膛温度也会相应地发生变化，此时炉膛温度的副控制器TC2立即进行调节。如干扰较小，经副回路调节以后，炉膛温度基本保持不变，这样就不会影响加热炉出口温度。当干扰很大时，还会影响到主被控变量——加热炉的出口温度，这时主控制器TC1的输出开始发生变化，对副控制器TC2来说，它将接收给定值与测量值两方面的变化，从而使输入偏差增加，校正作用加强，加速了调节过程。

2. 干扰作用于主回路

当原料油的入口流量和温度发生变化时，炉膛温度尚未发生变化，但加热炉出口温度先行改变。此时主控制器TC1根据加热炉出口温度的变化去改变副控制器TC2的给定值，副控制器接到指令后，很快产生校正作用，改变燃料油调节阀的开度，使加热炉出口温度返回给定值。在控制系统中由于多了一个副回路，调节和反馈的通道都缩短了，因而能使被控变量的超调量减小，调节过程缩短。

3. 干扰同时作用于主、副回路

当多个干扰同时作用于主、副回路时，如它们使主被控变量与副被控变量往同一方向变化，则副控制器的输入偏差将显著增加，因此，它的输出也将发生较大的变化，可迅速克服干扰。如果主被控变量与副被控变量分别往相反方向变化，则副控制器输入的偏差将缩小，它的输出只要有较小的变化即能克服干扰。

综上所述，在串级控制系统中，由于主、副两个控制器串联在一起，再加上一个闭合的副回路，因而不仅能迅速克服作用于副回路的干扰，而且对于作用于主回路的干扰也有加快调节的作用。在调节过程中，副回路具有先调、快调、粗调的特点；主回路则相反，具有后调、慢调、细调的特点。主、副回路互相配合，与单回路简单控制系统相比，大大改善了调节过程的品质。

6.2.2 串级控制系统的特点

串级控制系统从总体上来看相当于一个定值控制系统，但由于它在结构上增加了一个随动的副回路，因此具有以下两个特点。

1. 有较强的克服副回路干扰的能力

把图6-4串级控制系统框图副回路化简，得到图6-6所示简化后的串级控制系统框图。从图6-6中可以看出，当干扰包括在副回路中时，由于副控制器能及时起调节作用，因此干扰对主被控变量的影响减弱。若把测量变送单元的传递函数当做1，则干扰的影响将减弱为原来的$\dfrac{1}{1+G_{c2}G_vG_{o2}}$。

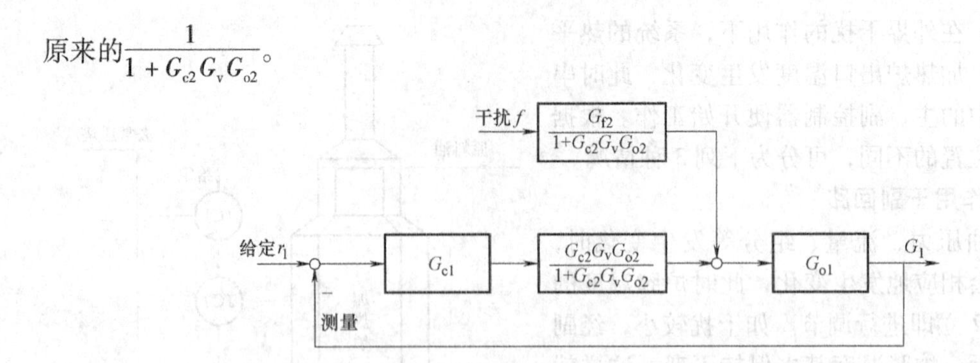

图 6-6 简化后的串级控制系统框图

2. 有利于克服主回路的干扰

采用串级控制后，对象的一部分被包含在副回路内。图 6-6 中等效对象的传递函数为

$$G'_{o2}=\frac{G_{c2}G_vG_{o2}}{1+G_{c2}G_vG_{o2}} \tag{6-2}$$

设 $G_{c2}=K_{c2}$，$G_v=K_v$，$G_{o2}=\dfrac{K_{o2}}{1+T_{o2}s}$，将这些环节的传递函数代入式（6-2）后可得

$$G'_{o2}=\frac{K'_{o2}}{1+T'_{o2}s} \tag{6-3}$$

式中，$K'_{o2}=\dfrac{K_{c2}K_vK_{o2}}{1+K_{c2}K_vK_{o2}}$，$T'_{o2}=\dfrac{T_{o2}}{1+K_{c2}K_vK_{o2}}$。由此可见，采用串级控制后，副回路等效对象的时间常数 T'_{o2} 比原来的时间常数减小了（$1+K_{c2}K_vK_{o2}$）倍。由于时间常数减小，过渡过程时间缩短，调节品质也提高了。

6.2.3 串级控制系统的设计原则

在一些控制要求高、对象时间常数大、干扰幅度大、干扰频繁的场合可以设计串级控制系统来改善调节品质。设计时应考虑以下原则。

1）副回路应力求包括主要的干扰，即变化频繁幅度较大的干扰，如有条件还应尽可能包括其他次要干扰，这样能充分发挥副回路的作用，把影响主被控变量的干扰抑制到最低程度。

2）应使主、副对象的时间常数有合适的搭配，一般希望主对象的时间常数为副对象时间常数的 3 ~ 4 倍，这样可以避免主、副回路互相影响，产生“共振”现象，也便于控制器的参数整定。

3）副回路的构成应考虑它在工艺上的合理性。

4）在串级控制系统中，主、副控制器的工作性质不一样，主控制器起定值控制作用，副控制器起随动控制作用；主被控变量一般不允许有余差，而副被控变量往往允许在一定范围内波动。因此，主控制器可选用比例积分控制器，副控制器可以选用比例控制器。只是在流量控制做副回路时，一般副控制器也选用比例积分控制器，这样副回路可以按照主回路的要求，对于物料流和能量流实施精确控制，有利于物料平衡和能量平衡，也有利于副回路单独投运。

5）当调节阀上设有阀门定位器时，阀门定位器也相当于围绕调节阀构成一个串级的副回路，它使得控制器的输出信号与反映阀杆行程的位移信号平衡。根据主、副对象时间常数应当错开以避免振荡的原则，阀门定位器不宜用于流量控制和液体压力控制的调节阀上，否则为了消除振荡，需要把控制器的比例度放得很大，这样会降低控制系统的灵敏度。

6.3 前馈控制

6.3.1 前馈控制的基本概念

反馈控制系统中的控制器都是按给定值与实际值之差来进行工作。但是，在一些纯滞后时间长、时间常数大、干扰幅度大的对象中，反馈控制的品质往往不能令人满意。究其原因，主要是因为反馈控制自身的特点决定的。

1）反馈控制本身就意味着必须存在被控变量的偏差方能进行控制，因此是不完善的。

2）控制器必须等待被控变量偏离给定值后才开始改变输出，对纯滞后时间长、时间常数大的对象，它的校正作用起步较晚，并且对应一定幅值的干扰，它不能立即提供一个精确的输出，只是在正确的方向上进行试探，以求得被控变量的测量值与给定值一致，这种尝试的方法就导致了被控变量的振荡。

3）如果干扰的频率稍高，这种尝试的方法由于来回反复试探，必然使系统很难稳定。有一个解决问题的方法，它就是前馈控制。可以把影响被控变量的主要干扰因素测量出来，用前馈控制模型算出应施加的校正值的大小，使得在干扰一出现，刚开始影响被控变量时就起校正作用。所以前馈控制是按照扰动量进行校正的一种控制方式。从理论上讲，似乎前馈控制可以做得十分精确完美，但实际上却不可能。这是因为一个被控对象有许多干扰因素，首先不能对每一个干扰都考虑采用前馈控制；其次有许多干扰如热交换器热阻的变化、反应器触媒活性的下降，它们很难测出；还有前馈控制模型难免有误差，这样在干扰作用后被控变量就回不到给定值。所以在实际应用中，常常把前馈控制与反馈控制结合起来，取长补短。

前馈控制适用的场合一般有以下几种。

1）当对象的纯滞后时间特别大，时间常数特别大或者特别小，采用反馈控制难以得到满意的调节品质时。

2）干扰的幅度大，频率高，对被控变量影响剧烈，仅采用反馈控制达不到要求的被控对象，例如生产工艺的负荷。

3）某些分子量、黏度、组分等工艺变量，往往找不到合适的检测仪表来构成闭环反馈控制系统，此时只能采取对主要干扰加以前馈控制的方法来减少或消除干扰对它们的影响。

6.3.2 前馈控制模型

1. 静态前馈模型

图6-7表示了一个干扰为f的前馈-反馈控制系统的框图。按不变性原理，为了使被控变量C不受干扰f的影响，前馈控制模型G_F应符合下式

$$G_{\mathrm{F}}(s) = -\frac{G_{\mathrm{D}}(s)}{G_{\mathrm{o}}(s)} \tag{6-4}$$

式中，$G_{\mathrm{F}}(s)$ 为前馈控制传递函数；$G_{\mathrm{D}}(s)$ 为干扰通道的传递函数；$G_{\mathrm{o}}(s)$ 为广义对象的传递函数。

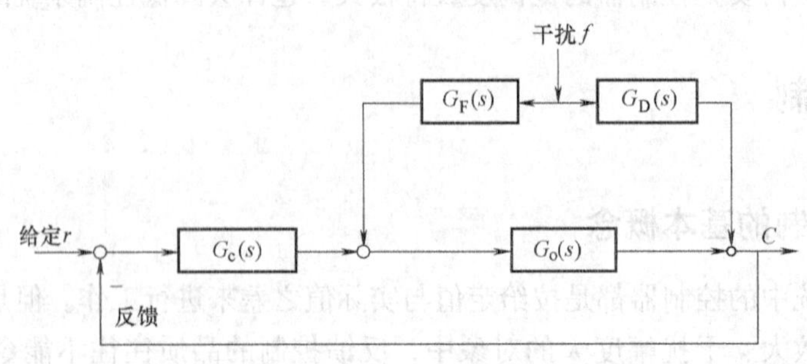

图 6-7 前馈-反馈控制系统框图

如果只考虑静态前馈，那么对于式（6-4）中的各传递函数项只需考虑它的静态放大系数，则式（6-4）可以改写成

$$K_{\mathrm{F}} = -\frac{K_{\mathrm{D}}}{K_{\mathrm{o}}} \tag{6-5}$$

式中，K_{F} 为前馈控制的放大系数；K_{D} 为干扰通道的放大系数；K_{o} 为广义对象的放大系数。

由式（6-5）可见，采用静态前馈模型构成控制系统较为简单，只需要测出干扰 f 的大小，并经乘法器乘上式（6-5）算出的 K_{F} 的绝对值，如需要时再经加法器反向，最终叠加到控制器的输出信号上即可。所以一般设计前馈控制系统时，首先应该考虑采用静态前馈。图 6-8 所示的热交换器前馈控制是最容易理解前馈控制系统工作过程的一个例子。图中，TT1、TT2 分别为进、出被加热液体的温度测量变送环节，FT1、FT2 分别为被加热液体、加热蒸汽的流量测量变送环节，FC 为蒸汽流量控制器。

进口温度为 T_1 的某种物料，经热交换器后被加热到所要求的温度 T_2，设主要的干扰来自进料温度和进料流量的波动，蒸汽流量被作为控制手段。根据传热机理可以得到

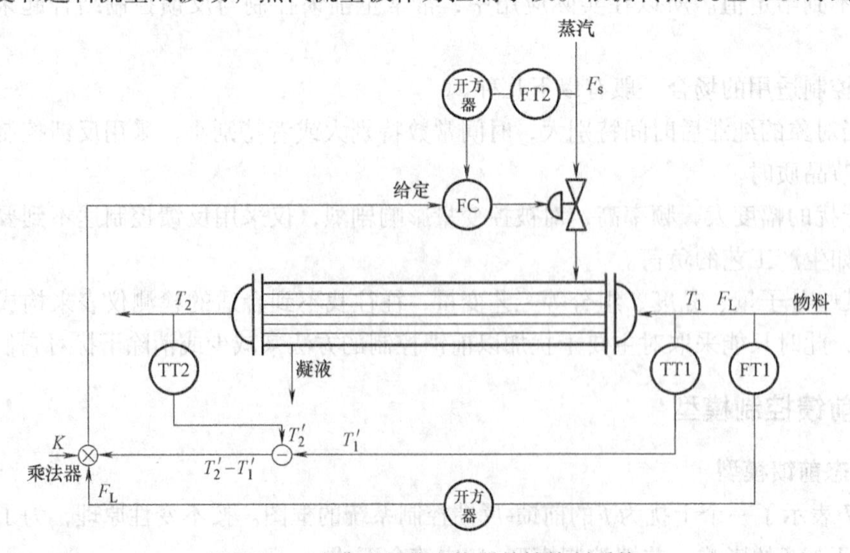

图 6-8 一个典型的热交换器前馈控制系统

$$F_s H_s = F_L c_p (T_2 - T_1) \tag{6-6}$$

式中，F_s 为蒸汽流量；H_s 为蒸汽的蒸发潜热；F_L 为被加热流体的流量；c_p 为被加热流体的比热容；T_1、T_2 分别为被加热的液体进、出热交换器的温度。

由式（6-6）可以求出当 F_L、T_1 变化时蒸汽流量 F_s 的设定值为

$$F_s = F_L \frac{c_p}{H_s} (T_2 - T_1) \tag{6-7}$$

令 $K = \frac{c_p}{H_s}$，则有

$$F_s = F_L K (T_2 - T_1) \tag{6-8}$$

如果仅仅考虑静态前馈，就可以设计成图6-8所示的前馈控制系统。当主要的干扰进料流量 F_L 发生变化时，蒸汽流量 F_s 也会做出相应的变化，此时热交换器出口温度 T_2 的变化将如图6-9所示。如果静态前馈控制模型足够准确，则在 F_L 变化稳定后，热交换器出口温度 T_2 必然与原先的设定值相符。在 F_L 变化过程中，出口温度 T_2 与设定值之间存在一个动态偏差，这是因为传热需要时间，液体从进入热交换器到流出热交换器所需要的时间，比起传热过程所需要的时间要短得多。因此，当干扰比较频繁，而控制精度又要求比较高的场合，可以按动态前馈控制模型来设计前馈控制系统，这样有利于消除动态偏差。

2. 动态前馈控制模型

一般工业控制对象均可近似地用一阶加纯滞后环节来表示。即

$$G_D(s) = \frac{K_D}{T_D s + 1} e^{-\tau_D s} \tag{6-9}$$

$$G_o(s) = \frac{K_o}{T_o s + 1} e^{-\tau_o s} \tag{6-10}$$

式中，$G_D(s)$ 为干扰通道的传递函数；K_D 为干扰通道的放大倍数；T_D 为干扰通道的时间常数；τ_D 为干扰通道的纯滞后时间；$G_o(s)$ 为广义对象的传递函数；K_o 为广义对象的放大倍数；T_o 为广义对象的时间常数；τ_o 为广义对象的纯滞后时间。

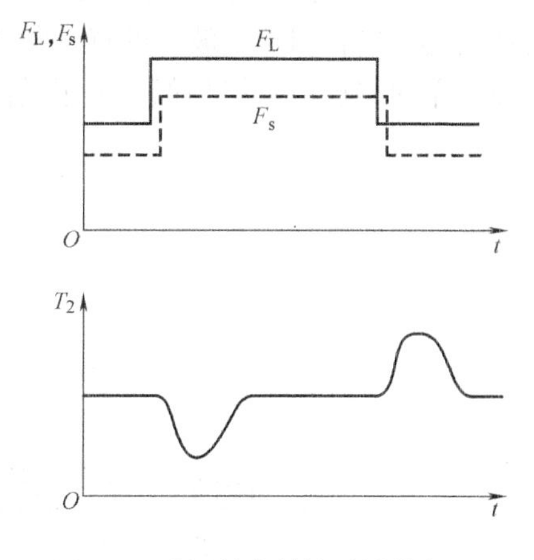

图6-9 采用静态前馈时被控变量的变化曲线

将式（6-9）、式（6-10）代入式（6-4）得

$$G_F(s) = -\frac{K_D}{K_o} \frac{T_o s + 1}{T_D s + 1} e^{-(\tau_o - \tau_D)s} \tag{6-11}$$

如果两个纯滞后时间 τ_o 与 τ_D 相近，并且由式（6-5）可知，式（6-11）可简化为

$$G_F(s) = -\frac{K_D}{K_o} \frac{T_o s + 1}{T_D s + 1} \tag{6-12}$$

式（6-12）表示了不考虑纯滞后时间不同时的一阶超前/一阶滞后动态前馈控制模型，它已在实践中得到使用。若需要用模拟仪表中的计算单元来构成此模型，还需要将式（6-12）进行整理。可以用两个乘法器、一个加法器、一个一阶惯性环节来构成动态前馈控制模型。动态前馈控制模型较为复杂，从效果上看仅仅能减少调节过程中的动态偏差而已，因而在干扰通道的时间常数与控制通道的时间常数差不多时，则应尽可能采用静态前馈控制。

在智能型数字控制器和 DCS 中有超前/滞后功能模块，它能直接完成式（6-12）的运算，因而只要在软件组态时直接调用，即可方便地解决动态前馈问题。

6.3.3 前馈-反馈控制

在前面图 6-8 所示的热交换器前馈控制系统中，当蒸汽压力发生波动，使蒸汽焓发生变化或热交换器的热阻或热损失发生改变时，热交换器出口物料的温度与设定值就会不相符合，这些无法用前馈控制来解决，因此，应该引入反馈控制，由反馈控制来解决那些不能在前馈控制回路内抑制的干扰，具体的前馈-反馈控制系统如图 6-10 所示。在图 6-10 中，TT1、TT2 分别为进、出被加热液体的温度测量变送环节，FT1、FT2 分别为被加热液体、蒸汽的流量测量变送环节，FC 为蒸汽流量控制器，TC 为温度控制器。在图 6-10 中，热交换器出口物料的温度 T_2 为主被控变量，蒸汽加热量 F_s 为副被控变量，构成串级控制系统，进料流量信号与温度信号为前馈信号，这样图 6-10 为前馈-反馈的控制系统。从前馈的原理上看，前馈信号来自于进料流量和进料温度，反馈信号和前馈信号进行相乘运算，运算结果作为加热蒸汽流量控制器的设定值。从能量平衡的角度来看前馈控制，即意味着当进料的温度或流量发生变化时，马上就对蒸汽的流量进行调节，可避免出口物料温度 T_2 的变化。在这个前馈-反馈控制系统中，主要的干扰（进料流量与进料温度的波动）由前馈控制加以克服，对其他引起出口物料温度波动的扰动的克服，由反馈控制来完成。反馈控制器 TC 控制方式的选择与单回路控制系统相似，为了消除出口温度的余差，它应该具有积分控制作用。

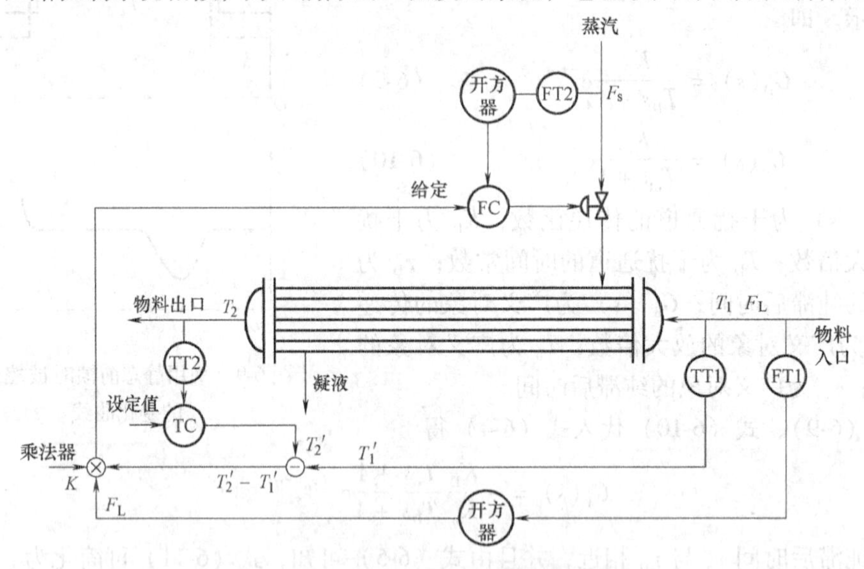

图 6-10　热交换器的前馈-反馈控制系统

前馈-反馈控制与单纯的前馈控制相比，具有如下的优点。

1）通过反馈控制可以保证被控变量的控制精度，即保证被控变量稳定后的值，它能克服没有包括在前馈控制回路内的诸多扰动的影响。

2）引入反馈控制以后，降低了对前馈控制模型精度的要求，使得前馈控制模型简化，有利于实现。

3）由于反馈控制回路的存在，提高了前馈控制模型的适应性。

在工程设计中，总是把前馈-反馈结合在一起使用。当然在设计时还得考虑必要性的问题，一般来说，只在需要的部位有限地使用。

6.4 大纯滞后过程的控制

在工业生产过程中，被控对象除了具有容积滞后外，往往不同程度地存在着纯滞后。例如在热交换器中，被控变量为被加热物料的出口温度，而操纵变量为载热介质的流量，当改变载热介质流量后，对物料出口温度的影响必然要滞后一段时间，即介质经管道所需的时间。此外，如反应器、管道混合、皮带传输、多容量、多个设备串联以及用分析仪表测量成分等过程都存在着较大的纯滞后。在这些过程中，由于纯滞后的存在，使被控变量不能及时反映系统所受的扰动，即使测量信号到达控制器，执行机构接收调节信号立即动作，也需要一段纯滞后以后，才会影响被控变量，使之受到控制。因此，这样的过程必然会使被控变量产生较明显的超调量和较长的调节时间。所以，具有纯滞后的过程被公认为较难控制的过程，其难度将随着纯滞后时间占整个动态过程时间份额的增加而增大。一般认为，若纯滞后时间 τ 与过程的时间常数 T 之比大于1.0，则称该过程为具有大纯滞后的工艺过程。当 τ/T 增加，过程中的相位滞后增加，使上述现象更为突出，有时甚至会因为超调严重而出现停产事故；有时则可能引起系统不稳定，被调量超过安全限，从而危及设备与人身安全。因此大纯滞后过程一直受到人们的关注，成为重要的研究课题之一。

解决纯滞后影响的方法很多，最简单的是利用常规 PID 控制器。该控制器具有适应性强、调整方便等特点，经过仔细地参数整定，在控制要求不太苛刻的情况下，能满足生产过程的要求。如果在控制精度要求高的场合，则需要采取其他控制手段，如补偿控制、采样控制等。

在大滞后系统中，采用的补偿方法不同于前馈补偿，前馈补偿的基本思想是对影响被控变量的干扰进行测量，当检测到干扰变化时，在干扰影响到被控变量前，就改变操纵变量，对干扰进行补偿，使被控变量不发生变化。但是这样的思想在有大纯滞后的系统中不能应用，因为在这样的系统中，不论是扰动作用，还是操纵变量的作用都要经过很长一段时间才能对输出产生影响。当系统检测到了干扰的变化，立刻改变操纵变量，而操纵变量的作用要经过很长一段时间以后才能影响到被控变量，在这段时间中，由于被控变量没有发生变化，前馈不能单独使用，一般与反馈结合构成前馈-反馈控制系统。由于反馈的存在，将使操纵变量发生较大的变化，导致系统出现较大的超调。要解决这个问题，就要考虑怎样对系统中存在的纯滞后进行补偿，一种方案是按照过程的特性设计出一种模型加入到原来的反馈控制系统中，该模型所起到的作用就是对系统在一定的输入下的响应做出预估。由于模型是一种运算关系，因此，实际的系统输出的估算值马上就被计算出来，可作为系统的反馈，反馈控制器可根据此预估值对操纵变量进行调整，这样就使调节作用提前了，避免系统出现较大的超调，使系统有较好的控制品质。这种补偿反馈也因其构成模型的方法不同而形成不同的方案。史密斯（Smith，1958）预估补偿器是最早提出的纯滞后补偿方案。其特点是预先估计出过程在基本控制输入下的动态特性，然后由预估器进行补偿，力图使被延迟了的被调量超前反映到控制器，使控制器提前动作，从而减小超调量并加快调节过程。

假定广义对象的传递函数为

$$G_o(s) = G_p(s)e^{-\tau s} \tag{6-13}$$

式中，G_p (s) 为对象传递函数中不包含纯滞后的那一部分；τ 为纯滞后时间。史密斯的补偿方案是在广义对象上并联一个支路，设这一支路的传递函数为 G (s)，如图6-11所示，U 为系统的操纵变量，Y 为系统的广义对象输出信号，Y_1 为补偿支路的输出信号，即预测模型输出，Y_2 为经过补偿的输出信号。

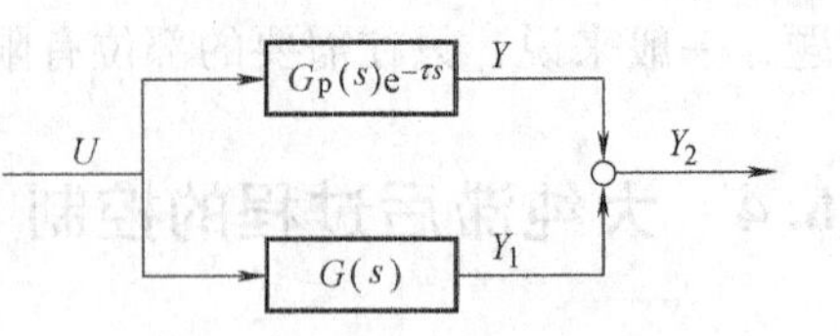

图6-11　纯滞后补偿原理图

由于具有纯滞后过程的广义对象其控制的难点是因为纯滞后部分 $e^{-\tau s}$ 的出现，而且这部分在物理上又是不可分离的，为了消除纯滞后的影响，希望广义对象并联一个支路后，可以对广义对象的输出进行预测，并避免纯滞后的影响，基于这样的思想，可得

$$G_p(s)e^{-\tau s} + G(s) = G_p(s) \tag{6-14}$$

即如果式（6-14）成立，则 $Y_2 = G_p$ (s) U，使信号 Y_2 不受纯滞后环节的影响。由式（6-14）可得

$$G(s) = G_p(s)(1 - e^{-\tau s}) \tag{6-15}$$

式（6-15）即为史密斯补偿器，此式意味着在具有纯滞后过程的广义对象上并联一个具有式（6-15）形式的 G (s)，就可以得到消除纯滞后影响的信号 Y_2，式（6-15）即是为了消除纯滞后的影响应采用的补偿器模型，把经过补偿的信号 Y_2 作为反馈信号，将使系统得到较好的控制品质。

6.5 具有反向响应过程特性的控制

反向响应过程也称为具有逆响应特性的过程，是指那些在开始阶段的响应方向与最终的响应方向相反的过程，这种类型的过程在实际工业中也常常会遇到，如锅炉气包的液位过程等。造成过程这一特性的根本原因在于系统的开环传递函数有一个具有正实部的零点，整个过程可以分解为两个相反方向的响应，在不同时刻其作用的大小不同。过程初始时刻的反向响应会造成正反馈控制，系统不易稳定，所以一直以来是个很难处理的控制问题。下面以锅炉的汽包水位控制为例，对具有反向响应过程对象的控制进行分析。

锅炉是化工、炼油、发电等工业生产过程中必不可少的动力设备。其汽包水位控制的主要任务是考虑汽包内部的物料平衡，使给水量适应锅炉的蒸发量，维持汽包中水位在工艺允许的范围内，这是保证锅炉安全运行的必要条件之一，是锅炉正常运行的重要指标。如果水位过低，则由于汽包内水量较少，而负荷却很大，水的汽化速度又快，因而汽包内的水量变化速度很快，如不及时控制，会使汽包内的水全部汽化，导致锅炉烧坏或爆炸；水位过高会影响汽包的汽、水分离，产生蒸汽带液现象，会使过热器管壁结垢，使过热蒸汽温度因传热阻力增大而急剧下降，所以汽包水位必须严格加以控制。

1. 汽包水位的动态特性

汽包水位对象如图6-12所示，给水阀用于控制给水量 W，W 是该对象的操纵变量；蒸汽消耗量 D 由后续用汽装置决定，是该对象的主要干扰。汽包与循环管构成了水循环系统。

初看起来，汽包水位对象似乎是一个典型的非自衡单容水槽，但实际情况要复杂得多。

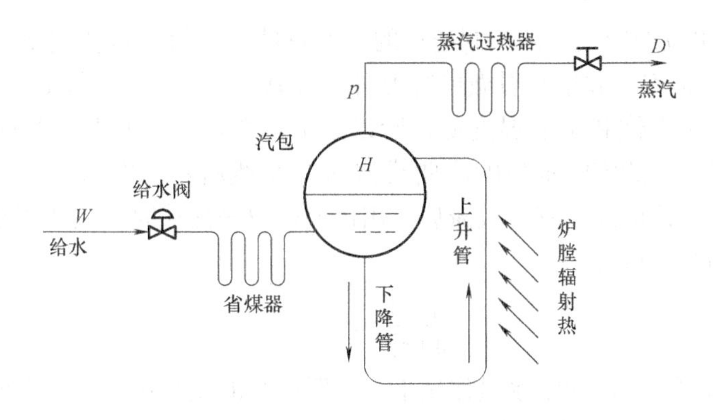

图6-12 汽包水位对象

其中最突出的一点是水循环系统中充满了夹带着大量蒸汽汽泡的水，而蒸汽汽泡的体积会随着汽包压力和炉膛负压的变化而改变。如果某种原因导致蒸汽汽包的总体积改变，即使水循环系统中的总水量没有变化，汽包水位也会随之改变。

下面分别讨论蒸汽负荷（蒸汽流量）与给水量对水位影响的动态特性。为了方便分析，假设汽包内汽液两相成分分离，汽包液相与下降管内无汽泡，汽泡仅存在于上升管内；而水位测量信号与汽泡液相水位呈线性关系。

1）蒸汽负荷（蒸汽流量）对水位的影响，即干扰通道的动态特性。在燃料量不变（即供给热量不变）的情况下，蒸汽用量突然增加，短时间内必然导致汽包压力下降，循环管内水的沸腾突然加剧，汽包总体积迅速增加，即使水循环系统中的总水量没有变化，汽包内的水量也将增大而导致汽包水位抬高，形成虚假的水位上升现象，即所谓的“假水位”现象。

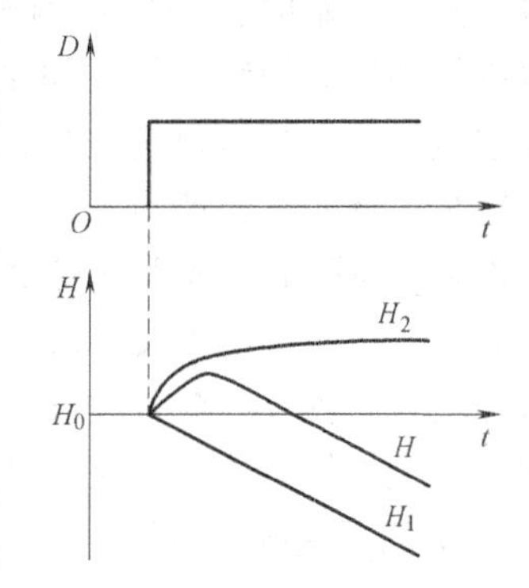

图6-13 蒸汽流量干扰下水位的阶跃响应曲线

在蒸汽流量干扰下，水位变化的阶跃响应曲线如图6-13所示。当蒸汽流量突然增加时，一方面由于汽包内物料平衡的改变，使水循环系统中的总水量下降而导致汽包水位的下降，图中 H_1 表示不考虑水面下气泡容积变化时的水位变化。另一方面，即使水循环系统中的总水量没有变化，由于假水位现象，导致汽包内水位抬高，图中 H_2 表示了只考虑水面下气泡容积变化所引起的水位变化。而实际的水位变化 H，可看成是 H_1 与 H_2 的叠加，即 $H=H_1+H_2$，用传递函数来描述可表示为

$$\frac{H(s)}{D(s)}=\frac{H_1(s)}{D(s)}+\frac{H_2(s)}{D(s)}=-\frac{K_1}{s}+\frac{K_2}{T_2s+1} \tag{6-16}$$

式中，K_1 为蒸汽流量作用下，阶跃响应曲线的变化速度；K_2、T_2 分别为只考虑水面下汽泡容积变化所引起的水位变化 H_2 的放大倍数和时间常数。

假水位变化的大小与锅炉的工作压力和蒸发量有关，例如一般100～300t/h的中高压锅炉，当负荷突然变化10%时，假水位可达30～40mm。对于这种假水位现象，设计控制方案时必须注意。

2）给水量对水位的影响，即控制通道的动态特性。在给水量作用下，水位阶跃响应曲线如图 6-14 所示。把汽包和给水看做单容无自衡对象，水位响应曲线如图中 H_1 线所示。但由于给水温度比汽包内饱和水的温度低，所以给水量变化后，使循环管内的汽泡总体积减少，导致水位下降。因此实际水位响应曲线如图中 H 线所示，即当突然加大给水量后，汽包水位一开始不会立即增加，有一段滞后。用传递函数来描述时，它相当于一个积分环节和一个纯滞后环节串联，可表示为

$$\frac{H(s)}{W(s)}=\frac{K_0}{s}\mathrm{e}^{-\tau s} \tag{6-17}$$

式中，τ 为纯滞后时间；K_0 为给水量作用下，阶跃曲线的变化速度。给水温度越低，纯滞后时间 τ 越大。τ 一般为 15 ~ 100s。

2. 单冲量控制系统

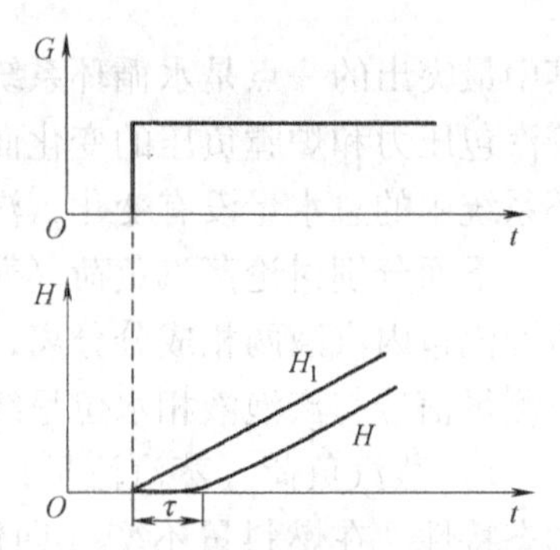

图 6-14　给水流量作用下水位的阶跃响应曲线

汽包水位的控制手段是控制给水，基于这一原理，可构成如图 6-15 所示的单冲量控制系统。图中，LC 为液位控制器，LT 为液位测量变送环节。这里的单冲量是指控制器仅有一个测量信号，即汽包水位。该控制系统为典型的单回路控制系统。当蒸汽负荷突然大幅度增加时，由于假水位现象，开始时控制器不但不能开大给水阀增加给水量，以维持锅炉的物料平衡，而是要关小控制阀的开度，减少给水量；等到假水位消失后，由于蒸汽量增加，送水量反而减少，将使水位严重下降，波动很厉害，严重时甚至会使汽包水位降到危险程度以致发生事故。因此，对于停留时间短、负荷变动较大的情况，这样的系统不能满足控制要求。然而对于小型锅炉，由于汽包停留时间较长，在蒸汽负荷变化时，假水位现象并不显著，配上一些联锁报警装置，可以保证安全操作，故采用这种单冲量控制系统尚能满足生产的要求。

3. 双冲量控制系统

在汽包水位控制中，最主要的干扰是蒸汽负荷的变化。如果根据蒸汽流量来纠正虚假液位所引起的误动作，使控制阀的动作及时，从而减少水位的波动，改善控制品质。将蒸汽流量信号引入就构成了双冲量控制系统，图 6-16 为典型的双冲量控制系统的原理图。图中，LT 为液位测量变送环节，FT 为流量测量变送环节，LC 为液位控制器。这是一个前馈（蒸汽流量）加单回路反馈控制的复合控制系统。

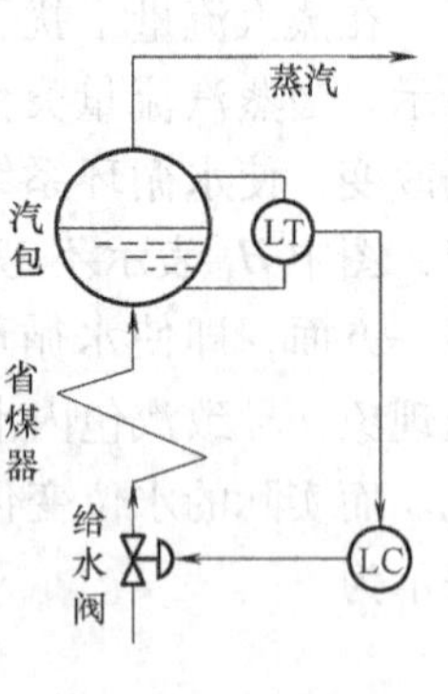

蒸汽
汽包
LT
省煤器
给水阀
LC

图 6-15　锅炉汽包水位的单冲量控制系统

4. 三冲量控制系统

双冲量控制系统仍存在两个致命的缺点：（1）控制阀的工作特性不一定为线性，要做到静态补偿比较困难；（2）对于给水系统的干扰仍不能很好地克服。为此，可再引入给水流量信号，构成三冲量控制系统，如图 6-17所示。图中，LT 为液位测量变送环节，LC 为液位控制器，FT1、FT2 分别为蒸汽流量的测量变送环节与进水流量的测量变送环节，可以看出这是前馈与串级控制组成的复合控制系统。

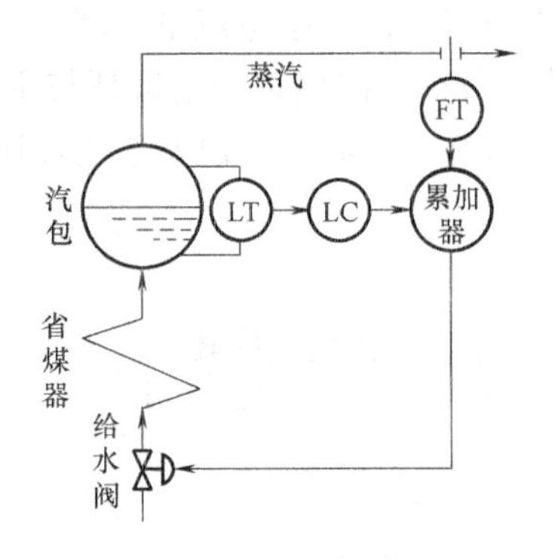

图6-16　锅炉汽包水位的双冲量控制系统

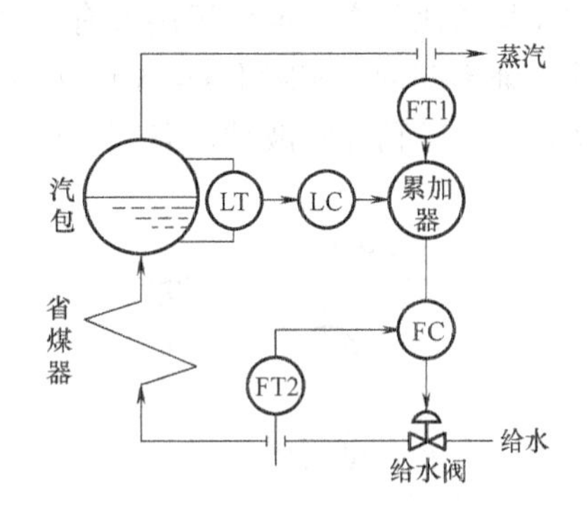

图6-17　锅炉汽包水位的三冲量控制系统

6.6　比值控制

6.6.1　比值控制的目的

石油化工生产中，经常要求两种物料以一定的比例混合后参加化学反应，以保证反应充分并节约能量。如以石油为原料生产合成氨的工艺中，要求进重油气化炉的氧气和重油流量保持合适的比例，若氧油比过高，则因炉顶温度过高会造成炉内耐火砖脱落，缩短炉子寿命；如氧油比过低，重油燃烧不完全，导致物料损失，并且生成大量黑炭，给后续工序带来困难。再如进合成塔的氢氮比控制，由于对象具有积分性质，所以希望进合成塔的氢气与氮气的摩尔流量比严格保持在3∶1，此比值往任一方向长时间的偏离，都会造成氨的收率下降和能耗增大。实践表明，如果把氢氮比波动范围从0.2%下降到0.05%，能增产氨1%～2%，由此可见比值控制在化工生产中占有重要的位置。

6.6.2　几种常见的比值控制方案

1. 单闭环比值控制系统

最简单的比值控制系统是单闭环控制系统，它的控制方案及框图如图6-18所示。图中，FT1为主流量Q_1的测量变送环节，FT2为副流量Q_2的测量变送环节，FC2为流量控制器。由图6-18可见，当主流量Q_1变化时，Q_1的流量测量变送环节FT1立即检测到这种变化，其输出信号送到乘法器，乘法器按照预先设置好的比值K，使输出成比例变化，也就是成比例地改变副流量控制器FC2的设定值，此时副流量Q_2闭环系统为一个随动系统，跟踪设定值的变化，从而使Q_2跟随Q_1变化，在新的工况下，流量比值K保持不变。当副流量由于自身干扰发生变化时，副流量闭环系统相当于一个定值控制系统，通过自身调节使流量比保持不变。

Q_1是主流量，它本身没有反馈控制，因而是可变的。Q_2是副流量，它随Q_1变化而变，在稳态时能保持$Q_2=KQ_1$。因为只有Q_2的流量形成了闭环，所以叫单闭环比值控制系统。单闭环比值控制系统适用于Q_1比较稳定的场合，例如，Q_1是计量泵的输出流量，它能保持恒定不变。当主流量Q_1本身波动比较频繁，变化幅度较大时，虽然经过调节力图保持主流量与副流量的比不变，但由于调节有一个过程，在系统的调节过程中主流量与副流量的比值是不能保证不变的，实际上 Q_2 无论从累积量还是瞬时量来看，都很难严格保证与主流量 Q_1 成比例，同时负荷经常波动也对下一道工序带来不利的影响。因此，需研发双闭环比值控制系统。

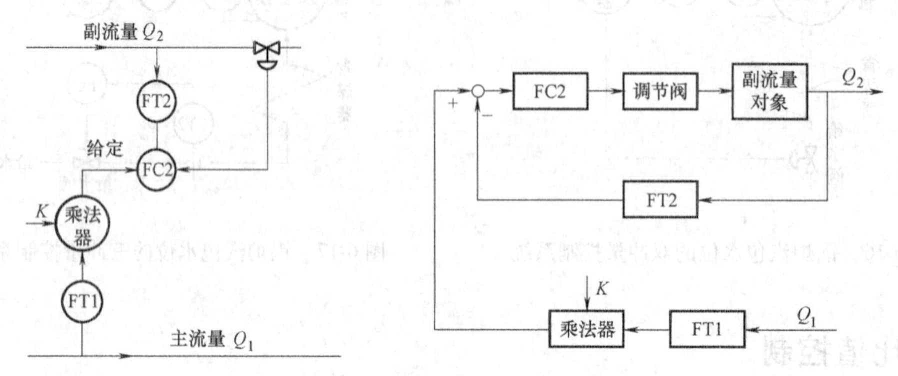

图 6-18 单闭环比值控制系统及其框图

2. 双闭环比值控制系统

为了既能实现两个流量的比值恒定，又能使总的流量平稳，在单闭环控制系统的基础上，对 Q_1 主流量又增加了一个闭环控制回路，这样就构成了双闭环控制系统。它的控制方案及框图如图 6-19 所示，图中，FT1 为主流量 Q_1 的测量变送环节，FT2 为副流量 Q_2 的测量变送环节，FC1 为主流量 Q_1 的控制器，FC2 为副流量 Q_2 的控制器。这类控制系统的特点是在保持比值控制的前提下，主流量和副流量两个流量均构成了闭合回路，这样它既能克服自身流量的干扰，又使主、副流量都比较平稳，并使工艺系统中总流量也较稳定。由于 Q_1 比较平稳，所以无论从累积量还是从瞬时量来看，比值控制的效果都比单闭环比值控制系统要好，因此，在大多数情况下，都采用双闭环比值控制系统。

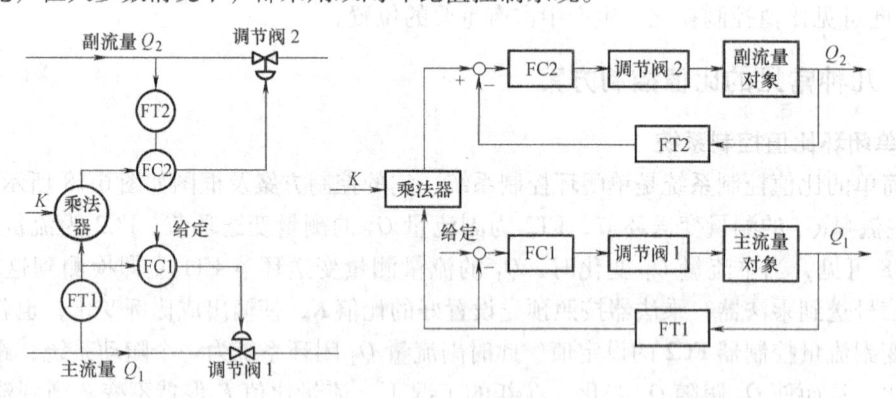

图 6-19 双闭环比值控制系统及其框图

3. 串级比值控制系统

有时在生产过程中，虽然采用了比值控制，但两种物料质量流量的比值会受到介质温度、压力、组分等变化的影响，难以精确控制在期望值上。此时可引入代表工艺过程配比质量指标的第 3 参数来进行比值自动设定，从而构成串级比值控制系统。如硝酸生产过程中的氨氧化过程，有的工厂采用氧化炉温度与氨空比的串级控制系统。氨在铂触媒的催化下氧化生成了一氧化氮，如反应温度过低，则氧化率低，物料损失；若反应温度过高，不但由于一氧化氮分解，收率又要下降，而且铂丝触媒网在高温下损失太大。所以综合考虑，采用一般常压法氧化温度控制在800℃最为经济。工程上只需改变氨气与空气的流量比值，使氨气在混合气体中占11.5%时，就能保持合适的反应温度，并得到98%的高氧化率。氧化炉温度氨空比串级控制系统如图6-20所示，图中，1为过滤器，2为氧化炉，3为预热器，4为鼓风机，5为混合器，FT1、FT2分别为氨气与空气的流量测量变送环节，TC为温度控制器，FC为流量控制器。图中氧化炉温度控制器TC是主控制器，氨气流量和空气流量的比值控制构成副回路，当干扰是直接引起氨气/空气流量比值变化时，通过比值控制系统可以得到及时克服，以保持温度不变。当其他干扰使反应温度有偏差时，通过温度控制器TC改变氨气流量，对氨空比进行修正，使温度恢复正常。

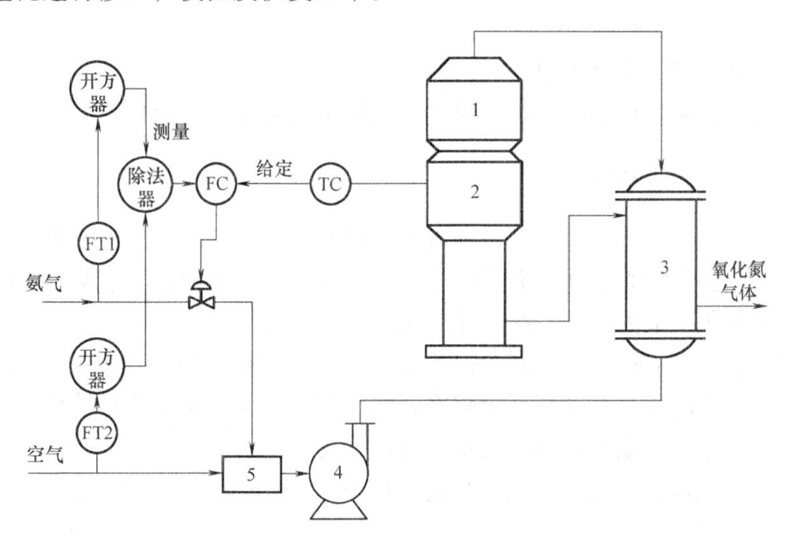

图6-20 氧化炉温度氨空比串级控制系统

6.6.3 比值控制系统注意事项

1. 主、从被控变量的选择

在一个比值控制系统中，由于主被控变量的变化，可以通过比值使从被控变量发生相应成比例的变化，而从被控变量的变化却不能反过来使主被控变量发生变化。因此，应从安全的角度出发来选择主、从被控变量。如以石脑油为原料生产合成氨的工艺过程中，石脑油流量和蒸汽流量间设计了比值控制系统。如以石脑油流量作为主被控变量时，当从被控变量——蒸汽流量受到某种约束条件的约束而减小时，比值控制系统是不能起作用的，水碳比下降，就会造成事故，导致触媒结碳而失去活性。反过来若选择蒸汽流量作为主被控变量，石脑油流量作为从被控变量，当蒸汽流量减小时，比值控制系统能自动使石脑油流量也随之下降。而石脑油流量受到约束减小时，蒸汽流量仅仅相对过量，对工艺生产来讲仍然是安全的，而石脑油流量突然过量无法控制的现象，从工艺操作上分析，是不太可能发生的。所以从工艺生产安全的角度出发，选择蒸汽流量作为比值控制的主被控变量较为合理。

2. 开方器的选用

在比值控制系统中，不管有无开方器，只要比值系数K选定以后，相对流量比R即为常数，所以有无开方器，对稳态时的相对流量比 R 是没有影响的。但若不设开方器，因为差压流量计测得的差压与流量二次方成正比，这样流量小时动态放大系数小，流量大时动态放大系数大。为了使系统总的放大系数近似不变，则需要选用快开工作流量特性的调节阀，但这样的调节阀工作在小流量时不容易稳定。设置开方器后可克服这个缺点，另外，还可以使相对流量比 R 的可调范围增大。

3. 比值器的位置

在比值控制系统中，比值器的位置一般应如图6-18与图6-19所示，设在主动量 Q_1 对从动量 Q_2 的给定回路中，流量控制器 FC2 记录的数据就是 Q_2 的流量值。但当 Q_1 相对流量值较大，Q_2 相对流量值较小，比值器也可以设在从动量的测量回路中。这样做的好处是仪表输入信号的数值较大，精确度可以高一些。其缺点是流量控制器上记录下的数据是相对流量乘以 R 的值。

4. 气体流量的温度、压力校正

当需要精确控制流量比值时，需要对气体流量设置温度、压力校正。

6.6.4 数字比值控制系统

在化工、石油、化纤等工业部门，经常需要将几种物料按一定的比例来进行混合，随着椭圆齿轮流量计、涡轮流量计等广泛使用，产生并发展了一种新型的数字流量比值控制系统。它与由模拟仪表组成的控制系统相比，主要有以下优点。

1）流量控制仪表的输入信号是脉冲频率信号，它与椭圆齿轮流量计、涡轮流量计等流量变送器配套，测出的流量精度高，量程宽，线性度好，椭圆齿轮流量计特别适用于测量重油、聚乙烯醇、树脂等高黏度介质的流量，应用较为广泛。

2）仪表采用集成电路，精度高，可靠性高，比值的设定与流量的累积十分方便，并且易于实现温度补偿和定量控制。

3）测量信号由于是脉冲信号，因此，传输过程中抗干扰能力强。

由于数字式混合流量控制器中加减运算器的输出是累积流量与给定值的差值，因此，控制器的比例控制作用对瞬时流量来说就是积分控制作用，但为了消除实际流量与需求之间的累积误差，控制器仍然需要有积分功能。如果有些流量使用模拟仪表中的流量计来测量，应先使它的输出信号与流量呈线性关系，然后用电压-频率转换器将输出信号转换成相应的脉冲信号，再送入数字式混合流量控制器。

6.7 均匀控制

6.7.1 均匀控制的目的和任务

随着石油化工生产的发展，很多生产工艺流程十分复杂，设备数量很多。而且随着生产过程的强化，各个部分紧密相关。为了减少设备投资和装置占地面积，势必要尽可能地减少中间贮罐的数量和容积，往往前一个设备的出料直接就是后一个设备进料。如图6-21所示，脱丙烷塔的出料直接作为脱丁烷塔的进料。对脱丙烷塔来说，它要求防止塔被抽空或满塔。而对脱丁烷塔来说，为了操作稳定，它希望进料流量稳定。脱丙烷塔的塔釜液位控制器，除了保证本塔的液位在一定的控制范围内外，还要兼顾脱丁烷塔的进料流量，应使它不会有太大的波动，这就是采用均匀控制的目的。

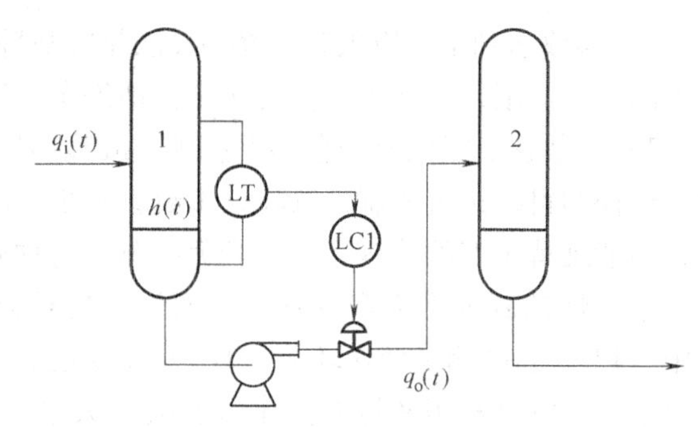

图 6-21 脱丙烷塔的出料直接作为脱丁烷塔的进料
1—脱丙烷塔 2—脱丁烷塔

从上面的分析可以知道，均匀控制要完成的任务就是保持塔釜的液位或者容器的压力在一定的控制范围以内，同时又要兼顾到它所操纵的流量，让它逐步地、平滑地变化，不至于影响下一个设备的操作。显然均匀控制既不是要严格保持液位在某一个给定值上，也不是严格控制流量在另一个给定值上，而是要兼顾液位和流量的矛盾，让它们都在各自要求的控制范围内变化。对这个控制范围，不同的工艺过程要求不一样，有的严，有的宽。根据不同的要求可以设计不同复杂程度的均匀控制系统。

6.7.2 均匀控制方案的实施

图 6-21 中脱丙烷塔的塔釜液位控制系统是简单均匀控制系统。从外表上看，它与单纯液位控制系统没有任何差别，但根据它完成的任务不同，主要差别在于液位测量变送器量程的确定以及控制器的选择与参数整定上。均匀控制用的液位测量变送器的测量量程可选得适当大一些，控制器可以选用比例式控制器。控制器参数整定时，先把比例度放在一个较小的数值上，再逐步由小到大，只要在工艺负荷波动的范围内，液位不超过要求的控制范围即可，比例度一般大于 100%。若选用比例积分控制器，积分时间可放长一些，一般为 10min 以上，比例度也可以按照上述方法，由小到大逐步进行实验。一般这样就能满足基本均匀控制的要求。单纯的液位控制系统，从精确控制液位平稳的要求出发，液位测量变送器的量程不应太大，以便测量值有较高的灵敏度，控制器应选用比例积分控制器，比例度设置较小。

6.8 选择性控制

一般来说，凡是控制回路中引入选择器的系统都可称为选择控制系统。随着自动控制技术的发展，采用计算机逻辑控制算法实现选择性控制十分方便。在这里，主要讨论用于设备软保护的一类选择性控制，这类系统在应用原理上有一定的共性，在具体实施中又会碰到一个共同的问题——防积分饱和。

6.8.1 用于设备软保护的选择性控制

从整个生产流程控制的角度，所有控制系统可分为 3 类：物料平衡（或能量平衡）控制、质量控制和极限控制。用于设备保护的选择性控制属于极限控制一类，它们一般是从生产安全的角度提出来的，如要求温度、压力、流量、液位等参数不能超限。

极限控制的特点是在正常情况下，该参数不会超限，所以不考虑对它进行控制。在非正常工况下，该参数会达到极限值，这就要求采取强有力的控制手段，避免超限。

在生产上需防超限的场合很多，一般可采取以下两种方法进行保护控制。

1）参数达到第一极限时报警→设法排除故障→若没有及时排除故障，参数值会达到更严重的第二极限，经联锁装置动作，自动停车。这种做法称为硬保护。

2）参数达到极限时报警→设法排除故障→同时改变操作方式，按使该参数脱离极限值为主要控制目标进行控制，以防该参数进一步超限。这种操作方式一般会使原有控制质量降低，但能维持生产的持续运转，避免停车。这种做法称为软保护。

选择性控制就是为实现软保护而设计的控制系统。图6-22为液氨蒸发器的控制方案，图中，TT为温度测量变送环节，TC为温度控制器，LC为液位控制器。液氨蒸发器是一个换热设备，它是利用液氨的汽化需要吸收大量热量来冷却流经管内的被冷却物料。在生产上，往往要求被冷却物料的出口温度稳定，这就构成了以被冷却物料出口温度为被控变量，以液氨流量为操纵变量的控制方案，如图6-22a所示。这个控制方案用的是改变传热面积来调节传热量的方法，蒸发器内的液位高度会影响热交换器浸润传热面积，因此，液位高度间接反映了传热面积的变化情况。由此可见，液氨流量既会影响温度，也会影响液位，温度和液位有一种粗略的对应关系。通过工艺的合理设计，在正常的工况下，当温度得到控制后，液位也应该在允许区间内。

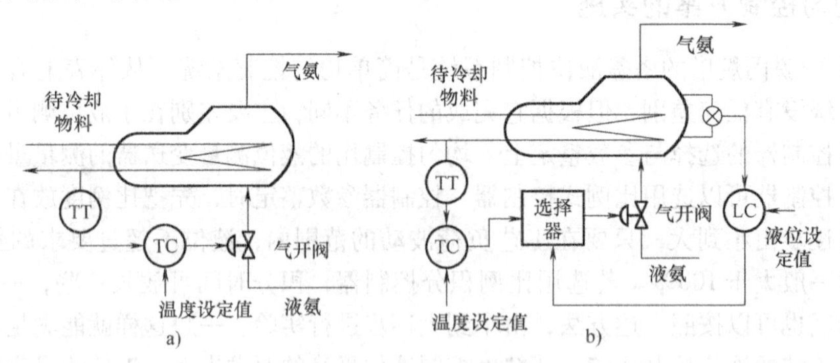

图6-22　液氨蒸发器的控制方案
a）简单控制　b）选择性控制

超限现象是因为出现了非正常工况的缘故。在这里，不妨假设有杂质油漏入被冷却物料管线，使传热系数猛降，为了带走同样的热量，需要大大增加传热面积。但是当液位淹没了换热器的所有列管时，传热面积的增加已达到极限。此时继续增加液氨蒸发器内的液氨量，并不会提高传热量，但是液位的继续升高，却可能带来生产事故。由于汽化的氨是需要回收利用的，若氨气带液，进入压缩机后液滴会损坏压缩机叶片。因此，液氨蒸发器的上部必须留有足够的汽化空间，以保证良好的汽化条件。为了保证有足够的汽化空间，就要限制氨液位不得高于某一极限值。为此，需在原有温度控制的基础上，增加一个防止液位超限的控制系统。

根据以上分析，两个控制系统工作的逻辑规律如下：在正常工况下，由温度控制器操纵阀门进行温度控制；当出现异常工况引起氨的液位达到高限时，被冷却物料的出口温度虽仍然偏高，但此时温度的偏离暂时成为次要因素，而保护氨压缩机不被损坏已上升为主要矛盾，于是液位控制器应取代温度控制器工作（即操作阀门）。当引起不正常生产的因素消失，液位恢复到正常区域，再恢复到温度控制器的闭环运行。

实现上述功能的防超限控制方案如图6-22b所示。它具有两台控制器，通过选择器对两个输出的控制信号进行选择来实现对控制阀的调节。在正常工况下，应选温度控制器输出信号，当液位达到极限值时，则应选液位控制器的输出。

选择性控制系统设计的一个内容是确定选择器的性质，是使用低值选择器，还是使用高值选择器。确定选择器性质的前提是预先确定控制阀的气开、气关特性以及控制器的正、反作用。对上述例子，当气源中断时，为使氨蒸发器的液位不会因为过高而满溢，应选用气开阀。相应地，温度控制器应选正作用特性，液位控制器应选反作用特性，当测量值超过设定值时，控制器输出信号会减小。该信号减小后，要求在选择器中被选中，显然该选择器应为低值选择器。

正常工况下工作的温度控制器，其控制算式选择和参数整定均与常规情况相同。而对安全保护功能的液位控制器，为了取代及时，它的参数整定应使控制作用较常规情况强烈，一般采用较小的比例度。图6-23所示为上述选择性控制系统框图，从结构上看，这是具有两个被控变量，而仅有一个操纵变量的过程控制问题。

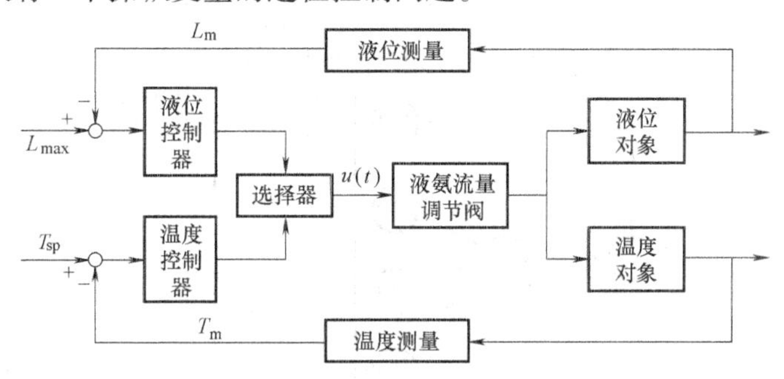

图6-23 温度和液位选择性控制系统框图

在选择性控制系统中，总有一台控制器处于开环状态。若这台控制器具有积分作用，则会产生积分饱和。目前防积分饱和主要有以下3种做法。

（1）限幅法

用高低值限幅器，使控制积分反馈信号限制在某个区间。

（2）外反馈法

控制器在开环情况下，不再使用它自身的信号作为积分反馈，而是采用合适的外部信号作为积分反馈信号，从而切断了积分正反馈，防止进一步偏差的积分作用。

（3）积分切除法

控制器积分作用在开环情况下会暂时自动切除，使之仅具有比例功能。所以这类控制器成为PI-P控制器。

对于选择性控制系统的防积分饱和，应采用外反馈法，其积分反馈信号取自选择器的输出信号，如图6-24所示。当控制器1处于工作状态时，选择器输出信号等于它自身的输出信号，而对控制器2来说，这信号就变成外部积分反馈信号了；反之相同。

6.8.2 其他选择性控制系统

选择性控制系统除了用于软保护外，还有很多用途，下面以固定床反应器中热点温度的控制为例说明，其控制方案如图6-25所示，固定床反应器的热点温度（即最高温度点）的位置可能会随催化剂的老化、变质和流动等原因而有变化，为了使固定床反应器中温度的最

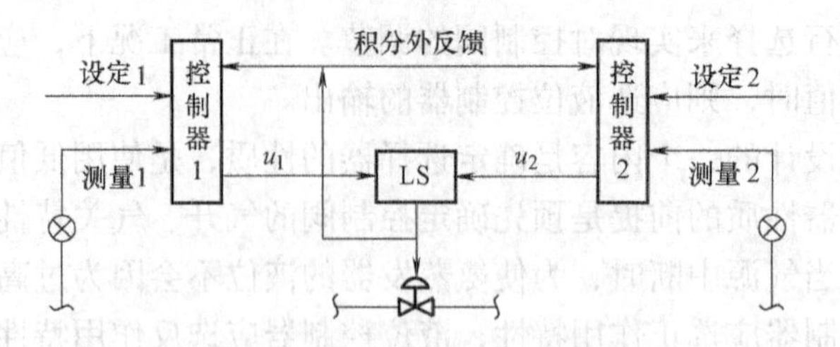

图6-24　具有积分反馈的选择性控制

高点不超限，在固定床反应器上布置了一组温度测量变送环节，选择各测温点中的高点温度用于控制。图中，TT1～TT4是4个温度测量变送环节，它们的输出送至高选器HS，高选器HS将输入信号中的高者作为送往控制器TC的反馈值。这里4个温度信号经过竞争得到“出线权”，因此这类选择性控制系统又称为竞争控制系统。通过竞争，可保证反应器的温度不超限。

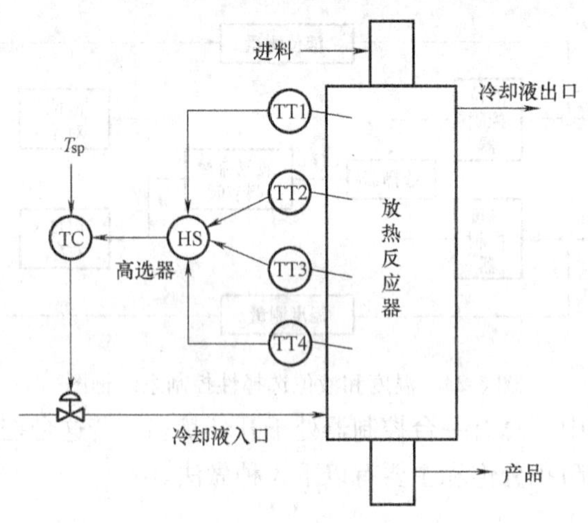

图6-25　高选器用于控制反应器热点温度

思考题与习题

6-1　与简单控制系统相比，串级控制系统有什么特点？

6-2　串级控制系统最主要的优点体现在什么地方？试通过一个例子与简单控制系统作比较。

6-3　为什么要采用均匀控制系统？均匀控制方案与一般的控制方案有什么不同？

6-4　为什么说均匀控制系统的核心问题是控制器参数的整定问题？

6-5　比值控制系统有哪些类型？各有什么特点？

6-6　与反馈控制系统相比，前馈控制系统有什么特点？为什么控制系统中不是单纯采用前馈控制，而是采用前馈-反馈控制？

6-7　什么情况下前馈控制系统需要设置偏置信号？应如何设置？

6-8　选择性控制系统有哪些类型？各有什么特点？

第 7 章　计算机控制系统

本章介绍集散控制系统（DCS）、现场总线控制系统的结构组成、监控软件功能设计。

7.1　集散控制系统（DCS）

7.1.1　DCS 概述

在生产过程中，最先采用的是常规模拟式调节仪表组成的过程控制系统，它具有可靠性高、价廉、便于维护和操作等优点。但是，模拟式调节仪表控制系统难以实现复杂控制，难以实现集中操作，难以实现各分系统之间的通信、协调。20 世纪 50 年代末期，为了弥补常规模拟式仪表的不足，人们开始将计算机用于过程控制，开发了计算机控制系统。但是在实践中又暴露出它本身存在的致命弱点，即危险集中。一台计算机要控制几十个甚至几百个回路，一旦主机发生故障，必然影响整个系统的正常工作，甚至造成瘫痪事故发生。

20 世纪 70 年代初期，随着微电子技术，微型计算机技术，CRT 显示技术和数字通信技术的发展，为新型控制系统的研发创造了条件。20 世纪 70 年代中期，研究出以多台微型计算机为基础的新型控制系统，即集散控制系统（Distribute Control System，DCS）。以美国霍尼韦尔（Honeywell）公司的 TDS-2000 和日本横河的 CENTUM 系统为代表，开始了集散控制系统在工业生产过程控制领域的应用。集散控制系统纵向分级集中，实现了控制、危险的横向分散，从根本上提高了系统的可靠性。集散控制系统是目前公认的理想工业过程控制系统，在电力、石油、化工、冶金、机械及建材等生产过程得到广泛的应用。

集散控制系统综合了计算机（Computer）、通信（Communication）、控制（Control）和图像显示（CRT）技术，简称 4C 技术。集散控制系统将向两个方向发展：一个是向着大型化的计算机集成制造系统（CIMS）、计算机集成过程系统（CIPS）等集成式集散控制系统发展；另一个则是向着小型化的方向发展。

将生产过程系统结构纵向分成现场控制级、控制管理级、生产和经营管理级。各级之间既相互独立又相互联系，然后对每一级按功能在水平方向分成若干个子块，采取既分散又集中的设计原则，进行集散控制系统的硬件和软件设计。与一般的计算机控制系统相比，DCS 具有如下几个特点。

1. 硬件积木化

DCS 采用积木化硬件结构，系统配置灵活，可以方便地构成多级控制系统。如果要扩大或缩小系统的规模，只需按要求在系统中增加或拆除部分单元，而系统不会受到任何影响。这样的组合方式，有利于企业分批投资，逐步形成一个在功能和结构上从简单到复杂、从低级到高级的现代化管理系统。

2. 软件模块化

DCS 为用户提供了丰富的功能软件，用户只要按要求选用即可，大大减少了用户的软件开发工作量。功能软件主要包括控制软件包、操作显示软件包和报表打印软件包等，并提供了至少一种过程控制语言，供用户开发高级应用软件。

控制软件包为用户提供各种过程控制的功能，主要包括数据采集和处理、控制算法、常用运算式和控制输出等功能模块。这些功能固化在现场控制站、PLC、智能调节器等装置中。用户可以通过组态方式自由选用这些功能模块，以便构成控制系统。

操作显示软件包包括为用户提供丰富的人机接口联系功能，在 CRT 和键盘组成的操作站上进行集中操作和建设。可以选择多种 CRT 显示画面，如总貌显示、分组显示、回路显示、趋势显示、流程显示、报警显示和操作指导等画面，并可以在 CRT 画面上进行各种操作，它可以完全取代常规模拟式仪表盘。

报表打印软件包可以向用户提供每小时、每日、每月工作报表等，可以打印瞬时值、累计值、平均值及事件报警等。

过程控制语言可供用户开发高级应用程序，如最优控制、自适应控制、生产和经营管理等。

3. 控制系统组态

DCS 设计了使用方便的面向问题语言（Problem-Oriented Language，POL），为用户提供了数十种常用的运算和控制模块，控制工程师只需按照系统的控制方案，从中任意选择模块，并以填表的方式来定义这些软功能模块，进行控制系统的组态。系统的控制组态一般在操作站上进行。填表组态方法极大地提高了系统设计的效率，解除了用户使用计算机必需编程的困扰。

4. 通信网络的应用

通信网络是集散控制系统的神经中枢，它将物理上分散配置的多台计算机有机地连接起来，实现了相互协调、资源共享的集中管理。通过高速数据通信线，将现场控制站、局部操作站、监控计算机、中央操作站、管理计算机连接起来，构成多级控制系统。

5. 开放性

DCS 采用国际标准通信协议，使得不同厂商生产的集散控制系统的网络之间可以最大限度地互联运行，有利于工程分期优选不同厂家的产品，由小到大逐步发展到完善的集散控制系统。

6. 高可靠性

集散控制系统的每个单元均采用高性能的元器件，分别完成各部分功能。如一台基本控制器或现场操作单元只控制相关的几个回路，即使它发生故障也只影响少部分控制回路。局部操作站控制相关的几个基本控制器，如操作站发生故障，基本控制器仍能独立工作。中央操作站管理数台局部操作站，后者能脱离前者独立工作，大大提高了系统的可靠性。加上冗余技术的普遍使用，使单元都具有自诊断功能，为系统的可靠性提供了切实的保证。

7.1.2 DCS 的网络结构

DCS 的体系结构通常分为 3 级：第 1 级为分散过程控制级；第 2 级为集中操作监控级；第 3 级为综合信息管理级。各级之间由通信网络连接，级内各装置之间由本级的通信网络进行联系。典型的 DCS 体系结构如图 7-1 所示。

1. 分散过程控制级

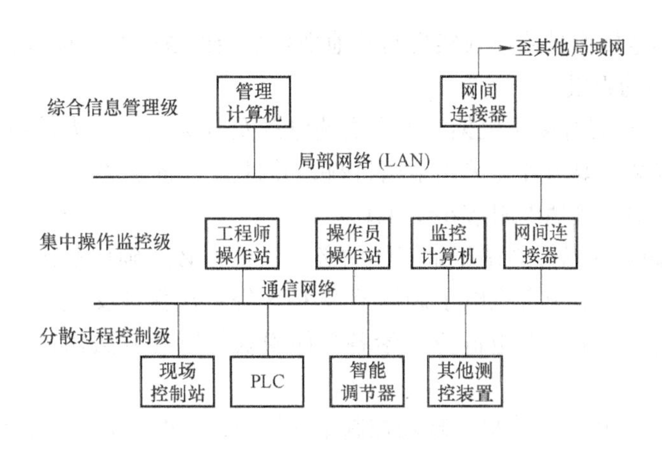

图7-1　典型的DCS体系结构

如图7-1所示，此级是直接面向生产过程的，是DCS的基础，它直接完成生产过程的数据采集、调节控制、顺序控制等功能，其过程输入信息是面向传感器的信号，如热电偶、热电阻、温度变送器、压力变送器、液位变送器及其他开关量等信号，其输出为驱动执行机构。构成这一级的主要装置有工业控制计算机（IPC）、可编程序控制器（PLC）、智能调节器、各类测控装置。

2. 集中操作监控级

集中操作监控级是以操作监视为主要任务，兼有部分管理功能。这一级是面向操作员和控制系统工程师的，这一级配备有技术手段齐备、功能强的计算机系统及各类外部装置，特别是CRT显示器和输入设备，需要较大存储空间。另外还需要功能强大的软件支持，确保工程师和操作员对系统进行组态、监视和操作，对生产过程实行高级控制策略、故障诊断、质量评估。这一级具体包括监控计算机、工程师显示操作站、操作员显示操作站。

3. 综合信息管理级

综合信息管理级由管理计算机、办公自动化系统、工厂自动化服务系统构成，从而实现整个企业的综合信息管理。综合信息管理主要包括生产管理和经营管理。

4. 通信网络系统

DCS各级之间的信息传输主要依靠通信网络系统来支持。根据各级不同的要求，通信网络分为低速、中速和高速通信网络。低速网络面向分散过程控制级，中速网络面向集中操作监控级，高速网络面向综合信息管理级。

DCS的硬件系统通过网络系统将不同数目的现场控制站、操作员站和工程师站连接起来，共同实现各种采集、控制、显示、操作和管理等功能。

7.1.3　现场控制站

一般来说，现场控制站由现场控制单元组成。现场控制单元是DCS中直接与现场过程进行信息交互的I/O处理系统，用户可以根据不同的应用需求，选择配置不同的现场控制单元构成现场控制站。它可以是以面向连续生产的过程控制为主，辅以顺序逻辑控制，构成一个可以实现各种复杂控制方案的现场控制站；也可以是以顺序控制、联锁控制功能为主的现场控制站；还可以是一个对大批量过程信号进行总体信息采集的现场控制站。同时可以通过现场控制站配置本地操作员接口或实现与其他现场智能设备的通信接口，实现本地操作。

1. 现场控制站的组成

1）机柜。内部安装有多层机架，以供安装电源及各类模块。为给机柜内部的电子设备提供完善的电磁屏蔽，要求外壳采用金属材料，并且活动部分之间要保证良好的电气连接。同时，要求可靠接地，接地电阻应小于4Ω。

2）电源。电源是现场控制站正常工作的必要条件，必须确保稳定可靠，一般采取双路供电、隔离共模干扰、采用交流电子调压器及UPS等方法保证交流供电系统的可靠性；此外，通过电气隔离、冗余等双电源方式给各功能模块供电等方法保证直流供电系统的可靠性。

3）控制计算机。控制计算机是现场控制站的核心，一般由CPU、存储器、输入/输出通道等基本部分组成。

4）通信控制单元。通信控制单元实现现场控制站与集中操作站之间的数据通信。

5）手动/自动显示操作单元。手动/自动显示操作单元是作为后备安全措施，可以显示测量值（PV）、给定值（SP）、自动阀位输出，并具有手动操作功能，可直接调整输出阈值。

2. 现场控制站的功能

现场控制站的功能主要有6种，即数据采集、DDC、顺序控制、信号报警、打印报表和数据通信功能。

1）数据采集。数据采集是对过程参数等信号进行的数据采集、变换、处理、显示、存储、趋势曲线显示及事故报警等。

2）DDC。DDC包括接受现场的测量信号，进而求出设定值与测量值的偏差，并对偏差进行PID控制运算，最后求出新的控制量，并将此控制量转换成相应的输出信号送至执行机构。

3）顺序控制。顺序控制是通过来自过程状态输入输出信号和反馈控制功能等状态信号，按预先设定的顺序和条件，对控制的各阶段进行逐次控制。

4）信号报警。通过对过程参数设置上下限值，若超出则分别做出相应报警，同时，对非法的开关量状态、出现的事故等进行报警。信号报警一般采用声、光或CRT屏幕显示等来表示。

5）打印报表。打印报表功能包括定时打印报表，随机打印过程参数，事故报表自动记录打印等。

6）数据通信功能。数据通信功能完成分散过程控制级与集中操作监控级之间的信息交换。

3. 现场控制站的工作方式

控制模式包括自动、手动、串级、硬手动及上位机控制等。它们的优先级是硬手动 > 软手动 > 自动 > 串级 > 上位机。

在控制系统中，由于工作模式的切换，可能会引起输出阈值的突然变化，产生扰动，因此需采取措施实现无扰切换，一般采取的方法有测量值（PV）跟踪、阈值跟踪、工作模式判定等。

7.1.4　操作站

DCS的集中操作监控级主要是显示操作站，它完成显示、操作、记录、报警等功能，完成过程参数的集中信息化，把各个现场配置的控制站的数据进行收集，并通过简单的操作，进行过程量的显示、各种工艺流程图的显示、趋势曲线的显示以及改变过程变量，如设定值、控制变量、报警状态等信息，即它的显示功能。显示操作站的另一功能是系统组态，可进行控制系统的生成和组态。显示操作站主要由监控计算机、键盘、显示器及打印机等几个部分组成。

7.1.5　DCS的软件

DCS的软件一般包括组态软件、操作软件和控制软件等。

1. 组态软件

DCS的组态功能从广义的范畴来讲，可分为硬件组态和软件组态。硬件组态主要是根据现场的使用要求来确定硬件的模块化配置，常见的内容包括操作站的选择、现场控制站的配置以及电源的选择。软件组态的内容比硬件组态要多得多，一般包括基本配置组态和应用软件组态。基本配置组态是给系统一个配置信息，而应用软件组态内容更丰富，包括数据库的生成、历史库的生成、图形的生成、报表生成和控制组态等。

（1）画面组态

画面组态主要是指工艺流程画面的生成。工艺流程画面的显示内容可以分为两种：一种是构成背景图形的部分，包括工艺流程图及各种提示字符，其特点是一次显示出来，只要画面不切换，它就不可改变；另一种则是可以随着实时数据的变化而周期性地不断刷新，这主要包括中途各种数据显示以及棒图显示。

（2）数据组态

DCS支持历史数据存储和趋势显示功能，一般来说，对于趋势显示，各个DCS都能做到实时趋势显示和历史趋势显示。

（3）报表生成

一般的DCS都支持两类报表打印，一类是周期性的报表生成和打印，另一类为触发性的列表生成和输出功能。

（4）回路组态

要实现具体的控制应用，必须对控制回路进行组态，也就是用某种方式将需要用到的控制算法模块依要求连成合适的控制结构，并且对任务控制模块进行参数值的初始化。一般的控制回路的组态方法有3种：第1种是用填表或回答问题的方式来实现控制算法组态和功能参数设定，这种方法不是很直观，整体性差，目前已很少使用；第2种是图形提示方法，这种方法是将显示出的控制算法的框图和各输入参数表格，用连接标识信号连接，由于连线比较复杂，学习也比较麻烦，不易掌握；第3种是用图形将回路结构和算法名称表示出来，然后利用打开窗口的方式填入各算法参数，这样既保留了图形的直观性，也使得屏幕层次分明，整体性好。

（5）操作级别

操作站通过钥匙插入类型和关键开关位置决定三级操作方式：最低级是操作员级，它允许操作员在正常运行情况下，有效地控制生产运行，但是不允许改变数据库参数；第二级是监督员级，此级不但享有操作员级的所有功能，而且还允许监督员变动所属的一些数据参数；最高一级是工程师级，它允许工程师存取所有需要存到数据库中的所有参数，这一级可由过程工程师或者编程员来执行。

2. 操作软件

操作站要完成实时数据管理、历史数据存储和管理、控制回路调节和实现、生产工艺流程画面显示、系统组态、趋势显示以及生产记录的打印管理等功能，实现这些功能的关键就是实时多任务操作系统和数据库管理。

操作站的软件系统都是以实时多任务操作系统为核心，实时多任务操作系统与一般操作系统的最大区别是实时多任务执行核心，它为计算机硬件和在其上运行的软件提供了逻辑接口以及任务调度、任务间通信、资源管理等功能。任务是实时多任务操作系统的关键概念，是一个可以与其他操作并行执行的操作。任务具有以下基本特征：动态性、并行性、异步性、独立性和结构性。实时多任务执行核心是一个支持多任务并行执行和具有实时处理能力的操作系统核心，一般来说，应具有异步事件响应、任务切换、中断响应、优先级中断和调度、抢占式调度和同步能力。

实时数据是 DCS 最基本的资源，DCS 的实时数据库是全局数据库，通常采用分布式数据库结构，因此，数据库系统在不同层次上采用的结构不同。操作站的实时数据库由实时数据和管理程序两部分组成。实时数据部分由数据库生成软件生成，通过网络下载到现场控制站，将各点的完整记录只存放在现场控制站中，而将点值与点状态等部分信息存放在操作站数据库中。管理程序负责对实时数据的系统管理以及处理其他任务对实时数据的实时请求，并将其他任务对现场控制站的数据请求转换成标准格式发送给网络通信管理任务。

为了便于操作人员或工程师对系统各点进行变化趋势分析以及管理人员对系统进行综合分析，需在操作站上建立一个历史数据库，将一段时间内的历史数据存储起来。一般来说，历史数据库要包括短时间间隔历史数据和长时间间隔历史数据。前者主要用来显示趋势曲线用，存储间隔一般是秒级；而后者主要是用来进行长时间的趋势分析、记录打印和统计计算，存储间隔一般为分钟级。

由于 DCS 实时数据库是全局、分布式的，操作员站对 DCS 集中管理和操作的基础就是系统的网络通信。DCS 对网络通信的要求可以概括为高可靠性、实时性和灵活性。高可靠性要求硬件高度可靠，同时软件要有较好的容错能力。实时性则要求现场控制站的实时数据能及时广播到操作站，同时，该站对其他站的定向请求要及时实现；另一方面，在操作站上，操作员或工程师要检测某一现场控制站的详细状态时，该请求应尽快地通过网络发给所要求的现场控制站，该站收到信息后应立即给予答复。灵活性是指能够支持多种数据信息格式的能力。总之，网络通信管理主要是完成周期性地接收网络上广播的实时数据，并将它们存入实时数据库，及时响应数据库管理任务发出的任务请求。

3. 控制软件

现场控制站的软件采用模块化结构设计，软件系统一般分为执行代码部分和数据部分。执行代码部分一般固化在 EPROM 中，而数据部分则在 RAM 中。在系统开机时，这些数据的初始值从网络上载入。执行代码通常分为两部分：周期执行部分和随机执行部分。周期执行部分一般由硬件时钟定时触发，完成周期性的工作。如定时数据采集、处理，控制算法的周期运算，周期性的系统状态检测和网络数据通信等。随机执行部分一般由硬件中断激活，主要完成系统的故障信号处理、事件顺序信号（Sequence Of Event，SOE）处理、实时网络数据接收等，这类信号发生的时间不定，但一旦发生就要求及时处理。典型的现场控制站软件执行顺序如图7-2所示，图7-3所示则为现场控制站软件结构。

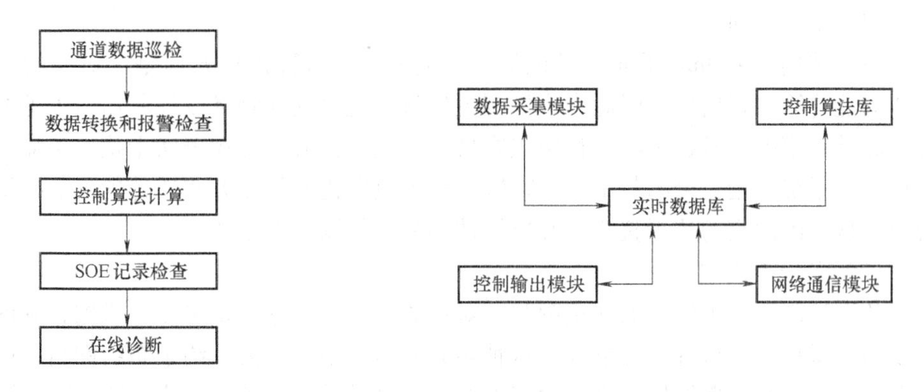

图7-2 现场控制站软件执行顺序　　图7-3 现场控制站软件结构

实时数据库是整个现场控制站软件系统的中心环节，其作用一方面是信息传递，另一方面是实现数据共享。实时数据库一般有以下4种基本数据类型：模拟量输入输出、开关量输入输出、模拟计算量和开关量点组合。实时数据库的存取有以下几种形式：输入输出模块取得通道信息和转换信息后，经相应运算，并将运算结果存入数据库；控制算法则从数据库中取得运算所需要的各种变量值，并把控制结果写入数据库；网络通信模块周期性地从数据库中取得各记录的实时值广播到网络上，以刷新其他各站的数据库，同时不断接收网络上的控制信息包，并将该信息写入该点的记录中。

现场控制站的输入输出模块主要完成模拟量、开关量及脉冲累计量等输入输出信息，其中比较典型的为模拟量输入处理，包括异常信号的剔除、信号滤波、工程量转换及非线性补偿与修正等。现场控制站能够实现反馈控制、批量控制和顺序控制等控制功能，其控制算法库中集成多种算法，以适应不同的应用场合。这些控制算法主要有PID调节模块，前馈、解耦、选择控制模块，超前/滞后补偿模块以及Smith预估器等用于纯滞后补偿的控制模块。

7.2 现场总线控制系统

7.2.1 现场总线概述

所谓现场总线，就是指连接智能现场设备和自动化系统的数字式、双向传输、多分支结构的通信控制网络。现场总线的概念是20世纪80年代提出来的，发展至今，已形成了多种现场总线，目前应用比较广泛的有控制局域网络（CAN）、局域操作网络（LonWorks）、过程现场总线（Profibus）、可寻址远程传感器数据通路（HART）、基金会现场总线（FF）现场总线等。现场总线不仅仅是一个通信协议或者用智能仪表代替传统模拟仪表，而是一个完整的控制系统框架，即通常所说的现场总线控制系统（Fieldbus Control System，FCS），现场总线控制系统（FCS）代替传统的集散控制系统（DCS），实现了现场通信网络与控制系统的集成。

1. 现场总线的特点

现场总线控制系统是由集散控制系统（DCS）发展而来的，它保留了DCS的精华，但与DCS相比，现场总线具有以下技术优势。

（1）全数字通信

DCS采用4~20mA的Ⅲ型模拟信号传输方式。这种传输方式是一对一的，即一对传输线缆只能传输一路信号，因此中央控制主机就不能得到除测量或控制信号以外的其他控制信息。此外，模拟信号在传输过程中很容易被其他信号或环境噪声所干扰，传输精度不高；而现场总线系统采用完全的数字信号传输，这种数字化的传输方式使得信号的检错、纠错机制得以实现，因此它的抗干扰能力和鲁棒性都强，传输精度也高。

（2）多分支机构

传统控制系统中设备的连接都是一对一的，而现场总线是多分支机构，其网络拓扑可为总线型、星型和树型等多种形式。这种多分支结构不仅大大节约了布线网络，而且使得布线简单，工程安装周期缩短，维护也很方便。这种结构还具有系统扩展性，如增加新的设备，只需直接并行挂接即可，无需系统停机。

（3）现场设备状态可控

通过现场总线，现场设备的管理信息大大增加，这些信息包括功能模块组态、参数状况、诊断和验证数据、设备材质和过程条件等。操作人员可在控制室内对这些信息进行管理和利用，通过对设备运行统计数据进行综合处理和诊断，可以对现场设备进行预防性维护，对现场设备进行参数调整和标定。

（4）互操作性和互换性

现场总线是开放的协议，不同厂家生产的符合统一现场总线协议的设备可以连接在一起，统一组态和协同工作。

（5）控制分散

现场总线系统采用全分散式控制。现场设备既有检测、变换、工程量处理及补偿功能，也有运算和控制功能。通过现场总线，将传统的DCS、PLC等控制系统中复杂的控制任务进行分解，分散于现场设备中，由现场变送器或执行机构构成控制回路，并行实现各部分的控制，简化了系统结构，提高了系统的可靠性、自治性和灵活性。

（6）统一组态

由于现场设备或现场仪表都引入了功能块的概念，所有制造商都是用相同的功能块，这样就使组态变得非常简单，用户不需要因为现场设备或现场仪表种类不同带来组态方法的不同而改变编程语言。

（7）系统的开放性

现场总线标准实现了完全开放，无专利许可要求，面向世界上任何一个制造商和用户。不同制造商生产的设备之间可实现完全的信息交换，用户可以按自己的需要和考虑，自由集成来自不同厂商的产品，规模可大可小，既可以与同层网络互联，也可以与不同网络互联。

2. 现场总线控制系统的组成

一般来说，现场总线控制系统是一个由被控过程现场总线网络结点、现场总线网络设备、监控设备以及相关软件等组成的闭环通信反馈控制系统。

（1）现场总线网络结点

现场总线网络结点是现场设备或现场仪表，如传感器、变送器、执行器和编程器等。这些结点不是传统的单功能的现场仪表，而是具有综合功能的智能仪表，如变送器既有检测、变换和补偿功能，又有 PID 等控制和运算功能；执行器的基本功能是信号驱动和执行，还包含调节阀输出特性补偿、PID 等控制和运算等功能；另外有阀门特性自校验和自诊断功能等。此外，这些现场总线结点由于具有数字通信特点，因此，它与监控设备之间不仅可以传递测量、控制等数值信息，还可以传递设备标识、运行状态、故障诊断状态等信息，还可以构成智能仪表的设备资源管理系统。

（2）现场总线网络设备

现场总线网络设备是指基于现场总线的数据服务器、网桥、中继器、安全栅、总线电源及便携式编程器等。

（3）监控设备

监控设备主要有工程师站、操作员站和计算机站。工程师站提供现场总线控制系统组态；操作员站提供工艺操作与监视；计算机站则用于优化控制和建模。

（4）现场总线控制软件

现场总线控制系统最具特色的是它的通信部分的硬件和软件。作为一个完整的控制系统，需要具有类似于 DCS 或其他计算机控制系统的控制软件、人机接口软件。现场总线控制系统软件主要由组态软件、维护软件、仿真软件、现场设备管理软件和监控软件组成。其中监控软件是必备的，直接用于生产操作和监视的控制软件包，主要内容有实时数据采集、常规控制计算与数据处理、优化控制、逻辑控制、报警监视、运行参数的画面显示、报表输出和操作与参数修改以及文件管理和数据库管理等。

7.2.2　几种主要现场总线简介

1. HART

可寻址远程传感器数据公路（Highway Addressable Remote Transducer，HART）协议是由美国 Rosemount 公司提出并开发，用于现场智能和控制室设备之间通信的一种协议。HART 协议虽然不是全数字通信协议，也不是现场总线国际标准 IEC 61158 中的类型之一，但作为模拟信号传输方式向全数字通信过渡的控制网络技术，是应用最为广泛的控制网络技术之一。

（1）HART 协议概要

HART 通信协议参照 ISO/OSI 7 层参考模型，见表 7-1，简化并引用了其中第 1、2、7 层，即物理层、数据链路层和应用层。

表 7-1　OSI/ISO 参考模型

第 7 层	应用层
第 6 层	表达层
第 5 层	会话层
第 4 层	传输层
第 3 层	网络层
第 2 层	数据链路层
第 1 层	物理层

物理层规定了HART通信的物理信号方式和传输介质。它采用基于Bell 202标准的频移键控技术，在4~20mA的模拟信号上叠加了一个幅值为0.5mA的正弦调制波，1200Hz代表逻辑"1"，2200Hz代表逻辑"0"，HART信号如图7-4所示。由于叠加的正弦波的平均值为零，所以数字信号不会干扰4~20mA的模拟信号，这就使数字信号与模拟信号并存而不相互干扰，这是HART通信协议标准的优点。HART通信可以有点对点或多点连接模式。传输介质一般为双绞线，当传输距离较长时，可以采用屏蔽双绞线，通信的速度为1200bit/s。

数据链路层规定了数据帧格式和数据通信规程。HART协议是主从式通信协议，系统允许有两个主设备，最多可有15个从设备。从设备可寻址范围为0~15，当地址为0时，为点对点模式，智能变送器处于4~20mA与数字通信兼容的状态；当地址为1~15时，为点对多点模式，智能变送器处于全数字通信状态。智能变送器可以作为从设备应答主设备的询问，也可以处于"突发模式"，自动、连续地发送信息。后者速度较快，但仅用于点对点模式。

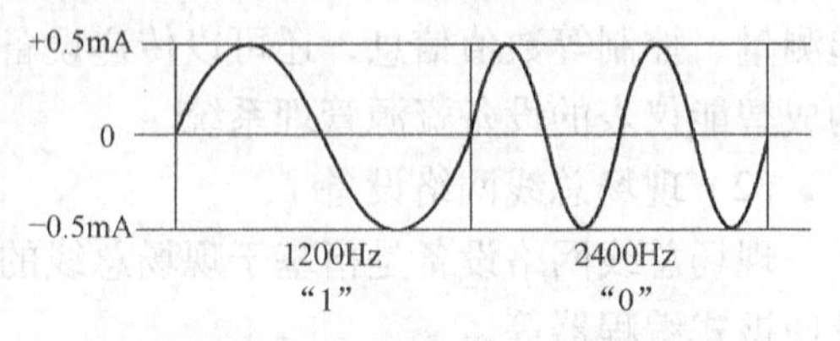

图7-4　HART信号

应用层规定了HART通信命令的内容，见表7-2，智能设备从这些命令中辨识对方信息的含义。这些命令共分为3类，第1类是通用命令（Universal Commands），适用于所有符合HART协议的产品，如读制造厂号及产品型号，读过程变量值及单位，读电流百分比输出等；第2类是普通应用命令（Common-practice Commands），适用于大部分符合HART协议的产品，但不同公司的HART产品可能会有少量区别，如写过程变量单位，微调D-A转换的零点和增益，写阻尼时间常数等。以上两类命令的规定使符合HART协议的产品具有一定的互换性。第3类是特殊命令（Device-specific Commands），这是各家公司针对具体产品的特殊性而设立的特有命令，不互相兼容，如特征化、微调传感头校正等。

表7-2　HART通信命令

命令号	功　能	类别	命令号	功　能	类别
0	读唯一识别符	通用	37	设置量程下限	普通
1	读原始变量	通用	40	进入/退出固定电流模式	普通
2	读电流值和百分比范围	通用	41	执行变送器自检	普通
3	读电流值和4个预定义动态变量	通用	43	设置PV值零点	普通
6	写轮询地址	通用	44	写PV单位	普通
11	由标志读唯一识别符	通用	45	D-A转换零点增益	普通
12	读信息	通用	46	D-A转换增益调整	普通
13	读标志、描述符和日期	通用	47	写转换功能	普通
14	读PV传感器信息	通用	48	读变送器附加状态位	普通
15	读输出信息	通用	49	写PV传感器编号	普通
16	读最终装配号	通用	59	写响应起始字符数	普通
17	写信息	通用	108	写突发模式命令号	普通
18	写标志、描述符和日期	通用	109	突发模式控制	普通
19	写最终装配号	通用	128	读变送器资料	特殊
34	写阻尼值	普通	129	写变送器资料	特殊
35	写量程值	普通	132	写变送器类型和测量范围	特殊
36	设置量程上限	普通	133	特征化变送器	特殊

（2）HART 协议的特点

HART 协议允许模拟信号和数字信号同时存在，这样就使动态控制回路更灵活、有效和安全；HART 协议能同时进行模拟和数字信号通信，因此，在与智能化现场仪表通信时还可与其他模拟设备混合使用，如记录仪和控制器等，具有传统模拟仪表或全数字能力，用户在开始时可以将智能仪表与现有的模拟系统一起使用，在不对现场仪表进行改造的情况下逐步实现数字化，包括数字化过程变量；由于支持多个数字通信主机，在一根双绞线上便可同时连接几个智能仪表；可通过租用电话线连接仪表，允许多站网络结构。这样多点网络可延伸到相当长的一段距离，使远方的现场仪表使用相对便宜的接口设备；提供了“应答”式和“广播”式两种通信模式，对所有的 HART 设备使用同一个通用的信息结构。允许通信主机，如控制系统或计算机系统与所有的与 HART 协议兼容的现场仪表以相同的方式通信；可变的信息结构，允许增加具有新性能的新颖智能仪表，而同时又能与现有仪表兼容；在一个报文中能处理 4 个过程变量，测量多个数据的仪表可在一个报文中进行一个以上的过程变量的通信，在任一现场仪表中 HART 协议支持 256 个过程变量。

（3）HART 协议的应用

HART 协议最初是作为一个过渡性临时标准推出的，但现在事实上已成为一项国际标准，特别是在智能变送器中得到了广泛的应用，HART 通信的应用通常有 3 种方式：第 1 种方式是用手持通信终端（HHT）与现场智能仪表进行通信，这是一种最普通的方式。通常 HHT 供仪表维护人员使用，不适合工艺操作人员使用，HHT 完全用手操作，无法自编程序对智能仪表进行自动操作，这种方式简单，但不够方便灵活。为克服上述不足，出现了一些带 HART 通信功能的控制室仪表，如 Arocom 公司的壁挂式仪表 MID，它可与多台 HART 仪表进行通信并组态，在控制室盘面为操作人员提供一个人机界面和信号扩展接口。虽然它并不参与现场控制，却可使智能变送器的内在功能得到充分的发挥和拓展，这是 HART 通信应用的第 2 种方式。第 3 种方式是与 PC 或 DCS 操作站进行通信，这是一种功能丰富，使用灵活的方案，特别是这种应用带有系统性质，以致它与整个系统成为有机的整体，但它会涉及接口硬件和通信软件问题。在 DCS 上增加 HART 功能被认为是一种较为勉强的方式，因为 HART 通信传输的信息大多为仪表维护及管理信息，挤占 DCS 的操作站不太合适，而在 PC 上增加 HART 通信功能及相应软件构成的设备管理系统则较受欢迎。

由于 HART 仪表与原 4～20mA 标准的仪表具有兼容性，HART 仪表的开发与应用发展迅速，特别是在设备改造中受到欢迎。HART 协议相对来说较为简单，由于速度慢及低功耗的要求，其数据链路层及应用层一般均由软件实现。物理层应用原有的 Bell 202 调制解调器，这使得一些小企业独立开发一些专用 HART 设备成为可能。总线供电的 HART 仪表对低功耗的要求较为苛刻，要求其从总线吸取的电流不大于 4mA，在供电电压为 24V 时，其总功耗仅为 100mW。因此，总线供电的 HART 仪表需使用典型的低功耗及高效的电源变换技术，如采用单独的电源线供电，则可解决低功耗的限制。为解决不同厂家的设备的互换性及互操作性问题，HART 采用了设备描述语言（DDL）。

2. Profibus

过程现场总线（Process fieldbus，Profibus）也是市场上主要的现场总线之一。它是一种国际性的开放式现场总线标准，其国际组织是 Profibus International（PI）。Profibus 协议满足 ISO/OIS 网络化参考模型对开放系统的要求，构成从变送器/执行器、现场级、单元级直至管理级的透明的通信系统。

Profibus 有 3 种类型，即现场总线报文规范（FMS）、分散外围设备（DP）和过程自动化（PA）。这 3 种类型均使用单一的总线访问协议，通过 ISO/OSI 的第 2 层实现，包括数据的可靠性以及传输协议和报文的处理。它们分别适用于不同的领域：FMS 主要用于解决车间级通用性通信任务，提供大量的通信任务，完成中等传输速度的循环和非循环通信任务，用于纺织工业、楼宇自动化中的单元级（Cell Level）；DP 专为自动控制系统和设备级分散 I/O 之间的通信设计，使用 Profibus-DP 模块可取代价格昂贵的 24V 或 0～20mA 并行信号线；PA 则用于过程控制领域。标准的本质安全的传输技术，实现了 IEC1158-2 中规定的通信规程，用于对安全性要求高的场合及由总线供电的站点。PI 最近发布的 PROFInet 则是 Profibus 与 Ethernet、TCP/IP 相结合的高速协议类型，它用于 Profibus 总线通过以太网连接到企业的管理信息系统。

（1）Profibus 协议结构

Profibus 协议结构如图 7-5 所示，它根据 ISO/OSI 通信参考模型取其物理层（第 1 层）、数据链路层（第 2 层）和应用层（第 7 层）。

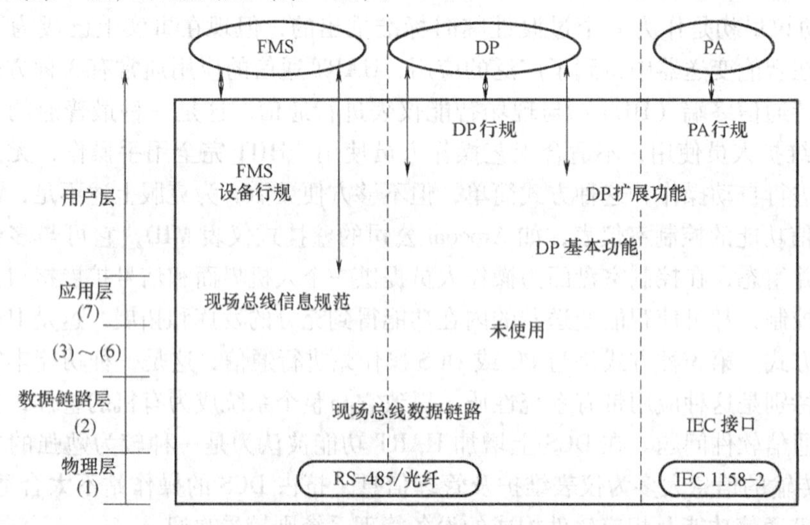

图 7-5　Profibus 协议结构示意图

Profibus-DP 使用了第 1、2 层和应用层接口，这种结构确保了数据传输的快速和有效，直接数据链路映射（Direct Data Link Mapper，DDLM）为用户接口易于进行第 2 层。用户接口规定了用户及系统以及不同设备可调用的应用功能和各种不同的 Profibus-DP 设备的设备行为。Profibus-DP 采用 RS-485 或光纤传输技术，传输速率可达 9.6kbit/s～12Mbit/s。最大传输距离在 12Mbit/s 时为 100m，1.5 Mbit/s 时为 400m，可用中继器延长至 10km。

Profibus-PA 的数据传输采用扩展的 Profibus-DP 协议。另外，PA 还描述了现场设备行为的 PA 行规。根据 IEC1158-2 标准，PA 的传输技术可确保其本征安全性，可通过总线给现场设备供电，使用连接器可在 DP 上扩展 PA 网络。

Profibus-FMS 定义了第 1、2、7 层，应用层包括现场总线报文规范（Fieldbus Message Specification，FMS）和低层接口（Lower Layer Interface，LLI）。FMS 包括了应用协议并向用户提供可广泛选用的强有力的通信服务。LLI 协调不同的通信关系，并提供不依赖设备的第

2层访问接口。

（2）总线存储协议

Profibus的3种类型（DP、FMS和PA）均使用一致的总线存取协议。该协议是通过OSI参考模型的第2层来实现的，它还包括数据的可靠性以及传输协议和报文处理；在Profibus中，第2层称为现场数据链路层（Fieldbus Data Link，FDL），介质访问控制（Medium Access Control，MAC）是具体控制数据传输的程序。

Profibus将设备分为主站和从站，主站决定总线的数据通信，当主站得到总线控制权（令牌）时，没有外界请求也可以主动发送信息。从站为外围设备，从站包括输入输出装置、阀门、驱动器和测量变送器，它们没有总线控制权，仅对接收到的信息给予确认或当主站发出请求时向它发送信息，由于从站只需总线协议的一小部分，所以实施起来较为经济。

Profibus存取协议如图7-6所示，包括主站（复杂的总线站）之间的令牌传递方式和主站从站（复杂的总线站与简单的I/O设备）之间的主从方式。其中令牌传递方式保证了每个主站在一个确切规定的时间间隔内得到总线存取权（令牌）。令牌报文是一条特殊的报文，它在主站之间传递总线存取权，令牌在所有主站中循环一周的最长时间是事先规定的。在Profibus中，令牌传递仅在各主站间通信时使用。

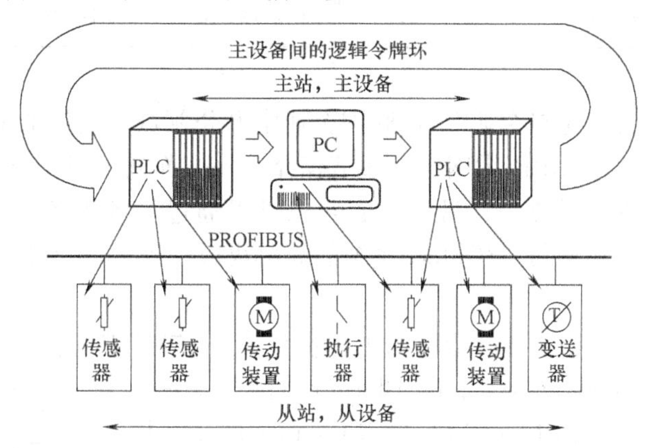

图7-6　Profibus存取协议

主-从方式运行的主站在得到总线存取令牌时可与其所属的从站通信，每个主站均可向从站发送或索取信息。通过这种存取方式，可实现纯主-从控制、纯主-主控制（带令牌传递）及两种配置的混合系统。图7-6中3个主站构成逻辑令牌环。当某主站得到令牌报文后，该主站可在一定时间内执行主站工作，在这段时间内，它可与在主-从通信关系表中所列的所有从站通信，也可与在主-主通信关系表中所列的所有主站通信。

令牌环是所有主站的组织链，按照它们的地址构成逻辑环。在这个环中，令牌（总线存取权）在规定的时间内按照次序（地址的升序）在各主站中依次传递。

在总线系统初建时，主站的介质访问控制（MAC）的任务是检查总线上主站点的裸机分配并建立令牌环。在总线运行期间，断电或损坏的主站必须从环中排除，新接入的主站必须加入令牌环。另外，总线存取控制保证令牌按地址升序依次在各主站间传送。各主站持有令牌的实际时间长短取决于该令牌配置的循环时间。另外，Profibus存取控制的特点是监测传输介质及收发器是否有故障，检查站点地址是否出错（如地址重复）以及令牌是否错误（如多个令牌或令牌丢失）。

第2层的另一重要任务是保证数据的可靠性。Profibus 第2层的报文帧格式保证高度的数据完整性，所有报文的海明距离 $HD=4$。这是按照国际标准 IEC 870-5-1 规定的使用特殊的起始和技术定界符、无间距的字节同步传输及每个字节的奇偶检验保证的。Profibus 第2层按照非连接的模式操作，除提供点对点逻辑数据传输外，还提供多点通信（广播及有选择广播）功能。

在 Profibus-FMS、DP 和 PA 中分别使用了第2层服务的不同子集，见表7-3。这些服务由上层协议通过第2层的服务存取点（Service Access Point，SAP）调用。在 Profibus-FMS 中，这些服务存取点是用来建立逻辑通信地址的关系表，在 Profibus-DP 和 PA 中，每个 SAP 都赋有一个定义明确的功能。对所有主站和从站，可同时使用多个服务存取点。服务存取点分为源服务存取点（Source Service Access Points，SSAP）和目标服务存取点（Destination Service Access Points，DSAP）。

表7-3 Profibus 数据链路层的服务

服务	功 能	DP	PA	FMS	服务	功 能	DP	PA	FMS
SDA	发生数据需应答			✓	SDN	发生数据不需应答	✓	✓	✓
SRD	发送和请求数据需应答	✓	✓	✓	CSRD	循环地发送和请求数据需应答			✓

（3）PROFInet

PROFInet 是工业自动化与企业/全球联网企业中办公领域较高层的 IT 技术在 Profibus 技术的纵向扩展和应用。它选用以太网作为通信媒介，一方面它可以把基于通用 Profibus 技术的系统无缝地集成到整个系统中，另一方面它也可以通过代理服务器（Proxy）实现 Profibus-DP 及其他现场总线系统与 PROFInet 系统的简单集成。Profibus 利用代理服务器的集成如图7-7所示。

在整个协议框架中，独立于制造商的工程设计系统对象（Engineering System Object，ES-Object）模型和开放的、面向对象的 PROFInet 运行期（Runtime）模型是 PROFInet 定义的两个关键模型。工程设计系统对象 ES-Object 包括了用户在组态期间检测和控制的所有对象，PROFInet 的实例、相互连接和参数化构成了自动化解决方案的实际模型，然后通过下载激活，就可以建立以工程设计模型为基础的运行期软件。PROFInet 规范描述了应用 ES-Object 约定支撑的对象模型。

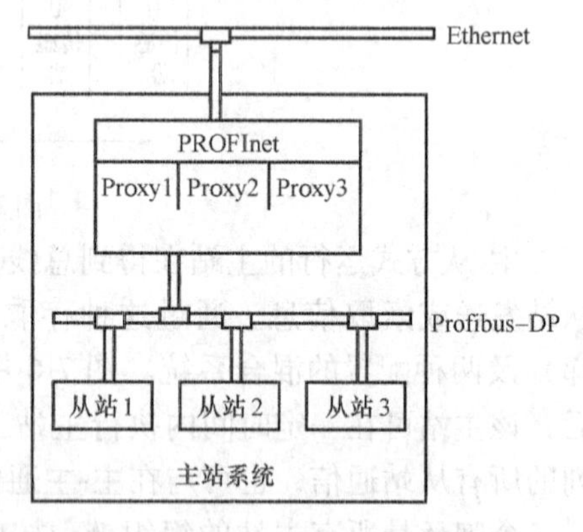

图7-7 Profibus 利用代理服务器的集成

PROFInet 运行期对象模型则通过指定一种开放的、面向对象的运行期概念，以具有以太网标准机制的通信功能为基础（如 TCP、UDP/IP），上层提供了一种优化的 DCOM（Distributed Component Object Model）机制，作为用于硬实时通信性能应用领域的一种选择。PROFInet 部件以对象的形式出现，这些对象之间的通信由上述机制提供，PROFInet 站之间通信链接的建立以及它们之间的数据交换由已组态的相互连接提供。该模型包括物理设备、逻辑设备、运行期自动化对象、活动控制连接对象等4类对象。

PROFInet 运行期模型也为非 PROFInet 部件提供了集成的基础。也就是说，现有的系统无需作任何更改就可继续使用，可逐步地迁移到 PROFInet 系统。但对某些设备由于成本的原因不值得使用 PROFInet 装置，或者若总线系统（如 ASI 总线）不允许所要求的一定数量的通信机制（IP 和 DCOM），这些部件仍然可以方便地集成到 PROFInet 中。PROFInet 为这些应用提供了两种方案，一是使现有的装备具有 PROFInet 能力，另一是通过代理服务器 Proxy 实现 PROFInet 从“外部”观察现场设备，Proxy 不是由现场设备本身实现，而是由现场总线主站实现。

若某 Profibus-DP 总线系统通过 Proxy 集成到 PROFInet 上，不影响原总线上主/从站之间的数据传输，这些数据通过代理服务器还可在工程系统中与其他 PROFInet 站的数据互联。

3. LonWorks 总线技术

LonWorks 现场总线技术是美国 Echelon 公司为支持局部操作网络（Local Operation Network，LON）总线而于 1991 年推出的。它为 LON 总线提供了一套包括所有设计、配置和支持控制网元素的完整的开发平台。它采用了 ISO/OSI 模型的全部 7 层通信协议，采用了面向对象的设计方法，通过网络变量把网络通信设计简化为参数设置，其通信速率从 300bit/s ~ 1.5Mbit/s 不等，直接通信距离可达 2700m，支持双绞线、同轴电缆、光纤、射频、红外线及电力线等多种通信介质。

（1）LonWorks 系统结构

LonWorks 使用的开放式通信协议 LonTalk，为设备间交换控制状态信息建立了一个通用的标准。在 LonWorks 协议的协调下，系统和产品融为一体，形成了一个网络控制系统。LON 现场控制网络包括现场控制结点，这些结点可以是直接采用神经元芯片（Neuron Chip）做 LON 总线的通信处理器和测控处理器，也可以是基于神经元芯片的 Host Base、通信介质和通信协议。LonWorks 技术一般由 LonWorks 结点和路由器、LonTalk 协议、LonWorks 收发器和 LonWorks 网络和结点开发工具组成。

一个典型的现场控制网络结点主要包括 CPU、I/O 处理单元、通信处理器、收发器和电源。路由器是 LonWorks 技术中的一个主要部分，这是区别于其他现场总线的特点，路由器的使用，使 LON 总线突破其他现场总线的限制。它不受通信介质、通信距离和通信速率的限制。在 LonWorks 技术中，路由器设备一般包括中继器、桥接器和路由器等。在 LON 总线中，需要一个网络管理工具，这也是 LON 总线和其他总线不同的地方。当单个结点建成后，结点之间需要互相通信，需要一个网络工具为网络上的结点分配逻辑地址，同时也需要将每个结点的网络变量和现实报文连接起来，网络管理的主要功能有网络安装、网络维护和网络监控。通过结点、路由器和网络管理这 3 部分有机结合构成一个带有多介质、完整的网络系统。

（2）Neuron 芯片

LonWorks 技术的核心是 Neuron 芯片，它是高度集成的大规模电路，主要包括 MC143150 和 MC143120 两大系列，其中 MC143150 支持外部存储器，适合更为复杂的应用，而 MC143120 本身带有 ROM，不支持外部存储器。Neuron 芯片通过硬件和软件的独特结合，提供了处理来自监控设备的输入和通过各种网络媒介传送控制信息的所有关键功能，使一个 Neuron 芯片几乎包含一个现场结点的大部分功能块。

在一个 Neuron 芯片中集成了 3 个 8 位的 CPU，分别完成不同的功能。CPU1 是 MAC 处理器，完成介质访问控制，处理ISO/OSI7层网络协议的第1、2层，其中包括驱动通信子系统的硬件和执行冲突避免算法。CPU2是网络处理器，实现ISO/OSI网络协议的第3～6层，处理网络变量、地址、认证、后台诊断、软件定时器、网络管理和路由等进程。MAC处理器和网络处理器间通过使用网络缓冲区达到数据的传递。CPU3是应用处理器，它执行用户编写的程序代码和用户程序对操作系统的服务调用。由于OSI网络协议的第1～6层是固化在ROM中的，因此，用户只需编写应用CPU的程序，不需考虑网络方面的事情，如网络媒介占有控制等。

Neuron芯片具有一个由5个端子组成的通用网络通信口。由于它可支持多种通信介质，可将5个端子配置成3个不同的接口工作方式，以适合不同的编码方案和不同的波特率。这3种工作方式是单端（Single-Ended）、双端差分（Differential）和特殊目的专用（Special Purpose）方式。其中单端方式是在LON总线中使用最广泛的一种。单端方式和双端方式较为相似，都采用CPU4作为冲突检测输入端，发送正式报文之前，发送端发送至少6位被称为同步头（Preamble）的同步信号，以确保接收结点接收时钟同步，其编码方式是Manchester编码。作为选项，Neuron芯片支持一个低有效的收发器冲突检测信号。如果冲突检测允许，在发送过程中，Neuron芯片检测到CPU4为低时，表示冲突产生或正在发送，报文需重发。在某些专用场合，需要Neuron芯片直接提供没有编码和不加同步头的原始报文。所以在特殊专用方式时，Neuron芯片输出未编码的原始报文，也不带同步信号，由一个智能收发器处理从网络上或Neuron芯片传上来的数据。其发送过程是从Neuron芯片接收到原始报文，完成编码和插入同步信号。接收过程是从网络上收到数据，去掉同步头，重新解码，然后送到Neuron芯片。对用户来说，可以根据需要，自由设计智能收发器构成所需要的方式。

(3) LonTalk协议

LonTalk协议是为LonWorks技术LON总线设计的专用通信协议，它遵循ISO/OSI 7层参考模型，提供了OSI参考模型规定的7层服务，它具有以下特点：发送的报文都是很短的数据，通信带宽不高，网络上的结点往往是低成本和低维护的单片机，多结点及多通信介质，可靠性高实时性强等。

LonTalk协议提供4种基本报文服务：应答确认（Acknowledge）方式、请求/响应（Request/Response）方式、非应答重复（Unacknowledged Repeated）方式和非应答确认（Unacknowledged）方式。在前两种服务方式中，发送方需要得到每一个接收到报文结点的应答信号，报文应答服务由网络处理器（Network Processor）完成，不必由应用程序来干预。后两种则不需要每一个接收到报文的结点向发送方应答或响应。LonTalk协议支持授权报文，结点在网络安装时约定了一个6字节48位的授权字，接收者在接收报文时将检查发送者是否经授权，只有经发送方授权的报文方可接收。因此，授权功能禁止非法访问结点。

LonTalk协议的介质访问控制（MAC）子层是链路层的一部分，它使用OSI各层协议的标准接口和链路层的其他部分进行通信。另外，LonTalk协议为提高紧急事件的响应时间，提供了一个可选择设置优先级的功能。

(4) LonWorks开发工具

LonWorks技术中还包括一系列的开发工具，包括结点开发工具NodeBuilder，结点和网络安装工具LonBuilder，网络管理工具LonManage以及客户/服务网络构架LNS技术等。

LonBuilder是LonWorks技术中最主要的一个开发工具，它可分为结点开发器、网络管理器、协议分析器和报文统计器、开发板、应用模块和演示程序等。NodeBuilder 只能完成结点开发的功能，不具备网络的功能。LonManage 主要由一系列的软件开发包和接口卡组成。LonWorks 开发工具中还包含硬件接口卡，它主要完成主机和神经元芯片进行数据转换。

LNS（LonWorks Network Service）是 Echelon 公司开发的 LON 总线开发工具，它提供了一个强大的客户/服务器网络构架，是 LON 总线的可互操作性基础。使用 LNS 提供的网络服务，可以保证从不同网络服务器上提供的网络管理工具可以一起执行网络安装、维护、监测功能，众多的客户则可以同时申请这些服务器所提供的网络功能。LNS 包括 3 类设备：路由器设备（包括中继器、桥接器、路由器和网关）、应用结点（智能传感器和执行器）和系统级设备（网络管理工具、系统分析、数据采集与监视控制系统（Supervisory Control And Data Acquisition，SCADA）站和人机界面）。

4. FF 技术

基金会现场总线（Foundation Fieldbus，FF）是由现场总线基金会（Fieldbus Foundation）组织开发的。基金会的前身是由美国 Rosemount 公司为首，联合 ABB、Foxboro、Siemens、Yokogawa 等 80 多家公司联合成立的 ISP（Interoperable System Protocol）和以 Honeywell 公司为首，联合欧洲等地 150 多家公司组成的 World FIP（Factory Instrumentation Protocol）。ISP 和 World FIP 北美部分合并后，成立了现场总线基金会，致力于开发国际上统一标准的现场总线协议。基金会现场总线以 ISO/OSI 开放系统互联层次模型为基础，取其物理层、数据链路层和应用层为 FF 通信模型的相应层次，并在应用层上增加了用户层。用户层的主要功能是针对自动化测量和控制的需要，定义信息存取的统一规则，采用设备描述语言规定通用的功能模块集。

基金会现场总线（FF）由低速（FF-H1）和高速（FF-HSE）两部分组成。其中 FF-H1 网络以 ISO/OSI 模型为基础，取其物理层、数据链路层和应用层，并在应用层之上增加了用户层，构成了 4 层结构的通信模型（见表 7-4），FF-H1 网络主要用于过程工业（连续控制）自动化；FF-HSE 则采用基于 Ethernet（IEEE 802.3）和 TCP/IP 的 6 层结构，主要用于制造业（离散控制）自动化及逻辑控制、批处理等。

表 7-4 FF 通信模型

用户层（程序）	用户层
信息规范子层 FMS，现场总线访问子层 FAS	通信栈
数据链路层	
物理层	物理层

（1）基金会现场总线的主要技术

基金会现场总线的通信技术包括通信模型、通信协议、通信控制芯片、通信网络和系统管理软件等。它涉及一系列与网络相关的软硬件，无论对于现场总线设备的开发制造厂家，还是系统设计单位、系统集成商以至于终端用户，都具有重要作用。

标准化功能块与功能块应用进程提供了一个通用结构，把实现控制系统所需的各种功能划分为功能块，使其公共特征标准化，规定它们各自的输入、输出、算法、事件、参数与块控制图，并把它们组成可在某个现场设备中执行的应用进程（Function Block Application Process，FBAP），便于实现不同制造商产品的混合组态与调用。功能块的通用结构是实现开放系统框架的基础，也是实现各种网络功能与自动化功能的基础。

(2) FF 通信模型

为实现现场总线设备的互操作性，支持标准的功能块操作，基金会现场总线采用了设备描述（Device Description，DD）技术。设备描述为控制系统理解来自现场设备数据的意义提供必需的信息，因此，也可以看做控制系统或主机对某个设备的驱动程序，即设备描述是设备驱动的基础。设备描述语言（Device Description Language，DDL）是一种用以进行设备描述的标准编程语言。采用设备描述编译器，把 DDL 编写的设备描述的源程序转化为机器可读的输出文件。控制系统正是凭借这些机器可读的输出文件来理解各制造商设备数据的意义。

在现场总线产品开发中，常采用 OEM（Original Equipment Manufacturer）集成方法构成新产品。已有多家供应商向市场提供 FF 集成通信控制软件、通信栈软件等，把这些部件与其他供应商开发或自行开发完成测控功能的部件集成起来，组成现场智能设备的新产品。

基金会现场总线通信模型可分为 4 层，见表 7-5。物理层规定了信号如何发送，数据链路层规定了如何在设备间共享网络和调度通信，应用层规定了在设备间交换数据、命令、事件信息及请求回答中的信息格式与服务，用户层则用于组成用户所需要的应用程序。在通信模型中，除去最下端的物理层和最上端的用户层之后的中间部分作为一个整体，统称为通信栈。

表 7-5 通信模型的主要组成及相互关系

<table>
<tr><td rowspan="2">名　称</td><td colspan="3">物理设备</td><td colspan="2">通信实体</td></tr>
<tr><td>系统管理内核</td><td colspan="2">功能块应用进程</td><td colspan="2">网络管理代理</td></tr>
<tr><td rowspan="3">用户层</td><td>对象字典</td><td colspan="2">设备描述</td><td colspan="2" rowspan="4">对象字典，网络管理信息库</td></tr>
<tr><td>系统管理信息库</td><td colspan="2">对象字典</td></tr>
<tr><td>系统管理内核协议</td><td colspan="2">功能块对象</td></tr>
<tr><td rowspan="3">应用层</td><td rowspan="3">对象字典，系统管理信息库，系统管理内核协议</td><td>VCR</td><td rowspan="2">设备描述，对象字典，功能块对象</td></tr>
<tr><td>信息规范子层</td><td>层管理</td><td rowspan="4">对象字典，网络管理信息库</td></tr>
<tr><td colspan="2">总线访问子层</td><td>层管理</td></tr>
<tr><td>数据链路层</td><td colspan="3">数据链路层</td><td>层管理</td></tr>
<tr><td>物理层</td><td colspan="3">物理层</td><td>层管理</td></tr>
</table>

表 7-5 表明了通信模型主要组成部分及其相互关系。从表中可以看出，在通信参考模型所对应的物理层、数据链路层、应用层、用户层的各部分，按功能分为 3 大部分：通信实体、系统管理内核、功能块应用进程。各部分之间通过虚拟通信关系（Visual Communication Relationship，VCR）来沟通信息。VCR 表明了两个或多个应用进程之间的关联，或者说，虚拟通信关系是各应用层之间的通信通道。

通信实体贯穿从物理层到用户层的所有层，由各层协议与网络管理代理共同组成。通信实体的任务是生成报文与提供报文传送服务，是实现现场总线信号数字通信的核心部分，层协议的基本目标是要构成虚拟通信关系。网络管理代理则是要借助各层管理实体，支持组态管理、运行管理、出错管理的功能。各种组态、运行、故障信息保持在网络管理信息库中，并由对象字典来描述。对象字典为设备的网络可视对象提供定义与描述。为了明确定义、理解对象，把数据类型、长度一类的描述信息保留在对象字典中，可以通过网络得到这些保留在对象字典中的网络可视对象的描述信息。

系统管理内核（System Management Kernel，SMK）在模型分层结构中只占应用层和用户层的位置。SMK主要负责与网络系统相关的管理任务，如确立本设备在网段中的位置，协调与网络上其他设备的动作和功能块执行时间等。SMK把控制系统管理操作的信息组成对象，存储在系统管理信息库（System Management Information Base，SMIB）中，并可以通过网络来访问SMIB。SMK在设备运行之前将基本的系统信息置入SMIB，然后根据系统专用名，分配给该设备一个固定的数据链接地址，在不影响网络上其他设备运行的前提下，使设备进入运行状态，并根据他的物理设备位号分配节点地址。当设备加入网络以后，可按需设置远程设备和功能块。SMK采用系统管理内核协议（SMK Protocol，SMKP）与远程SMK通信。SMK也能为对象字典提供服务。同时，为了与网络上其他设备的动作和功能块同步，SMK还提供了一个通用的应用时钟同步，使每个设备能共享公共的时间基准，并可通过调度来控制功能块执行时间。

功能块应用进程（FBAP）在模型分层结构中位于应用层和用户层，主要用于实现用户所需要的各种功能。应用进程AP（Apply Process）是指设备内部实现一组相关功能的整体，而功能块则把实现某种应用功能或算法、按某种方式反复执行的函数进行模块化，提供一个通用结构来规定输入、输出、算法或控制变量，把输入参数通过这种模块化的函数，转换为输出参数。如PID功能块完成现场总线系统中的控制计算、AI功能块完成参数输入，还有用于远程输入输出的交互模块等。由多个功能块及其相互连接集成为功能块应用，在功能块应用进程部分，除了功能块对象之外，还包括对象字典和设备描述。

（3）现场总线应用进程及其网络可视

应用进程是现场总线系统活动的基本组成部分，现场总线系统可以看做协同工作的应用进程集合。网络可视是指通过某种方式，在网络的总线段上可以进行访问或操作的部分，现场总线应用进程及其网络可视部分涉及现场总线系统的一系列网络活动。

应用进程（Apply Process，AP）可以看做是在分布系统或分布应用中的信息及其处理过程，可以对它赋予地址，也可以通过网络访问它。应用进程可表述为存在一个设备包装成组的功能块。AP是最基本的对象，把多个AP组合起来，可形成复合对象，还可把几个复合对象组合在一起，形成复合列表对象。

现场总线应用进程的网络可视部分包括AP索引、对象字典、一组网络可视对象和一个应用层通信服务接口。其中，接口是AP与通信实体之间的界面，对象字典内是一系列AP对象描述的条目，AP索引内则装有AP对象描述的目录排列序号，凭借这些序号，可以在对象字典内找到与该序号对应的对象描述的条目，从而得到相应的对象代码值，再通过接口，把它们送往通信实体部分。

基金会现场总线采用对象描述来说明总线上传输的数据格式与意义。把这些对象描述收集在一起，形成对象字典，它由一系列的条目组成，每个条目分别描述一个应用进程对象和它的报文数据。在现场总线报文规范中规定了与这些条目相应的AP对象。为了便于网络访问这些条目，还为每个对象字典条目分配了一个序列号，在总线报文规范子层的对象字典服务中，就是运用这个序号辨认出与之对应的AP对象。对象字典由OD描述、数据类型、静态条目和动态条目构成。

网络可视对象是可以通过应用层接口进行访问的对象。它由一个或多个 AP 对象组成，它们是 AP 的实际物理资源的代表。由多于一个对象组成的网络可视对象称为复合对象。在复合对象中的第一个 AP 对象经常作为该复合对象的标题，标题包含了这个复合对象的结构与特征信息，复合对象中其余的 AP 对象是复合对象的组成内容，可以把功能块作为复合对象的一个实例。

应用进程通过应用层接口访问通信实体，这个接口既可以单独访问现场总线报文规范子层 FMS 或现场总线访问子层 FAS，也可同时访问两者。AP 通过一个单独的本地接口，可以访问设备中的网络管理代理和系统管理内核。总线报文规范子层为每类 AP 对象提供一组特定的信息服务，总线访问子层则用来发送和接收报文，AP 应用进程规定了这些报文的格式和处理程序。为了访问 FMS 和 FAS 服务，应用层接口还可对 AP 提供其他附加服务，如编码、解码、确认 AP 报文数据等，由功能块壳体为功能块应用进程提供这些附加功能。

以上几个部分的有机结合，构成完整的应用进程。

(4) 基金会现场总线网络通信中的虚拟通信关系

在基金会现场总线网络中，设备之间传送信息是通过预先组态好了的通信通道进行的，这种在现场总线网络各应用进程之间的通信通道称为虚拟通信关系（VCR）。为满足不同的应用需要，基金会现场总线设置了客户/服务器型、报告分发型、发布/预订接收型等虚拟通信关系。

客户/服务器型虚拟通信关系用于现场总线上两个设备间由用户发起的一对一的排队式非周期通信。此处的排队意味着消息的发送与接收是按优先级顺序进行，先前的信息并不会被覆盖。其中发出请求信息的设备被称为客户，接收这个请求的设备被称为服务器。这种在客户与服务器之间进行的请求/应答式数据交换常用于设置参数或实现某些操作，如改变给定值、对调节器参数的访问与调整、对报警的确认、设备的上传或下载等。

报告分发型虚拟通信关系是一种排队式非周期通信，也是一种由用户发起的一对多的通信方式，即一个报告者对应多个设备组成的一组收听者。这种通信关系用于广播或多点传送数据与趋势报告。数据持有者向总线设备多点投送其数据，它可以按事先规定好的 VCR 目标地址分发所有报告，也可以按每种报文的传送类型排队而分别发送，按分发次序传送给接收者，报告分发型虚拟通信关系最典型的应用场合是将报警状态、趋势数据等通知操作台。

发布/预订接收型虚拟通信关系主要用于实现缓冲型一对多通信。当数据发布设备收到令牌时，将对总线上所有设备发布或广播它的消息，希望接收这一发行消息的设备被称为预定收者，或称为订阅者。缓冲型意味着只有最近发布的数据保留在网络缓冲器内，新的数据会完全覆盖先前的数据。缓冲型工作方式是这种虚拟通信关系的重要特征，现场设备经常采用发布/预订接收型虚拟通信关系，按周期性的调度方式，为用户应用功能块的输入/输出刷新数据，如刷新过程变量、操作输出等。

(5) 高速以太网

高速以太网（High Speed Ethernet，HSE）是现场总线基金会为迎合控制和仪器仪表最终用户对可互操作、节约成本、高速现场总线解决方案的要求而发布的。HSE 充分利用低成本和可应用的 COTS（商业）以太网技术和 TCP/IP，并以 100Mbit/s 到 1Gbit/s 或更高的速度运行，它的通信模型由底层到高层分别采用了 IEEE 802.3 物理层、MAC 子层、IP 层、TCP（UDP）层以及应用层（现场总线访问代理）和用户层 6 层结构。HSE 支持所有的基金会现场总线的功能，例如功能模块和设备技术语言，并支持 H1 设备与基于以太网的设备通过链接设备接口。

HSE 现场总线技术的另一个关键特点是：HSE 现场设备支持标准的基础功能模块，例如 AI，AO 和 PID 等，也包括新的、具体应用于离散控制和 I/O 子系统集成的柔性功能模块（FFB）。

（6）基金会现场总线控制系统结构

图 7-8 所示为基于基金会现场总线（包括 H1 和 HSE）控制系统的网络拓扑结构，其可以包含一个或多个 HSE 子网，或一个或多个互联的 H1 链路。几个 HSE 子网之间可以通过标准路由器进行互联。一个 HSE 子网包含一个或多个通过 Ethernet 相连的 HSE 设备，同一个子网上的 HSE 设备可通过标准的 Ethernet 交换机进行互联。HSE 设备可以为 HSE 现场设备、HSE 链接设备或 I/O 网关设备等。HSE 链接设备用于将一条或几条 H1 链路链接到 HSE 子网上，一条 H1 链路可链接一个或几个 H1 设备，两个或多个 H1 设备之间可以通过 H1 网桥实现互联，H1 网桥可以包含在 HSE 链接设备中，不包含 H1 网桥的链接设备也可以实现 H1 报文的重发功能，可根据需要，对 HSE 子网本身以及 HSE 设备进行冗余配置。

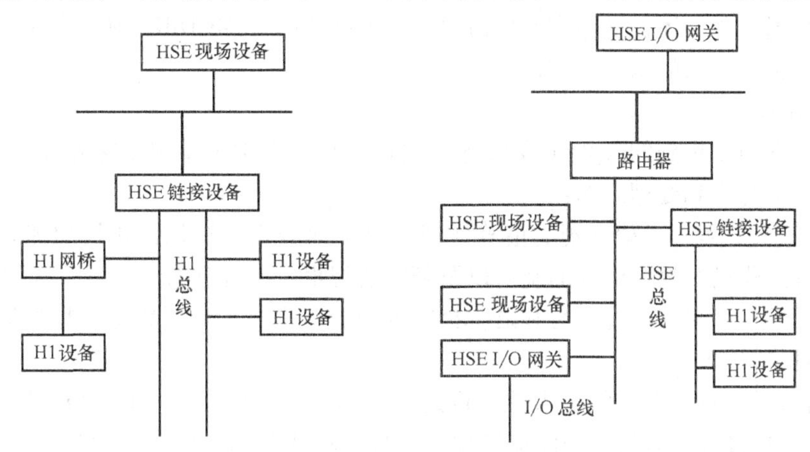

图 7-8　基于基金会现场总线控制系统的网络拓扑结构

7.3　监控软件

7.3.1　概述

DCS 的监控软件是指运行于系统人机界面工作站、服务器等结点中的软件，它提供数据采集、事件分析、信息储存和管理、二次计算、人机界面监视 、远程控制操作及其他的应用功能。

为了满足不同用户对采集信号的定义、专业化的信息处理和个性化的人机界面设计要求，一般产品化的 DCS 都会提供层次、范围和功能不等的应用组态功能，如对监控对象进行定义的 I/O 数据库定义，二次分析处理的计算点、计算公式和算法定义，面向最终用户的监控画面生成、报表生成、历史库定义，面向过程控制对象的操作定义等。更为灵活的系统还能提供异常事件定义、人机交互过程定义及生成自定义应用代码等面向设计者的高级应用组态功能。

此外，DCS的监督控制层集中了全部工艺过程的实时数据和历史数据。这些数据除了用于DCS的操作员监视外，还应该满足外部应用需要，使之产生出更大的效益。这就要求DCS提供数据的外部访问接口。

与DCS控制层软件相比，监督控制层软件虽然也有实时数据的采集、处理、存储等功能，但由于控制层软件是直接面向现场控制的，而监督控制层软件则是面向操作员和面向人机界面的。因此，在实时数据的采集、处理、存储、数据库组织和使用等方面有很大的区别。例如报警，由于现场控制站执行的是直接控制功能，并不需要人工干预，因此不设置报警的处理，而在操作员站，则必须报警，而且要非常详细，因此二者对现场数据处理的存储要求就有很大的区别。应该说，DCS监督控制层软件所需的数据来自直接控制层，但要对直接控制层提供的数据进一步地加工与处理。

1. 数据采集

数据采集是采集来自DCS直接控制层的工艺参数和状态，或来自其他应用系统有关的数据，不同DCS在提供数据采集通信接口方面有很大的差别。当前大多数知名的DCS除了与本身控制层通信外，还提供标准通信协议（如OPC协议、MODBUS协议等），可以方便地接入具有相同标准协议的第三方数据。

2. 事件分析

事件分析即对采集到的参数（或状态）进行分析，识别出某些工艺系统特定的事件信息，进行不同的分类和处理。如：

1）工艺报警识别。一般常规的报警处理是以不同的颜色标识出不同级别的报警信息，此后，要处理操作员对报警信息的确认以及随时监视报警是否解除。有些系统除了以信息方式提示操作员外，还提供声光报警和语音报警等功能。此外，有的系统还提供报警追溯的功能，如报警日志等。

2）事件捕获。针对某些特定事件进行处理，如事故追忆处理（POSTTRIP）、事件顺序记录（SOE）、报警自动抑制、条件报警抑制、特殊算法驱动、设备电源故障或计算机系统设备故障以及其他用户自定义的事件处理等。

3）日志记录。为了进行事故后分析，针对捕获到的报警和所有事件信息进行分类、记录、管理、存档和离线查询分析。

3. 信息存储和管理

为了有利于数据信息的展现及利用，一般DCS监控系统要将数据信息按一定的数据结构进行组织管理。系统中数据结构设计的优劣直接影响到系统的规模、功能展现、开放性和实时性指标。因此，考查不同DCS的功能、开放性和实时性可以从系统的数据结构类型和设计方法上予以识别。

实时数据库用于管理实时采集的数据信息，数据信息周期性地更新。历史数据库用于存储每个变量的历史数据，如按采集周期或按用户定义的历史数据收集周期，存储模拟量的历史值和开关量的变化过程记录。表格关注的是目前正发生的各类事件的情况，以提示操作员随时跟踪这些发生中的事件。列表是对系统所管理的各种变量进行分类展示的一种方法。日志记录也叫事件记录，是按时间顺序记录系统捕捉到各种事件信息的记录。事故追忆是在捕捉到一个运行事故后，将事故相关的变量及事故发生前后的运行参数和状态组织在一起，供运行人员分析用的一种数据结构。SOE 是用于快速记录事件先后顺序，如电器开关联锁跳闸的顺序。

4. 二次计算

二次计算是在一次采集数据的基础上，通过预先定义的算法进行数据的二次加工和处理。如计算平均值、最大值、最小值、累计值及变化率等。此外，根据不同的应用专业，会定制不同的专用算法，这些专用算法一般是 DCS 厂商在用户的协助下，不断总结经验积累起来的。

5. 人机界面监视

人机界面监视是 DCS 监控软件的主要外部应用窗口，也是监控软件功能的集中体现。一般 DCS 都可根据应用规模和专业范围配置若干台操作员站，用于操作员集中监视工业现场的状态和有关参数。操作员站的监视界面一般有以下功能：模拟流程图显示、报警监视、变量趋势跟踪和历史显示、变量列表显示、日志跟踪和历史显示、表格监视、SOE 显示、事故追忆监视等。

6. 远程控制操作

远程控制操作功能是在距离操作对象较远的主控室或操作站，通过 DCS 监控软件提供控制命令对工艺对象或控制回路执行手动操作。这种操作在常规的 DCS 中被称为软手操功能，在电力及长输管道等监控系统中称为遥控和遥调功能。

7. DCS 的组态工具

一个受用户欢迎的 DCS，必定为用户提供一个从信号输入、内部处理到人机界面等全过程的组态工具，按照用户的意图来定制或完全由用户自己来组态，灵活设计符合自己要求、习惯、风格的监控系统，这样的组态平台一般包括工艺对象的组态、针对工艺对象进行控制的控制方案组态、对工艺现场进行监视和操作的图形界面组态、报表组态及其他的应用功能组态。DCS 组态工具具有以下特征：良好的用户界面、支持标准化的控制组态语言、实时数据库组态功能、计算机系统配置管理组态功能、能够提供标准化的报表组态工具、允许用户自己编写便于二次开发的应用程序来执行命令和扩展系统的功能。

8. DCS 的外部接口规范

由于 DCS 监控层软件中保存有系统全部过程实时数据和历史数据，除了 DCS 本身的应用外，还要使得这些数据能够用于更高层的管理或其他相关专业使用，这就要求 DCS 监控层软件提供开放性的数据访问接口，一般借助于中间件实现多分布式应用软件间的互联和操作。中间件是一类能屏蔽异构环境系统的集成软件或服务程序，也称为不同应用、不同模块之间的标准接口软件。

7.3.2　DCS 监控层应用功能设计

1. 现场数据采集

数据和信息是 DCS 监督控制的基础。数据和信息不仅来自 DCS 现场控制层，还可以来源于第三方设备和软件。一个好的 DCS 监控应用软件能提供广泛的应用接口和标准接口，很方便地将 DCS 控制器、第三方 PLC、智能仪表和其他工控设备的数据接入到系统中。一般监控软件都把数据源看做外部设备，驱动程序和这些外部设备交换数据，包括采集数据和发送数据/指令。流行的组态软件一般都提供一组现成的基于工业标准协议的驱动程序，如

MODBUS、Profibus-DP、SNMP 等，并提供一套用户编写新协议驱动的方法和接口，每个驱动程序以 DLL 的形式连接到 I/O 服务器进程中。

2. 报警监视

报警监视是 DCS 监控软件重要的人机接口之一，DCS 管理的工艺对象很多，这些工艺对象一旦发生与正常工况不相吻合的情况，DCS 的报警监视功能应能迅速通知运行人员，并向运行人员提供足够的分析信息，协助运行人员及时排除故障，保证工艺过程稳定高效运行。报警监视的内容包括模拟量参数报警、开关量状态报警、内部计算报警。

3. 日志管理

事件记录是 DCS 中的流水账，它按时间顺序记录系统发生的所有事件，包括所有开关量状态变化、变量报警、人机界面操作、设备故障记录及软件异常处理等。事件记录的完整性是系统事故后分析的基础，事件记录的能力和容量是考察 DCS 软件性能的重要内容。

1）事件记录的分类。事件一般分为日志和专项日志两种类型。其中，日志是按事件发生的顺序连续记录的全部事件信息。而专项日志则是按用户分类来记录的事件信息，可按日志类型分为 SOE 日志、设备故障日志、简化日志和操作记录日志等，也可按工艺子系统属性分为锅炉系统日志、汽轮机系统日志、电气系统日志等，也可按其他的条件进行分类。

2）日志的保存形式。日志的保存形式一般可分为内存文件、磁盘文件及存档文件三级。

3）日志的查询方式。日志记录的内容很多，容量很大，因此计算机系统应提供灵活方便、完整的查询工具，如按专项类型查询、按关键字查询、按时间段查询、按工艺系统查询、按变量名查询及按报警级查询等以及以这些查询方式的组合形式查询。

4. 事故追忆

所谓事故，是计算机系统中检测到某个非正常工况的情况。事故追忆是用于在事故发生后，收集事故发生前后一段时间内相关的数据，以帮助分析事故产生的原因以及事故扩散的范围和趋势等。

5. 事件顺序记录

事件顺序记录（SOE）的功能是用于分辨一次事故中与事故相关的事件所发生的顺序，监测诸如断开装置、控制反应等各类事件的先后顺序，为监测、分析和研究各类事故的产生原因和影响提供有力根据。事件顺序记录的主要性能是所记录事件的时间分辨率，即记录两个事件之间的时间精度。例如，如果两个事件发生的先后次序相差 1ms，系统也能完全识别出来，其顺序不会颠倒，则该系统的 SOE 分辨率为 1ms。事件顺序分辨率的精度依赖于系统的响应能力和时钟的同步精度。

6. 二次高级计算

二次高级计算功能是指用于对数据进行综合分析、统计和性能优化为目的的高级计算。这类计算的结果一般也以数据库记录格式保存在数据库中，由外部引用程序使用。二次计算的设计可分为通用计算和专业化计算两种情况。通用计算一般利用系统提供的常规计算公式即可完成。一般 DCS 都会提供常规的基本运算符元素以及通用的属性函数运算符等。设计人员在算法组态工具支持下利用这些算法元素设计计算公式。此外，系统还会定制一些常用公式，如求取多个变量实时值的最大值、最小值、平均值、累计值及加权平均值等。专业化计算一般要经过复杂的算法组态公式来实现，有的还要编制相应的程序来实现。这些程序经调试后可纳入到算法库中。DCS 厂商随着工程项目的经验越来越多，所积累的算法越来越丰富，计算功能的可重用性也越来越高。

思考题与习题

7-1 什么是集散控制系统？它由哪几部分组成？

7-2 计算机控制系统的典型形式有哪些？各有什么优缺点？

7-3 计算机控制系统与连续控制系统主要区别是什么？计算机控制系统有哪些优点？

7-4 简要介绍 DCS 监控层的应用功能。

7-5 目前常用的现场总线有哪些？

7-6 简要介绍集散控制系统与现场总线控制系统的共同点与不同点。

第8章　生产过程控制

本章以化工、生化等典型生产过程为例，介绍其生产过程控制，具体包括流体输送设备控制、传热设备的控制、精馏塔的控制、化学反应器的控制、生化过程控制等。

8.1　流体输送设备控制

8.1.1　泵的控制

泵可分为离心泵和容积式泵两大类，而容积式泵又可分为往复式泵、旋转泵。由于工业生产中以离心泵的应用最为普遍，所以本节将重点介绍离心泵的特性及其控制方案，对容积式泵、压缩机的控制做一般介绍。

1. 离心泵的控制

离心泵是使用最广的液体输送机械。泵的压头 H 和流量 Q 及转速 n 间的关系，称为泵的特性，如图8-1所示，可由下式来近似为

$$H = k_1 n^2 - k_2 Q^2 \tag{8-1}$$

式中，k_1 和 k_2 是比例系数。

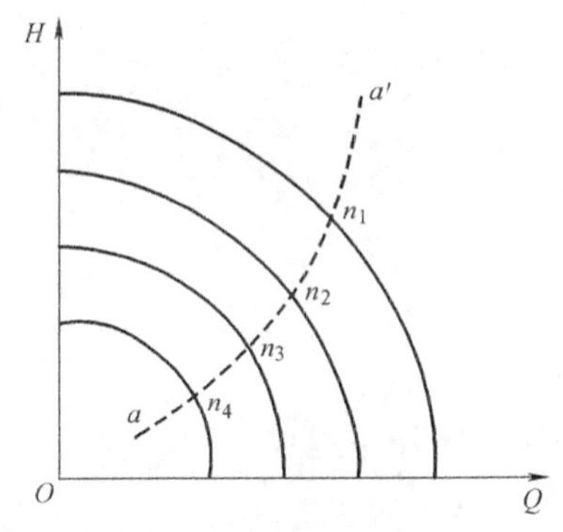

图8-1　离心泵的特性

注：aa'为与最高效率相对应的工作点轨迹，$n_1 > n_2 > n_3 > n_4$。

当离心泵装在管路系统时，实际的排出量与压头需要与管路特性结合起来考虑。管路特性就是管路系统中流体的流量和管路系统阻力的相互关系，如图8-2所示。在图8-2中，h_L 表示液体提升一定高度所需的压头，即升扬高度，这项是恒定的；h_P 表示克服管路两端静压差的压头，即为$\frac{P_2 - P_1}{\rho g}$，ρ 为流体密度，g 为重力加速度，这项也是比较平稳的；h_F 表示克服管路摩擦损耗的压头，这项与流量的二次方近乎成比例；h_V 是控制阀两端的压头，在阀门的开启度一定时，也与流量的二次方成比例，同时，h_V 还取决于阀门的开启度。

设

$$H_L = h_p + h_L + h_F + h_V$$

则 H_L 和流量 Q 的关系称为管路特性。

当系统达到平稳状态时，泵的压头 H 必然等于 H_L，这是建立平衡的条件。从特性曲线上看，工作点 c 必然是泵的特性曲线与管路特性曲线的交点。

工作点 c 的流量应符合预定要求，它可以通过以下方案来控制：

(1) 改变控制阀开启度，直接节流

改变控制阀的开启度，即改变了管路阻力特性，如图8-3所示，图中FC为流量控制器，

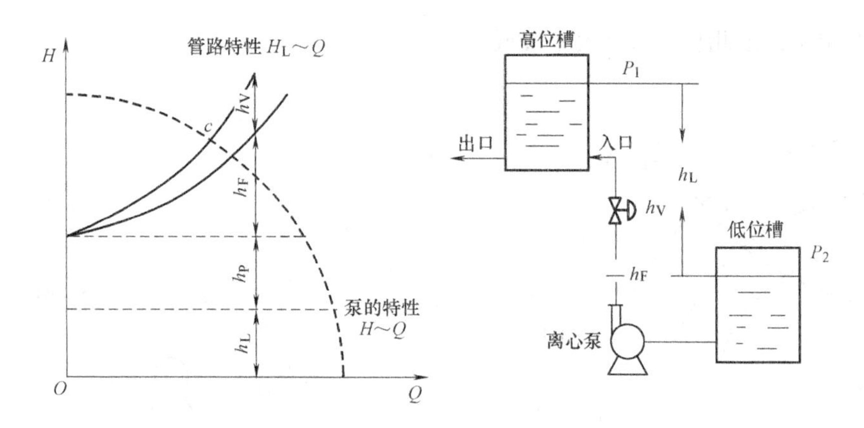

图 8-2　管路特性

FT 为流量测量变送环节，图 8-3a 所示表明了工作点变动情况。图 8-3b 所示的直接节流控制方案应用很广泛，其优点是简便易行，缺点是在小流量情况下，总的机械效率降低，所以这种方案不宜使用在排出量低于正常值 30% 的场合。

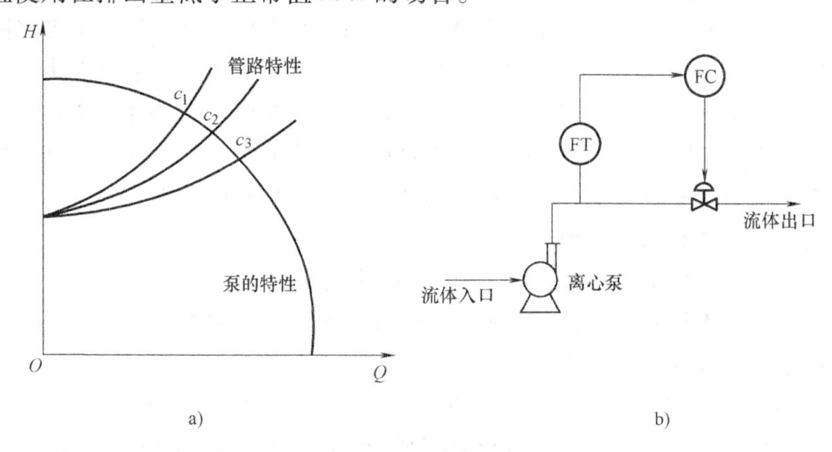

图 8-3　直接节流以控制流量

a）流量特性　b）控制方案

（2）改变泵的转速

泵的转速有了变化，就改变了特性曲线形状，图 8-4 所示表明了工作点的变动情况，泵排出量随着转速的增加而增加。

改变泵的转速以控制流量的方法有：用电动机作原动机时，采用电动调速装置；用汽轮机作原动机时，可控制导向叶片角度或蒸汽流量；采用变频调速器；利用在原动机与泵之间的连轴变速器，设法改变转速比。

采用改变泵的转速控制方案时，在液体输送管线上不需装设控制阀，因此不存在 h_V 项的阻力损耗，相对来说机械效率较高，所以在大功率的重要泵装置中，有逐渐扩大采用的趋势。但要具体实现这种方案比较复杂，所需设备费用也高一些。

（3）通过旁路控制

旁路阀控制流量的方案如图 8-5 所示，可用改变旁路阀开度的方法，来控制实际排出量。这种方案简单，而且控制阀口径较小。但对旁路的那部分液体来说，由泵供给的能量完全消耗于控制阀，因此总的机械效率较低。

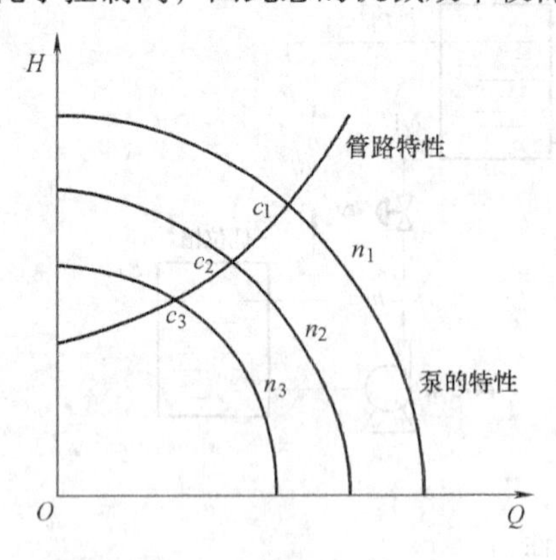

图 8-4　改变泵的转速以控制流量

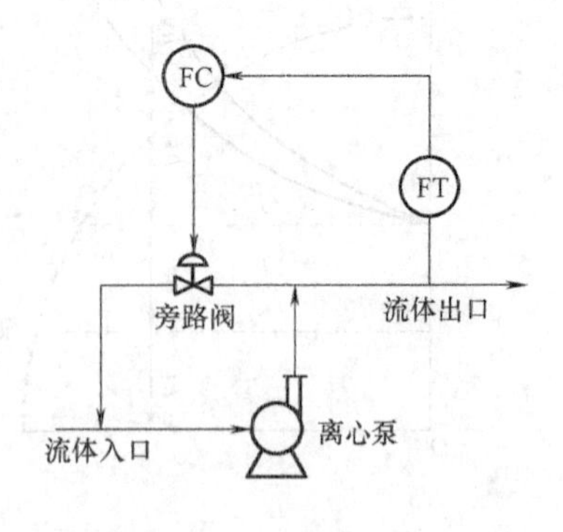

图 8-5　旁路阀控制流量的方案

2. 容积式泵的控制

容积式泵有两类：一类是往复泵，包括活塞式、柱塞式等；另一类是直接位移旋转式，包括椭圆齿轮泵、螺杆式泵等。由于这类泵的共同特点是泵的运动部件与机壳之间的空隙很小，液体不能在缝隙中流动，所以泵的排出量与管路系统无关。往复泵只取决于单位时间内的往复次数及冲程的大小，而旋转泵仅取决于转速。往复泵的流量特性如图 8-6 所示。

由图 8-6 可见，往复泵的排出量 Q 与压头 H 间几乎没有关系。因此不能在出口管线上用节流的方法控制流量，一旦将出口阀关死，将产生泵损、机毁的危险。

往复泵的控制方案有以下几种。

1）改变原动机的转速。此法与离心泵的调转速相同。

2）改变往复泵的冲程。在多数情况下，这种控制冲程方法机构复杂，且有一定难度，只在一些计量泵等特殊往复泵上考虑采用。

3）通过旁路控制。其方案与离心泵相同，是最简单易行的控制方式。

4）利用旁路阀控制，稳定压力，再利用节流阀来控制流量，如图 8-7 所示，图中 PT 为压力测量变送环节（下同），PC 为压力控制器（下同），压力控制器可选用自力式压力控制器。这种方案由于压力和流量两个控制系统之间相互关联，动态上有交互影响，为此有必要把它们的振荡周期错开，压力控制系统调节过程应该慢一些，最好整定成非周期的调节过程。

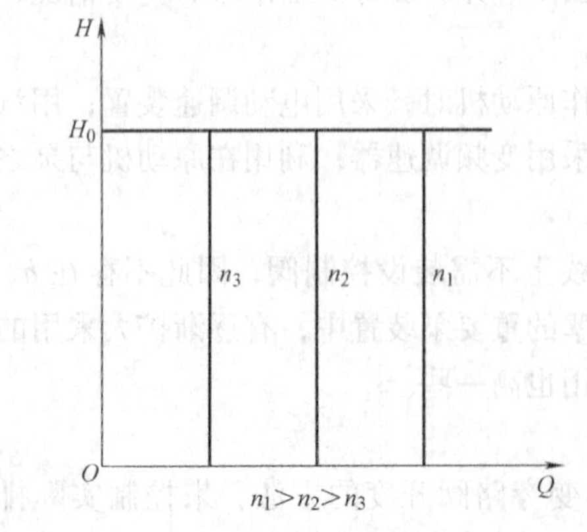

图 8-6　往复泵的流量特性

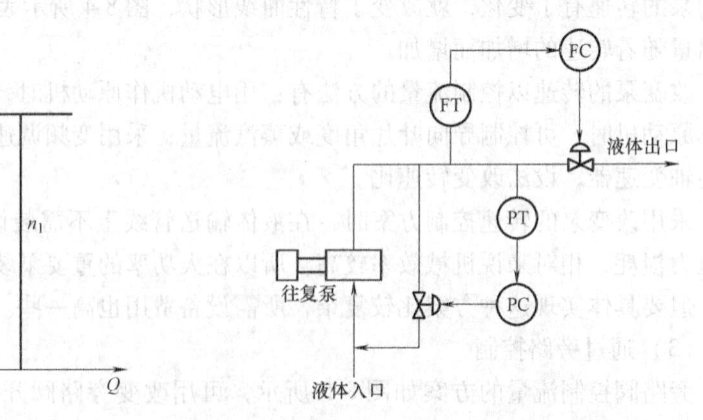

图 8-7　往复泵出口压力和流量控制

8.1.2 压缩机的控制

压缩机是指输送压力较高的气体机械，一般产生高于300kPa的压力，压缩机分为往复式压缩机和离心式压缩机两大类。

往复式压缩机适用于流量小、压缩比高的场合，其常用控制方案有气缸余隙控制、顶开阀控制（吸入管线上的控制）、旁路回流量控制、转速控制等。这些控制方案有时是同时使用的。图8-8所示为三段往复式氮压缩机气缸余隙及旁路阀控制流程图，图中V_1为余隙调节阀，V_2为旁路阀。这套控制系统允许负荷波动的范围为60%～100%，是分程控制系统，即当压力控制器PC输出信号在20～60kPa时，余隙阀V_1动作。当余隙阀全部打开，压力还下不来时，旁路阀动作，即输出信号在60%～100%时，旁路阀V_2动作，以保持压力恒定。

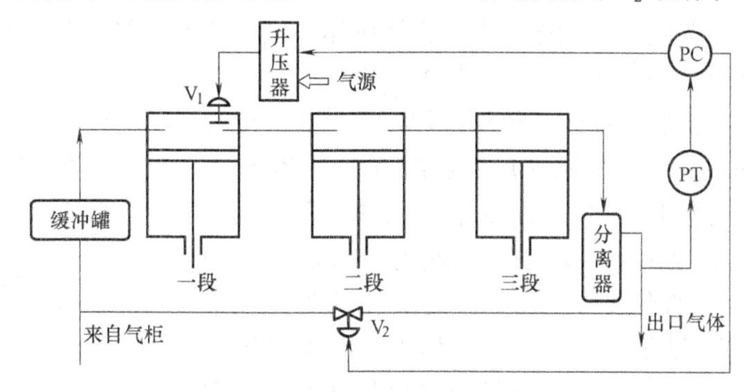

图8-8 氮压缩机气缸余隙及旁路阀控制流程图

近年来由于石油化工行业向大型化发展，离心式压缩机急剧地向高压、高速、大容量、自动化方向发展。离心式压缩机与往复式压缩机相比较有下述优点：体积小、流量大、质量轻、运行效率高、易损件少、维护方便、气缸内无油气污染、供气均匀、运转平稳、经济性较好等，因此离心式压缩机得到了广泛的应用。

离心式压缩机虽然有很多优点，但在大容量机组中，有许多技术问题必须很好地解决，例如喘振、轴向推力等，微小的偏差很可能造成严重事故，而且事故的出现又往往迅速、猛烈，单靠操作人员处理，往往措手不及。因此，为了保证压缩机能够在工艺所要求的工况下安全运行，必须配备一系列的自控系统和安全联锁系统。一台大型离心式压缩机通常有下列控制系统。

1）气量控制系统（即负荷控制系统）。常用气量控制方法有出口节流法，改变进口导向叶片角度的方法以及改变压缩机转速的方法。改变进口导向叶片角度的方法主要是改变进口气流的角度来改变流量，它比进口节流法节省能量，但要求压缩机设有导向叶片装置，这样机组在结构上就要复杂一些；改变压缩机转速的控制方法最节能，特别是大型压缩机一般都采用蒸汽涡轮机作为原动机，实现调速较为简单，但这种方法过于灵敏，并且压缩机入口压力不能保持恒定，所以较少采用。

压缩机的负荷控制可以用流量控制来实现，有时也可以采用压缩机出口压力控制来实现。

2）压缩机入口压力控制。入口压力控制方法有：采用吸入管压力控制转速来稳定入口压力；设有缓冲罐的压缩机，缓冲罐压力可以采用旁路控制；采用入口压力与出口流量的选择控制。

3）防喘振控制系统。离心式压缩机当负荷降低到一定程度时会出现喘振现象。喘振会损坏机体，应设置防喘振控制系统防止喘振的产生。

4）压缩机各段吸入温度以及分离器的液位控制。

5）压缩机密封油、润滑油、调速油的控制系统。

6）压缩机振动和轴位移检测、报警、联锁。

8.1.3 防喘振控制系统

1. 离心式压缩机的喘振

离心式压缩机当负荷降低到一定程度时，气体的排送会出现强烈的振荡，因而机身也剧烈振动，这种现象称为喘振。喘振会严重损坏机体，进而产生严重后果，压缩机不允许在喘振状态下运行，在操作中一定要防止喘振的产生。

为什么会产生喘振呢？原因还得从过程特性上找。离心式压缩机的特性曲线——压缩比（压缩机出口压力 P_2 与入口压力 P_1 之比）与进口气体体积流量 Q 之间的关系曲线如图 8-9 所示。图中 n 是离心式压缩机的转速，假设转速为 n_2，正常流量为 Q_A，如有某种扰动，使流量（负荷）减少（仍在正常运行区），结果压缩比 P_2/P_1 增加，即出口压力 P_2 增加，P_2 将大于管路阻力，使压缩机排出量增加，使它回复到稳定流量 Q_A。假如负荷继续减小，使 $Q_A < Q_P$，即移动到 P_2/P_1，最高点之左（喘振区），此时压缩比反而下降，即出口压力 P_2 下降。这样会出现恶性循环，压缩机排出量继续减小，压力 P_2 继续下降，于是出现管网压力大于压缩机所能提供压力的情况，瞬时会发生气体倒流。接着压缩机恢复正常工作，回升压力，又把倒流进来的气体压出去。此后又引起 P_2/P_1 下降，出口气体又倒流，上述现象重复进行，称之为喘振。喘振表现为压缩机的出口压力和出口流量剧烈波动，机器与管道振动，如果与机身相连的管网较小并严密，则可能听到周期性的如同哮喘病人“喘气”般的噪声；而当管网容量较大时，喘振时会发生周期性间断的吼响声，同时压缩机出口处防止回流的逆止阀也发出很响的撞击声，它将使压缩机及所连接的管网系统和设备发生强烈振动，甚至使压缩机遭到破坏。

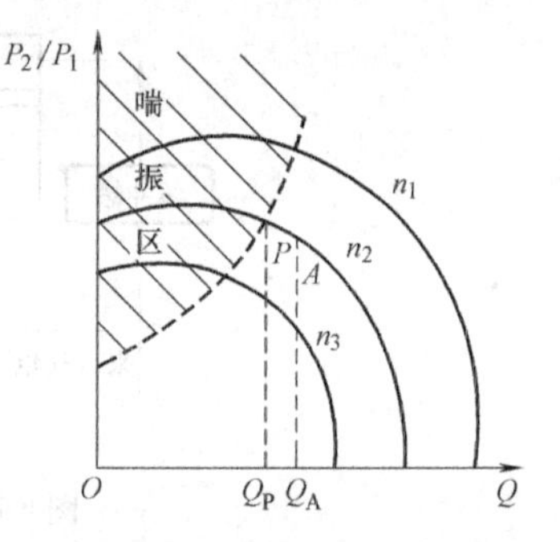

图 8-9 离心式压缩机的特性

在不同转速下，最高点的轨迹近似于一条抛物线，经过实验测试及理论分析，如果将 P_2/P_1 与 Q_1^2/T_1 标绘，喘振点的轨迹可接近为一条直线，压缩机的实际工作点还应留有一些余地。防喘振保护曲线公式如下：

$$\frac{P_2}{P_1} = a + b\frac{Q_1^2}{T_1} \tag{8-2}$$

式中，P_2 为压缩机出口压力，P_1 为压缩机入口压力，Q_1 为压缩机入口流量，T_1 为压缩机入口温度，a、b 为系数。

如果 P_2/P_1 小于 $a+b\frac{Q_1^2}{T_1}$，工况是安全的，如果 P_2/P_1 大于 $a+b\frac{Q_1^2}{T_1}$，工况就危险了。a 和 b 的数值由压缩机制造部门提供。可分为 $a=0$（$Q_1=0$ 时，曲线通过 $P_2/P_1=0$ 点），$a>$

0（$Q_1=0$ 时，曲线通过 $P_2/P_1>0$），及 $a<0$（$Q_1=0$ 时，曲线通过 $P_2/P_1<0$）3 种情况，如图 8-10 所示。

2. 防喘振控制系统

从以上分析可知，只要保证压缩机吸入流量大于临界吸入流量 Q_P，系统就会工作在稳定区，不会发生喘振。

为了使进入压缩机的气体流量保持在 Q_P 以上，在生产负荷下降时，必须将部分出口气从出口旁路返回到入口或将部分出口气放空，保证系统工作在稳定区。

目前采用两种不同的防喘振控制方案：固定极限流量（或称最小流量）法与可变极限流量法。现分别介绍如下。

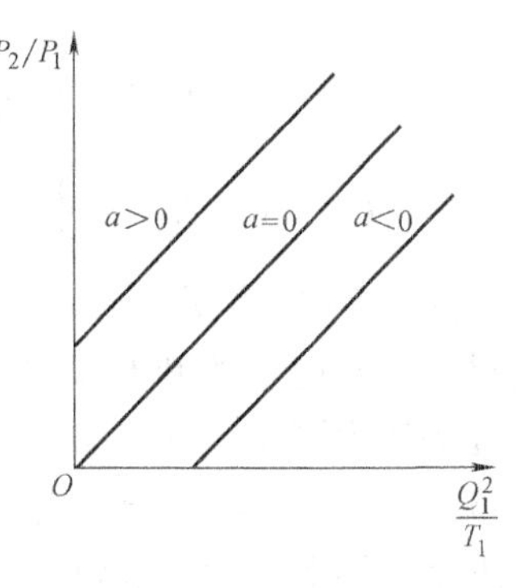

图 8-10 防喘振保护曲线

（1）固定极限流量防喘振控制

这种防喘振控制方案是使压缩机的流量始终保持大于某一固定值即正常可以达到最高转速下的临界流量 Q_P，从而避免进入喘振区运行。显然压缩机不论运行在哪一种转速下，只要满足压缩机流量大于 Q_P 的条件，压缩机就不会产生喘振，其控制系统如图 8-11 所示。压缩机正常运行时，测量值大于设定值 Q_P，则旁路阀完全关闭。如果测量值小于 Q_P，则旁路阀打开，使一部分气体返回，直到压缩机的流量达到 Q_P 为止，这样压缩机向外供气量减少了，但可以防止发生喘振。

固定极限流量防喘振控制系统与一般控制中采用的旁路控制法主要差别在于检测点位置不一样，防喘振控制回路测量的是进压缩机流量，而一般流量控制回路测量的是从管网送来或是通往管网的流量。

固定极限流量防喘振控制方案简单，系统可靠性高，投资少，适用于固定转速场合。在变转速时，如果转速低到图 8-9 中的 n_2、n_3 时，流量的裕量过大，能量浪费很大。

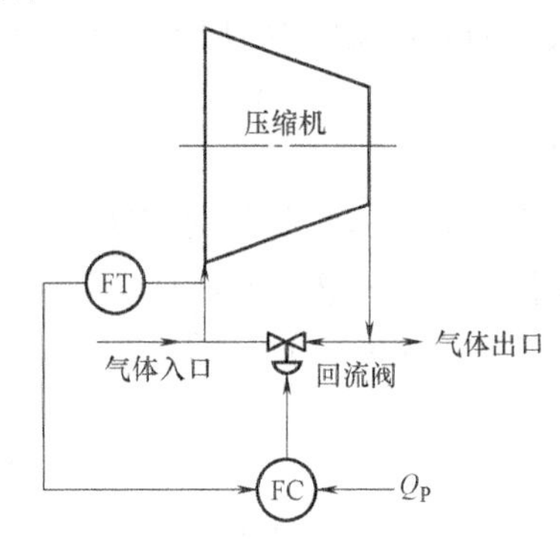

图 8-11 固定极限流量防喘振控制系统

（2）可变极限流量防喘振控制

为了减少压缩机的能量消耗，在压缩机负荷有可能经常波动的场合，采用可变极限流量防喘振控制方案。

如果在压缩机入口处采用节流装置测量流量，只要满足下式即可防止喘振产生：

$$\frac{P_2}{P_1}\leqslant a+\frac{bK_1^2}{\gamma}\frac{P_{1d}}{P_1}\text{或}\frac{P_2}{P_1}\geqslant\frac{\gamma}{bK_1^2}(P_2-aP_1) \tag{8-3}$$

式中，P_1 是压缩机吸入口压力，绝对压力；P_2 是压缩机出口压力，绝对压力；P_{1d}是入口节流装置测得的压差；$\gamma=M/ZR$ 为常数（M 为气体相对分子质量，Z 为压缩系数、R 为气体常数）；K_1 是孔板的校正系数；a、b 为常数。

按式（8-3）可构成如图 8-12 所示的可变极限流量防喘振控制系统。该方案取 P_{1d}作为测量值，而取 $[\gamma/bK_1^2]$（P_2-aP_1）为压力控制器 P_dC 的设定值，这是一个随动控制系统。当 P_{1d}大于设定值时，旁路阀关闭；当 P_{1d}小于设定值时，将旁路阀打开一部分，保证压缩机始终工作在稳定区，这样防止了喘振的产生。

在有些情况下，不等式（8-3）可简化，例如

$$a = 0,\quad P_{1d} \geqslant \frac{\gamma}{bK_1^2}P_2 \tag{8-4}$$

$$a = 1,\quad P_{1d} \geqslant \frac{\gamma}{bK_1^2}(P_2 - P_1) \tag{8-5}$$

式（8-4）表明当 $a=0$（即防喘振保护曲线过原点）时，控制方案中累加器与压缩机入口处的压力测量变送环节 P_1T 不需要使用。式（8-5）表明当 $a=1$（即防喘振保护曲线的起点在纵坐标轴上）时，控制方案中累加器不需要使用。

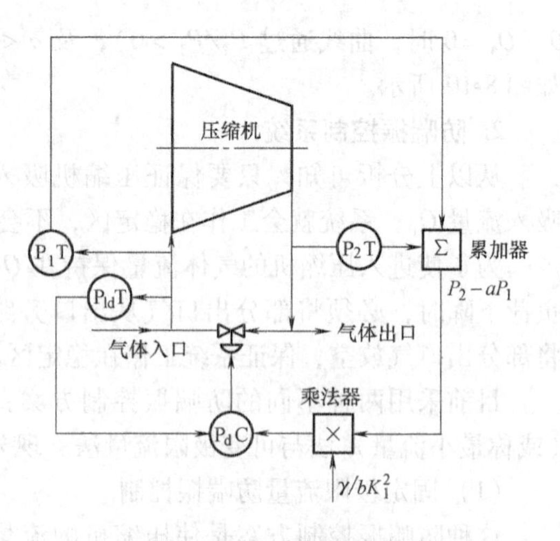

图 8-12 可变极限流量防喘振控制系统之一

在工业生产过程中，有时不能在压缩机入口管线上测量流量，例如，当压缩机入口压力较低而压缩比又较大时，在入口管线上安装节流装置，会在节流装置上产生压力降，为使压缩机达到相同的输出压力，可能需要增加压缩机，这是不经济的，应予避免，因此就采用在出口管线上安装节流装置的办法。在压缩机的出口端测量流量时，其质量流量 Q_{m2} 与进口管线上的质量流量 Q_{m1} 应该相等，即

$$Q_{m1} = Q_{m2}$$

或

$$\rho_1 Q_1 = \rho_2 Q_2 \tag{8-6}$$

式中，ρ_1 为入口气体的密度，ρ_2 为出口气体的密度；Q_1 为入口气体体积流量，Q_2 为出口气体体积流量；Q_{m1} 为入口气体质量流量；Q_{m2} 为出口气体质量流量。

式（8-6）也可以写成

$$K_1\sqrt{\frac{P_{1d}P_1M}{ZRT_1}} = K_2\sqrt{\frac{P_{2d}P_2M}{ZRT_2}}$$

式中，K_1 为入口孔板的校正系数，K_2 为出口孔板的校正系数；P_{1d} 为入口孔板测得的差压信号，P_{2d} 为出口孔板测得的差压信号；T_1 为节流装置入口处的温度，T_2 为节流装置出口处的温度，M 为气体相对分子质量，Z 为压缩系数。设孔板校正系数 $K_1=K_2$，则上式可以化为

$$P_{1d} = \frac{P_{2d}P_2T_1}{P_1T_2} \tag{8-7}$$

将式（8-7）代入式（8-3）中可得

$$P_{1d} = \frac{P_{2d}P_2T_1}{P_1T_2} \geqslant \frac{\gamma}{bK_1^2}(P_2 - aP_1)$$

则有

$$P_{2d} \geqslant \frac{\gamma}{bK_1^2}\frac{P_1T_2}{P_2T_1}(P_2 - aP_1) \tag{8-8}$$

式（8-8）在不少情况下也可以简化，例如 $a=0$（即防喘振保护曲线过原点）时则有

$$P_{2d} \geqslant \frac{\gamma}{bK_1^2}\frac{T_2}{T_1}P_1 \tag{8-9}$$

式（8-8）是可变极限流量的防喘振控制系统的数学模型，这时节流装置安装在压缩机

的出口管线上。一般情况下，式中 T_2/T_1 也是一个恒值，此时式（8-8）构成了可变极限流量防喘振控制系统，如图8-13所示。

（3）压缩机串、并联时防喘振控制

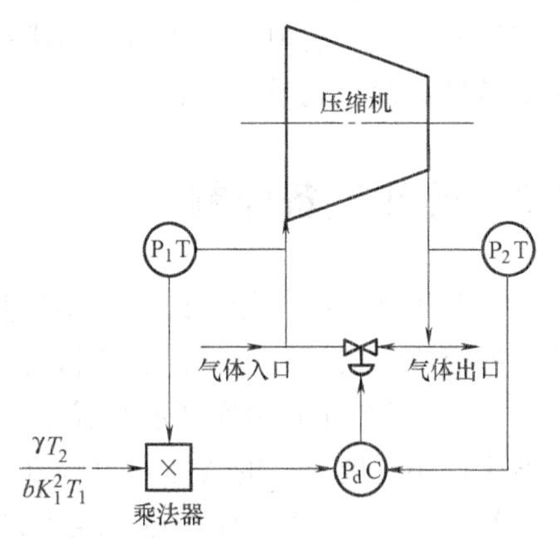

图8-13　可变极限流量防喘振控制系统之二

在某些生产过程中，当采用一台离心式压缩机的压头不能满足生产要求时，就需要两台或两台以上的离心式压缩机串联运行。压缩机串联运行时的防喘振控制方案，就每台压缩机而言，其防喘振控制方案与前面介绍的单台压缩机是相同的。若串联运行的两台压缩机只有一个旁路阀，其防喘振控制系统如图8-14所示。图中 P_1T、P_2T、P_3T 是压力测量变送环节，F_1T、F_2T 是测量流量的差压变送器（其输出为差压信号），P_1C、P_2C 是防喘振控制器。每台压缩机设置一个防喘振控制器，不论那一台压缩机的输入流量减小到使压缩机发生喘振的临界值时，相应的防喘振控制器 P_1C 或 P_2C 的输出信号将减小，低选器LS（选择输入信号中小的信号作为输出信号）输出送到防喘振调节阀，打开防喘振调节阀。由此可见，不论哪一台压缩机出现喘振都将打开旁路阀，以防止喘振发生。

在有些生产过程中，当一台离心式压缩机的流量（即气量）不能满足要求时，就需要两台或两台以上离心式压缩机并联运行。如果两台压缩机分别装有一个旁路控制阀，其防喘振控制方案与单台压缩机一样。如果两台压缩机共用一个旁路阀，防喘振控制系统如图8-15所示，图中 P_1T、P_2T 分别是入口与出口压力测量变送环节，F_1T、F_2T 分别是两台压缩机入口流量差压变送环节，F_2C 是防喘振控制器，LS是低选器。

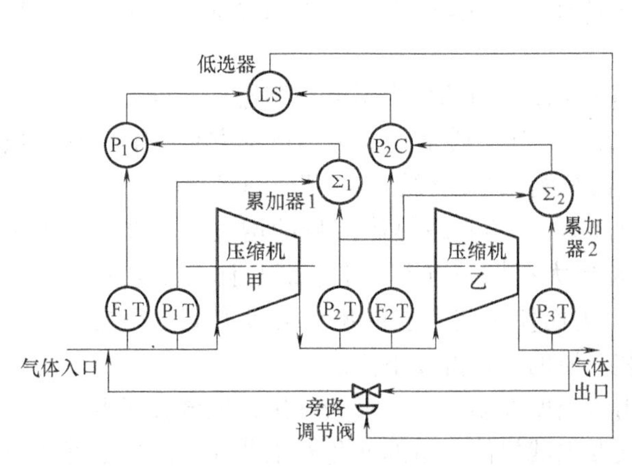

图8-14　压缩机串联运行时防喘振控制系统

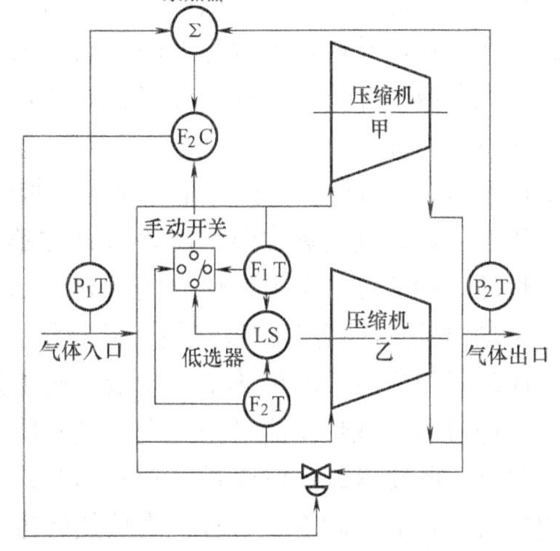

图8-15　压缩机并联运行时防喘振控制系统

在图8-15中，在各自压缩机入口管线上设置流量差压变送器，两台差压变送器输出信号送到低选器LS，经比较后送到防喘振控制器 F_2C 与设定信号（此信号确保压缩机不发生喘振）相比较，若已达到喘振极限就自动打开旁路阀，以防止喘振发生。如果生产过程负荷只需一台压缩机操作时，只要将选择手动开关切换到需要操作的一台压缩机的入口流量差压变送器，就可实现单台压缩机防喘振控制。需要注意的是，该方案成立的前提是两台压缩机的特性必须相同或十分相似。

8.2 传热设备控制

在化工生产中，传热设备应用极其广泛，传热设备通常包括换热器、蒸汽加热器、再沸器、冷凝冷却器等，进行传热的目的主要有下列4种情况。

1）使工艺介质达到规定的温度，使化学反应或其他工艺过程能很好地进行。例如，合成氨生产中脱硫过程的气体入口温度，要有最适宜的温度。

2）在生产过程中加入热量或除去放热反应放出的热量，使工艺过程能在规定的温度范围内进行。例如合成氨生产中转化反应是一个强烈的吸热反应，必须加入热量，以维持转化反应。聚氯乙烯的聚合反应是一个放热反应，要用冷却水除去放出的热量，才能使反应按要求进行下去。

3）某些工艺过程需要改变物料的相态。例如汽化需要加热，冷凝会放热。

4）回收热量。根据传热的目的，传热设备的控制目标最终可转化为热量平衡关系的控制，大多数情况下，被控变量为工艺介质的出口温度，而操作手段不外乎改变传热效率、传热面积、传热温差。根据载热体有无相变可分为换热器（这里特指载热体也无相变的换热器）、蒸汽加热器、冷凝冷却器等。

8.2.1 两侧均无相变的换热器控制方案

对于载热体无相变的换热设备，基本控制方案包括两类：一类以载热体的流量为操作变量；另一类通过将工艺介质部分旁路来实现对换热器温度的控制。下面分别从控制机理、控制方案特点以及应用场合等方面加以讨论。

调节载热体流量的控制方案，如图8-16所示，图中TC为温度控制器（下同），TT为温度测量变送环节（下同）。调节载热体流量大小，其实质是改变传热速率方程中的传热系数K和平均温差ΔT_m。具体以某一加热用换热器为例，假设载热体为70~80℃的热水，而工艺介质的入口温度接近常温，需要将其加热至50℃。随着载热体流量的增大，一方面减少了载热体一侧的传热阻力，使总的传热系数K增大；另一方面，也使载热体与工艺介质之间的平均温差ΔT_m增大，最终使传热量增大，进而使工艺介质的出口温度升高。反之，当载热体流量减少时，因传热量减少最终使工艺介质的出口温度下降。

通过调节载热体流量来实现工艺介质出口温度控制的方案最为常用，但该方案也存在一定限制，既要求载热体流量可随时调节，又要求载热体流量的变化对工艺介质出口温度的变化具有一定的灵敏度。有时，当载热体流量较大时，载热体的进出口温差很小，控制系统进入饱和区，此时，载热体流量的改变对工艺介质出口温度的影响就很小，难以达到自动控制的目的。

针对上述两种情况，可采用另一类控制方案如图8-17所示。该方案是一部分工艺介质经传热，另一部分走旁路。该方案实际上是一个混合过程，所以反应迅速及时，但载热体流量一直处于高负荷下，这在采用专门的增热剂或冷却剂是不经济的。同样，对于某些热量回收系统，载热体是某种工艺介质，总流量也不好调节。事实上，将工艺介质部分旁路的控制方案广泛应用于过程工业能量回收系统，但具体应用时应注意确保三通阀处于正常可调范围内，以避免被控变量的失控。

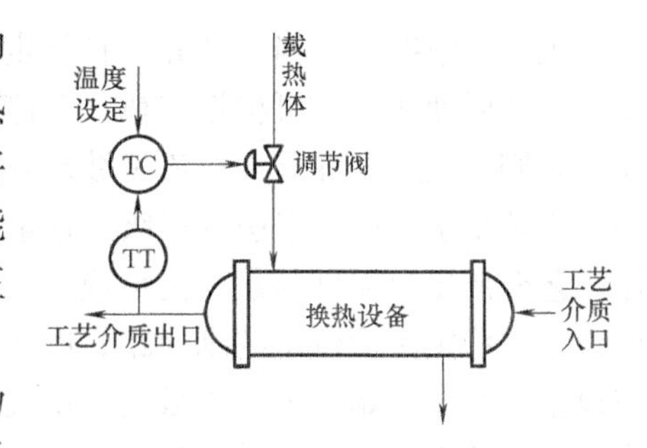

图 8-16 调节载热体流量的控制方案

图 8-18 给出了某一复合控制方案，图中 VPC 为阀位控制器，其主回路为工艺介质出口温度控制系统，操纵变量为部分旁路三通阀；为避免三通阀的开度过大或过小，专门设置了一个阀位控制器 VPC，通过适当改变载热体的流量，以控制工艺介质出口温度，最终使三通阀保持在合适的可调范围内。与图 8-16 和图 8-17 相比，该方案具有更大的可调范围。

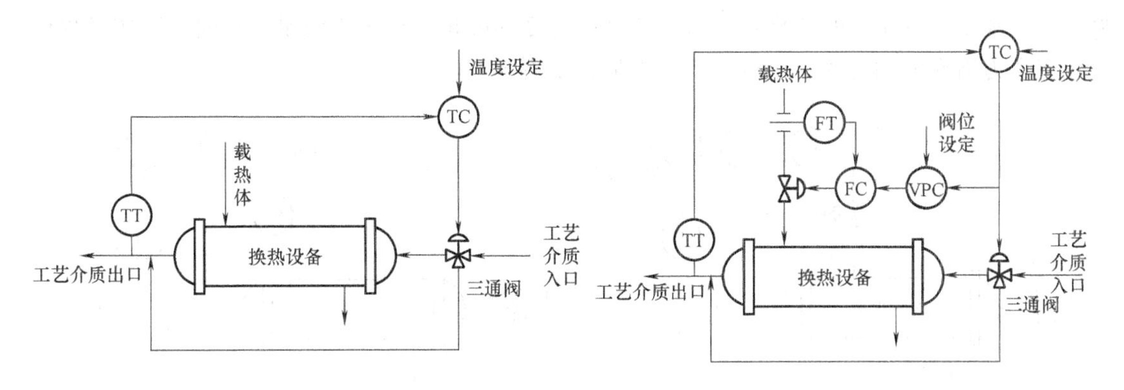

图 8-17 将工艺介质部分旁路的控制方案　　图 8-18 换热器出口温度的阀位控制方案

8.2.2 载热体进行冷凝的加热器自动控制

蒸汽加热器的载热体为蒸汽，通过蒸汽冷凝释放热量来加热工艺介质。大部分蒸汽加热器的控制方案如图 8-19 所示，它通过调节加热蒸汽流量来控制工艺介质的出口温度。该方案控制灵敏，但要求冷凝液排出畅通，以确保在加热器内冷凝液的量可忽略不计。

在某些场合，当被加热工艺介质的出口温度较低、采用低压蒸汽作载热体、传热面积裕量又较大时，往往以冷凝液流量作为操作变量，通过调节蒸汽气相传热面积，以保持出口温度恒定，具体控制方案如图 8-20 所示。

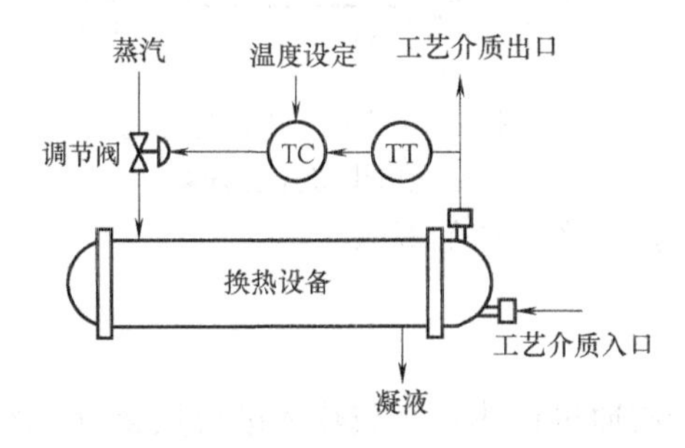

图 8-19 调节蒸汽流量的方案

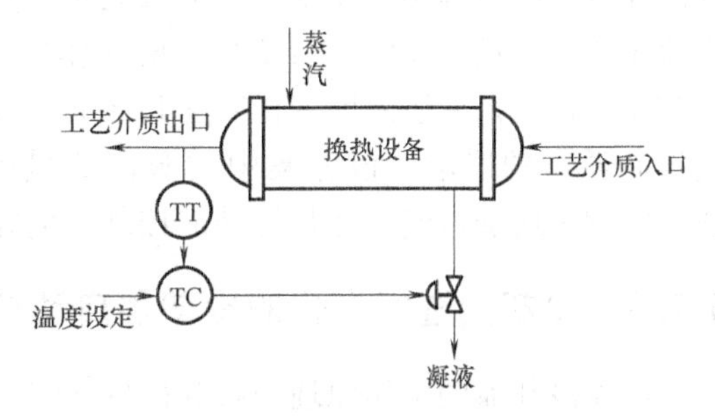

图 8-20 调节冷凝液排放的方案

大多数情况下，当工艺介质较稳定且蒸汽源压力变化不大时，采用单回路控制就能满足要求；实际使用中，可根据传热设备滞后较大的特点，控制器中引入微分作用以改善调节品质。否则，当工艺介质入口流量波动较大或蒸汽源压力变化频繁时，若单回路控制方案无法满足工艺要求，则可以引入串级、前馈等复杂控制系统。当蒸汽阀前压力波动较大时，可采用工艺介质出口温度与蒸汽流量或蒸汽压力组成的串级控制方案，如图8-21所示。图8-21a中设计了稳定蒸汽流量的副回路，图8-21b中设计了稳定蒸汽压力的副回路。在图8-21a中，假设某一时刻开始，蒸汽流量突然增大，在这一干扰的作用下必然会导致出口工艺介质的温度上升，然而由于换热设备都有一定的热容量，由蒸汽的流量的变化到出口工艺介质温度的变化需要一定的时间，因此在这段时间内温度控制器TC中的偏差信号暂时不变。但是在流量改变的同时，流量变送器FT立即感受到了流量的变化，并将这一信号送给流量控制器FC。对流量控制器FC来说，此时，它所接收的给定信号（温度控制器TC的输出信号）没有变，因此它将使控制阀关小，把增大了的蒸汽流量降下来。流量控制器FC控制的结果，将会大大削弱蒸汽流量的变化对出口工艺介质温度的影响。对蒸汽流量变小时的工作过程以及蒸汽压力出现波动时的工作过程与之类似，不再详述。

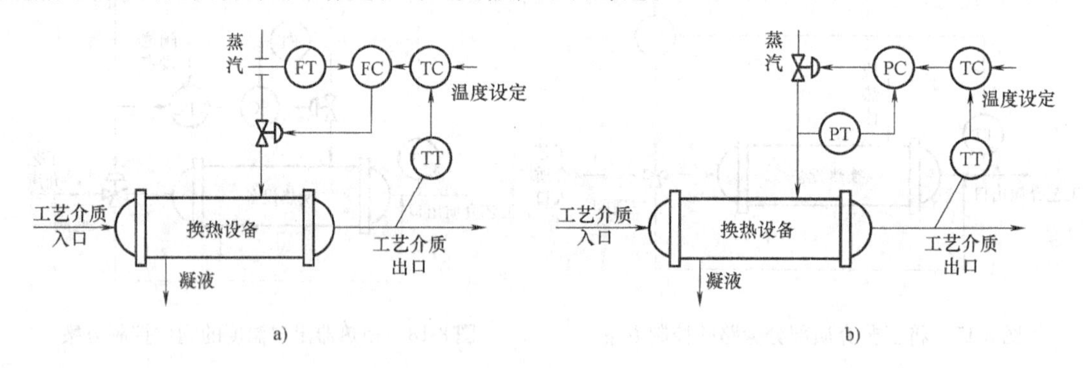

图8-21　换热器出口温度的串级控制方案

当主要干扰是由生产负荷变化引起时，引入前馈信号组成前馈-反馈控制系统是一种行之有效的方案，可获得更好的控制品质，如图8-22所示。图8-22中以串级控制方式引入了工艺介质温度的前馈信息，即当工艺介质温度发生变化时，温度变送器TT立即感受到了温度的变化，通过乘法器马上改变流量控制器FC的设定值，使蒸汽流量按照一定的比例进行变化，前馈作用可大大减少入口工艺介质温度变化对出口工艺介质温度控制质量的影响，该方案中的蒸汽流量副回路，实现了对蒸汽流量变化扰动的控制，更好地满足生产工艺的要求。

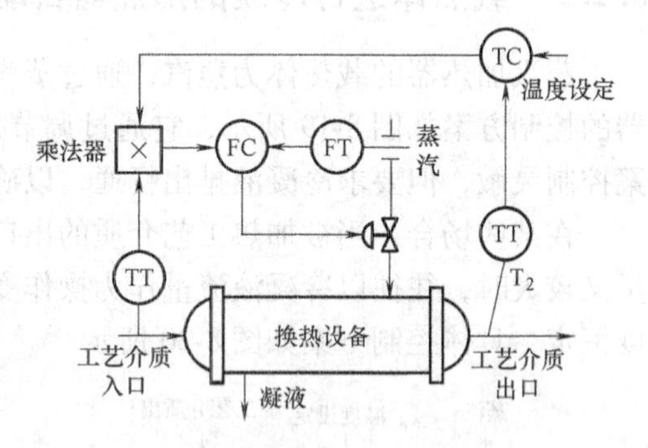

图8-22　换热器出口温度的变比值串级控制方案

8.2.3　冷却剂进行汽化的冷却器自动控制

冷凝冷却器的工作原理一般为待冷却的工艺介质通过换热管与载热体进行热交换，改变待冷却工艺介质的温度，载热体即冷却剂，过程工业中，常采用液氨等冷却剂，利用它们在冷凝冷却器内蒸发，吸收工艺物料的热量，以达到控制工艺物料温度的目的。基本控制方案包括两类：一类以冷却剂液相流量为操作变量，另一类则通过控制冷却剂气相流量来实现。

冷凝冷却器调节冷却剂液相流量的控制方案如图 8-23 所示，其控制机理是通过调节液氨的流量，改变换热管在液氨中的浸没面积来改变传热量，以达到控制工艺介质出口温度的目的。其基本原理是，通过工艺的合理设计，在正常工况下，当温度得到控制后，液氨的液位也应该在允许的区间内，以保证液氨有足够的蒸发空间。该方案调节平稳，冷量利用充分，且对后续液氨压缩机的入口压力无影响。但该方案在出现异常工况时，蒸发空间不能得到保证，易引起气氨带液，损坏压缩机。为此，可采用图 8-24 所示的工艺介质出口温度与液位串级控制系统，或图 8-25 所示的选择性控制系统。图 8-25 中，在冷却器中氨的蒸发空间不够的情况下，即出现了非正常工况，假设有杂质油漏入待冷却工艺介质中，使换热管的传热系数猛降，为了取走同样的热量，需要增加传热面积，温度控制 TC 将使调节阀开大，增加进入到换热器中的液氨的量。但是，当液位把换热管全部淹没时，换热管的传热面积已经达到极限。此时继续增加冷却器中的液氨量，并不会提高传热量，但是液位的继续升高，将减少冷却器中的蒸发空间，引起氨气带液。由于氨气是需要回收利用的，若氨气带液，进入压缩机后液滴会损坏压缩机叶片，因此，要限制氨的液位不得高于某一极限值。为此，需要在图 8-23 所示的温度控制方案的基础上，增加一个防止液位超限的控制系统，其控制方案如图 8-25 所示。图 8-25 中的两个控制系统的工作的逻辑规律为在正常工况下，由温度控制器操纵阀门进行温度控制；当出现异常工况引起液氨的液位达到高限时，待冷却工艺介质的出口温度虽仍然偏高，但此时温度的偏离暂时成为次要因素，而保护氨压缩机不被损坏已上升为主要矛盾，于是通过低选器 LS，使液位控制器 LC 取代温度控制器 TC 工作，以保证冷却器中的液氨液位不超限，使液氨的蒸发空间得到保证，等引起生产不正常的因素消失、液位恢复到正常区域时，再恢复温度控制器 TC 的正常运行。

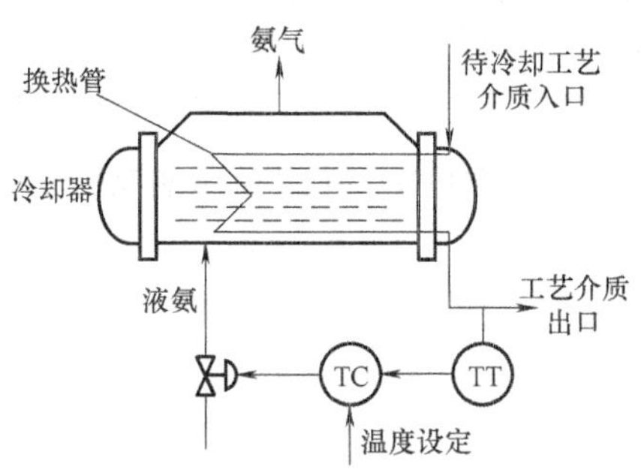

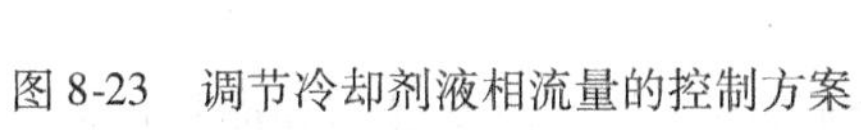
图 8-23　调节冷却剂液相流量的控制方案

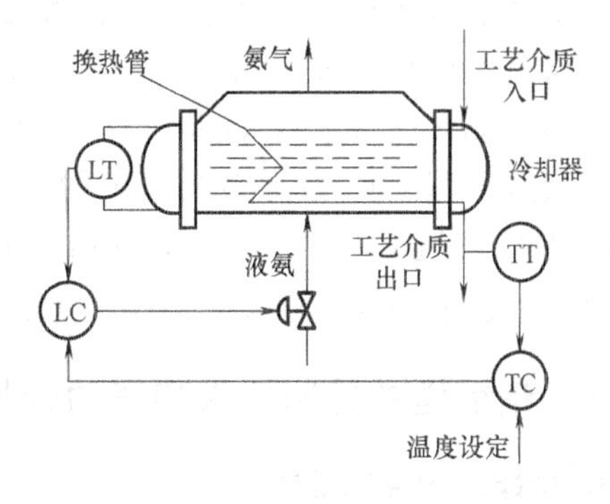

图 8-24　冷凝冷却器的温度液位串级控制方案

冷凝冷却器气相排出量的控制方案如图 8-26 所示，这种控制方案将调节阀安装于气氨出口管线上，从表面上看调节阀开度的变化改变的是气氨蒸发量，然而实质是当调节阀开度变化时冷却器内液氨蒸发压力随之改变，而液氨汽化温度和汽化压力是一一对应的，也就是说液氨的汽化温度也随着调节阀的开度的变化而变化。随着气氨温度的变化，传热平均温差也将随之改变，通过调节平均温差来改变传热量，以达到控制工艺介质出口温度的目的。该方案控制灵敏，但制冷系统必须允许压缩机入口压力波动，另外冷量的利用不充分，为确保系统正常运行，还需设置一个液位控制系统。

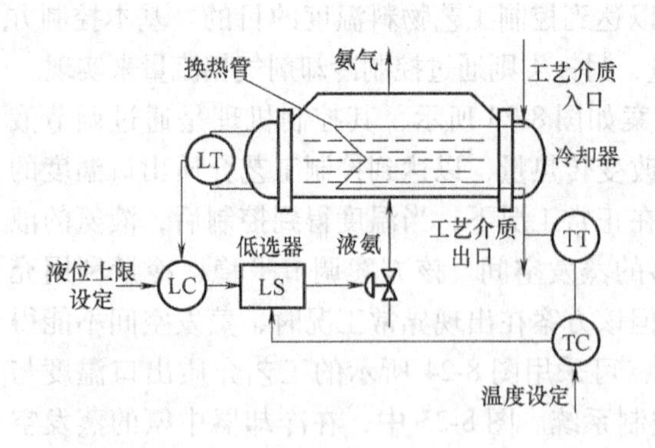

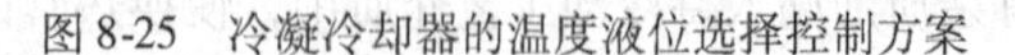

图 8-25 冷凝冷却器的温度液位选择控制方案

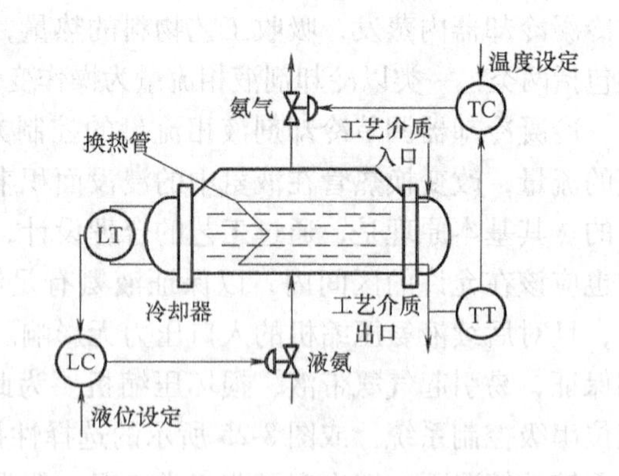

图 8-26 调节冷剂气相排放的方案

8.3 精馏塔的自动控制

精馏是化工生产中应用极为广泛的传质传热过程，其目的是将混合物中各组分分离，达到规定的纯度。例如，石油化工生产中的中间产品裂解气，需要通过精馏操作进一步分离成纯度很高的乙烯、丙烯、丁二烯及芳烃等化工原料。精馏过程的实质，就是利用混合物中各组分具有不同的挥发度，即在同一温度下各组分的蒸汽压不同这一性质，使液相中的轻组分转移到气相中，而气相中的重组分转移到液相中，从而实现分离的目的。

一般精馏装置由精馏塔塔身、冷凝器、回流罐以及再沸器等设备组成，精馏塔的物料流程图如图 8-27 所示。图中 F 为进料流量，D 为馏出采出量，B 为釜液采出量，V_s 为再沸器产生的上升蒸汽量，L_R 为塔顶的回流量，x_F、x_D、x_B 分别为进料、顶溜出液和底溜出液中轻组分含量，T_F 为进料温度。

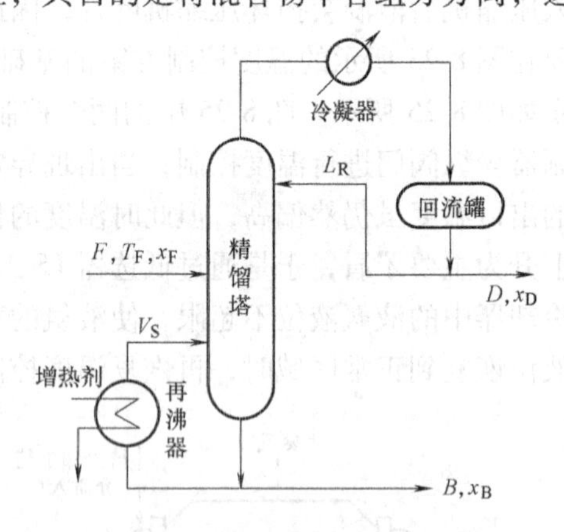

图 8-27 精馏塔的物料流程图

8.3.1 精馏塔的控制要求和扰动分析

1. 精馏塔的控制要求

精馏塔的控制目标是，在保证产品质量合格的前提下，使回收率最高和能耗最低，或使塔的总收益最大，或总成本最小。一般来讲应满足以下 3 方面要求。

(1) 质量指标

塔顶或塔底产品之一应该保证合乎规定的纯度，另一产品的成分应维持在规定的范围内，或者塔顶和塔底的产品均应保证一定的纯度。就二元组分精馏塔来说，质量指标就是使塔顶产品中的轻组分含量和塔底产品中重组分的含量符合规定的要求，而在多元组分精馏塔中，通常仅关键组分可以控制，所谓关键组分，是对产品质量影响较大的组分。把挥发度较大而由塔顶馏出的关键组分称轻关键组分，挥发度较小从而由塔底流出的关键组分称为重关键组分。所以，对多元组分精馏塔可以控制塔顶产品中轻关键组分和塔底产品中重关键组分的含量。

（2）物料平衡和能量平衡

塔顶馏出液和塔底釜液的平均采出量之和应该等于平均进料量，而且这两个采出量的变动应该比较缓和，以利于上下工序的平稳操作，塔内及顶、底容器的蓄液量应介于规定的上、下限之间。精馏塔的输入、输出能量应平衡，应使塔内操作压力维持恒定。

（3）约束条件

为了保证精馏塔正常、安全操作，必须使某些操作参数限制在约束条件之内，常用的精馏塔限制条件为液泛限、漏液限、压力限及临界温差限等。液泛限又称气相速度限，即塔内气相速度过高时，雾沫夹带十分严重，实际上液相将从下面塔板倒流到上面塔板，产生液泛破坏正常操作。漏液限也称最小气相速度限，当气相速度小于某一值时，将产生塔板漏液，板效率下降，最好在稍低于液泛的流速下操作。流速的控制，还要考虑塔的工作弹性。对于浮阀塔来说，由于工作范围较宽，通常很容易满足条件。但对于某些工作范围较窄的筛板塔和乳化填料塔就必须注意防止液泛和漏液，可用塔压降或压差来监视气相速度。压力限是塔的操作压力的限制，一般最大操作压力限，即塔操作压力不能过大，否则会影响塔内的气液平衡，严重超越限制会影响安全生产。临界温差限主要是指再沸器两侧间的温差，当这一温差低于临界温差时，传热系数急剧下降，传热量也随之下降，不能保证塔正常传热的需要。

2. 精馏塔的扰动分析

影响精馏塔的操作因素很多，和其他化工过程一样，精馏塔是在物料平衡和热量平衡的基础上进行操作的，一切因素均通过影响物料平衡和热量平衡来影响塔的正常操作。影响物料平衡的因素主要有进料流量、进料组分和采出量的变化等。影响热量平衡的因素主要有进料温度（或焓）的变化、再沸器的加热量和冷凝器的冷却量的变化，此外还有环境温度的变化等。同时，物料平衡和热量平衡之间又是相互影响的。

在各种扰动因素中，有些是可控的，有些则是不可控的。简要分析如下。

1）进料流量 F 在很多情况下是不可控制的，它的变化通常难以完全避免。如果一个精馏塔位于整个工艺生产过程的起点，则要使流量 F 恒定，并无困难，可采用定值控制。然而，在多数情况下，精馏塔的处理量是由上一工序规定的，如果要使进料量 F 恒定，势必需要很大的中间容器或贮槽。工艺上新的趋势是尽量减小或取消中间贮槽，由上一工序采用液位均匀控制系统来控制出料，使进塔流量 F 的变动不至于剧烈。

2）进料成分 x_F 一般是不可控的，它的变化也是难以避免的，它由上一工序或原料情况所确定。

3）进料温度（或焓）T_F一般是可控的。进料温度在有些情况下本来就基本恒定，例如将上一塔的釜液送往下一塔继续精馏时。在其余情况下，可先将进料预热，并对进料温度 T_F 进行定值控制。进料通常是液态，也可以是气态，有时也会遇到气液混合物的情况，此时气液两相的比例宜恒定，也就是说，进料的焓要恒定。

4）蒸汽压力的变动，可以通过总管压力控制的方法消除扰动，也可以在串级控制系统的副回路中（如采用对蒸汽流量的串级控制）予以克服。

5）冷却水的压力波动，也可以用类似蒸汽压力变动方式解决。

6）冷却水温度的变化，通常比较缓和，主要受季节的影响。

7）环境温度的变化，一般影响较小。但也有特殊情况，近年来，直接用大气冷却的冷凝器使用也较多，一遇气候突变，特别是暴风骤雨，对回流液温度有很大影响，为此可采用内回流控制。

总之，在多数情况下，进料流量 F 和进料成分 x_F 是精馏操作的主要扰动，然而还需结合具体情况加以分析。

为了克服扰动的影响，常用的控制方法是改变馏出液采出量 D、釜液采出量 B、回流量 L_R、蒸汽量 V_S 及冷却剂量 Q_C 中某些因素的流量。

从上述分析中可以看出，在精馏操作中，被控变量多，可以选用的操纵变量也多，又可有各种不同的组合，所以精馏塔的控制方案很多。精馏塔是一个多输入多输出过程，它的通道多，动态响应缓慢，变量间又相互关联，而控制要求较高，这些都给精馏塔的控制带来一定的困难。同时，不同精馏塔的工艺和结构特点，又是千差万别的，因此在设计精馏塔的控制方案时，需深入分析工艺特点，了解精馏塔特性，设计出比较完善、合理的控制方案。

8.3.2 精馏塔被控变量的选择

精馏塔被控变量的选择，指的是实现产品质量控制，表征产品质量指标的变量选择。精馏塔产品质量指标选择有两种，即直接产品质量指标和间接产品质量指标，本节重点讨论间接产品质量指标的选择。

精馏塔最直接的质量指标是产品成分。近年来成分检测仪表发展很快，特别是工业色谱仪的在线应用，出现了直接按产品成分来控制的方案，此时检测点就可放在塔顶或塔底。然而由于成分分析仪器价格昂贵，维护保养复杂，采样周期较长，反应缓慢、滞后较大，加上可靠性不够，应用受到了一定限制，因此，常采用间接质量指标来实现控制。

1. 采用温度作为间接质量指标

最常用的间接质量指标是温度。温度之所以可选作间接质量指标，是因为对于一个二元组分精馏塔来说，在一定压力下，沸点和产品成分之间有确定的函数关系。因此，如果压力恒定，塔板温度就反映了成分。对于多元精馏塔来说，情况就比较复杂，然而炼油和石油化工生产中，许多产品由一系列碳氢化合物的同系物组成，在一定压力下，保持一定的温度，成分的误差就可忽略不计。在其他情况下，压力的恒定总是使温度参数能够反映成分变化的前提条件。由此可见，在温度作为反映质量指标的控制方案中，压力不能有剧烈波动，除常压塔外，温度控制系统总是与压力控制系统联系在一起的。

采用温度作为被控变量时，选择塔内哪一点温度作为被控变量，应根据实际情况加以选择，主要有以下几种。

（1）塔顶（或塔底）的温度控制

一般来说，如果希望保持塔顶产品符合质量要求，即主要产品在塔顶部馏出时，以塔顶温度作为控制指标，可以得到较好的效果。同样，为了保证塔底产品符合质量要求，以塔底温度作为控制指标较好。为了保证另一产品质量在一定的规格范围内，塔的操作要有一定的裕量。例如，如果主要产品由顶部馏出，操纵变量为回流量的话，再沸器的加热量要有一定余量，以使在任何可能的扰动情况下，塔底产品的规格都在一定限度以内。

采用塔顶（或塔底）的温度作为间接质量指标，似乎最能反映产品的质量情况，实际上并不尽然。当要分离出较纯的产品时，在邻近塔顶的各板之间温差很小，所以要求温度检测装置有较高的精确度和灵敏度，这在实际上有一定困难。不仅如此，微量杂质（如某种更轻的组分）的存在，会使沸点产生相当大的变化，塔内压力的波动，也会使沸点产生相当大的变化，这些扰动很难避免。因此，目前除了像石油产品的分馏按沸点范围来切割馏分的情况之外，凡是要得到较纯成分的精馏，往往不将检测点置于塔顶（或塔底）。

（2）灵敏板的温度控制

在进料板与塔顶（或塔底）之间，选择灵敏板作为温度检测点。灵敏板是指当塔的操作经受扰动作用（或承受控制作用）时，塔内各板的组分都将发生变化，各板温度也将同时变化，一直达到新的稳态为止，其中，温度变化最大的那块板即称为灵敏板。同时，灵敏板与上、下塔板之间浓度差较大，在受到扰动作用（或控制作用）时，温度变化的初始速度较快，即反应快。

灵敏板位置可以通过逐板计算或计算机稳态仿真，依据不同情况下各板温度分布曲线比较得出。但是，因为塔板效率不易估准，所以还需结合实践，予以确定。具体的办法是先算出大致位置，在它的附近设置若干检测点，然后在运行过程中选择其中最合适的一点。

（3）中温控制

取加料板稍上、稍下的塔板，甚至加料板自身的温度作为被控变量称为中温控制。从设计意图来看，希望及时发现操作线（任一塔板的气相组分与上一塔板的液相之间的关系）左右移动的情况，并得以兼顾塔顶和塔底成分的质量。这种控制方案在某些精馏塔上取得成功，但在分离要求较高时，或是进料成分 x_F 变动较大时，中温控制看来并不能正确反映塔顶或塔底的成分。

2. 采用压力补偿的温度作为间接质量指标

用温度作为间接质量指标有一个前提，塔内压力应恒定，虽然精馏塔的塔压一般设有控制，但对精密精馏等控制要求较高的场合，微小压力变化将影响温度与组分间的关系，造成产品质量控制难于满足工艺要求，为此需要对压力的波动加以补偿，常用的有温差和温差差值（双温差）控制。

（1）温差控制

在精密精馏时，可考虑采用温差控制。在精馏中，任一塔板的温度是成分与压力的函数，影响温度变化的因素可以是成分，也可以是压力。在一般塔的操作中，无论是常压塔、减压塔还是加压塔，压力都是维持在很小范围内波动，所以温度与成分才有对应关系。但在精密精馏中，要求产品纯度很高，两个组分的相对挥发度差值很小，由于成分变化引起的温度变化较压力变化引起温度的变化要小得多，所以微小压力波动也会造成明显的温度效应。例如，苯-甲苯-二甲苯分离时，大气压变化为6.67kPa，苯的沸点变化为2℃，已超过了质量指标的规定，这样的气压变化是有可能发生的，由此破坏了温度与成分之间的对应关系。所以在精密精馏时，用温度作为被控变量往往得不到好的控制效果，应该考虑压力补偿或消除压力微小波动的影响。

塔压波动时，两板间的温差变化却非常小，可以采用温差控制。温差控制已成功地应用于苯-甲苯-二甲苯、乙烯-乙烷、丙烯-丙烷等精密精馏系统。

(2) 温差差值（双温差）控制

采用温差控制还存在一个缺点，就是进料流量变化时，将引起塔内成分和塔内压降发生变化。这两者均会引起温差变化，前者使温差减小，后者使温差增加，这时温差和成分就不再呈现单值对应关系。

采用温差差值控制后，由于进料流量波动引起塔压变化对温差的影响，在塔的上、下段温差同时出现，因而上段温差减去下段温差的差值就消除了压降变化的影响。从国内外应用温差差值控制的许多装置来看，在进料流量波动影响下，仍能得到较好的控制效果。

8.3.3 精馏塔的控制方案

精馏塔是一个多变量控制过程，在许多被控变量和操纵变量中，选定一种变量配对，就构成了一个精馏塔的控制方案。在许多控制方案中，要决定一种比较合理的方案是一个棘手的问题。欣斯基（Shinskey）做了大量研究，提出了精馏塔控制中变量配对的3条准则。

1）当仅需要控制塔的一端产品时，应当选用物料平衡方式来控制该产品的质量。

2）当塔的两端产品流量较小者，应作为操纵变量去控制塔的产品质量。

3）当塔的两端产品均需按质量控制时，一般对含纯产品较少、杂质较多的一端的质量控制选用物料平衡控制，而含纯产品较多、杂质较少的一端的质量控制选用能量平衡控制。

当选用塔顶部产品馏出物量 D 或塔底采出液量 B 作为操纵变量控制产品质量时，称为物料平衡控制；而当选用塔顶部回流或再沸器加热量来作为操纵变量时，则称为能量平衡控制。

欣斯基提出的3条准则对于精馏塔控制方案设计有很好的指导作用。本节介绍一些常用的基本控制方案。

1. 按精馏段指标的控制

当馏出液的纯度比塔底产品高，或是全部为气相进料（因为进料 F 变化先影响 x_D），或是塔底、提馏段塔板上的温度不能很好反映产品成分变化时，往往按精馏段指标进行控制。此时，取精馏段某点成分或温度为被控变量，而以塔顶的回流量 L_R、塔顶部产品馏出物量 D 或再沸器产生的上升蒸汽量 V_S 作为操纵变量，可以组成单回路控制方案或串级控制方案。串级控制方案虽然复杂一些，但可迅速有效地克服进入副环的扰动，并可降低对控制阀特性要求，在需做精密控制时采用。

按精馏段指标控制，对塔顶产品的成分 x_D 有所保证。当扰动不大时，塔底产品成分 x_B 的变动也不大，可由稳态特性分析来确定它的变化范围。采用这种控制方案时，在塔顶的回流量 L_R、塔顶部产品馏出物量 D、再沸器产生的上升蒸汽量 V_S 和塔底采出量 B 这4个参数中选择一种作为控制产品质量的手段，选择另一种保持量恒定，其余两者则按回流罐和再沸器的物料平衡，由液位控制器加以控制。常用的控制方案有以下两类。

(1) 间接物料平衡控制

间接物料平衡控制方案之一如图8-28所示。该方案是按精馏段指标来控制回流量，保持加热蒸汽流量为定值。该方案由于回流量 L_R 变化后再影响到馏出液 D，所以是间接物料平衡控制。这种控制方案的优点是控制作用滞后小，反应迅速，所以对克服进入精馏段的扰动和保证塔顶产品质量是有利的，这是精馏塔控制中最常用的方案。

在该方案中，回流量 L_R 受温度控制器调节，但在环境温度改变时，即使回流量 L_R 未变动，由于温度变化，温度控制器TC也会使回流量L_R发生变化，且物料与能量之间关联较大，这对于精馏塔平稳操作是不利的。所以在控制器参数整定上应加以注意。有人认为，当采用成分作为被控变量时，控制器采用PI控制即可，不必加微分，该方案主要应用场合是$L_R/D<0.8$及某些需要减少滞后的塔。

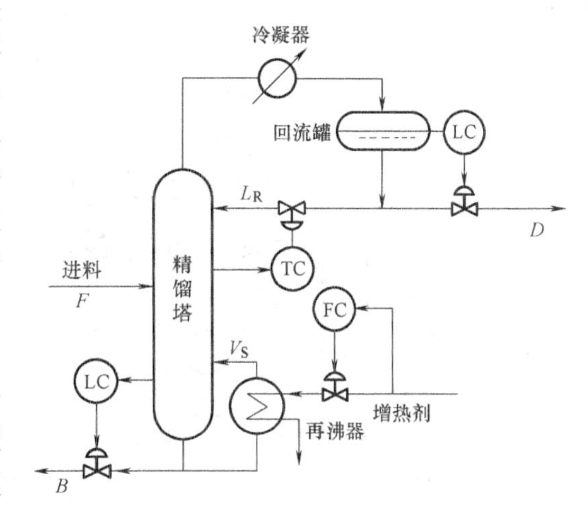

图8-28 间接物料平衡控制方案之一

（2）直接物料平衡控制

图8-29所示为直接物料平衡控制另一方案。该方案是按精馏段指标来控制馏出液D，并保持上升蒸汽量V_S不变。该方案的主要优点是物料与能量平衡之间关联最小；内回流（指精馏塔精馏段内上层塔板向下层塔板流动的液体流量）在周围环境温度变化时基本保持不变，例如环境温度下降，使回流的温度下降，暂时使内回流增加，使塔顶上升蒸汽减少，冷凝液减小，液位下降，经调节使回流量L_R减小，结果使内回流基本保持不变，这对精馏塔平稳操作有利；还有产品不合格时，温度调节器自动关闭出料阀，自动切断不合格产品。

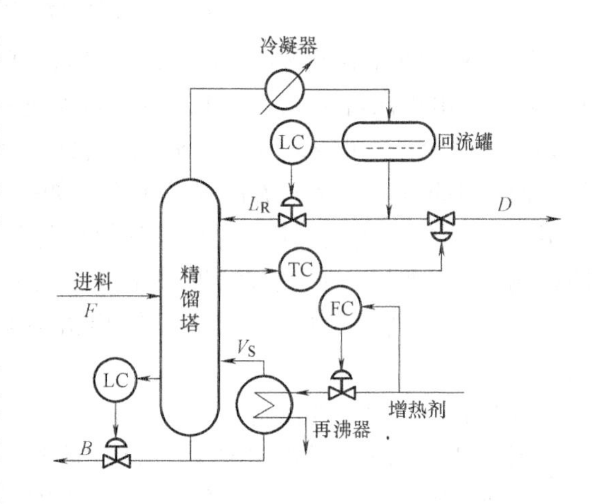

图8-29 直接物料平衡控制方案之一

然而该方案温度控制回路滞后较大，从馏出液D的改变到温度变化，要间接地通过液位控制回路来实现，特别是回流罐容积较大，反应更慢，给控制带来了困难，所以该方案适用于馏出液D很小（或回流比较大）且回流罐容积适当的精馏塔。

2. 按提馏段指标的控制

当对塔底的成分要求比馏出液高时，进料全部为液相（因为进料F变化先影响到塔底的成分x_B），塔顶或精馏段塔板上的温度不能很好地反映成分的变化，或实际操作回流比最小回流大好多倍时，采用提馏段指标的控制方案，常用的控制方案有如下两类。

（1）间接物料平衡控制

图8-30为按提馏段指标的间接物料平衡控制方案之二。该方案是按提馏段的塔板温度来控制加热蒸汽量，进而控制提馏段质量指标。其中，图8-30a是采用流量控制器FC对回流量L_R采用定值控制，而图8-30b是对回流比采用定值控制，即回流量与塔顶馏出量的比为定值，图中K即为回流比。该方案滞后小，反应迅速，所以对克服进入提馏段的扰动和保证塔底产品质量有利。该方案是目前应用最广的精馏塔控制方案，仅在$V/F\geqslant 2.0$（即上升蒸汽量V远大于进料量）时不采用，该方案的缺点是物料平衡与能量平衡关系之间有一定

关联。

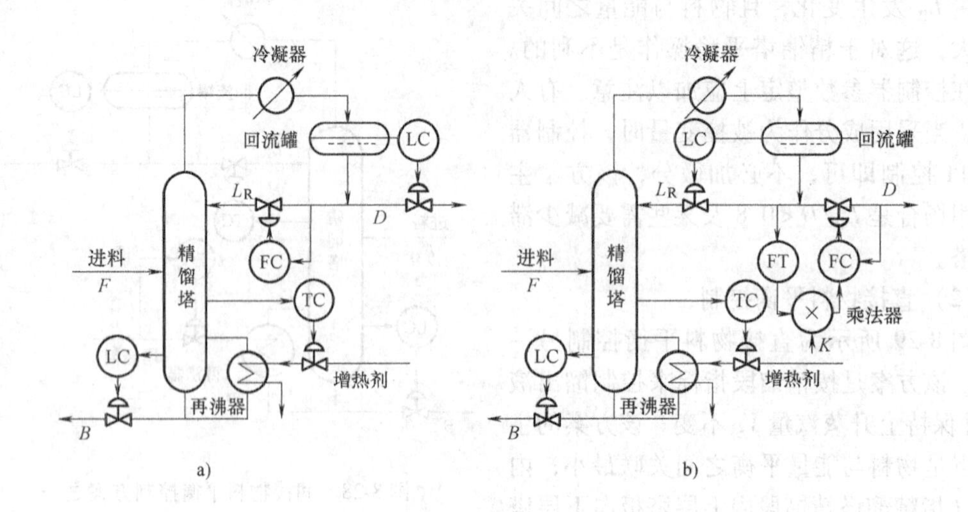

图 8-30　间接物料平衡控制方案之二

图 8-30b 的方案较图 8-30a 的方案复杂一些，但其适应负荷变化能力较强。对于图 8-30a 方案，由于回流量 L_R 是固定的，如果进料 F 减小，要保证一定的塔顶的馏出量 D，则必然增加能耗，如果进料 F 增加，同样由于回流量 L_R 是固定的，则可能出不合格产品。而图 8-30b 方案是回流比保持不变，如果进料 F 减小，此时为保持回流罐中的液位保持不变，回流罐的液位控制器 LC 将减小回流量 L_R，回流液的流量测量变送环节 FT 将立即检测到这种变化，通过乘法器减小馏出液的流量 D，因此，L_R 和 D 均相应减小，如果进料 F 增加，则回流量 L_R 和塔顶馏出液 D 将相应增加，所以适应负荷变化的能力较强。

（2）直接物料平衡控制方案

图 8-31 所示为直接物料平衡控制方案之二，它按提馏段温度控制塔底产品采出量 B，并保持回流量恒定。此时塔顶采出量 D 是按回流罐的液位来控制，蒸汽量是按塔底液位来控制。

这类方案与直接物料平衡控制方案之一（即按精馏段温度来控制塔顶采出量 D 的方案）相比较，其优点是物料平衡与能量平衡之间关联最小，当塔底采出量 B 少时，这样做比较平稳；当 B 不符合质量要求时，会自行暂停出料。其缺点是滞后较大，液位控制回路存在反向特性。该方案仅适用于塔底采出量 B 很少且 $B<20\%V$（V 为塔内上升蒸汽量）的塔。

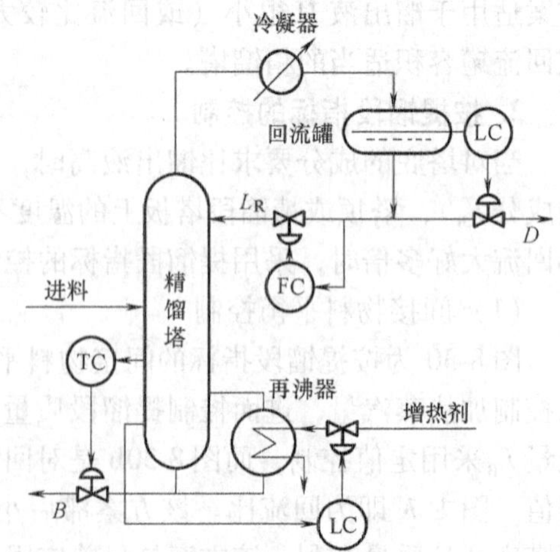

图 8-31　直接物料平衡控制方案之二

3. 压力控制

精馏塔的操作大多是在塔内压力维持恒定的基础上进行的。在精馏操作过程中，进料流量、进料成分和温度的变化，塔釜加热蒸汽量的变化，回流量、回流液温度及冷却剂压力的波动等都可能引起塔压波动。而塔压波动必将引起每块塔板上的气液平衡条件的改变，结果破坏了整个塔的正常操作，影响产品的质量。所以，在精馏操作中，必须设置压力控制系统，以保证精馏塔在某一恒定压力下工作。特别是在精密精馏中，塔顶或塔底产品质量要求较高，操作压力的精确控制显得更加重要。

精馏可在常压、减压和加压下操作。例如，在混合液沸点较高时，减压可以降低沸点，避免分解，炼油厂中的减压塔即为一例。在混合液沸点很低时，加压可以提高沸点，减少冷却剂用量，例如在石油化工中的裂解气分离。由于压力不同，压力控制方案也有所不同，但总的来说是应用能量平衡来控制塔压。

（1）加压精馏塔的压力控制

加压精馏塔是指精馏塔操作压力大于大气压的情况。加压精馏塔控制方案的确定与塔顶馏出物状态（气相还是液相）及馏出物中含不凝性气体量的多少有密切关系，下面分别介绍。

1）液相采出，且馏出物中含有大量不凝物。图 8-32a 所示为压力控制方案，测压点在回流罐上，控制阀安装在气相排出管线上。这种方案反应较快，适用于塔顶气体流经冷凝器的阻力变化不大的场合，回流罐压力可以间接代表塔顶压力，维持回流罐内压力即保证塔顶压力恒定。若由于进料流量、成分、加热蒸汽等扰动引起冷凝器阻力变化时，回流罐压力不能代表塔顶压力，此时应采用图 8-32b 所示的控制方案。

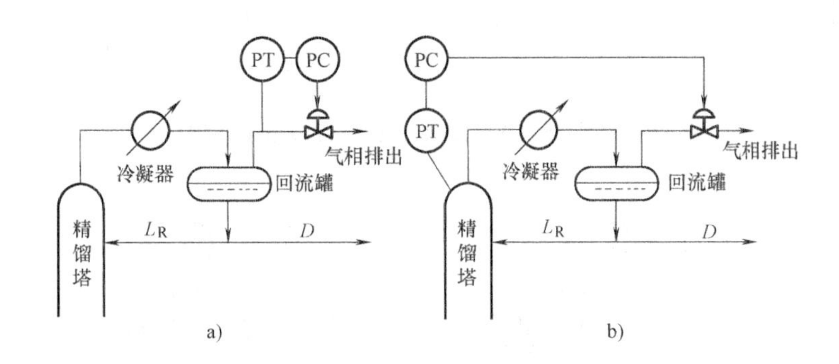

图 8-32　塔顶压力控制方案（馏出物中含有大量不凝物）

2）液相采出，且馏出物中含有少量不凝物。当塔顶气相中不凝性气体量小于塔顶气相总流量的 2%，或在塔的操作中，预计只有部分时间产生干气（甲烷含量在 90% 以上的天然气）时，就不能采用控制不凝物排放量来保持塔顶压力，此时可采用图 8-33 所示的控制方案，这是一个分程控制系统。为保持塔顶压力采用改变传热量的手段来控制，即改变控制阀 V_1 作用。如传热量小于使全部蒸汽冷凝时所需热量，则蒸汽将积聚起来，压力会升高。反之传热量过大，则压力会降低。若 V_1 全开而塔压还偏高时，此时打开放开阀 V_2，以保持塔压恒定。

3）液相采出，且馏出物中含有微量不凝物。当塔顶气体全部冷凝或只有微量不凝性气体时，可采用改变传热量的手段来控制塔顶压力，具体控制方案有如图 8-34 所示的 3 种方式。

按压力改变冷却剂的流量，这种最节约冷却剂（见图 8-34a）；按压力改变传热面积，即冷凝液部分地浸没冷凝器，这种方案较迟钝（见图 8-34b）；采用热旁路的办法，其实是改变气体进入冷凝器的推动力。当系统压力偏高时，关小阀门，使冷凝器两端压差 ΔP 增加，则有较多气相物料进入冷凝器冷凝，增加传热速率，从而使压力恢复到设定值。反之，阀门开大，使冷凝器两端压差 ΔP 减小，进入冷凝器气相物料减小，这种方案反应较灵敏，炼油厂中应用较多（见图 8-34c）。

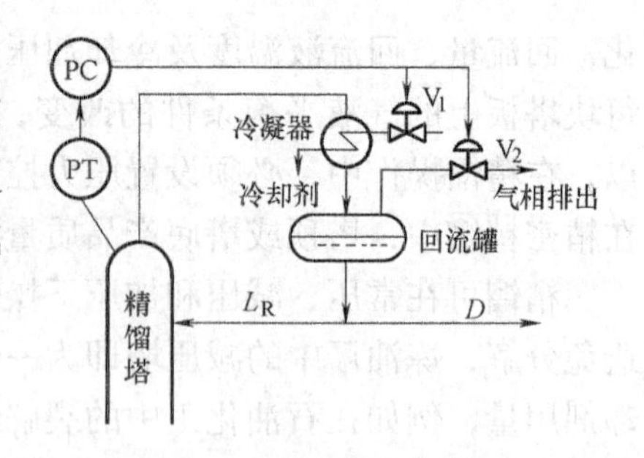

图 8-33 液相采出，馏出物含少量不凝物

4）气相采出。图 8-35a 所示为气相出料压力控制方案，按压力控制气相采出，由回流罐液位控制冷却水量，以保证足够的冷凝液作为回流。若气相出料为下一工序进料，则可以采用图 8-35b 所示的压力-流量均匀控制系统。

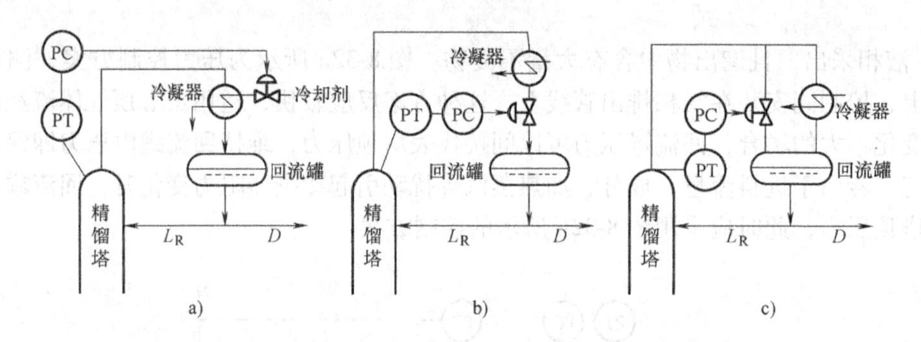

图 8-34 液相采出，馏出物中含微量不凝物

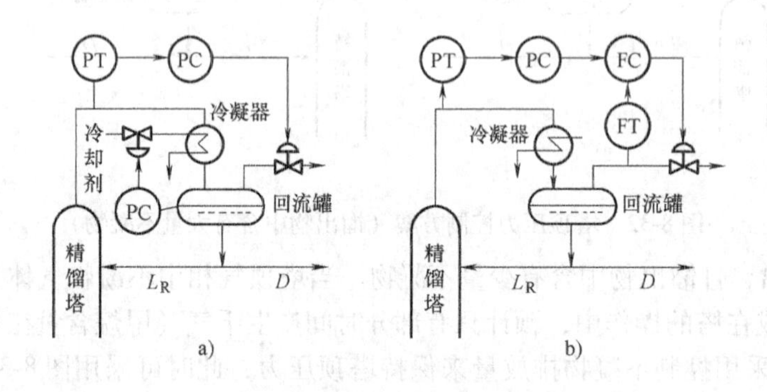

图 8-35 气相出料压力控制方案

（2）减压精馏塔的压力控制

采用蒸汽喷射泵抽真空的塔顶压力控制系统，在蒸汽管线上设有压力控制系统，以维持喷射泵的最佳蒸汽压力；塔顶压力用补充的空气量来控制，这种方案能有效地控制任何波动和扰动对塔顶压力的影响。

（3）常压塔

常压塔的设置较简单，可在回流罐或冷凝器上设置一个通大气的管道来平衡压力，以保持塔内压力接近大气压。如果对精馏塔操作压力稳定性要求较高时，则需设置压力控制系统，以维持塔内压力稍高于大气压，其方案类似加压塔控制方案。

8.4　化学反应器的控制

8.4.1　反应器的控制要求及被控变量的选择

1. 反应器的控制要求

反应器是化工生产中一类重要的设备，由于化学反应过程中伴有化学和物理变化，涉及能量、物料平衡以及物料、动量、热量和物质传递等过程。因此，反应器的操作一般比较复杂。反应器的自动控制直接关系到产品的质量、产量和安全生产。

因为反应器结构、物料流程、反应机理和传热传质等方面的差异，所以反应器控制的难易程度相差很大，控制方案也差别很大。

化工生产过程通常可划分为前处理、化学反应及后处理3道工序。前处理工序为化学反应做准备，后处理工序用于分离和精制反应的产物，而化学反应工序通常是整个生产过程的关键操作过程。

设计反应器的控制方案，需从质量指标、物料平衡和能量平衡、约束条件3方面考虑。

（1）质量指标

反应器的质量指标一般指反应转化率或反应生成物的浓度。转化率是直接质量指标，如果转化率不能直接测量，可选取与它相关的变量，经运算间接反映转化率。如聚合釜出口温差与转化率的关系为

$$y = \rho c(T_o - T_i)/x_i H \tag{8-10}$$

式中，y是转化率；T_i、T_o分别是进料与出料温度；ρ是进料密度；c是物料的比热容，x_i是进料浓度；H是单位摩尔进料的反应热。

对于绝热反应器，进料温度一定时，转化率与进料和出料的温度差成正比，即$y = K(T_o - T_i)$。这表明转化率越高，反应生成的热量越多。因此，在同样进料温度条件下，物料出口温度也越高。所以，可用温差$\Delta T = T_o - T_i$作为被控变量，间接反映转化率的高低。

化学反应过程总伴随有热效应，因此，温度是最能表征反应过程质量的间接质量指标。一些反应过程也用出料浓度作为被控变量，例如，焙烧硫铁矿或尾砂的反应，可取出口气体中SO_2含量作为被控变量。但因成分分析仪器价格贵，维护困难等原因，通常采用温度作为间接质量指标，有时可辅以反应器压力和处理量（流量）等控制系统，满足反应器正常操作的要求。

在扰动作用下，反应转化率或反应生成物组分与温度、压力等参数之间不呈现单值函数关系时，需要根据工况变化补偿温度控制系统的给定值。

（2）物料平衡和能量平衡

为使反应正常进行，反应转化率高，需要保持进入反应器各种物料量恒定，或物料的配比符合要求。为此，对进入反应器的物料常采用流量的定值控制或比值控制。此外，部分物料循环的反应过程中，为保持原料的浓度和物料平衡，需设置辅助控制系统，例如合成氨生产过程中惰性气体自动排放系统等。

反应过程有热效应，应设置相应的热量平衡控制系统，例如及时移热、使反应向正方向进行等。而一些反应过程的初期要加热，反应后期要移热，为此，应设置加热和移热的分程控制系统等。

（3）约束条件

约束条件是为了防止反应器的过程变量进入危险区或不正常的工况。例如，一些催化反应中，反应温度过高或进料中某些杂质含量过高，将会损坏催化剂；流化床反应器中，气流速度过高，会将固相催化剂吹走，气流速度过低，又会让固相催化剂沉降等。为此，应设置相应的报警、联锁控制系统。

2. 反应器被控变量的选择

（1）出料成分的控制

当出料成分可直接检测时，可采用出料成分作为被控变量组成控制系统，例如合成氨生产过程中变换炉的控制。

变换生产过程是将造气工段来的半水煤气中的 CO 转化为合成氨生产所需的 H_2 和易于除去的 CO_2，变换炉进行如下气固相反应：

$$CO + H_2O \rightarrow CO_2 + H_2 + Q$$

变换反应的转化率可用变换气中 CO 的含量表征。控制要求变换炉出口 CO 含量为：CO <3.5%。影响变换生产过程的扰动是半水煤气流量、温度、成分、蒸汽压力和温度，冷凝水量和催化剂活性等。影响变换反应的主要因素是半水煤气和蒸汽的配比。据此，可设计以变换炉出口 CO 含量为主被控变量，蒸汽和半水煤气比值为串级副环的变比值控制系统，如图 8-36 所示。图中 AC 为 CO 成分控制器，AT 为 CO 成分的测量变送环节，其中，半水煤气为主动量，蒸汽为从动量。

（2）反应过程的工艺参数作为间接被控变量

在反应器的工艺参数中，通常选用反应温度作为间接被控变量。常用的控制方案如下。

进料温度控制。如图 8-37 所示，物料经预热器（或冷却器）进入反应器。这类控制方案通过改变进入预热器（或冷却器）的增热剂量（或冷却剂量）来改变进入反应器的物料温度，达到维持反应器内温度恒定的目的。

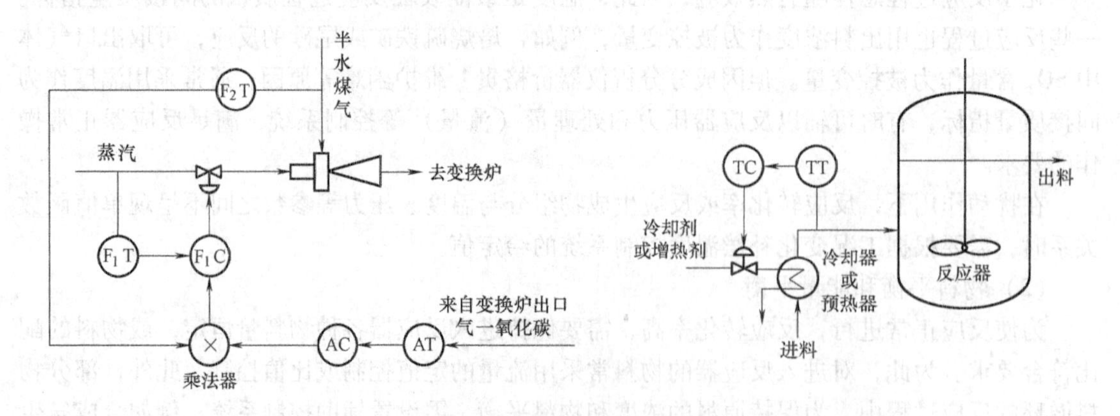

图 8-36 变换炉出口气一氧化碳含量控制系统

图 8-37 进料温度控制

改变传热量。大多数反应器有传热面，用于引入或移去反应热，所以采用改变传热量的方法可实现温度控制。如图8-38所示，当釜内温度改变时，可通过改变增热剂（或冷却剂）流量来控制釜内温度。该控制方案结构简单，仪表投资少，但因反应釜容量大，温度滞后严重，尤其在进行聚合反应时，釜内物料黏度大，热传递差，混合不易均匀，难于使温度控制达到较高精度。

分段控制。某些化学反应器要求其反应沿最佳温度分布曲线进行，为此采用分段温度控制，使每段温度根据工艺控制的要求进行控制。例如，丙烯腈生产过程中，丙烯进行氨氧化的沸腾床反应器就采用分段控制。

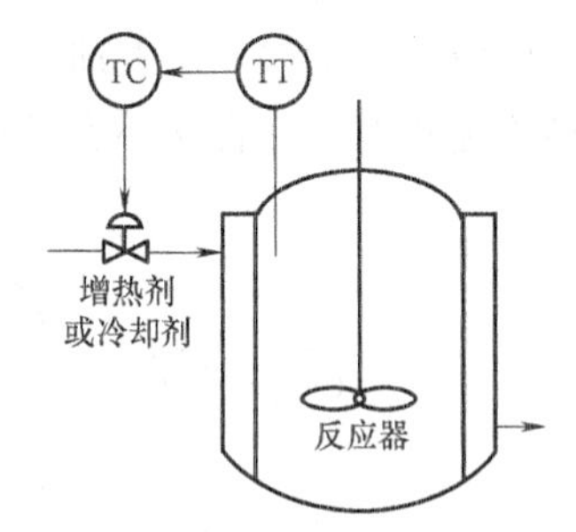

图8-38 改变传热量的控制

有些反应中，反应物温度稍高会局部过热，如果反应是强放热反应，不及时移热或移热不均匀会造成分解或爆聚时，也可采用分段温度控制。

采用反应过程的工艺参数作为间接被控变量时，由于这些被控变量与质量指标之间有一定的联系，但对质量指标来说，系统是开环的，没有反馈，因此，应注意防止由于催化剂老化等因素造成被控变量控制是平稳的，但产品质量指标却不合格的情况发生。

（3）化学反应器的推断控制

采用在线分析仪器检测化学反应器的产品质量指标，具有滞后大、难维护、价格高等缺点，因此，大多数反应器的产品质量指标采用间接指标，例如，采用反应温度作为间接指标。随着计算机技术的发展，软测量和推断控制技术已广泛地被用于工业过程产品质量控制指标的检测中。

8.4.2 釜式反应器的控制

釜式反应器由外壳、搅拌器和换热装置3部分组成，有间歇操作和连续操作两类反应釜，有单釜使用，也有多釜串联使用。间歇操作的反应釜常用于处理液相物料，多品种小批量的制药、染料等生产，物料多为上进下出。连续式生产，物料多为从下边进顶侧出。换热形式有夹套、蛇管、回流、冷凝等多种形式。连续操作的反应釜常用于均相和非均相的液相系统，如用于聚合反应等。釜式反应器内应充分搅拌，使釜内各点浓度均匀，且接近出料浓度，可以将过程看做集总参数系统。釜内物料的温度是重要的被控变量，因为工艺通常要求一定的转化率和聚合深度，间接用相应的温度来表征。所以可按反应的热效应（吸热或放热）调节进入夹套载热体的流量，以控制反应所要求的温度。值得注意的是，高分子聚合反应正向大型化发展，聚合釜的体积可达上百立方米，这样生产过程变成分布参数系统。过程的滞后现象很严重，且存在着强烈的热效应，这给控制方案的设计和实施带来很大的困难。

反应温度的测量与控制是实现釜式反应器最佳操作的关键，下面主要针对温度控制进行讨论。

1. 控制进料温度

图8-39所示为改变进料温度控制釜温的示意图。物料经过预热器（或冷却器）进入反应釜，通过改变进入预热器（或冷却器）的增热剂量（或冷却剂量），可以改变进入反应釜

内物料的温度，从而达到维持釜内温度恒定的目的。

2. 改变传热量

由于大多数反应釜均有传热面，以引入或移去反应热，所以用改变引入传热量多少的方法就能实现温度控制。图 8-40 所示为一带夹套的反应釜。当釜内温度改变时，可用改变增热剂（或冷却剂）流量的方法来控制釜内温度。这种方法的结构简单，使用仪表少，但由于反应釜容量大，温度滞后严重，特别是当反应釜用来进行聚合反应时，釜内物料黏度大，热传递较差，混合又不容易均匀，因此，很难严格地控制温度。

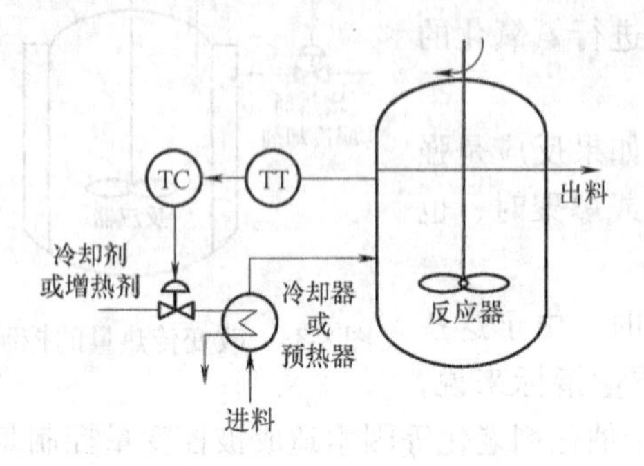

图 8-39 改变进料温度控制釜温

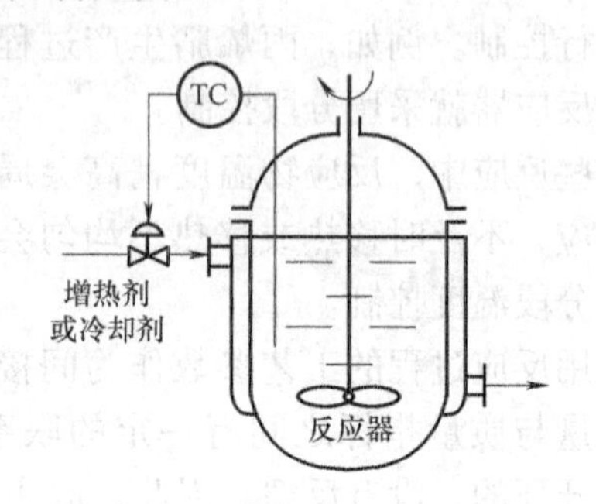

图 8-40 改变增热剂或冷却剂流量控制釜温

3. 串级控制

针对反应釜滞后较大的特点，可采用串级控制方案。根据进入反应釜的主要干扰不同，可以采用釜温与增热剂（或冷却剂）流量串级控制（见图 8-41），釜温与夹套温度串级控制（见图 8-42）及釜温与釜压串级控制（见图 8-43）等。

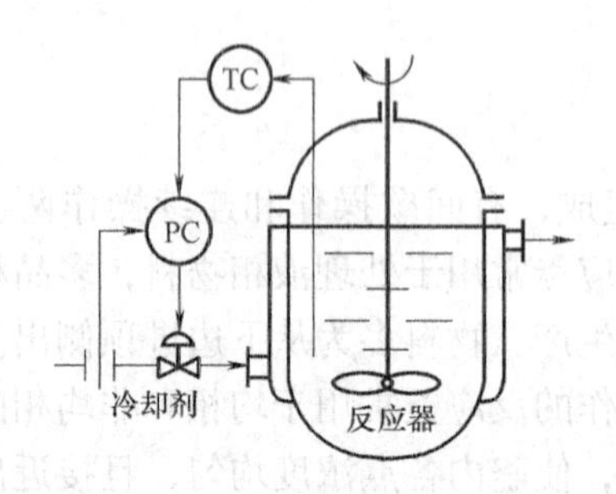

图 8-41 釜温与冷剂流量串级控制示意图

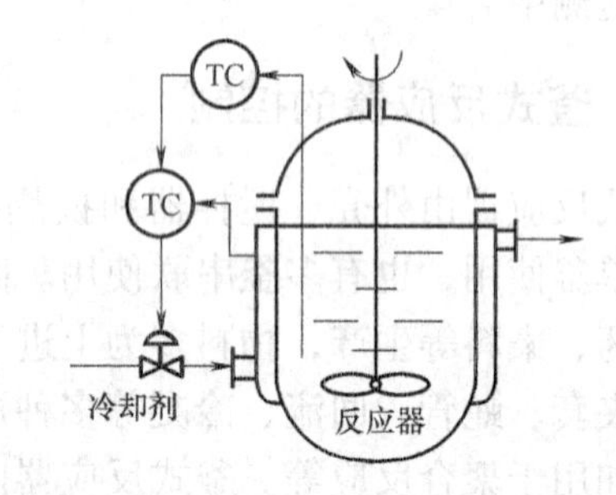

图 8-42 釜温与夹套温度串级控制示意图

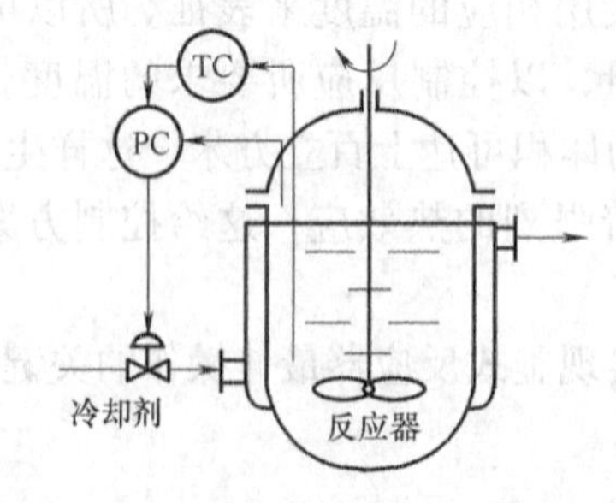

图 4-43 釜温与釜压串级控制系统示意图

8.4.3　固定床反应器的控制

固定床反应器的内部填充着静止不动的固体颗粒，固体颗粒大多数是催化剂。固体颗粒的填充形式，有填充整个塔的，也有分段填充的。固定床反应器是一种古老的反应器，在工业中多用于气-固相反应。气相反应物通过催化剂床层而进行气固催化反应，严格地说固定床反应器的特性也是分布参数系统，但在工业生产中常按集中参数系统来处理。若床层中温度分布差异较大时，可根据化学反应状况和催化剂的要求，选取床层中某点的温度作为被控变量。

固定床反应器的温度控制十分重要。任何一个化学反应都有自己的最适宜温度，最适宜温度综合考虑了化学反应速度、化学平衡和催化剂活性等因素，最适宜温度通常是转化率的函数。

温度控制首要的是要正确选择测量点位置，把感温元件安装在敏感点处，以便及时反映整个催化剂床层温度的变化。多段的催化剂床层往往要求分段进行温度控制，这样可使各段温度分布更趋合理，常见的温度控制方案有下列几种。

1. 改变进料浓度

对放热反应来说，原料浓度越高，化学反应放热量越大，反应后温度也越高。以硝酸生产为例，当氨浓度在9%～11%范围内时，含量每增加1%可使反应温度提高60～70℃。图8-44所示为通过改变进料浓度控制反应器温度恒定的一个实例，改变氨和空气比值就相当于改变进料氨的浓度。

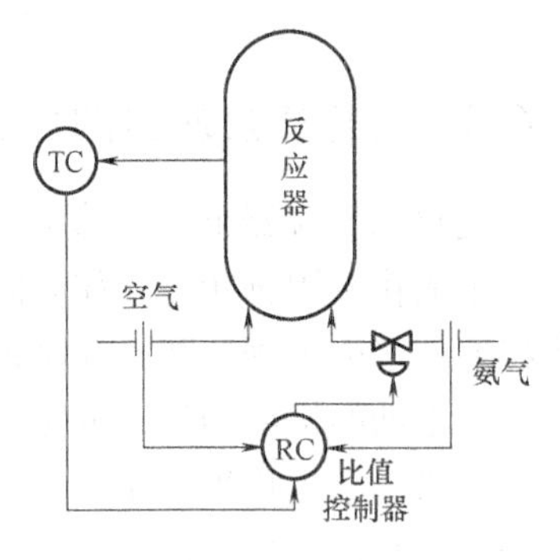

图8-44　改变进料浓度控制反应器温度

2. 改变进料温度

改变进料温度，整个床层温度就会变化，这是由于进入反应器的总热量随进料温度变化而改变的缘故。若原料进反应器前需预热，可通过改变进入换热器的载热体流量，以控制反应床上的温度，如图8-45所示，也有按图8-46所示方案用改变旁路流量大小来控制床层温度。

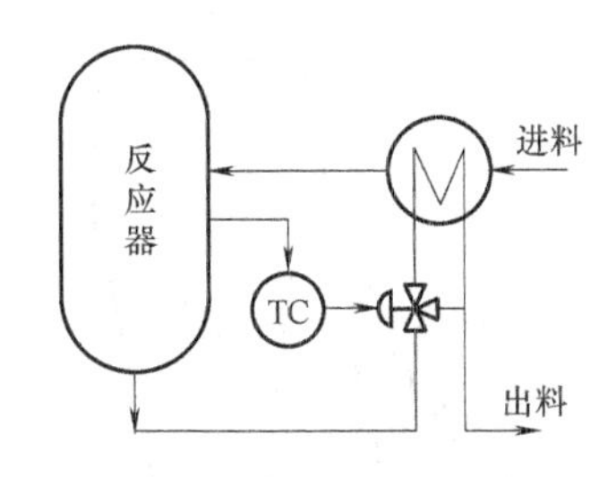

图8-45　用载热体流量控制流量

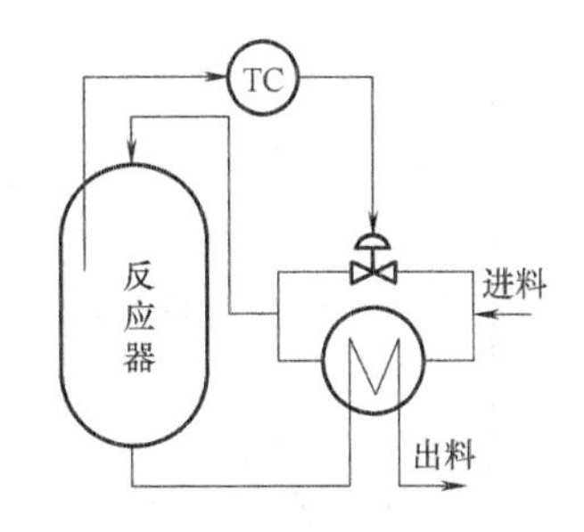

图8-46　用旁路控制温度

3. 改变段间进入的冷气量

在多段反应器中，可将部分冷的原料不经预热直接进入段间，与上一段反应后的热气体混合，从而降低了下一段入口气体的温度。图8-47所示为硫酸生产中用SO_2氧化成SO_3的固定床反应器温度控制方案。这种控制方案由于冷的那一部分原料气不经过一段催化剂层，所以原料气总的转化率有所降低。另外有一种情况，如在合成氨生产工艺中，当用水蒸气与CO变换成H_2（反应式为$CO + H_2O \rightarrow CO_2 + H_2$）时，为了使反应完全，进入变换炉的水蒸气往往是过量很多的，这段时间冷却剂采用水蒸气则不会降低CO的转化率，图8-48所示为这种方案的原理图。

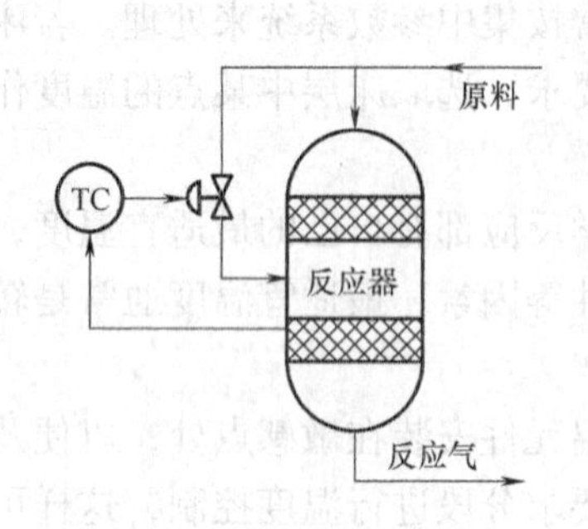

图8-47　用改变段间冷气量控制温度

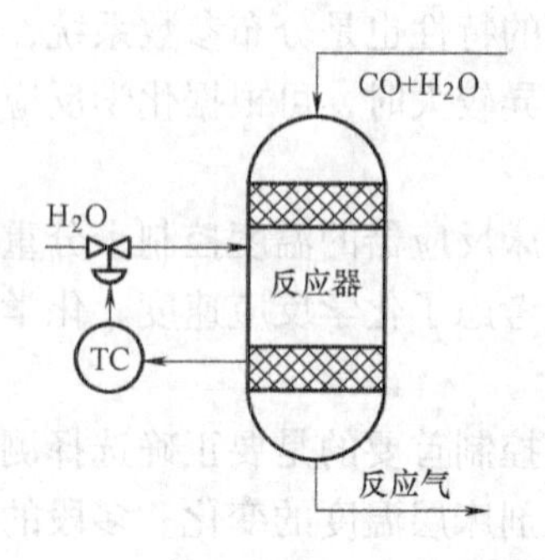

图8-48　用改变段间蒸汽量控制温度

8.4.4　流化床反应器的控制

流化床反应器也称为沸腾床反应器，用于气-固相反应。气体通过固体颗粒，使固体颗粒处于流化或沸腾状态。如果固体颗粒是催化剂，又称催化流化床反应器。这里固体催化剂颗粒比固定床中固体颗粒要小得多，因此当反应气体通过床层时，与固定床反应器中催化剂是固定不动的情况相反，催化剂颗粒在不断运动中，气、固两相得以充分接触，犹如水沸腾时的情景，故也称沸腾床。流化床中沸腾的状况直接影响反应的进行，所以，在实际使用中必需保持合适的气相速度和沸腾层的高度，以获得良好的反应效果。

图8-49所示为流化床反应器的原理示意图。反应器底部装有多孔筛板，催化剂呈粉末状，放在筛板上，当从底部进入原料气流速达到一定值时，催化剂开始上升呈沸腾状，这种现象称为固体流态化。催化剂沸腾后，由于搅动剧烈，因而传质、传热和反应强度都高，并且有利于连续化和自动化生产。

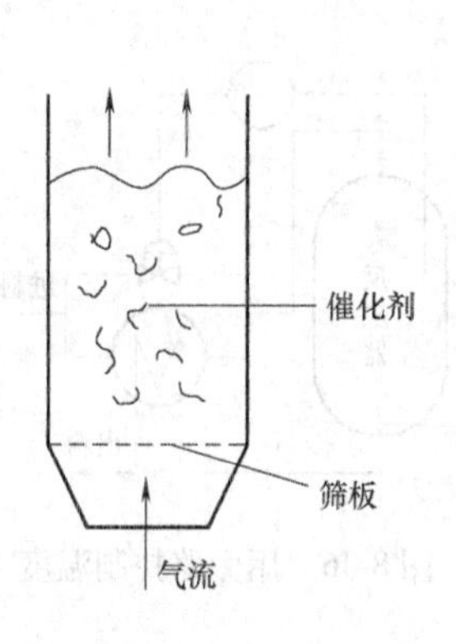

图8-49　流化床反应器的原理示意图

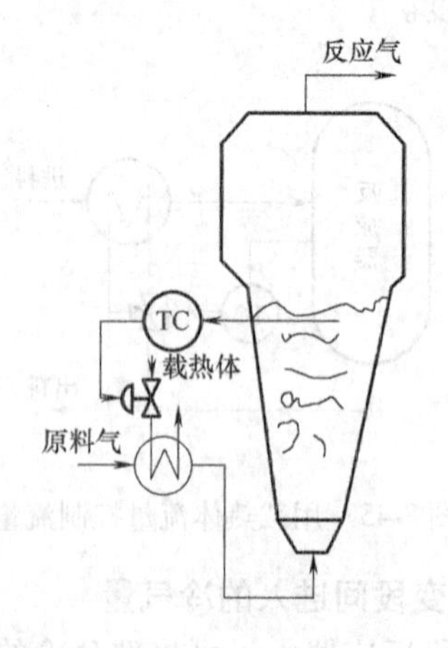

图8-50　改变入口温度控制反应器温度

与固定床反应器的自动控制相似，流化床反应器的温度控制是十分重要的。为了自动控制流化床的温度，可以通过改变入口温度（见图8-50），也可以通过改变进入流化床的冷却剂流量（见图8-51）来控制流化床反应器内的温度。

在流化床反应器内，为了了解催化剂的沸腾状态，常设置差压指示系统，如图8-52所示。在正常情况下，差压不能太小或太大，以防止催化剂下沉或冲跑现象。当反应器中有结块、结焦和堵塞现象时，也可以通过差压仪表显示出来。

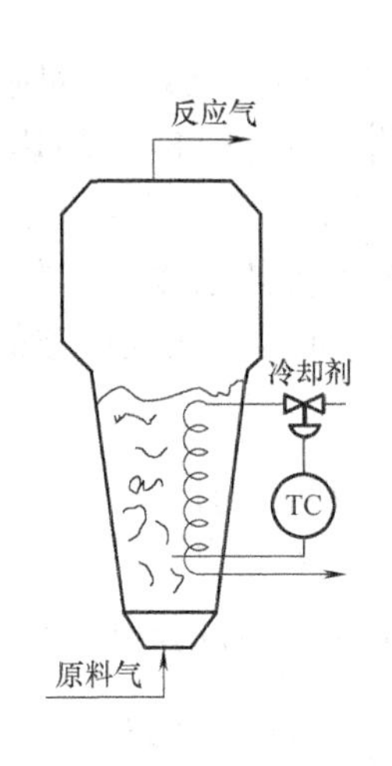

图8-51　改变冷却剂流量控制温度

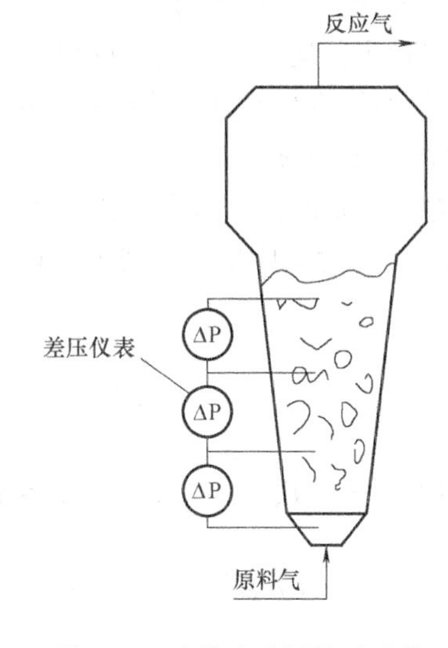

图8-52　流化床差压指示系统

8.4.5　管式裂解反应器的控制

从热效应角度来看化学反应，有放热和吸热两大类，两者在自动调节方面，既有共同的特点，又有内在的区别。吸热反应的对象特性类似于传热设备，要比放热反应稳定，从这个角度上讲，吸热反应的调节要比放热反应调节容易些，而其他方面两者有许多相似之处。本小节主要介绍有关吸热反应的自动控制问题。

1. 吸热反应的特点

（1）吸热反应和放热反应的比较

吸热反应必须由外界向反应器提供热量，才能维持反应，放热反应必须由外界从反应器里移走热量，才能维持反应。因此，内部虽然同样进行着化学反应，却有不同的特点。

1）温度对化学平衡的影响。对于一个简单的 $A \underset{k_2}{\overset{k_1}{\rightleftharpoons}} B$ 可逆反应，平衡常数 K 为

$$K = \frac{k_1}{k_2} = \frac{k_{10}e^{-E_1/RT}}{k_{20}e^{-E_2/RT}} = \frac{k_{10}}{k_{20}}e^{(E_2-E_1)/RT}$$

式中 k_1、k_2 分别为反应正向进行与逆向进行时的反应速度；E_1、E_2 分别为反应正向进行与逆向进行时的活化能；R 为气体常数；T 为绝对温度。

对放热反应 $E_2 > E_1$，所以随着温度减小，平衡常数增大。但反应速度正比于温度，它随着温度的降低而下降，所以温度对两者影响是矛盾的；而吸热反应 $E_1 > E_2$，温度增加，平衡常数增加，所以温度升高对两者都是有利的。

2）温度对转化率的影响。放热反应一般对温度的要求在于温度的最佳点，不能过高，也不能过低，以求得最大的转化率，而吸热反应对温度的要求一般在于温度不超过设备、催化剂等的允许温度，温度高，转化率也高。

3）不可逆和连串反应比较。对于不可逆反应，无论是放热反应还是吸热反应，两者都能进行到底，提高温度，加快反应速率，所以两者要求是一致的。对于 A→B→C 类型的连串反应，如果需要中间产品 B，都存在一个合适的反应温度的问题，因此对温度调节回路的要求与不可逆反应是一致的。

4）热稳定问题。对于放热反应，存在着一个热不稳定性问题，那么，对吸热反应是否同样存在热不稳定性问题？让我们简单地考查一下连续吸热反应釜图 8-53 的热稳定性问题，即夹套平均温度与釜内温度的关系。图中 T_c 为夹套平均温度，T 为釜内温度，T_1 为进料温度，Q_V 为进料流量，c_p 为进料比热容，V_R 为反应体积，K 为传热系数，F 为传热面积，Q 为反应吸热，ρ 为反应生成物密度，W 为气体相对分子质量。根据连续反应釜的热量平衡计算，可得

$$KF(T_c - T) - Q_V c_p (T - T_1) - V_R r Q = \frac{\rho V_R}{M} c_p \frac{dT}{dt} \tag{8-11}$$

反应速率以 $r = f(T, c_p)$ 代入，并在系统的稳态平衡点 T_0 处求其增量方程，上式化简为

$$KF\Delta T_c - KF\Delta T - Q_V c_p \Delta T - V_R \left(\frac{\partial f}{\partial T}\right)_{T_0} \Delta T Q = \frac{\rho V_R}{M} c_p \frac{d\Delta T}{dT} \tag{8-12}$$

式中，Δ 表示在平衡点处各变量的增量。

整理式（8-12），可得传递函数为

$$\frac{\Delta T(s)}{\Delta T_c(s)} = \frac{KF}{\frac{\rho V_R c_p}{M} s + \left[KF + Q_V c_p + V_R \left(\frac{\partial f}{\partial T}\right)_{T_0} Q\right]} \tag{8-13}$$

式（8-13）为大家熟知的一阶惯性环节。对其他情况和其他形式的吸热反应，其对象自身也是稳定的。从物理意义上很容易明白，如果热量增大，温度升高，反应加速进行，则吸取的热量增大，温度不再上升。相反温度下降，反应速度下降，吸热量减少，温度不再下降。

（2）吸热反应控制的基本特点

1）吸热反应对象是开环稳定，因此撇开化学反应情况，从热量角度看，吸热反应特性和加热器没有多大不同，因此有关加热器的调节方法在吸热反应器中也是适用的。

2）由于吸热反应毕竟还是化学反应，物料多、组分复杂、反应器内部存在热量、动量、质量传递过程，它的扰动因素一般来说比加热器多，而且干扰对温度的影响也要比加热器复杂，因此调节方案要比加热器复杂。

3）与没有进行反应的单纯换热器相比，吸热反应过程的放大倍数和时间常数都减小了，在参数整定时应引起注意。

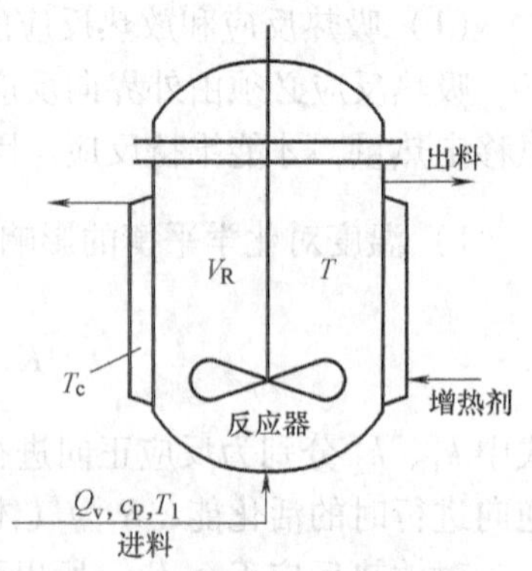

图 8-53　连续反应釜热量交换示意图

2. 乙烯裂解炉的自动调节

(1) 乙烯裂解炉工艺和影响乙烯裂解的因素分析

1) 乙烯裂解炉工艺。裂解反应必须由外界不断供给大量热量，在高温下进行。由于裂解反应本质上是用外界能量使其碳链断裂、碳-氢链断裂，而断裂链又进行聚合、缩合等反应，所以裂解过程中伴随着错综复杂的化学反应，并有众多的产物，例如原料中的丁烷裂解为丙烯、甲烷、乙烯、乙烷、碳、氢等，而乙烷又可以裂解为乙烯和氢，乙烯又可以加氢成为乙烷或转变为丁二烯等。

裂解的原料有天然气、轻质油、炼厂气、原油等。它的产物是复杂的混合气，包含有气态的产品乙烯、液态的焦油（主要有苯、甲苯等）和固态的焦炭等。裂解主要目的是为了获得尽可能多的乙烯、丙烯和乙烷等气态有机化工原料。

图8-54所示为带控制点的裂解炉示意图。炉上部为辐射段，下部为对流段。急冷锅炉设置在炉顶上，炉顶和炉侧设置了许多喷嘴，重柴油和燃烧气以6:4比例由此喷入燃烧，加热裂解管。几十根裂解管在裂解炉中垂直排列，原料油在裂解管通过并发生裂解反应，炉气由引风机排往烟囱。由原料油进料泵送来的液态原料轻柴油或乙烷进入对流段的预热部分预热，再和稀释蒸汽混合成一定比例（例如，原料油为柴油时，原料蒸汽比例为1:0.75，原料为乙烷气时，原料蒸汽比例为1:0.37），在对流段进一步被加热到600℃全部变为气体进入辐射段反应管裂解。柴油的裂解温度为765℃，停留时间约为0.45s，反应管出口压力控制在0.088~0.107MPa的范围，反应后的裂解气立即进入急冷锅炉急冷，终止裂解反应，以免已产生的乙烯、丙烯等进一步裂解。同时，锅炉产生大于9.8MPa的高压蒸汽，急冷器的出口温度被冷却到535℃时，裂解气再进油淬冷器进一步急冷，以后再经水冷等送到压缩分离工段，把产品分离出来。

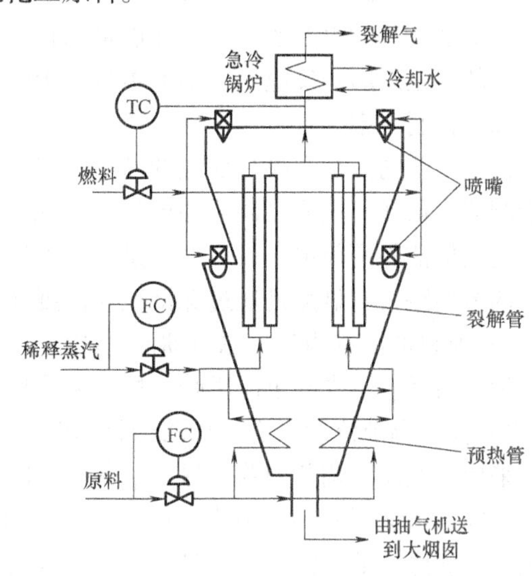

图8-54 带控制点的裂解炉示意图

2) 影响裂解的各种因素。影响裂解的主要因素是反应温度、反应时间和水蒸气量。

① 反应温度。从裂解机理可知，裂解反应的本质是在外界提供热量的情况下发生链的断裂，温度越高提供的热量越多，链断裂得越多越快，大分子原料越能裂解成小分子产物。因为乙烯、丙烯等也是双链类分子，在高温下也加剧发生断链反应，结果也会使产物中裂解的最后产物甲烷、氢、焦油、焦炭等增加。不仅使需要的烯烃类产物减少，而且结焦造成管子传热恶化，阻力增加，轻则破坏正常生产，严重的会导致停产清焦。如果温度低，则不易使大分子裂解成小分子烃类产物，所以也存在最适宜的裂解温度问题。影响反应温度主要有原料、燃烧和传热3个方面的因素。原料方面的因素主要是进入炉子的温度和流量的变化，燃烧方面主要是燃料流量和成分的变化，成分的变化主要是引起燃烧值的变化。传热情况的变化如前面所述的那样，在裂解过程中，在管子壁上产生结焦，其结果不仅使管子的阻力增加，流过的轻柴油减少，而且也使传热效果变坏。其后果是结焦越结越厉害，甚至造成被迫

停炉清焦。

② 反应时间。对于实际的炉子，反应时间（即停留时间）由投料量决定的，尽管每个管子因阻力不同，每个管子里的反应时间有些不同，但是总的来说，物料量小，反应时间会短些。如果反应时间过短，转化不完全，烯烃收率不高。反之，反应时间过长，则裂解深度增加，产物中烷、氢和焦油等增加。因此，有一个最适宜的反应时间。从上述分析可知，反应温度和反应时间两者是密切联系、互相补充的。原料流量的变化对温度和反应时间起着双重的影响，流量大带走的热量多，反应时间短，两者都会导致反应深度不够。

③ 水蒸气量的影响。裂解反应是在有水蒸气参与的条件下进行的。水蒸气的作用是提高烯烃的收率，减少焦油的生成，均匀管内温度防止管子结焦保护炉管。但是蒸气流量过多，会降低设备的生产能力，增加能量的损耗，所以也不宜过多而要有一定的比例。所以，蒸气量的变化既影响反应，也影响本身带走的热量，从而影响裂解温度。

（2）控制方案

根据工艺的分析及吸热反应的特点，可以确定图 8-54 的 3 个基本的调节回路：原料油流量调节，稀释蒸汽流量调节和出口裂解气的温度调节。前二者的控制回路是克服主要干扰或者说是保证外围稳定，最后一个是以裂解气出口温度为被调参数，燃烧油量为调节手段的温度调节回路，它显然是通过保证反应温度获得合格反应质量的“质量”调节。

1）原料油流量调节。原料油流量的变化既会影响到裂解气的温度，也会影响到裂解气的质量，给反应带来双重的影响，所以采取原料油流量的调节是必要的。

2）蒸汽调节流量。为提高乙烯收率以及防止管子结焦，可以一定比例的蒸汽混入原料油。采用蒸汽流量调节回路后保证了蒸汽量的恒定，因为原料油流量采用了定值调节，所以这样实际上保证了原料油和蒸汽量的一定比例，它的缺点是动态过程不能保证一定的比例。不过原料和蒸汽的比值要求不是很严格，采用这种形式保证比值是可以的。

3）裂解管出口温度自动调节回路。当原料油流量和蒸汽稳定以后，裂解质量主要由反应温度决定的。由于反应温度在裂解管不同位置是不一样的，越接近出口，温度越高，而管子是细长的，测温位置难以选择。此外，不同管子由于结焦等情况不同，反应温度也有所区别，所以一般选裂解管出口管的裂解气温度作为被调参数。这点温度相应较高，而且也综合反映出裂解管内全部气体的反应温度，缺点是不能反映每个裂解管反应温度的具体情况，调节手段为控制燃烧气或燃烧油的量。

这样的方案比较简单，在工况比较稳定的情况下是可以满足要求的。但是，当工况经常变化时，这种方案往往难以满足要求。这是因为重柴油要通过燃烧加热炉膛，再加热管子才能影响到出口温度变化，因此，调节通道比较长，时间常数大。另外，对克服来自燃烧油气方面的变化显得迟钝，出现这种情况时，可采用一般加热炉温度的调节方法，例如采用出口温度对重柴油流量的串级调节等。

3. 乙烯裂解炉的平稳控制

（1）调节中存在的问题

反应温度调节是控制裂解炉正常生产的关键，现在分析一下在前面所述的温度调节是否能确保炉内各管子的正常工作。

裂解管在炉膛内的排列和喷嘴的分布情况是每一台煤柴油裂解炉中有 4 组炉管，每组又有对流预热管和7根裂解管在出口处汇成一个管子。喷嘴共有32个，炉顶侧壁各两排，每排8个，因此按裂解管排列情况，可以看做每组裂解管对应8个喷嘴，由于安装、制造、结焦等情况的不同，4组裂解管的加热、反应情况都不同（严格讲每根裂解管的情况也不一样）。裂解管总管出口温度是4组裂解管出口的平均温度，每组裂解管出口温度是不均匀的，而温度不均匀往往会带来恶性循环，温度高的容易结焦。为保证产量，工艺上规定，其中一组结焦达到一定限度时就要清焦，这样使清焦周期大大缩短。为此工艺上要求各组炉管之间的温差不能太大，而上述温度调节显然满足不了这种要求。如果对每组出口都装上温度调节阀（相应的调节阀变为4个，每个控制对应的8个喷嘴），每一个调节阀开度的变化，对于其相对应的裂解管温度影响最大，由于炉子的结构非常紧凑，裂解管排列得很近，其中任意一个调节阀的变化，对其他一组炉管也有影响。例如第一组炉管出口温度低，对应的燃料气阀门开大，使它出口温度升高。但是，此时第二组炉管温度也将升高，结果它将要求对应的燃料气阀门关小，使它的温度降低，而第二组对应的调节阀关小的结果使第一组和第三组炉管温度降低，这又要求第一组和第三组调节阀门开大，而这一结果又影响到第二组和第四组，如此反复调节，使裂解炉很难稳定下来。

（2）平稳控制的基本思想

为了尽量减小4组炉管之间的差别，使它们出口温度相一致，在4个调节阀前分别配置一个偏差设定器TC，可以对调节阀开度进行人为修正。TC相当于一个加法器，它把从调节器来的信号加上修正信号后再作用于调节阀上。

那么偏差设定器TC是怎样修正各组炉管温度的呢？

首先，选取基准炉管出口温度。任选一组炉管出口温度作为其他3组炉管出口温度的基准温度，把这个基准炉管出口温度作为被调节参数，用温度调节器控制相应的燃料气阀门，使基准炉管的出口温度控制在给定值765℃。

其次，利用各炉管出口温度和基准管出口温度的温差修正各自调节阀门的动作。即其他3组炉管的出口温度也借用基准炉管出口温度，调节各自相应的燃料气阀门，而实际上其他3组炉管出口温度可能与基准温度有差值，则根据这些温度差，并考虑到各阀门对炉管之间的相互影响，适当地改变每个调节阀上的温度控制器TC值（即改变修正信号大小），使叠加在调节阀上的信号改变，从而改变阀门的相应开度，恰到好处地达到要求的基准温度。这从效果上看起来，原来各阀门调节互相影响，经过这样信号修正，好像各调节之间没有关系，互不关联一样，这种考虑到相互影响后进行修正，而使其不产生相互影响，也是“解耦”的思想。

在乙烯裂解炉的控制过程中，还会出现这样的现象，当4组炉管的出口温度相差太大的时候，无论如何改变温度控制器TC的输出值，也不能使4组炉管的出口温度一致，也就是说只依靠4个调节阀的动作已经达不到目的。那么，根据前面的分析，还可以依靠调节炉管中原料（煤柴油或乙烷）量来达到。若该组炉管的出口温度降低了，那么减少煤柴油的进料量，使该组炉管的出口温度升高，反之亦然。这就是说，在用解耦控制（调节燃烧气量）不能使出口一致时，就要改变进料量，才能达到4组炉管出口温度一致。根据实践经验可知，原料在管子里面走，当改变一组炉管的进料量时，只对该炉管的出口温度有影响，而对其他3组炉管的出口温度基本上没有影响。但是，在用改变进料量使4组炉管的出口温度一致时，整个装置的负荷也发生变动。如果这个负荷变化太大，会影响整个装置的效率与操作，这在工艺上是不允许的。为了解决既要各组炉管的出口温度一致，又要使整个装置负荷平稳，可采用下列办法。

当一组炉管的进料量因温度下降而需要减少时，可以在其他3组炉管上适当地增加进料量，或者一组炉管的进料量增加时，适当地减少其他3组炉管的进料量，力求保持总的负荷量不变，此时，要适当降低炉管的出口温度要求。这时“解耦”控制不能实现既保证炉管出口温度一致，又保证总负荷保持不变的工艺要求，因此，借助于各组炉管原料油流量的改变，达到使炉管口温度一致，总的负荷不变，这种控制就叫做裂解炉的温度控制。

裂解炉的解耦控制和温度控制都是以保持同一裂解炉4组炉管的出口温度一致，且使负荷保持平衡为目的。它使整个生产得以平稳地进行，因此，这两种控制系统统称为裂解炉的“平稳控制”。

8.4.6 鼓泡床反应器的自动调节

工业中进行气液相反应常采用鼓泡床反应器，这在石油化学工业、无机化学工业和生物化学工业等方面有许多应用。鼓泡反应从内部过程来讲，与固定床、沸腾床等有所不同，但所显现的外部效果没有多大差别，它们的控制方式基本上也是相同的。

1. 鼓泡床反应器的操作

（1）鼓泡床的基本现象

鼓泡床反应器内所进行的是液相和气相的反应，气相从反应器下部进入，和液相接触发生化学反应。因为通过时产生鼓泡现象，所以称鼓泡床反应，反应床层称鼓泡床。如果在鼓泡床内采用悬浮颗粒催化反应时称游浆鼓泡反应。

当鼓泡床内的气体流速比较小、气泡大小比较均一、有规则地升浮、液体扰动不显著、比较稳定时，此时气体速度对低黏度液体来说是小于5~6cm/s。当气速大于7.5cm/s时，气泡运动呈不规则现象，液体做高度湍动，物料强烈混合。由于气泡的破裂和鼓动，床层界面波动，没有一个严格的分界面。因此，在界面测量时，不能采用内浮筒式，而用测压法测得的只是平均值。

鼓泡床结构比较简单，内部是空筒或者装有换热器减少返混的挡板以及防止气体夹带泡沫等装置。

（2）鼓泡床的操作

鼓泡床有液相间歇和连续操作两种。前者是一定量液相反应物放入反应器后气相连续通过，直到液相反应生成物达到要求后，停止送入气相物料，反应结束，液相移去，再加入新鲜液相物料重复操作。后者是液相物料和气相物料连续进入、连续放出的操作，该操作又分液相向上、气液并流和液相向下、气液逆流两种情况。

鼓泡床操作的基本要求一般是控制好气相和液相量；保持一定液面，以免因液面过高使气体带液严重或液面过低使气体停留时间短而影响反应；维持保证反应质量的温度。

2. 鼓泡床反应器的浓度和温度分布

鼓泡床因为有强烈的返混，液相浓度分布比较均匀。但如果为减少返混现象，采用挡板等结构形式使液相分有层次，则不同液相层中浓度是不一样的。如果是气液并流，在进口处浓度较小，出口处浓度最大，但在挡板之间的每层可以大体认为均匀。对于气体来说，由于气体流动方向向上，所以气体中反应物浓度是变化的。这一情况，对于控制，往往意义不大，因为，生成物多数是留在液相里，反应质量往往是通过测定液相中的生成物而获得的。

鼓泡与机械搅拌有相同作用，它破坏了传热边界层的稳定，使液体对换热器壁的传热系数大大增加，比对流传热大10倍以上，这个作用的大小与换热器形式无关而与气体流速有关，图8-55所示为气速与传热系数的关系，当气速达到一定值以后，边界层破坏得差不多，再增加气速作用就不大了。工业生产中气速较大，传热系数趋于饱和，而金属热阻也很小，所以鼓泡床的传热主要取决于传热面积、温差和冷却剂的流动情况。

对于温度分布情况与浓度一样，由于鼓泡的强烈搅拌作用床层温度较均匀，反应热量移去方式一般有3种。

1）鼓泡床内采用夹套，蛇管式、列管式冷却器。如果床层较高的话，与沸腾床一样沿轴向设置多组冷却器。

2）采用液体循环外冷却器。

3）利用液相汽化带走热量。

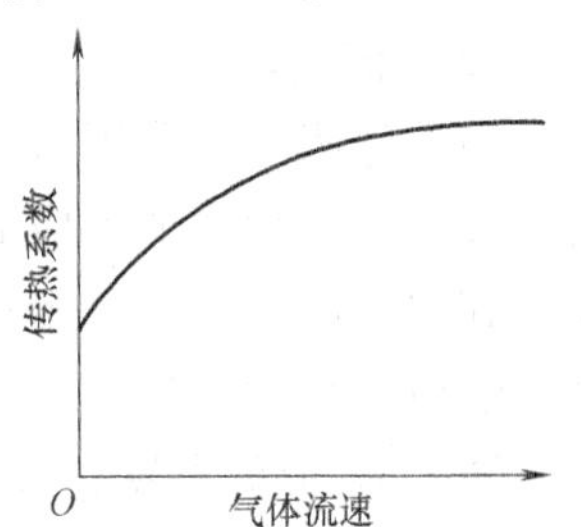

图8-55 气速与传热系数的关系

实际上第3种带走热量的方式总是存在的，只是应考虑是否单独存在或与其他冷却相比较是否占主要地位而已。

由于汽化移热方式的存在，一般来说，热稳定性比较好，也就是说对象比较稳定。由于汽化潜热是很大的，如果反应温度升高，则随着温度升高，汽化加快，吸收大量热，限制温度进一步升高。如果处于沸腾状态操作，则温度不会升高，这是气液反应对热稳定带来有利的一面，但需要注意的是，大量汽化如果气体排放不及时则反应器压力很快上升，会造成危险。

气泡由于液相高度的作用，它从下到上逐渐由小变大，直至破裂。若床内装有多组冷却器的话，则下层气泡小，液体和冷却器的接触面积大，而上层冷却器由于气泡变大，使得液体和冷却器的接触面积减少。在相同冷却面积和冷却剂流动的情况下，下层换热量最大，上层换热器的换热量最小。这刚好适应反应在下层激烈、上层较缓和的情况，因此，在温度控制时，与沸腾床一样，控制手段应该主要放在下层换热器上，同时尽量保证下层换热器冷却剂量的稳定。

3. 鼓泡床的一般控制方案

（1）保证反应物料稳定的流量调节回路

调节回路如图8-56所示。因反应器是按一定生产能力设计的，且反应物料的变化必然影响反应，所以，总是设法使反应物料量稳定。流量调节回路，可以是单回路自调方式和比值调节等方式。催化剂量一般也应该有流量调节，但当其流量太小，难以测量时，用定量泵、高位槽加入等方式，尽量使其稳定。

（2）温度调节

在反应物料流量、成分稳定情况下，温度一般是衡量反应情况好坏的标志。即使在质量控制情况下，温度变化往往是反应变化的先导，要比质量指标灵敏，而且也是监控反应是否超温、达到危险程度的重

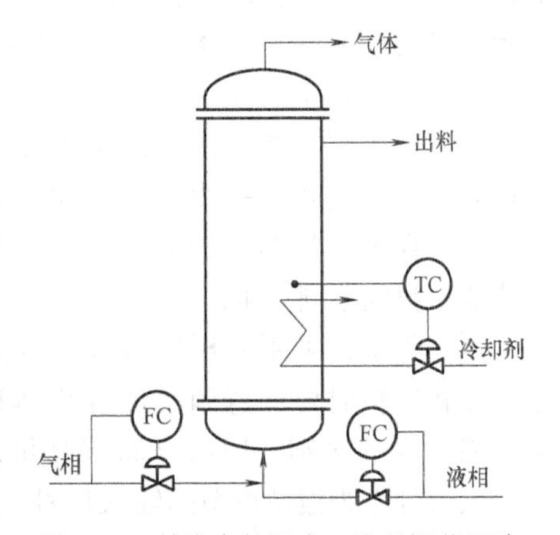

图8-56 鼓泡床的温度、流量调节回路

要标志。

调节手段也多为调节冷却剂量。在多组冷却情况下，可以控制总冷却剂量，也可以遥控上、中冷却器水量，单独调节下冷却器水量，如图8-56所示。如果冷却剂量与其他设备共用或变化较大，可采用反应温度与冷却剂量流量串级调节。鼓泡床的温度虽然比较均匀，检测点位置高低关系似乎不大，但一般下层反应较中、上层激烈，下层温度变化要比中、上层温度变化灵敏得多，从这个角度看，检测点还是设在下层为宜。如果用上层和下层温度串级调节，效果会更好些。

（3）液位调节

当鼓泡床不是采用溢流时，要有液位调节，原因是液位高低直接影响到气相的停留时间。液位高固然增加反应时间，但太高容易使气相带液，过低停留时间过小，反应时间减少。其次液位变化对气相和液相反应物料的流量也有影响。但当气、液相物料进口压力较高时，液位变化对流量的影响比较小。

图8-57所示为鼓泡床液位调节方案之一，这是最常见的，也是最简单的液位调节方案，它的缺点是不管反应是否合格，只要有进料就必须出料。

图8-58所示为鼓泡床液位调节的另一方案，用液位控制液相进料，用反应温度控制出料，其中比值控制器FC保证进料量之间的比例，反应温度仍然由调节冷却剂（或增热剂）量来保证。这一方案能克服方案一的不足，如果是吸热反应，当反应温度达不到要求时，自动停止出料，进料通过液位调节不再进入反应器，反应温度调节回路加大增热剂，使温度上升到给定值。温度正常时又可出料，并加入反应物料。如果温度过高，出料和进料加快，吸热增大，也有助于温度下降。

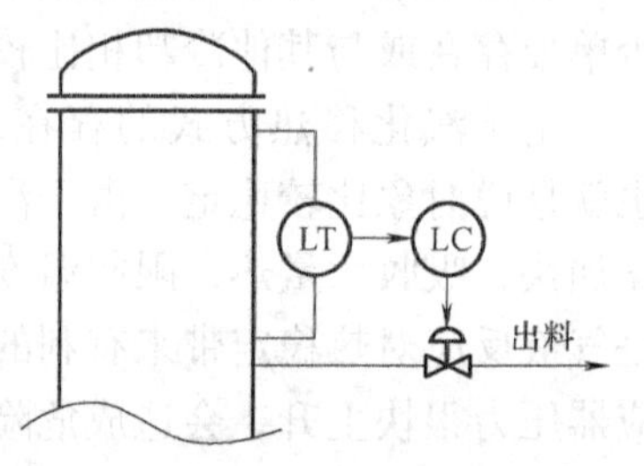

图8-57 鼓泡床液位调节方案一

如果是放热反应，当流量增加使反应温度上升时，则通过温度调节回路调节，一方面加大冷却剂量，另一方面关小出口阀门，通过液位调节，减少进料量，加速温度下降。但当流量变化超过一定范围，使得增加流量变成反应温度下降，调节变成不稳定时，就不能继续使用了。因此，这种调节方案，它要求流量对温度的影响是单方向的。如果流量会在大范围内变化，它对温度影响是在小流量时，随流量增大，温度升高，呈同向作用。而在大流量时，则随流量增大，温度下降，呈反向作用。因此，必须设置报警等装置，一旦调节方向变化时，立即中断调节。这个方案的另一缺点是物料量会变化，影响生产负荷。图中两个温度调节系统用同一测量元件和变送器，是为了避免两个系统用两套测量系统带来误差。用两个调节器，是为了满足不同对象调节器参数的不同要求。

液位测量，采用差压法或外沉筒式比较合适，但在安装和校验时要注意到液体静止体积与反应在鼓泡时体积膨胀的区别。用内浮筒式测量，波动较大，不宜用该信号作为液位调节的输入信号。

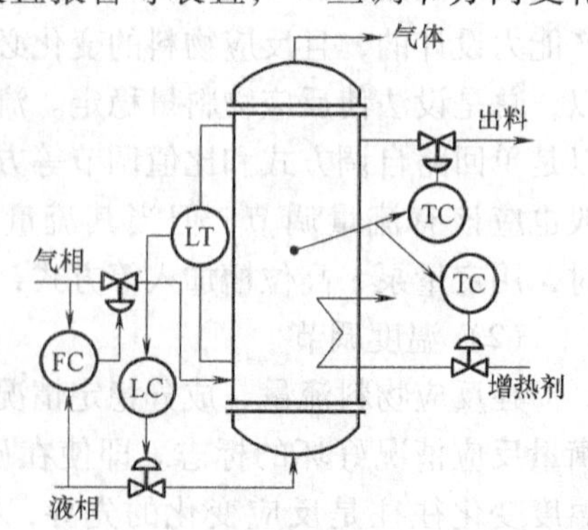

图8-58 鼓泡床液位调节方案二

（4）压力调节

压力波动对进料的影响一般要比液位波动对进料影响大，而且也影响温度。为了充分利用塔的体积，增加气液接触时间，有时液位较高，液位上部的空间也较小，对于强放热反应或者会产生骤爆的反应，压力调节或报警等紧急措施就更显得重要。压力调节可装置在本设备上，也可装在后继设备上。可采用单回路调节，也可采用分程调节，正常情况调节小阀，不正常时调节大阀。

8.5　生化过程控制

生化过程十分复杂，涉及生物化学、化学工程等诸多学科。生化过程的基础是发酵，利用微生物发酵可为人类提供大量的食品和药品，如啤酒、谷氨酸、抗生素等。生化过程涉及微生物细胞的生长代谢，是一个具有时变性、随机性和多变量输入及输出的动态过程。生化过程需要检测的参数包括物理参数、化学参数、生物参数。物理参数通常有生化反应器的温度、生化反应器的压力、空气流量、冷却水流量、冷却器进口温度、搅拌电动机转速、搅拌电动机电流、泡沫高度等。化学参数有pH值和溶解氧浓度。生物参数包括生物呼吸代谢参数、生物质浓度、代谢产物浓度、底物浓度、生物比生长速率（每小时单位质量的菌体所增加的菌体量）、底物消耗速率、产物形成速率等。这些参数中，温度、压力、流量等运用常规检测手段就能检测，而对有些参数（如成分浓度、糖、氮、DNA等）的检测缺乏在线检测仪表，这些参数不能直接作为被控变量，因此主要采用与质量有关的变量，如温度、搅拌转速、pH值、溶解氧、通气流量、罐压、泡沫等作为被控变量。随着软测量技术发展，不少生物参数可用软测量技术来解决，如呼吸代谢参数的软测量、发酵热和生物比生长速率的软测量等，为实现闭环控制创造条件。另外，生化过程大多采用间歇生产过程，与连续生产过程有较大差别。总体上讲，生化过程控制难度较大。

8.5.1　常用生化过程控制

1. 发酵罐温度控制

一般发酵过程均为放热过程，温度多数要求控制在30～50℃（±0.5℃）。过程操纵变量为冷水，一般不需加热（特别寒冷地区除外）。图8-59所示为发酵罐温度控制流程图。测温元件多数采用Pt100热电阻。由于发酵过程容量滞后较大，因此，多数采用PID控制。

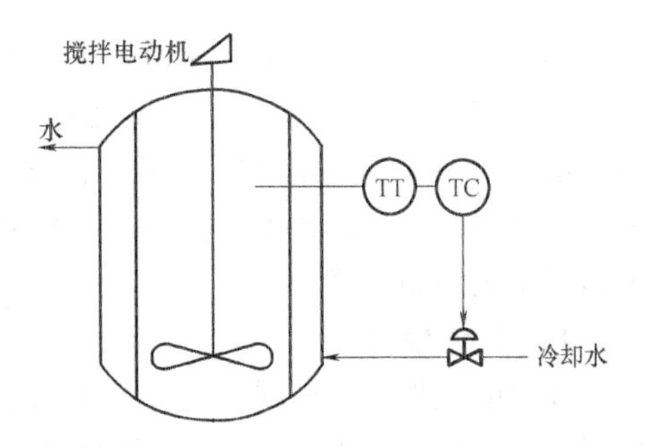

图8-59　发酵罐温度控制流程图

2. 通气流量、罐压和搅拌转速控制

当对搅拌转速、罐压和通气流量进行单回路控制时，其控制原理如图8-60所示。由于在同一发酵罐中通气流量和罐压相互关联影响严重，因此这两个控制回路不宜同时使用。图8-60a中控制罐压，而图8-60b中控制通气流量。

此外，搅拌转速、罐压（或通气流量）控制常作为副回路与溶氧组成串级控制系统。

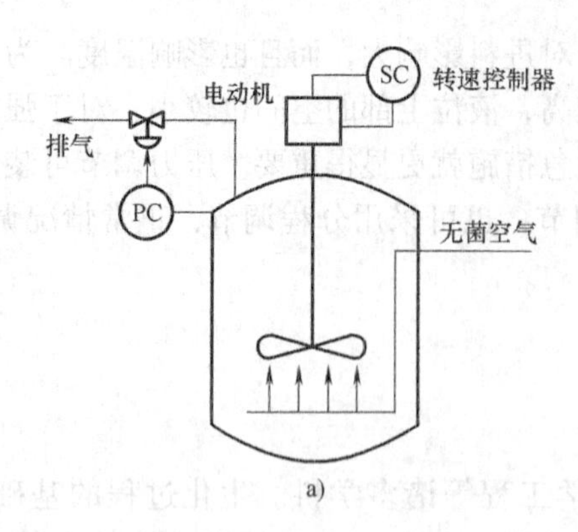

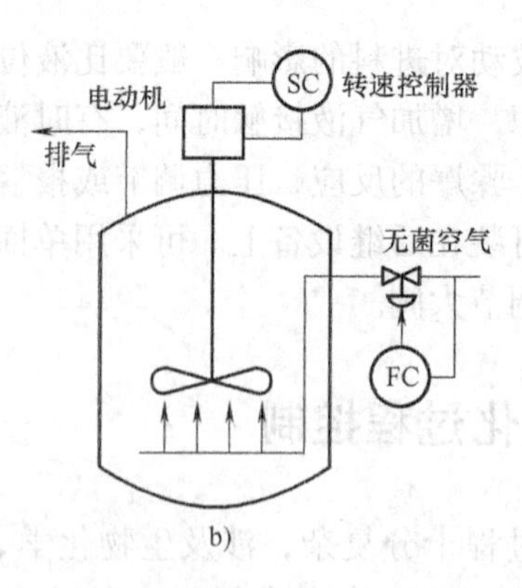

图 8-60 发酵罐搅拌转速、罐压（通气流量）控制
a）搅拌转速、罐压控制 b）搅拌转速、通气流量控制

3. 溶氧浓度控制

在好氧菌的发酵过程中，必须连续地通入无菌空气，使空气中的氧溶解到培养液中，然后在液流中传给细胞壁进入细胞质，以维持菌体生长和产物的生物合成。在发酵过程中必须控制溶解氧浓度，使其在发酵过程的不同阶段都略高于临界值，这样既不影响菌体的正常代谢，又不致为维持过高的溶氧水平而大量消耗动力。

培养液的溶解氧水平其实质是供氧和需氧矛盾的结果。影响溶氧浓度有多种因素，在控制中可以从供氧效果、需氧效果两方面加以考虑。需氧效果要考虑菌体的生理特性等，供氧效果要考虑通气流量、搅拌速率和气体组分中的氧分压、罐压、罐温以及培养液的物理性能。通常控制供氧手段来控制溶氧浓度，最常用的溶氧浓度控制方案是改变搅拌速率和改变通气速率。

（1）改变通气速率

在通气速率低时，加大通气量对提高溶氧浓度有明显效果。但是在空气流速已经较大时再提高通气速率，则控制作用并不明显，反而会产生副作用，如泡沫形成、罐温变化等。

（2）改变搅拌转速

该方案控制效果一般要比改变通气速率方案好。因为通入的气泡被充分破碎，增大有效接触面积，而且液体形成涡流，可以减少气泡周围液膜厚度和菌丝表面液膜厚度，延长气泡在液体中停留时间，提高供氧能力。图 8-61 所示为改变搅拌转速的溶氧串级控制系统。

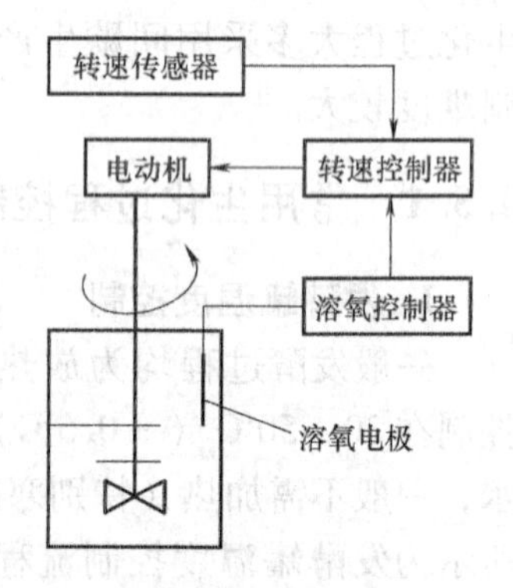

图 8-61 改变搅拌转速的溶氧串级控制系统

4. pH 值控制

在发酵过程中为控制 pH 值而加入的酸碱性物料，往往就是工艺要求所需的补料基质，所以，在 pH 值控制系统中还需对所加酸碱物料进行计量，以便进行有关离线参数的计算。图 8-62 所示为采用连续流加酸碱物料方式的 pH 值控制，图中 AT 为成分测量变送环节（下同），AC 为成分控制器（下同）。

图 8-63 所示为采用脉冲方式加酸碱的 pH 值控制。在这种控制方式中，控制器将 PID 运算的输出转换成在一定周期内的开关信号，控制隔膜阀（或计量杯）调节酸（或碱）量，该控制方式在目前应用较为广泛。

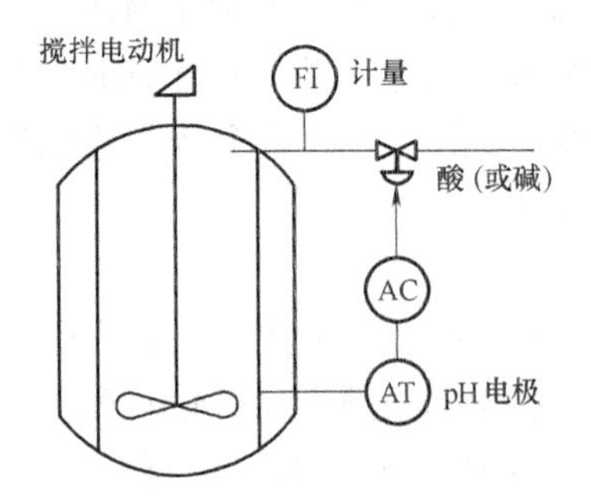

图8-62　连续流加酸碱物料方式的pH值控制

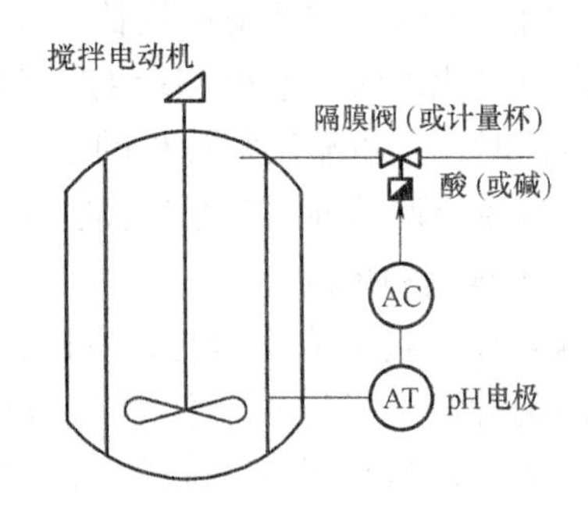

图8-63　脉冲式加酸碱的pH值控制

5. 自动消泡控制

在很多发酵过程中，由于多种原因会产生大量泡沫，从而引起发酵环境的改变，甚至引起逃液现象，造成不良后果。通常在搅拌轴的上方安装机械消泡桨，少量的泡沫会不断地被打破。但当泡沫量较大时，就必须加入消泡剂（俗称“泡敌”）进行消泡，采用位式控制方式。当电极检测到泡沫信号后，控制器便周期性地加入消泡剂，直至泡沫消失。在控制系统中可以对加入的消泡剂进行计量，以便控制消泡剂总量和进行有关参数计算，消泡控制过程如图8-64所示。

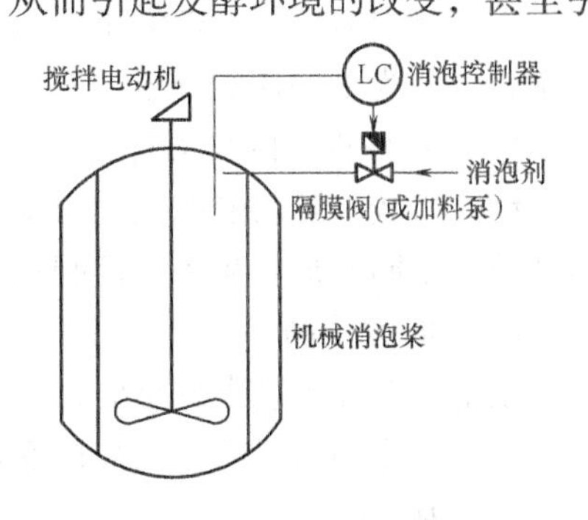

图8-64　消泡控制过程

8.5.2　青霉素发酵过程控制

目前，青霉素的生产主要是通过微生物发酵法进行，青霉素发酵涉及青霉素菌生长、繁殖和生产的复杂生产过程。在确定了生产菌种的条件下，要使青霉素发酵水平稳定，工艺调控是关键，发酵过程的控制是发酵工艺调控方法的具体实施。有效地调控发酵，通过对菌种的环境条件和代谢变化规律进行测量，使青霉素菌代谢沿着有利于青霉素菌分泌的方向进行，以较低的能耗和物耗生产较多的发酵产品，达到稳定和提高发酵水平的目标，发酵过程控制是一个重要的影响因素。

影响青霉素发酵生产率的因素包括环境因素和生理因素。前者主要有温度、溶解氧、pH值、压力、培养基种类等；后者主要有菌体浓度、菌体生长速度、产物浓度、菌丝形态等。青霉素发酵过程中直接检测的变量有温度、pH值、溶解氧、通气流量、转速、罐压、溶解CO_2、排气O_2等。离线检测的参数有菌体量、残糖量、含氮量、前体浓度和产物浓度等。通过检测这些参数，还可以进一步获取有关间接参数。各种参数随着菌体培养代谢过程的进行而变化，并且参数之间有耦合相关，会影响控制的稳定性。

（1）pH值的控制

发酵液中的pH值对微生物的生长及生成物合成影响很大，必须加以控制。在发酵过程中，由于生化反应过程的特性，会使pH值逐渐降低，另外$(NH_4)_2SO_4$也会作为生物质的合成氮源，加入发酵液中，为了维持适宜的pH值，需加入碱性物质加以调整，一般用$NH_3 \cdot H_2O$来调节发酵液中的pH值，原因是$NH_3 \cdot H_2O$也可作为生物质的氮源物质。同时，青霉素适宜在稍酸性的环境中生长，如发酵液中出现偏碱性或中性，不利于菌体生长和产物合成，菌体老化加快，这种 pH 值控制系统应避免出现超调现象，若产生了超调，即 pH 值大于设定值时，就得靠发酵过程的生化机理来自然降低 pH 值，这样整个调节速度就比较缓慢，一般避免超调的办法是采用高比例度的 PID 调节规律。

（2）溶解氧的控制

青霉素是好氧型菌，因此，发酵液中的溶解氧浓度也是一个重要的指标，控制进入发酵罐内的消毒空气可以控制溶解氧浓度，在控制系统投运前把消毒空气开至最大，以满足对氧的需求，这样罐内溶解氧浓度虽满足了要求，但要消耗过多的消毒空气，从而消耗了过多的能量，因而可设计以消毒空气量来调节溶解氧浓度的控制方案，来达到节能的目的。根据发酵过程的生化特点，此控制回路的设定值应是满足菌丝正常生长代谢的一个适宜的范围。

（3）罐压控制

发酵罐内需保持一定的正压，主要是为了防止外界的空气进入发酵罐内，造成污染；另一个目的是为了增加氧分压，增加氧的溶解度。

（4）各种物料的自动补料

糖、硫胺、苯乙酸在控制方式上基本相同，只是根据物料加入的不同，采用不同的加料筒和设定不同的加料频率，控制系统给出加料信号，进行补料。

（5）温度控制

发酵罐温度控制十分重要，它直接反映生物生长的环境条件。通常采用发酵罐温度为主被控变量、冷却水温度为副被控变量的串级控制方案。小型发酵罐可直接用发酵罐温度组成单回路控制系统。

8.5.3 啤酒发酵过程控制

啤酒发酵过程是一个微生物代谢过程。它通过酵母的多种酶解作用，将可发酵的糖类转化为酒精和 CO_2 以及其他一些影响质量和口味的代谢物。在发酵期间，工艺上主要控制的变量是温度、糖度和时间的变化。糖度的控制是由控制发酵温度来完成，而在一定麦芽汁浓度、酵母数量和活性的条件下，时间的控制也取决于发酵温度。因此，控制好啤酒发酵过程的温度及其升降速率是决定啤酒质量和生产效率的关键。

啤酒发酵过程典型的温度控制曲线如图 8-65 所示。0*a* 段为自然升温段，无须外部控制；*ab* 段为主发酵阶段，典型温度控制点是 12℃；*bc* 段为降温逐渐进入后酵，典型的降温速度为 0.3℃/h；*cd* 段为后酵阶段，典型温度控制点是 5℃；*de* 段为降温进入储酒阶段，典型的降温速度为 0.15℃/h；*ef* 段为储酒，典型温度控制点是 -1 ~0℃。

啤酒发酵生产工艺对控制的要求主要有以下 3 条。

1）控制罐温在特定阶段时与标准的工艺生产曲线相符。

2）控制罐内气体的有效排放，使罐内压力符合不同阶段的需要。

3）控制结果不应与工艺要求相抵触，如局部过

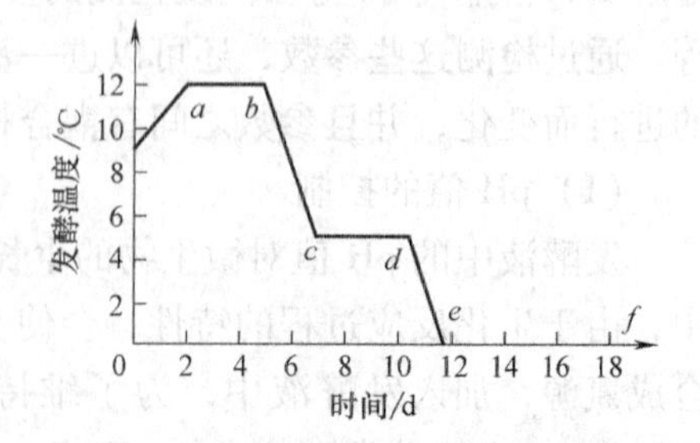

图 8-65 啤酒发酵过程温度控制曲线

冷、破坏酵母沉降条件等。

图8-66所示为啤酒发酵过程带控制点的工艺流程图，采用计算机控制方案。$TR_1 \sim TR_3$ 为均衡测定罐内上、中、下3点温度的铂电阻，$PR_1 \sim PR_2$ 为罐底气压及罐顶压力测量的压力变送器，SV_1 为气动开关阀，执行控制器下达的气压排放命令。$TV_1 \sim TV_3$ 这3台流量控制阀将根据 $TR_1 \sim TR_3$ 测定的罐内温度，并依据一定的控制规律来控制环绕罐体的3段冷媒换热带内流过冷媒的流量，以达到控制罐温的目的。

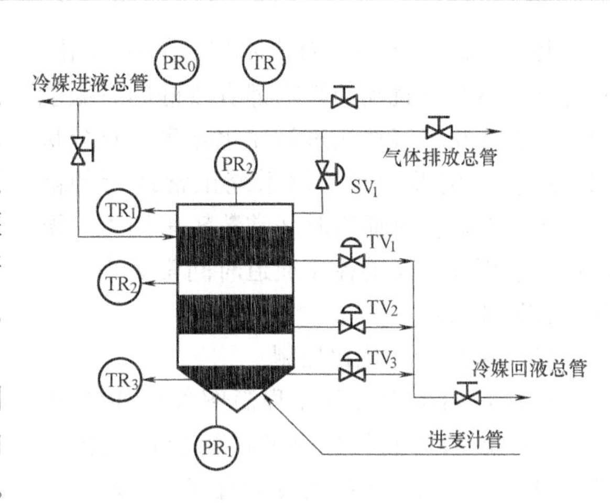

图8-66　啤酒发酵过程带控制点的工艺流程图

发酵工艺过程对温控偏差要求很高，由于采用外部冷媒间接换热方式来控制体积较大的发酵罐温度，极易引起超调和持续振荡，整个过程存在大时滞环节，使用普通的PID控制是无法满足控制要求的。因此，采用一些特殊的控制方法，如工艺曲线分解、温度超前拦截、连续交互式PID控制技术等，以获得较高的控制品质。

8.5.4　合成氨装置过程控制

合成氨过程是一个典型化工生产过程，装置规模日趋扩大，生产技术和工艺过程日趋复杂，对过程的控制也提出更高要求。

1. 变换炉的控制

合成氨生产过程中变换工序是一个重要环节，它将一氧化碳和水蒸气进行反应，变换为氢气和二氧化碳，主要反应为 $CO + H_2O \leftrightarrow CO_2 + H_2 + Q$。

（1）变换炉出口气体中CO浓度控制

有时，可直接用变换炉出口气体中CO浓度作为被控变量，采用变比值控制系统，控制变换炉出口气体中CO浓度。

根据工艺测试分析，变换炉出口CO含量一定时，不同负荷（半水煤气）下，水蒸气和半水煤气的比值并非定值，而满足近似的二次方关系，即

$$Q_{H_2O} \approx kQ_{CO}^2 \tag{8-14}$$

式中，Q_{H_2O} 为水蒸气的流量；Q_{CO} 为半水煤气的流量；k 为工艺比值系数。

为此，在设计比值控制系统时，工艺比值 k 成为 $k = \dfrac{Q_{H_2O}}{Q_{CO}^2}$；仪表系统的设计中，水蒸气流量测量采用差压变送器加开方器，半水煤气流量测量采用差压变送器但不加开方器，仪表比值系数为 $K = k\dfrac{Q_{CO_{max}}^2}{Q_{H_2O_{max}}}$。变换炉出口CO含量控制系统如图8-67所示，图中AT为变换炉出口CO含量的测量变送环节，AC为成分控制器。

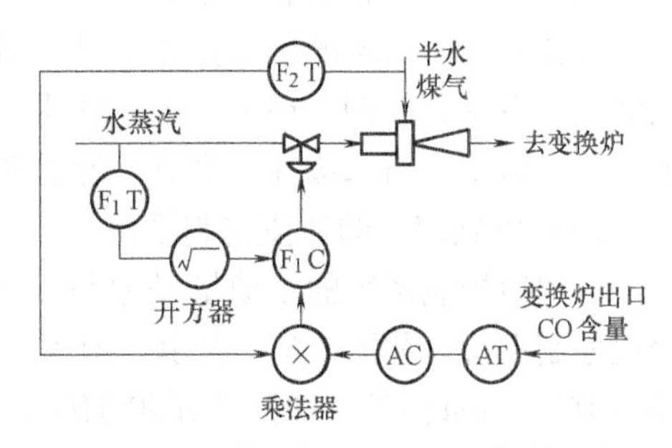

图8-67　变换炉出口CO含量控制系统

控制系统投运后，对半水煤气成分变化、触媒活性变化等扰动的影响都有较好的克服能力。变换炉出口气体应进行净化处理，对分析仪表进行定期维护是控制系统正常运行的前提。该系统因控制通道时间常数较采用入口温度或一段温度控制的控制通道时间常数小，因此，控制质量较好。

(2) 变换炉的优化控制

变换炉的生产过程流程简图如图 8-68 所示。变换炉的控制目标是变换炉出口气体中CO浓度 X_{CO}，影响的扰动变量有变换炉入口气体温度 T_{in}，入口气体组成 C_{in}，空速 S_v，触媒活性 AF 等，选择操纵变量为入口气体温度 T_{in}（通过调节废热锅炉旁路流量来控制）。控制目标 X_{CO}与扰动变量、操纵变量间的函数关系表示为

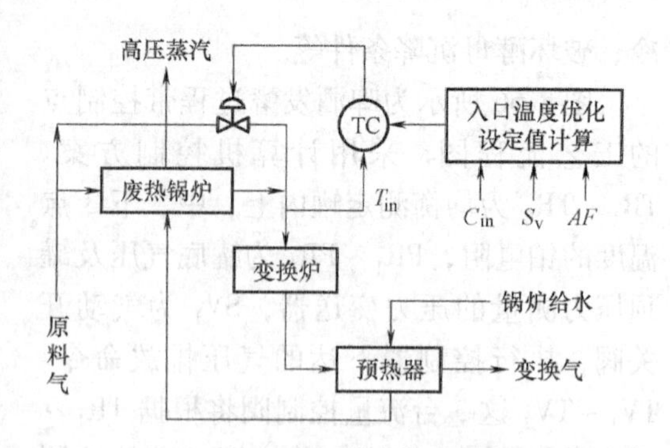

图 8-68 变换炉的生产过程流程简图

$$X_{CO} = f_1(T_{in}, C_{in}, S_v, AF) \tag{8-15}$$

优化目标函数为

$$J = \min(X_{CO}) \tag{8-16}$$

求得的最优化入口温度设定值为

$$T_{inop} = f_2(C_{in}, S_v, AF) \tag{8-17}$$

对上式线性化，得到近似的增量式线性控制模型为

$$\Delta T_{inop} = \frac{\partial f_2}{\partial C_{in}}\Delta C_{in} + \frac{\partial f_2}{\partial S_v}\Delta S_v + \frac{\partial f_2}{\partial AF}\Delta AF = k_1\Delta C_{in} + k_2\Delta S_v + k_3\Delta AF \tag{8-18}$$

图 8-68 显示了该生产过程的优化控制框图。图中，根据式（8-18）计算变换炉入口温度优化设定值，组成变换炉入口温度的监督控制系统，实现静态优化控制，该控制系统的实质是多变量前馈控制系统。

2. 转化炉水、碳比控制

水、碳比控制是转化工段一个十分关键的工艺控制参数，水、碳比指进口气中水蒸气和含烃原料中碳分子总数之比，水、碳比过低会造成工段转化炉触媒的结碳。由于进口总碳量的分析与测定有一定困难，因此，总碳量通常用进料原料气流量作为间接被控变量。

一般转化炉水、碳比控制可采用水蒸气和原料气两个流量的单闭环控制系统，通常需要设置相应的水、碳比报警和联锁系统，防止水、碳比过低造成结碳。

(1) 以水定碳的比值控制系统

该比值控制系统的主动量是水蒸气流量，原料气（油）流量作为从动量，组成双闭环比值控制系统，如图 8-69a 所示。图中，乘法器实现比值函数运算，该控制方案能够保证水、碳比恒定，当水蒸气不足时，能够使原料气（油）随之减少。

(2) 以碳定水的比值控制系统

该比值控制系统的主动量是原料气（油）流量，水蒸气流量作为从动量，组成双闭环比值控制系统，如图 8-69b 所示。图中，乘法器实现比值函数运算，增加高选器 HS 和滞后环节 DT。当原料气（油）流量增加时，经高选器使水蒸气流量也增加，但当原料气（油）流量减小时，由于滞后环节输出还在高值，因此，水蒸气流量要滞后一段时间再减小，因

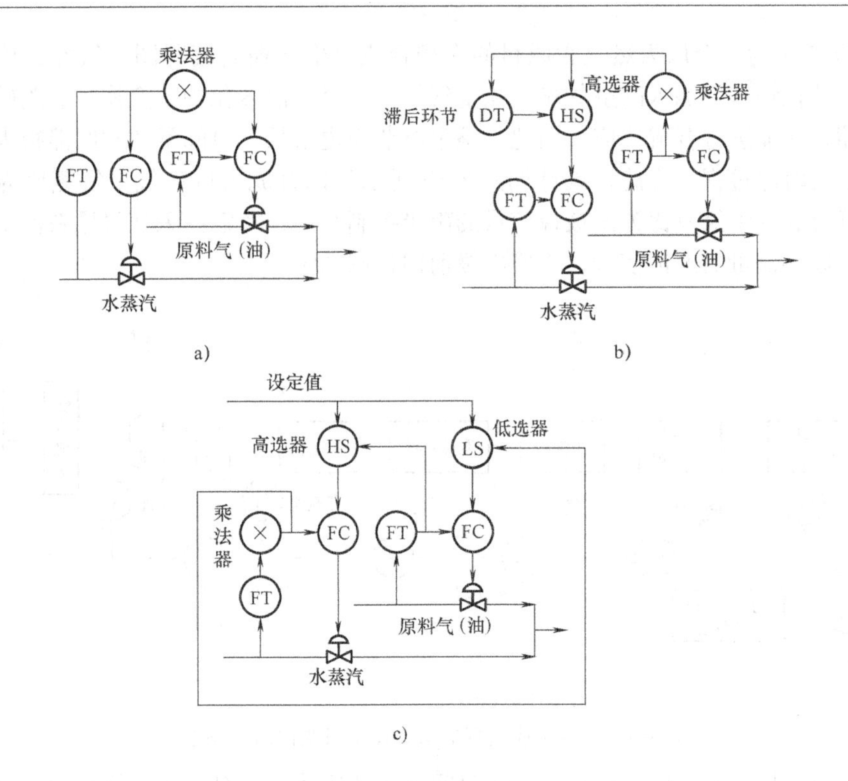

图 8-69　一段转化炉水、碳比控制系统

a）以水定碳　b）以碳定水　c）逻辑比值

此，不会因水、碳比过低使触媒结碳。

（3）水、碳比的逻辑增量和减量控制系统

图 8-69c 所示比值控制系统是逻辑增量和减量控制系统。当增量（即设定值增加）时，高选器的输出先增加，增加水蒸气流量，水蒸气的流量测量变送环节的输出信号增加，经乘法器后，低选器的输出将增加，再增加原料气（油）流量，保证了增量时先增加水蒸气流量，再增加原料气（油）流量；减量（即设定值减小）时，低选器的输出减小，原料气（油）流量减小，原料气（油）的测量变送环节的输出信号减小，高选器的输出减小，减小水蒸气流量，保证了减量时，先减原料气（油）流量，再减小水蒸气流量，防止触媒结碳的发生，保证安全生产。

在比值控制系统中，对水蒸气和原料气（油）流量测量，如果物料的温度、压力或成分有较大变化时，需要进行温度和压力补偿，以补偿因密度变化造成的影响，提高测量精确度。

3. 合成塔的控制

合成塔的控制主要有氢氮比控制、合成塔温度控制和合成弛放气控制等。

（1）氢氮比控制

合成氨的反应方程式为 $3H_2 + N_2 \rightarrow 2NH_3 + Q$。由于合成反应的转化率较低（约 12%），必须将产品分离后的未反应物料循环使用，即循环气加到新鲜合成气中再进入合成塔进行反应。氢气和氮气需按 3:1 比例混合，然后进行反应。

图 8-70 所示为一个以天然气为原料的大型合成氨生产控制流程图，氢氮比控制的操纵变量是二段转化炉入口加入的空气量。从空气加入，经二段转化炉、变换炉、脱碳系统、甲烷化及压缩，才能进行合成反应，因此，整个调节通道很长，时间常数和时滞很大，这表明被控过程是大时滞过程。为此，设计如图 8-70 所示的以合成塔进口气中氢氮比为主被控变量，以新鲜合成气中氢氮比为副被控变量的串级控制系统，考虑到天然气原料流量波动的影响，引入了原料流量的前馈信号，组成串级前馈控制系统。

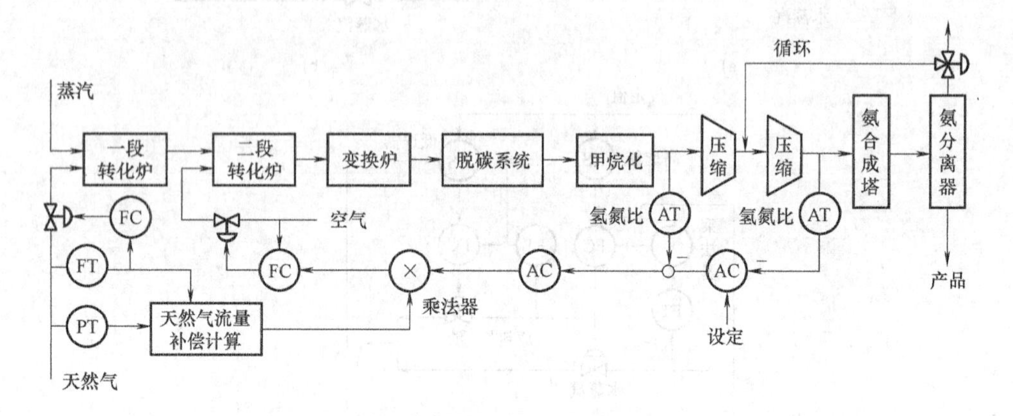

图 8-70 合成反应过程的氢氮比串级变比值控制系统

考虑到上述控制方案中副控制通道的时间常数还比较大，对变换氢扰动的影响要到甲烷化后才能反映。因此，有些合成氨厂组成 3 个环的串级控制系统，即在上述串级变比值控制系统的基础上，将变换气中的氢含量作为最里面的副被控变量，组成第 3 个副环控制回路，可有效地克服前面部分过程扰动的影响，最终使氢氮比保持在 3 ±0.07 的范围内，以满足工艺控制的要求。

(2) 合成塔温度控制

为保证合成反应稳定进行，要求控制好合成塔触媒层的温度，以提高合成转化率，延长触媒使用寿命。有多种控制方案，图 8-71 所示就是其中的一种控制方案。图中，TC_1 是合成塔入口温度控制器，被控变量是合成塔入口温度，操纵变量是冷副线流量。因合成气刚入塔，离化学平衡还有距离，应提高反应速率。入口温度过低，不利于反应进行，入口温度过高，则反应速率过快，床温上升过猛，影响触媒使用寿命。

TC_2 是合成塔触媒床层温度控制器，被控变量是触媒床层温度，操纵变量是冷激量，因第 2 层触媒中化学平衡成为主要矛盾，因此，应控制床层温度，以此反映化学平衡的状况。

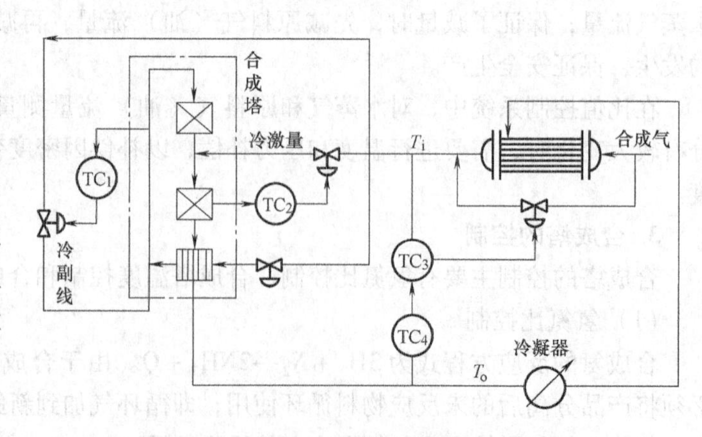

图 8-71 合成塔温度控制

TC_3 和 TC_4 组成串级控制系统，主被控变量是合成塔出

口温度 T_o，副被控变量是入口温度 T_i，操纵变量是入口换热器的旁路流量。根据热量平衡关系，入口温度 T_i 的气体在合成反应中获得热量，温度升高到 T_o，因此，出口温度低表示反应转化率低，反应的热量不够，应提高整个床层温度，即提高入口气体的焓，或提高入口温度控制器的设定值；反之，反应过激时，应降低入口温度设定，使整个床层温度下降。由于要兼顾考虑出口温度和入口温度，因此，对主、副控制器的参数应整定得较松些。

（3）合成弛放气控制

合成生产过程采用循环流程，新鲜合成气中带有少量惰性气体（$CH_4 + Ar$），它们不参加反应，但在氨气分离时，因温度不够低而不能被分离出来。随着循环过程的进行，惰性气体将不断累积，不利于反应的进行，为此应采用弛放气放空的方式适量排放惰性气体，使合成塔运行在较高转化率工况下。由于排放过程中部分合成气也随之排放，因此应控制此过程。

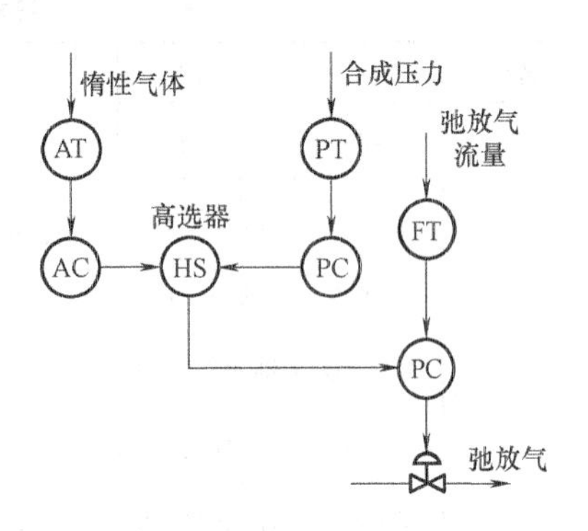

图 8-72　弛放气控制系统示意图

图 8-72 所示为弛放气控制系统示意图。采用选择性控制系统和串级控制结合的控制方案。正常情况下，由回路中惰性气体含量作为主被控变量，弛放气流量作为副被控变量，操纵变量是弛放气流量。惰性气体含量是采用全组分色谱仪测出合格回路中各组分含量，再将甲烷和氩气含量相加后作为主被控变量，采用串级控制可改善被控对象的动态特性，获得较好的控制品质。当合成回路的压力过高时，通过高选器 HS，选中压力控制器输出，组成合成回路压力与弛放气流量的串级控制，及时增加弛放气的排放量，降低压力，直到压力恢复到正常范围后，再切回到氨气分离的控制。

思考题与习题

8-1　离心泵的控制方案有哪几种？各有什么优缺点？

8-2　两侧均无相变的换热器常采用哪几种控制方案？各有什么特点？

8-3　改变加热蒸汽流量和改变冷凝水流量的加热器控制方案的特点是什么？

8-4　氨冷器的控制方案有哪几种？各有什么特点？

8-5　精馏塔的自动控制有哪些基本要求？

8-6　精馏塔操作的主要干扰有哪些？哪些是可控的？哪些是不可控的？

8-7　精馏塔的被控变量与操作变量一般是如何选择的？

8-8　精馏段温控与提馏段温控各有什么特点？分别使用在什么场合？

8-9　化学反应器对自动控制的基本要求是什么？

8-10　为什么对大多数反应器来说，其主要的被控变量都是温度？

8-11　釜式、固定床和流化床反应器的自动控制方案有哪些？

8-12　生化过程控制有何特点？

8-13　简述合成氨合成塔控制的基本要求。

附录

附录 A　常用压力表规格及型号

名称	型号	结构	测量范围/MPa	精度等级
弹簧管压力表	Y-60	径向	-0.1~0，0~0.1，0~0.16，0~0.25，0~0.4，0~0.6，0~1，0~1.6，0~0.25，0~4，0~6	2.5
	Y-60T	径向带后边		
	Y-60Z	轴向无边		
	Y-60ZQ	轴向带前边		
	Y-100	径向	-0.1~0，-0.1~0.06，-0.1~0.15，-0.1~0.3，-0.1~0.5，-0.1~0.9，-0.1~1.5，-0.1~2.4，0~0.1，0~0.16，0~0.25，0~0.4，0~0.6，0~1，0~1.6，0~2.5，0~4，0~6	1.5
	Y-100T	径向带后边		
	Y-100TQ	径向带前边		
	Y-150	径向		
	Y-150T	径向带后边	同上	1.5
	Y-150TQ	径向带前边		
	Y-100	径向	0~10，0~16，0~25，0~40，0~60	
	Y-100T	径向带后边		
	Y-100TQ	径向带前边		
	Y-150	径向		
	Y-150T	径向带后边		
	Y-150TQ	径向带前边		
电接点压力表	YX-150	径向	-0.1~0.1，-0.1~0.15，-0.1~0.3，-0.1~0.5，-0.1~0.9，-0.1~1.5，-0.1~2.4，0~0.1，0~0.16，0~0.25，0~0.4，0~0.6，0~1，0~1.6，0~2.5，0~4，0~6	1.5
	YX-150TQ	径向带前边		
	YX-150A	径向	0~10，0~16，0~25，0~40，0~60	
	YX-150TQ	径向带前边		
	YX-150	径向	-0.1~0	
活塞式压力表	YS-2.5	台式	-0.1~0.25	0.02 0.05
	YS-6	台式	0.04~0.6	
	YS-60	台式	0.1~6	
	YS-600	台式	1~60	

附录 B　铂热电阻分度表

分度号：Pt100　　$R_0 = 100.00\Omega$

温度/℃	0	1	2	3	4	5	6	7	8	9
	电阻值/Ω									
-200	18.52									
-190	22.83	22.40	21.97	21.54	21.11	20.68	20.25	19.82	19.38	18.95
-180	27.10	26.67	26.24	25.82	25.39	24.97	24.54	24.11	23.68	23.25
-170	31.34	30.91	30.49	30.07	29.64	29.22	28.80	28.37	27.95	27.52
-160	35.54	35.12	34.70	34.28	33.86	33.44	33.02	32.60	32.18	31.76
-150	39.72	39.31	38.89	38.47	38.05	37.64	37.22	36.80	36.38	35.96
-140	43.88	43.46	43.05	42.63	42.22	41.80	41.39	40.97	40.56	40.14
-130	48.00	47.59	47.18	46.77	46.36	45.94	45.53	45.12	44.70	44.29
-120	52.11	51.70	51.29	50.88	50.47	50.06	49.65	49.24	48.83	48.42
-110	56.19	55.79	55.38	54.97	54.56	54.15	53.75	53.34	52.93	52.52
-100	60.26	59.85	59.44	59.04	58.63	58.23	57.82	57.41	57.01	56.60
-90	64.30	63.90	63.49	63.09	62.68	62.28	61.88	61.47	61.07	60.66
-80	68.33	67.92	67.52	67.12	66.72	66.31	65.91	65.51	65.11	64.70
-70	72.33	71.93	71.53	71.13	70.73	70.33	69.93	69.53	69.13	68.73
-60	76.33	75.93	75.53	75.13	74.73	74.33	73.93	73.53	73.13	72.73
-50	80.31	79.91	79.51	79.11	78.72	78.32	77.92	77.52	77.12	76.73
-40	84.27	83.87	83.48	83.08	82.69	82.29	81.89	81.50	81.10	80.70
-30	88.22	87.83	87.43	87.04	86.64	86.25	85.85	85.46	85.06	84.67
-20	92.16	91.77	91.37	90.98	90.59	90.19	89.80	89.40	89.01	88.62
-10	96.09	95.69	95.30	94.91	94.52	94.12	93.73	93.34	92.95	92.55
0	100.00	99.61	99.22	98.83	98.44	98.04	97.65	97.26	96.87	96.48
0	100.00	100.39	100.78	101.17	101.56	101.95	102.34	102.73	103.12	103.51
10	103.90	104.29	104.68	105.07	105.46	105.85	106.24	106.63	107.02	107.40
20	107.79	108.18	108.57	108.96	109.35	109.73	110.12	110.51	110.90	111.29
30	111.67	112.06	112.45	112.83	113.22	113.61	114.00	114.38	114.77	115.15
40	115.54	115.93	116.31	116.70	117.08	117.47	117.86	118.24	118.63	119.01
50	119.40	119.78	120.17	120.55	120.94	121.32	121.71	122.09	122.47	122.86
60	123.24	123.63	124.01	124.39	124.78	125.16	125.54	125.93	126.31	126.69
70	127.08	127.46	127.84	128.22	128.61	128.99	129.37	129.75	130.13	130.52
80	130.90	131.28	131.66	132.04	132.42	132.80	133.18	133.57	133.95	134.33
90	134.71	135.09	135.47	135.85	136.23	136.61	136.99	137.37	137.75	138.13
100	138.51	138.88	139.26	139.64	140.02	140.40	140.78	141.16	141.54	141.91
110	142.29	142.67	143.05	143.43	143.80	144.18	144.56	144.94	145.31	145.69
120	146.07	146.44	146.82	147.20	147.57	147.95	148.33	148.70	149.08	149.46
130	149.83	150.21	150.58	150.96	151.33	151.71	152.08	152.46	152.83	153.21
140	153.58	153.96	154.33	154.71	155.08	155.46	155.83	156.20	156.58	156.95
150	157.33	157.70	158.07	158.45	158.82	159.19	159.56	159.94	160.31	160.68
160	161.05	161.43	161.80	162.17	162.54	162.91	163.29	163.66	164.03	164.40
170	164.77	165.14	165.51	165.89	166.26	166.63	167.00	167.37	167.74	168.11
180	168.48	168.85	169.22	169.59	169.96	170.33	170.70	171.07	171.43	171.80
190	172.17	172.54	172.91	173.28	173.65	174.02	174.38	174.75	175.12	175.49

（续）

温度/℃	0	1	2	3	4	5	6	7	8	9
	电阻值/Ω									
200	175.86	176.22	176.59	176.96	177.33	177.69	178.06	178.43	178.79	179.16
210	179.53	179.89	180.26	180.63	180.99	181.36	181.72	182.09	182.46	182.82
220	183.19	183.55	183.92	184.28	184.65	185.01	185.38	185.74	186.11	186.47
230	186.84	187.20	187.56	187.93	188.29	188.66	189.02	189.38	189.75	190.11
240	190.47	190.84	191.20	191.56	191.92	192.29	192.65	193.01	193.37	193.74
250	194.10	194.46	194.82	195.18	195.55	195.91	196.27	196.63	196.99	197.35
260	197.71	198.07	198.43	198.79	199.15	199.51	199.87	200.23	200.59	200.95
270	201.31	201.67	202.03	202.39	202.75	203.11	203.47	203.83	204.19	204.55
280	204.90	205.26	205.62	205.98	206.34	206.70	207.05	207.41	207.77	208.13
290	208.48	208.84	209.20	209.56	209.91	210.27	210.63	210.98	211.34	211.70
300	212.05	212.41	212.76	213.12	213.48	213.83	214.19	214.54	214.90	215.25
310	215.61	215.96	216.32	216.67	217.03	217.38	217.74	218.09	218.44	218.80
320	219.15	219.51	219.86	220.21	220.57	220.92	221.27	221.63	221.98	222.33
330	222.68	223.04	223.39	223.74	224.09	224.45	224.80	225.15	225.50	225.85
340	226.21	226.56	226.91	227.26	227.61	227.96	228.31	228.66	229.02	229.37
350	229.72	230.07	230.42	230.77	231.12	231.47	231.82	232.17	232.52	232.87
360	233.21	233.56	233.91	234.26	234.61	234.96	235.31	235.66	236.00	236.35
370	236.70	237.05	237.40	237.74	238.09	238.44	238.79	239.13	239.48	239.83
380	240.18	240.52	240.87	241.22	241.56	241.91	242.26	242.60	242.95	243.29
390	243.64	243.99	244.33	244.68	245.02	245.37	245.71	246.06	246.40	246.75
400	247.09	247.44	247.78	248.13	248.47	248.81	249.16	249.50	249.85	250.19
410	250.53	250.88	251.22	251.56	251.91	252.25	252.59	252.93	253.28	253.62
420	253.96	254.30	254.65	254.99	255.33	255.67	256.01	256.35	256.70	257.04
430	257.38	257.72	258.06	258.40	258.74	259.08	259.42	259.76	260.10	260.44
440	260.78	261.12	261.46	261.80	262.14	262.48	262.82	263.16	263.50	263.84
450	264.18	264.52	264.86	265.20	265.53	265.87	266.21	266.55	266.89	267.22
460	267.56	267.90	268.24	268.57	268.91	269.25	269.59	269.92	270.26	270.60
470	270.93	271.27	271.61	271.94	272.28	272.61	272.95	273.29	273.62	273.96
480	274.29	274.63	274.96	275.30	275.63	275.97	276.30	276.64	276.97	277.31
490	277.64	277.98	278.31	278.64	278.98	279.31	279.64	279.98	280.31	280.64
500	280.98	281.31	281.64	281.98	282.31	282.64	282.97	283.31	283.64	283.97
510	284.30	284.63	284.97	285.30	285.63	285.96	286.29	286.62	286.85	287.29
520	287.62	287.95	288.28	288.61	288.94	289.27	289.60	289.93	290.26	290.59
530	290.92	291.25	291.58	291.91	292.24	292.56	292.89	293.22	293.55	293.88
540	294.21	294.54	294.86	295.19	295.52	295.85	296.18	296.50	296.83	297.16
550	297.49	297.81	298.14	298.47	298.80	299.12	299.45	299.78	300.10	300.43
560	300.75	301.08	301.41	301.73	302.06	302.38	302.71	303.03	303.36	303.69
570	304.01	304.34	304.66	304.98	305.31	305.63	305.96	306.28	306.61	306.93
580	307.25	307.58	307.90	308.23	308.55	308.87	309.20	309.52	309.84	310.16
590	310.49	310.81	311.13	311.45	311.78	312.10	312.42	312.74	313.06	313.39
600	313.71	314.03	314.35	314.67	314.99	315.31	315.64	315.96	316.28	316.60
610	316.92	317.24	317.56	317.88	318.20	318.52	318.84	319.16	319.48	319.80
620	320.12	320.43	320.75	321.07	321.39	321.71	322.03	322.35	322.67	322.98
630	323.30	323.62	323.94	324.26	324.57	324.89	325.21	325.53	325.84	326.16

附录 C　铜热电阻分度表

分度号：Cu100　　　　$R_0 = 100.00\Omega$

温度/℃	0	1	2	3	4	5	6	7	8	9
	电阻值/Ω									
-50	78.49	—	—	—	—	—	—	—	—	—
-40	82.80	82.36	81.94	81.50	81.08	80.64	80.20	79.78	79.34	78.92
-30	87.10	86.68	86.24	85.82	85.38	84.96	84.54	84.10	83.66	83.22
-20	91.40	90.98	90.54	90.12	89.68	89.26	88.82	88.40	87.96	87.54
-10	95.70	95.28	94.84	94.42	93.98	93.56	93.12	92.70	92.36	91.84
-0	100.00	99.56	99.14	98.70	98.28	97.84	97.42	97.00	96.56	96.14
0	100.00	100.42	100.86	101.28	101.72	102.14	102.56	103.00	103.42	103.66
10	104.28	104.72	105.14	105.56	106.00	106.42	106.86	107.28	107.72	108.14
20	108.56	109.00	109.42	109.84	110.28	110.70	111.14	111.56	112.00	112.42
30	112.84	113.28	113.70	114.14	114.56	114.98	115.42	115.84	116.26	116.70
40	117.12	117.56	117.98	118.40	118.84	119.26	119.70	120.12	120.54	120.98
50	121.40	121.84	122.26	122.68	123.12	123.54	123.96	124.40	124.82	125.26
60	125.68	126.10	126.54	126.96	127.40	127.82	128.24	128.68	129.10	129.52
70	129.96	130.38	130.82	131.24	131.66	132.10	132.52	132.96	133.38	133.80
80	134.24	134.66	135.08	135.52	135.94	136.38	136.80	137.24	137.66	138.08
90	138.52	138.94	139.36	139.80	140.22	140.66	141.08	141.52	141.94	142.36
100	142.80	143.22	143.66	144.08	144.50	144.94	145.36	145.80	146.22	146.66
110	147.08	147.50	147.94	148.36	148.80	149.22	149.66	150.08	150.52	150.94
120	151.36	151.80	152.22	152.66	153.08	153.52	153.94	154.38	154.80	155.24
130	155.66	156.10	156.52	156.96	157.38	157.82	158.24	158.68	159.10	159.54
140	159.96	160.40	160.82	161.26	161.68	162.12	162.54	162.98	163.40	163.84
150	164.27	—	—	—	—	—	—	—	—	—

分度号：Cu50　　　　$R_0 = 50.00\Omega$

温度/℃	0	1	2	3	4	5	6	7	8	9
	电阻值/Ω									
-50	39.24	—	—	—	—	—	—	—	—	—
-40	41.40	41.18	40.97	40.75	40.54	40.32	40.10	39.89	39.67	39.46
-30	43.55	43.34	43.12	42.91	42.69	42.48	42.27	42.05	41.83	41.61
-20	45.70	45.49	45.27	45.06	44.84	44.63	44.41	44.20	43.93	43.72
-10	47.85	47.64	47.42	47.21	46.99	46.78	46.56	46.35	46.13	45.97
-0	50.00	49.78	49.57	49.35	49.14	48.92	48.71	48.50	48.28	48.07
0	50.00	50.21	50.43	50.64	50.86	51.07	51.28	51.50	51.71	51.93
10	52.14	52.36	52.57	52.78	53.00	53.21	53.43	53.64	53.86	54.07
20	54.28	54.50	54.71	54.92	55.14	55.35	55.57	55.73	56.00	56.21
30	56.42	56.64	56.85	57.07	57.28	57.49	57.71	57.92	58.14	58.35
40	58.56	58.78	58.99	59.20	59.42	59.63	59.85	60.06	60.27	60.49
50	60.70	60.92	61.13	61.34	61.56	61.77	61.98	62.20	62.41	62.62
60	62.84	63.05	63.27	63.48	63.70	63.91	64.12	64.34	64.55	64.76
70	64.98	65.19	65.41	65.62	65.83	66.05	66.26	66.48	66.69	66.90
80	67.12	67.33	67.54	67.76	67.97	68.19	68.40	68.62	68.83	69.04
90	69.26	69.47	69.68	69.90	70.11	70.33	70.54	70.76	70.97	71.18
100	71.40	71.61	71.83	72.04	72.25	72.47	72.68	72.90	73.11	73.33
110	73.54	73.75	73.97	74.19	74.40	74.61	74.83	75.04	75.26	75.47
120	75.68	75.90	76.11	76.33	76.54	76.76	76.97	77.19	77.40	77.62
130	77.83	78.05	78.26	78.48	78.69	78.91	79.12	79.34	79.55	79.77
140	79.98	80.20	80.41	80.63	80.84	81.05	81.27	81.49	81.70	81.92
150	82.13	—	—	—	—	—	—	—	—	—

附录D 铂铑10-铂热电偶分度表

分度号：S 参考端温度为0℃

温度/℃	0	1	2	3	4	5	6	7	8	9
	热电动势/mV									
0	0.000	0.005	0.011	0.016	0.022	0.027	0.033	0.038	0.044	0.050
10	0.055	0.061	0.067	0.072	0.078	0.084	0.090	0.095	0.101	0.107
20	0.113	0.119	0.125	0.131	0.137	0.143	0.149	0.155	0.161	0.167
30	0.173	0.179	0.185	0.191	0.197	0.204	0.210	0.216	0.222	0.229
40	0.235	0.241	0.248	0.254	0.260	0.267	0.273	0.280	0.286	0.292
50	0.299	0.305	0.312	0.319	0.325	0.332	0.338	0.345	0.352	0.358
60	0.365	0.372	0.378	0.385	0.392	0.399	0.405	0.412	0.419	0.426
70	0.433	0.440	0.446	0.453	0.460	0.467	0.474	0.481	0.488	0.495
80	0.502	0.509	0.516	0.523	0.530	0.538	0.545	0.552	0.559	0.566
90	0.573	0.580	0.588	0.595	0.602	0.609	0.617	0.624	0.631	0.639
100	0.646	0.653	0.661	0.668	0.675	0.683	0.690	0.698	0.705	0.713
110	0.720	0.727	0.735	0.743	0.750	0.758	0.765	0.773	0.780	0.788
120	0.795	0.803	0.811	0.818	0.826	0.834	0.841	0.849	0.857	0.865
130	0.872	0.880	0.888	0.896	0.903	0.911	0.919	0.927	0.935	0.942
140	0.950	0.958	0.966	0.974	0.982	0.990	0.998	1.006	1.013	1.021
150	1.029	1.037	1.045	1.053	1.061	1.069	1.077	1.085	1.094	1.102
160	1.110	1.118	1.126	1.134	1.142	1.150	1.158	1.167	1.175	1.183
170	1.191	1.199	1.207	1.216	1.224	1.232	1.240	1.249	1.257	1.265
180	1.273	1.282	1.290	1.298	1.307	1.315	1.323	1.332	1.340	1.348
190	1.357	1.365	1.373	1.382	1.390	1.399	1.407	1.415	1.424	1.432
200	1.441	1.449	1.458	1.466	1.475	1.483	1.492	1.500	1.509	1.517
210	1.526	1.534	1.543	1.551	1.560	1.569	1.577	1.586	1.594	1.603
220	1.612	1.620	1.629	1.638	1.646	1.655	1.663	1.672	1.681	1.690
230	1.698	1.707	1.716	1.724	1.733	1.742	1.751	1.759	1.768	1.777
240	1.786	1.794	1.803	1.812	1.821	1.829	1.838	1.847	1.856	1.865
250	1.874	1.882	1.891	1.900	1.909	1.918	1.927	1.936	1.944	1.953
260	1.962	1.971	1.980	1.989	1.998	2.007	2.016	2.025	2.034	2.043
270	2.052	2.061	2.070	2.078	2.087	2.096	2.105	2.114	2.123	2.132
280	2.141	2.151	2.160	2.169	2.178	2.187	2.196	2.205	2.214	2.223
290	2.232	2.241	2.250	2.259	2.268	2.277	2.287	2.296	2.305	2.314
300	2.323	2.332	2.341	2.350	2.360	2.369	2.378	2.387	2.396	2.405
310	2.415	2.424	2.433	2.442	2.451	2.461	2.470	2.479	2.488	2.497
320	2.507	2.516	2.525	2.534	2.544	2.553	2.562	2.571	2.581	2.590
330	2.599	2.609	2.618	2.627	2.636	2.646	2.655	2.664	2.674	2.683
340	2.692	2.702	2.711	2.720	2.730	2.739	2.748	2.758	2.767	2.776
350	2.786	2.795	2.805	2.814	2.823	2.833	2.842	2.851	2.861	2.870
360	2.880	2.889	2.899	2.908	2.917	2.927	2.936	2.946	2.955	2.965
370	2.974	2.983	2.993	3.002	3.012	3.021	3.031	3.040	3.050	3.059
380	3.069	3.078	3.088	3.097	3.107	3.116	3.126	3.135	3.145	3.154
390	3.164	3.173	3.183	3.192	3.202	3.212	3.221	3.231	3.240	3.250
400	3.259	3.269	3.279	3.288	3.298	3.307	3.317	3.326	3.336	3.346
410	3.355	3.365	3.374	3.384	3.394	3.403	3.413	3.423	3.432	3.442
420	3.451	3.461	3.471	3.480	3.490	3.500	3.509	3.519	3.529	3.538
430	3.548	3.558	3.567	3.577	3.587	3.596	3.606	3.616	3.626	3.635
440	3.645	3.655	3.664	3.674	3.684	3.694	3.703	3.713	3.723	3.732

（续）

温度/℃	0	1	2	3	4	5	6	7	8	9
	热电动势/mV									
450	3.742	3.752	3.762	3.771	3.781	3.791	3.801	3.810	3.820	3.830
460	3.840	3.850	3.859	3.869	3.879	3.889	3.898	3.908	3.918	3.928
470	3.938	3.947	3.957	3.967	3.977	3.987	3.997	4.006	4.016	4.026
480	4.036	4.046	4.056	4.065	4.075	4.085	4.095	4.105	4.115	4.125
490	4.134	4.144	4.154	4.164	4.174	4.184	4.194	4.204	4.213	4.223
500	4.233	4.243	4.253	4.263	4.273	4.283	4.293	4.303	4.313	4.323
510	4.332	4.342	4.352	4.362	4.372	4.382	4.392	4.402	4.412	4.422
520	4.432	4.442	4.452	4.462	4.472	4.482	4.492	4.502	4.512	4.522
530	4.532	4.542	4.552	4.562	4.572	4.582	4.592	4.602	4.612	4.622
540	4.632	4.642	4.652	4.662	4.672	4.682	4.692	4.702	4.712	4.722
550	4.732	4.742	4.752	4.762	4.772	4.782	4.793	4.803	4.813	4.823
560	4.833	4.843	4.853	4.863	4.873	4.883	4.893	4.904	4.914	4.924
570	4.934	4.944	4.954	4.964	4.974	4.984	4.995	5.005	5.015	5.025
580	5.035	5.045	5.055	5.066	5.076	5.086	5.096	5.106	5.116	5.127
590	5.137	5.147	5.157	5.167	5.178	5.188	5.198	5.208	5.218	5.228
600	5.239	5.249	5.259	5.269	5.280	5.290	5.300	5.310	5.320	5.331
610	5.341	5.351	5.361	5.372	5.382	5.392	5.402	5.413	5.423	5.433
620	5.443	5.454	5.464	5.474	5.485	5.495	5.505	5.515	5.526	5.536
630	5.546	5.557	5.567	5.577	5.588	5.598	5.608	5.618	5.629	5.639
640	5.649	5.660	5.670	5.680	5.691	5.701	5.712	5.722	5.732	5.743
650	5.753	5.763	5.774	5.784	5.794	5.805	5.815	5.826	5.836	5.846
660	5.857	5.867	5.878	5.888	5.898	5.909	5.919	5.930	5.940	5.950
670	5.961	5.971	5.982	5.992	6.003	6.013	6.024	6.034	6.044	6.055
680	6.065	6.076	6.086	6.097	6.107	6.118	6.128	6.139	6.149	6.160
690	6.170	6.181	6.191	6.202	6.212	6.223	6.233	6.244	6.254	6.265
700	6.275	6.286	6.296	6.307	6.317	6.328	6.338	6.349	6.360	6.370
710	6.381	6.391	6.402	6.412	6.423	6.434	6.444	6.455	6.465	6.476
720	6.486	6.497	6.508	6.518	6.529	6.539	6.550	6.561	6.571	6.582
730	6.593	6.603	6.614	6.624	6.635	6.646	6.656	6.667	6.678	6.688
740	6.699	6.710	6.720	6.731	6.742	6.752	6.763	6.774	6.784	6.795
750	6.806	6.817	6.827	6.838	6.849	6.859	6.870	6.881	6.892	6.902
760	6.913	6.924	6.934	6.945	6.956	6.967	6.977	6.988	6.999	7.010
770	7.020	7.031	7.042	7.053	7.064	7.074	7.085	7.096	7.107	7.117
780	7.128	7.139	7.150	7.161	7.172	7.182	7.193	7.204	7.215	7.226
790	7.236	7.247	7.258	7.269	7.280	7.291	7.302	7.312	7.323	7.334
800	7.345	7.356	7.367	7.378	7.388	7.399	7.410	7.421	7.432	7.443
810	7.454	7.465	7.476	7.487	7.497	7.508	7.519	7.530	7.541	7.552
820	7.563	7.574	7.585	7.596	7.607	7.618	7.629	7.640	7.651	7.662
830	7.673	7.684	7.695	7.706	7.717	7.728	7.739	7.750	7.761	7.772
840	7.783	7.794	7.805	7.816	7.827	7.838	7.849	7.860	7.871	7.882
850	7.893	7.904	7.915	7.926	7.937	7.948	7.959	7.970	7.981	7.992
860	8.003	8.014	8.026	8.037	8.048	8.059	8.070	8.081	8.092	8.103
870	8.114	8.125	8.137	8.148	8.159	8.170	8.181	8.192	8.203	8.214
880	8.226	8.237	8.248	8.259	8.270	8.281	8.293	8.304	8.315	8.326
890	8.337	8.348	8.360	8.371	8.382	8.393	8.404	8.416	8.427	8.438

（续）

温度/℃	0	1	2	3	4	5	6	7	8	9
	热电动势/mV									
900	8.449	8.460	8.472	8.483	8.494	8.505	8.517	8.528	8.539	8.550
910	8.562	8.573	8.584	8.595	8.607	8.618	8.629	8.640	8.652	8.663
920	8.674	8.685	8.697	8.708	8.719	8.731	8.742	8.753	8.765	8.776
930	8.787	8.798	8.810	8.821	8.832	8.844	8.855	8.866	8.878	8.889
940	8.900	8.912	8.923	8.935	8.946	8.957	8.969	8.980	8.991	9.003
950	9.014	9.025	9.037	9.048	9.060	9.071	9.082	9.094	9.105	9.117
960	9.128	9.139	9.151	9.162	9.174	9.185	9.197	9.208	9.219	9.231
970	9.242	9.254	9.265	9.277	9.288	9.300	9.311	9.323	9.334	9.345
980	9.357	9.368	9.380	9.391	9.403	9.414	9.426	9.437	9.449	9.460
990	9.472	9.483	9.495	9.506	9.518	9.529	9.541	9.552	9.564	9.576
1000	9.587	9.599	9.610	9.622	9.633	9.645	9.656	9.668	9.680	9.691
1010	9.703	9.714	9.726	9.737	9.749	9.761	9.772	9.784	9.795	9.807
1020	9.819	9.830	9.842	9.853	9.865	9.877	9.888	9.900	9.911	9.923
1030	9.935	9.946	9.958	9.970	9.981	9.993	10.005	10.016	10.028	10.040
1040	10.051	10.063	10.075	10.086	10.098	10.110	10.121	10.133	10.145	10.156
1050	10.168	10.180	10.191	10.203	10.215	10.227	10.238	10.250	10.262	10.273
1060	10.285	10.297	10.309	10.320	10.332	10.344	10.356	10.367	10.379	10.391
1070	10.403	10.414	10.426	10.438	10.450	10.461	10.473	10.485	10.497	10.509
1080	10.520	10.532	10.544	10.556	10.567	10.579	10.591	10.603	10.615	10.626
1090	10.638	10.650	10.662	10.674	10.686	10.697	10.709	10.721	10.733	10.745
1100	10.757	10.768	10.780	10.792	10.804	10.816	10.828	10.839	10.851	10.863
1110	10.875	10.887	10.899	10.911	10.922	10.934	10.946	10.958	10.970	10.982
1120	10.994	11.006	11.017	11.029	11.041	11.053	11.065	11.077	11.089	11.101
1130	11.113	11.125	11.136	11.148	11.160	11.172	11.184	11.196	11.208	11.220
1140	11.232	11.244	11.256	11.268	11.280	11.291	11.303	11.315	11.327	11.339
1150	11.351	11.363	11.375	11.387	11.399	11.411	11.423	11.435	11.447	11.459
1160	11.471	11.483	11.495	11.507	11.519	11.531	11.542	11.554	11.566	11.578
1170	11.590	11.602	11.614	11.626	11.638	11.650	11.662	11.674	11.686	11.698
1180	11.710	11.722	11.734	11.746	11.758	11.770	11.782	11.794	11.806	11.818
1190	11.830	11.842	11.854	11.866	11.878	11.890	11.902	11.914	11.926	11.939
1200	11.951	11.963	11.975	11.987	11.999	12.011	12.023	12.035	12.047	12.059
1210	12.071	12.083	12.095	12.107	12.119	12.131	12.143	12.155	12.167	12.179
1220	12.191	12.203	12.216	12.228	12.240	12.252	12.264	12.276	12.288	12.300
1230	12.312	12.324	12.336	12.348	12.360	12.372	12.384	12.397	12.409	12.421
1240	12.433	12.445	12.457	12.469	12.481	12.493	12.505	12.517	12.529	12.542
1250	12.554	12.566	12.578	12.590	12.602	12.614	12.626	12.638	12.650	12.662
1260	12.675	12.687	12.699	12.711	12.723	12.735	12.747	12.759	12.771	12.783
1270	12.796	12.808	12.820	12.832	12.844	12.856	12.868	12.880	12.892	12.905
1280	12.917	12.929	12.941	12.953	12.965	12.977	12.989	13.001	13.014	13.026
1290	13.038	13.050	13.062	13.074	13.086	13.098	13.111	13.123	13.135	13.147
1300	13.159	13.171	13.183	13.195	13.208	13.220	13.232	13.244	13.256	13.268
1310	13.280	13.292	13.305	13.317	13.329	13.341	13.353	13.365	13.377	13.390
1320	13.402	13.414	13.426	13.438	13.450	13.462	13.474	13.487	13.499	13.511
1330	13.523	13.535	13.547	13.559	13.572	13.584	13.596	13.608	13.620	13.632
1340	13.644	13.657	13.669	13.681	13.693	13.705	13.717	13.729	13.742	13.754

（续）

温度/℃	0	1	2	3	4	5	6	7	8	9
	热电动势/mV									
1350	13.766	13.778	13.790	13.802	13.814	13.826	13.839	13.851	13.863	13.875
1360	13.887	13.899	13.911	13.924	13.936	13.948	13.960	13.972	13.984	13.996
1370	14.009	14.021	14.033	14.045	14.057	14.069	14.081	14.094	14.106	14.118
1380	14.130	14.142	14.154	14.166	14.178	14.191	14.203	14.215	14.227	14.239
1390	14.251	14.263	14.276	14.288	14.300	14.312	14.324	14.336	14.348	14.360
1400	14.373	14.385	14.397	14.409	14.421	14.433	14.445	14.457	14.470	14.482
1410	14.494	14.506	14.518	14.530	14.542	14.554	14.567	14.579	14.591	14.603
1420	14.615	14.627	14.639	14.651	14.664	14.676	14.688	14.700	14.712	14.724
1430	14.736	14.748	14.760	14.773	14.785	14.797	14.809	14.821	14.833	14.845
1440	14.857	14.869	14.881	14.894	14.906	14.918	14.930	14.942	14.954	14.966
1450	14.978	14.990	15.002	15.015	15.027	15.039	15.051	15.063	15.075	15.087
1460	15.099	15.111	15.123	15.135	15.148	15.160	15.172	15.184	15.196	15.208
1470	15.220	15.232	15.244	15.256	15.268	15.280	15.292	15.304	15.317	15.329
1480	15.341	15.353	15.365	15.377	15.389	15.401	15.413	15.425	15.437	15.449
1490	15.461	15.473	15.485	15.497	15.509	15.521	15.534	15.546	15.558	15.570
1500	15.582	15.594	15.606	15.618	15.630	15.642	15.654	15.666	15.678	15.690
1510	15.702	15.714	15.726	15.738	15.750	15.762	15.774	15.786	15.798	15.810
1520	15.822	15.834	15.846	15.858	15.870	15.882	15.894	15.906	15.918	15.930
1530	15.942	15.954	15.966	15.978	15.990	16.002	16.014	16.026	16.038	16.050
1540	16.062	16.074	16.086	16.098	16.110	16.122	16.134	16.146	16.158	16.170
1550	16.182	16.194	16.205	16.217	16.229	16.241	16.253	16.265	16.277	16.289
1560	16.301	16.313	16.325	16.337	16.349	16.361	16.373	16.385	16.396	16.408
1570	16.420	16.432	16.444	16.456	16.468	16.480	16.492	16.504	16.516	16.527
1580	16.539	16.551	16.563	16.575	16.587	16.599	16.611	16.623	16.634	16.646
1590	16.658	16.670	16.682	16.694	16.706	16.718	16.729	16.741	16.753	16.765
1600	16.777	16.789	16.801	16.812	16.824	16.836	16.848	16.860	16.872	16.883
1610	16.895	16.907	16.919	16.931	16.943	16.954	16.966	16.978	16.990	17.002
1620	17.013	17.025	17.037	17.049	17.061	17.072	17.084	17.096	17.108	17.120
1630	17.131	17.143	17.155	17.167	17.178	17.190	17.202	17.214	17.225	17.237
1640	17.249	17.261	17.272	17.284	17.296	17.308	17.319	17.331	17.343	17.355
1650	17.366	17.378	17.390	17.401	17.413	17.425	17.437	17.448	17.460	17.472
1660	17.483	17.495	17.507	17.518	17.530	17.542	17.553	17.565	17.577	17.588
1670	17.600	17.612	17.623	17.635	17.647	17.658	17.670	17.682	17.693	17.705
1680	17.717	17.728	17.740	17.751	17.763	17.775	17.786	17.798	17.809	17.821
1690	17.832	17.844	17.855	17.867	17.878	17.890	17.901	17.913	17.924	17.936
1700	17.947	–	–	–	–	–	–	–	–	–

附录 E　镍铬-镍硅热电偶分度表

分度号：K　　　　参考端温度为 0℃

温度/℃	0	1	2	3	4	5	6	7	8	9
	热电动势/mV									
0	0.000	0.039	0.079	0.119	0.158	0.198	0.238	0.277	0.317	0.357
10	0.397	0.437	0.477	0.517	0.557	0.597	0.637	0.677	0.718	0.758
20	0.798	0.838	0.879	0.919	0.960	1.000	1.041	1.081	1.122	1.163
30	1.203	1.244	1.285	1.326	1.366	1.407	1.448	1.489	1.530	1.571
40	1.612	1.653	1.694	1.735	1.776	1.817	1.858	1.899	1.941	1.982

（续）

温度/℃	0	1	2	3	4	5	6	7	8	9
	热电动势/mV									
50	2.023	2.064	2.106	2.147	2.188	2.230	2.271	2.312	2.354	2.395
60	2.436	2.478	2.519	2.561	2.602	2.644	2.685	2.727	2.768	2.810
70	2.851	2.893	2.934	2.976	3.017	3.059	3.100	3.142	3.184	3.225
80	3.267	3.308	3.350	3.391	3.433	3.474	3.516	3.557	3.599	3.640
90	3.682	3.723	3.765	3.806	3.848	3.889	3.931	3.972	4.013	4.055
100	4.096	4.138	4.179	4.220	4.262	4.303	4.344	4.385	4.427	4.468
110	4.509	4.550	4.591	4.633	4.674	4.715	4.756	4.797	4.838	4.879
120	4.920	4.961	5.002	5.043	5.084	5.124	5.165	5.206	5.247	5.288
130	5.328	5.369	5.410	5.450	5.491	5.532	5.572	5.613	5.653	5.694
140	5.735	5.775	5.815	5.856	5.896	5.937	5.977	6.017	6.058	6.098
150	6.138	6.179	6.219	6.259	6.299	6.339	6.380	6.420	6.460	6.500
160	6.540	6.580	6.620	6.660	6.701	6.741	6.781	6.821	6.861	6.901
170	6.941	6.981	7.021	7.060	7.100	7.140	7.180	7.220	7.260	7.300
180	7.340	7.380	7.420	7.460	7.500	7.540	7.579	7.619	7.659	7.699
190	7.739	7.779	7.819	7.859	7.899	7.939	7.979	8.019	8.059	8.099
200	8.138	8.178	8.218	8.258	8.298	8.338	8.378	8.418	8.458	8.499
210	8.539	8.579	8.619	8.659	8.699	8.739	8.779	8.819	8.860	8.900
220	8.940	8.980	9.020	9.061	9.101	9.141	9.181	9.222	9.262	9.302
230	9.343	9.383	9.423	9.464	9.504	9.545	9.585	9.626	9.666	9.707
240	9.747	9.788	9.828	9.869	9.909	9.950	9.991	10.031	10.072	10.113
250	10.153	10.194	10.235	10.276	10.316	10.357	10.398	10.439	10.480	10.520
260	10.561	10.602	10.643	10.684	10.725	10.766	10.807	10.848	10.889	10.930
270	10.971	11.012	11.053	11.094	11.135	11.176	11.217	11.259	11.300	11.341
280	11.382	11.423	11.465	11.506	11.547	11.588	11.630	11.671	11.712	11.753
290	11.795	11.836	11.877	11.919	11.960	12.001	12.043	12.084	12.126	12.167
300	12.209	12.250	12.291	12.333	12.374	12.416	12.457	12.499	12.540	12.582
310	12.624	12.665	12.707	12.748	12.790	12.831	12.873	12.915	12.956	12.998
320	13.040	13.081	13.123	13.165	13.206	13.248	13.290	13.331	13.373	13.415
330	13.457	13.498	13.540	13.582	13.624	13.665	13.707	13.749	13.791	13.833
340	13.874	13.916	13.958	14.000	14.042	14.084	14.126	14.167	14.209	14.251
350	14.293	14.335	14.377	14.419	14.461	14.503	14.545	14.587	14.629	14.671
360	14.713	14.755	14.797	14.839	14.881	14.923	14.965	15.007	15.049	15.091
370	15.133	15.175	15.217	15.259	15.301	15.343	15.385	15.427	15.469	15.511
380	15.554	15.596	15.638	15.680	15.722	15.764	15.806	15.849	15.891	15.933
390	15.975	16.017	16.059	16.102	16.144	16.186	16.228	16.270	16.313	16.355
400	16.397	16.439	16.482	16.524	16.566	16.608	16.651	16.693	16.735	16.778
410	16.820	16.862	16.904	16.947	16.989	17.031	17.074	17.116	17.158	17.201
420	17.243	17.285	17.328	17.370	17.413	17.455	17.497	17.540	17.582	17.624
430	17.667	17.709	17.752	17.794	17.837	17.879	17.921	17.964	18.006	18.049
440	18.091	18.134	18.176	18.218	18.261	18.303	18.346	18.388	18.431	18.473
450	18.516	18.558	18.601	18.643	18.686	18.728	18.771	18.813	18.856	18.898
460	18.941	18.983	19.026	19.068	19.111	19.154	19.196	19.239	19.281	19.324
470	19.366	19.409	19.451	19.494	19.537	19.579	19.622	19.664	19.707	19.750
480	19.792	19.835	19.877	19.920	19.962	20.005	20.048	20.090	20.133	20.175
490	20.218	20.261	20.303	20.346	20.389	20.431	20.474	20.516	20.559	20.602

（续）

温度/℃	0	1	2	3	4	5	6	7	8	9
	热电动势/mV									
500	20.644	20.687	20.730	20.772	20.815	20.857	20.900	20.943	20.985	21.028
510	21.071	21.113	21.156	21.199	21.241	21.284	21.326	21.369	21.412	21.454
520	21.497	21.540	21.582	21.625	21.668	21.710	21.753	21.796	21.838	21.881
530	21.924	21.966	22.009	22.052	22.094	22.137	22.179	22.222	22.265	22.307
540	22.350	22.393	22.435	22.478	22.521	22.563	22.606	22.649	22.691	22.734
550	22.776	22.819	22.862	22.904	22.947	22.990	23.032	23.075	23.117	23.160
560	23.203	23.245	23.288	23.331	23.373	23.416	23.458	23.501	23.544	23.586
570	23.629	23.671	23.714	23.757	23.799	23.842	23.884	23.927	23.970	24.012
580	24.055	24.097	24.140	24.182	24.225	24.267	24.310	24.353	24.395	24.438
590	24.480	24.523	24.565	24.608	24.650	24.693	24.735	24.778	24.820	24.863
600	24.905	24.948	24.990	25.033	25.075	25.118	25.160	25.203	25.245	25.288
610	25.330	25.373	25.415	25.458	25.500	25.543	25.585	25.627	25.670	25.712
620	25.755	25.797	25.840	25.882	25.924	25.967	26.009	26.052	26.094	26.136
630	26.179	26.221	26.263	26.306	26.348	26.390	26.433	26.475	26.517	26.560
640	26.602	26.644	26.687	26.729	26.771	26.814	26.856	26.898	26.940	26.983
650	27.025	27.067	27.109	27.152	27.194	27.236	27.278	27.320	27.363	27.405
660	27.447	27.489	27.531	27.574	27.616	27.658	27.700	27.742	27.784	27.826
670	27.869	27.911	27.953	27.995	28.037	28.079	28.121	28.163	28.205	28.247
680	28.289	28.332	28.374	28.416	28.458	28.500	28.542	28.584	28.626	28.668
690	28.710	28.752	28.794	28.835	28.877	28.919	28.961	29.003	29.045	29.087
700	29.129	29.171	29.213	29.255	29.297	29.338	29.380	29.422	29.464	29.506
710	29.548	29.589	29.631	29.673	29.715	29.757	29.798	29.840	29.882	29.924
720	29.965	30.007	30.049	30.090	30.132	30.174	30.216	30.257	30.299	30.341
730	30.382	30.424	30.466	30.507	30.549	30.590	30.632	30.674	30.715	30.757
740	30.798	30.840	30.881	30.923	30.964	31.006	31.047	31.089	31.130	31.172
750	31.213	31.255	31.296	31.338	31.379	31.421	31.462	31.504	31.545	31.586
760	31.628	31.669	31.710	31.752	31.793	31.834	31.876	31.917	31.958	32.000
770	32.041	32.082	32.124	32.165	32.206	32.247	32.289	32.330	32.371	32.412
780	32.453	32.495	32.536	32.577	32.618	32.659	32.700	32.742	32.783	32.824
790	32.865	32.906	32.947	32.988	33.029	33.070	33.111	33.152	33.193	33.234
800	33.275	—	—	—	—	—	—	—	—	—

参考文献

[1] 历玉鸣．化工仪表及自动化[M].5 版．北京：化学工业出版社，2011.
[2] 马修水．传感器与检测技术[M]．杭州：浙江大学出版社，2009.
[3] 俞金寿．过程自动化及仪表[M]．北京：化学工业出版社，2003.
[4] 周泽魁．控制仪表与计算机控制装置[M]．北京：化学工业出版社，2002.
[5] 杜维，张宏建，乐嘉华．过程检测技术及仪表[M]．北京：化学工业出版社，2004.
[6] 张宝芬，张毅，曹丽．自动检测技术及仪表控制系统[M]．北京：化学工业出版社，2000.
[7] 王树青，戴连奎，于玲．过程控制工程[M].2 版．北京：化学工业出版社，2008.
[8] 徐科军．传感器与检测技术[M].3 版．北京：电子工业出版社，2011.
[9] 历玉鸣．化工仪表及自动化例题习题集[M]．北京：化学工业出版社，1999.
[10] 香港天富公司．XMZ/T 系列双回路数字显示仪表使用说明书，2011.
[11] 浙江中控自动化仪表有限公司．经典记录仪 AR3000/AR4000 产品选型手册，2008.
[12] 廖常初．PLC 编程及应用[M].3 版．北京：机械工业出版社，2008.
[13] 百特自动化仪器仪表有限公司．工控智能多输入多输出光柱数显高级 PID 调节仪使用说明书，2008.
[14] SIEMENS. S7-200 系统手册．2008.
[15] 孙优贤，褚健．工业过程控制技术．方法篇[M]．北京：化学工业出版社，2006.
[16] 凌志浩．DCS 与现场总线控制系统[M]．上海：华东理工大学出版社，2008.
[17] 刘士荣，等．计算机控制系统[M]．北京：机械工业出版社，2008.
[18] 刘泽祥，李媛．现场总线技术[M].2 版．北京：机械工业出版社，2011.
[19] 王毅，张早校．过程装备控制技术及应用[M].2 版．北京：化学工业出版社，2007.
[20] 陆德民．石油化工自动控制设计手册[M].3 版．北京：化学工业出版社，2011.
[21] 俞金寿，孙自强．过程控制系统[M]．北京：化学工业出版社，2009.
[22] 俞金寿，蒋慰孙．过程控制工程[M].3 版．北京：电子工业出版社，2007.
[23] 何衍庆，俞金寿，蒋慰孙．工业生产过程控制[M]．北京：化学工业出版社，2004.
[24] 俞安然．反应器的自动调节[M]．北京：化学工业出版社，1985.
[25] 于乃功，阮晓钢．青霉素发酵过程优化控制问题及方法研究[J]．国外医药：抗生素分册，2004，25(3)：97-100.
[26] 于乃功，阮晓钢．青霉素发酵过程中溶解氧的变结构预估控制[J]．中南工业大学学报：自然科学版，2003，34(4)：363-367.
[27] 孙优贤，邵惠鹤．工业过程控制技术：应用篇[M]．北京：化学工业出版社，2006.
[28] 徐科军．电气测试技术[M].2 版．北京：电子工业出版社，2008.